21世纪高等学校规划教材｜软件工程

软件测试实践教程

王晓鹏　许　涛　主　编

张　兴　安金梁　副主编

周美玲　李　林　李　雪　编　著

清华大学出版社

北京

内 容 简 介

本书系统、全面地介绍了软件测试的基础知识和测试技术的应用,是一本非常实用的软件测试教材。全书大致分为两部分,共9个章节。第一部分包括前5章,主要讲述软件测试的概念、原理、方法等基础理论。其中,第1章是引入章节,主要介绍软件测试的基础知识;第2章介绍了测试用例的设计方法和经典案例,也就是黑盒测试和白盒测试方法;第3章介绍了软件测试流程;第4章介绍了面向对象软件测试的原理和方法;第5章介绍了自动化测试的基础知识。第二部分包括后4章,主要讲述测试工具在实际测试环境中的应用。其中,第6章介绍了测试管理的基础知识和TestDirector管理测试过程的方法、案例;第7章介绍了单元测试的实施方案,重点讲解了一些单元测试工具的使用方法;第8章介绍了功能测试的实施方案,讲解了怎样使用WinRunner进行功能测试;第9章介绍了性能测试实施方案,讲解了使用LoadRunner实施性能测试的过程。

本书适用于高等院校、高职高专院校、示范性软件学院的软件技术、软件测试专业及计算机相关专业,可作为软件测试课程的教材或参考书使用,也可供从事软件开发和软件测试的专业技术和管理人员参考使用。

图书在版编目(CIP)数据

软件测试实践教程/王晓鹏等主编. —北京:清华大学出版社,2013.1(2020.1重印)
　21世纪高等学校规划教材·软件工程
　ISBN 978-7-302-30056-4

　Ⅰ.①软…　Ⅱ.①王…　Ⅲ.①软件-测试-高等学校-教材　Ⅳ.①TP311.5

中国版本图书馆 CIP 数据核字(2012)第 212247 号

责任编辑:付弘宇　薛　阳
封面设计:傅瑞学
责任校对:白　蕾
责任印制:沈　露

出版发行:清华大学出版社
　　　　网　　　址:http://www.tup.com.cn,http://www.wqbook.com
　　　　地　　　址:北京清华大学学研大厦 A 座　　　　邮　　编:100084
　　　　社　总　机:010-62770175　　　　　　　　　　邮　　购:010-62786544
　　　　投稿与读者服务:010-62776969,c-service@tup.tsinghua.edu.cn
　　　　质量反馈:010-62772015,zhiliang@tup.tsinghua.edu.cn
　　　　课件下载:http://www.tup.com.cn,010-62795954
印　装　者:涿州市京南印刷厂
经　　　销:全国新华书店
开　　　本:185mm×260mm　　　印　张:22.75　　　字　　数:551 千字
版　　　次:2013 年 1 月第 1 版　　　　　　　　　印　　次:2020 年 1 月第 4 次印刷
印　　　数:3501~4000
定　　　价:39.00 元

产品编号:041909-01

编审委员会成员

浙江大学	吴朝晖	教授
	李善平	教授
扬州大学	李　云	教授
南京大学	骆　斌	教授
	黄　强	副教授
南京航空航天大学	黄志球	教授
	秦小麟	教授
南京理工大学	张功萱	教授
南京邮电学院	朱秀昌	教授
苏州大学	王宜怀	教授
	陈建明	副教授
江苏大学	鲍可进	教授
中国矿业大学	张　艳	教授
武汉大学	何炎祥	教授
华中科技大学	刘乐善	教授
中南财经政法大学	刘腾红	教授
华中师范大学	叶俊民	教授
	郑世珏	教授
	陈　利	教授
江汉大学	颜　彬	教授
国防科技大学	赵克佳	教授
	邹北骥	教授
中南大学	刘卫国	教授
湖南大学	林亚平	教授
西安交通大学	沈钧毅	教授
	齐　勇	教授
长安大学	巨永锋	教授
哈尔滨工业大学	郭茂祖	教授
吉林大学	徐一平	教授
	毕　强	教授
山东大学	孟祥旭	教授
	郝兴伟	教授
厦门大学	冯少荣	教授
厦门大学嘉庚学院	张思民	教授
云南大学	刘惟一	教授
电子科技大学	刘乃琦	教授
	罗　蕾	教授
成都理工大学	蔡　淮	教授
	于　春	副教授
西南交通大学	曾华燊	教授

出 版 说 明

　　随着我国改革开放的进一步深化,高等教育也得到了快速发展,各地高校紧密结合地方经济建设发展需要,科学运用市场调节机制,加大了使用信息科学等现代科学技术提升、改造传统学科专业的投入力度,通过教育改革合理调整和配置了教育资源,优化了传统学科专业,积极为地方经济建设输送人才,为我国经济社会的快速、健康和可持续发展以及高等教育自身的改革发展做出了巨大贡献。但是,高等教育质量还需要进一步提高以适应经济社会发展的需要,不少高校的专业设置和结构不尽合理,教师队伍整体素质亟待提高,人才培养模式、教学内容和方法需要进一步转变,学生的实践能力和创新精神亟待加强。

　　教育部一直十分重视高等教育质量工作。2007年1月,教育部下发了《关于实施高等学校本科教学质量与教学改革工程的意见》,计划实施"高等学校本科教学质量与教学改革工程"(简称"质量工程"),通过专业结构调整、课程教材建设、实践教学改革、教学团队建设等多项内容,进一步深化高等学校教学改革,提高人才培养的能力和水平,更好地满足经济社会发展对高素质人才的需要。在贯彻和落实教育部"质量工程"的过程中,各地高校发挥师资力量强、办学经验丰富、教学资源充裕等优势,对其特色专业及特色课程(群)加以规划、整理和总结,更新教学内容、改革课程体系,建设了一大批内容新、体系新、方法新、手段新的特色课程。在此基础上,经教育部相关教学指导委员会专家的指导和建议,清华大学出版社在多个领域精选各高校的特色课程,分别规划出版系列教材,以配合"质量工程"的实施,满足各高校教学质量和教学改革的需要。

　　为了深入贯彻落实教育部《关于加强高等学校本科教学工作,提高教学质量的若干意见》精神,紧密配合教育部已经启动的"高等学校教学质量与教学改革工程精品课程建设工作",在有关专家、教授的倡议和有关部门的大力支持下,我们组织并成立了"清华大学出版社教材编审委员会"(以下简称"编委会"),旨在配合教育部制定精品课程教材的出版规划,讨论并实施精品课程教材的编写与出版工作。"编委会"成员皆来自全国各类高等学校教学与科研第一线的骨干教师,其中许多教师为各校相关院、系主管教学的院长或系主任。

　　按照教育部的要求,"编委会"一致认为,精品课程的建设工作从开始就要坚持高标准、严要求,处于一个比较高的起点上。精品课程教材应该能够反映各高校教学改革与课程建设的需要,要有特色风格、有创新性(新体系、新内容、新手段、新思路,教材的内容体系有较高的科学创新、技术创新和理念创新的含量)、先进性(对原有的学科体系有实质性的改革和发展,顺应并符合21世纪教学发展的规律,代表并引领课程发展的趋势和方向)、示范性(教材所体现的课程体系具有较广泛的辐射性和示范性)和一定的前瞻性。教材由个人申报或各校推荐(通过所在高校的"编委会"成员推荐),经"编委会"认真评审,最后由清华大学出版社审定出版。

目前,针对计算机类和电子信息类相关专业成立了两个"编委会",即"清华大学出版社计算机教材编审委员会"和"清华大学出版社电子信息教材编审委员会"。推出的特色精品教材包括:

(1) 21世纪高等学校规划教材·计算机应用——高等学校各类专业,特别是非计算机专业的计算机应用类教材。

(2) 21世纪高等学校规划教材·计算机科学与技术——高等学校计算机相关专业的教材。

(3) 21世纪高等学校规划教材·电子信息——高等学校电子信息相关专业的教材。

(4) 21世纪高等学校规划教材·软件工程——高等学校软件工程相关专业的教材。

(5) 21世纪高等学校规划教材·信息管理与信息系统。

(6) 21世纪高等学校规划教材·财经管理与应用。

(7) 21世纪高等学校规划教材·电子商务。

(8) 21世纪高等学校规划教材·物联网。

清华大学出版社经过三十多年的努力,在教材尤其是计算机和电子信息类专业教材出版方面树立了权威品牌,为我国的高等教育事业做出了重要贡献。清华版教材形成了技术准确、内容严谨的独特风格,这种风格将延续并反映在特色精品教材的建设中。

清华大学出版社教材编审委员会
联系人:魏江江
E-mail:weijj@tup.tsinghua.edu.cn

前　言

随着信息技术的飞速发展,互联网技术行业的崛起,只要有软件存在的地方,就需要有软件测试的存在,软件测试的重要作用日益突出。

目前,各类院校的计算机专业大多开设了软件测试相关课程,种类繁多的教程、资料大量涌现。笔者分析发现,体现“工学结合”,突出测试实训练习,适合高职高专院校使用的软件测试教程并不多。基于这种情况,我们决定编写一本高职高专学生适用的软件测试教程,同时兼顾本科院校的学生。本书内容包含软件测试的基本理论,同时重点介绍主流测试工具的使用方法,使学生能快速掌握测试工作方法和技巧,实现学生实际能力与职业岗位要求的接轨。

本书结合高校的教学特点,系统地介绍了软件测试理论知识和测试技术,并从项目工程的角度阐述了软件测试技术和应用策略。通过本书内容的学习,读者能较快地学习到软件测试方面的理论知识,并掌握实际的软件测试技术方法。我们为相应章节设计了大量实例和步骤讲解,本书将结合具体实例详细介绍测试理论和主流测试工具的使用方法;另外,每一章节最后都有总结和习题,力求给读者更多的学习实践机会。

本书大致分两部分,共9个章节。第一部分包括前5章,主要讲述软件测试的概念、原理、方法等基础理论。其中,第1章是引入章节,主要介绍软件测试的定义、测试模型、测试驱动开发、软件质量保证及测试职业规划。第2章全面介绍了测试用例的经典设计方法和实际案例,如黑盒测试方法中的等价类划分法、边界值法、错误推测法、因果图法、决策表法、正交试验法等,白盒测试方法中的逻辑覆盖测试、基本路径测试、程序插桩测试等。第3章介绍了软件测试的基本流程,对单元测试、集成测试、确认测试、系统测试、验收测试等阶段进行了详细描述。第4章介绍了面向对象软件测试的原理和方法。第5章介绍了自动化测试的必要性、引入原则、优缺点、实施过程中的问题等基础知识,另外还对当前流行的测试工具做了分类介绍。第二部分包括后4章,主要讲述测试工具在实际测试环境中的应用。其中,第6章介绍了测试管理中的计划管理、缺陷管理、文档管理、过程管理、组织管理和配置管理等内容,最后介绍了著名测试管理工具 TestDirector 管理测试过程的方法、案例;第7章介绍了单元测试的实施方案,重点讲解了静态分析工具 PC-Lint、动态单元测试工具 JUnit、NUnit 的使用方法;第8章介绍了功能测试的实施方案,讲解了怎样使用 WinRunner 进行功能测试;第9章介绍了性能测试实施方案,讲解了使用 LoadRunner 实施性能测试的过程。

本书由王晓鹏、许涛任主编,张兴、安金梁、周美玲、李林、李雪任副主编,全书由张二峰修改定稿。王晓鹏编写了第8章,许涛编写了第1章和第2章,张兴编写了第3章和第4章,周美玲编写了第5章和第7章,李林编写了第9章,李雪编写了第6章。张二峰教授对本书的大纲及书稿做了全面、仔细地审定,提出了宝贵的修改意见,在此表示衷心的感谢。

由于编制水平有限,书中难免存在错误和不妥之处,恳请专家和读者批评指正。

编　者

2012 年 10 月

目　录

第1章

软件测试概述

本章内容为软件测试概要性论述,主要介绍软件测试的基本问题和涵盖内容,主要包括软件缺陷、软件测试的定义和类别、软件测试模型、测试驱动开发、软件质量保证等内容。通过本章的学习,读者能够正确理解软件测试的概念、背景及重要性,理解软件缺陷、软件测试模型、测试驱动开发、软件质量保证等众多基本概念,了解软件测试的基本思想、软件测试与开发的关系及测试驱动开发的内容,充分认识到软件质量在整个软件开发体系中的重要性。

本章要点:

- 软件缺陷及其产生的原因。
- 软件测试的定义和类别。
- 软件测试模型。
- 测试驱动开发的思想。
- 软件质量保证的手段。

1.1 软件缺陷

软件缺陷是指程序中存在的错误,软件在其生命周期各个阶段都有可能发生问题,发生问题的情况和形式各不相同,这就是缺陷,业内常用"Bug"来描述它。在软件工程中统一对软件缺陷的认识是测试项目最终能够成功的基础。IEEE Standard 729 中对软件缺陷的定义是:"从产品的内部看,软件缺陷是软件产品开发或者维护过程中所存在的错误、毛病等各种问题;从外部看,软件缺陷是系统所需要实现的某种功能的失效或违背。"

1.1.1 软件缺陷案例

信息技术的飞速发展,使软件产品应用到社会的各个领域,软件产品的质量自然成为人们共同关注的焦点。不论是软件的生产者还是软件的使用者,都生存在竞争的环境中。软件开发商为了占有市场,必须把产品质量作为企业的重要目标之一,以免在激烈的竞争中被淘汰出局。用户为了保证自己业务的顺利完成,当然希望选用优质的软件。具有质量缺陷的软件产品不仅会使开发商的维护费用和用户的使用成本大幅增加,还可能产生其他的责任风险,造成公司信誉下降,继而冲击股票市场。在一些关键应用(如民航订票系统、银行结算系统、证券交易系统、自动飞行控制软件、军事防御和核电站安全控制系统等)中使用质量有问题的软件,还可能造成灾难性的后果。

- "冲击波"计算机病毒

2003 年 8 月,"冲击波"计算机病毒首先在美国发作,导致美国政府机关、企业和个人的成千上万台计算机受到攻击。随后,"冲击波"蠕虫病毒很快在因特网上广泛传播,中国、日本、欧洲等地的用户也受到了攻击,结果是大量的邮件服务器瘫痪,给整个世界范围内的网络通信带来了惨重的损失。

制造"冲击波"病毒的黑客只用了 3 周时间就完成了该病毒程序。该病毒仅仅利用微软公司 Messenger Service 中的一个缺陷,就攻破了计算机安全屏障,使所有基于 Windows 操作系统的计算机崩溃。更令计算机安全专家担忧的是,如不立即采用有效的防御措施,黑客将很快找到利用该缺陷控制大部分计算机的方法。

随后,微软公司紧急发布了升级补丁,以修复操作系统中存在的缺陷,抵御该病毒的攻击。

- "辽宁福彩"事件

2005 年一次普通的机器死机故障,让急于在开奖前敲进 3D 福彩号码的赵立群发现了一个惊人的秘密——他的另外一台福彩机器,竟然可以在福彩中奖号码公布后的 5 分钟内,敲进去几组有效的、并被福彩中心确认的投注号码。这个发现让赵立群兴奋不已,也让他产生了一个大胆的计划:利用辽宁福彩的这一系统漏洞,通过输入满天星彩票站已经中奖的彩票号码,重复兑奖。

赵立群案发后,辽宁省福彩系统设备供应商深圳思乐升级了辽宁省福彩彩票销售管理系统,并对因系统缺陷给辽宁福彩中心造成的近三千万元的损失进行了赔偿。

案情虽然公布,但以下两点值得我们深思。

(1) 辽宁福彩 3D 从 2005 年初开始上市,到 2006 年底辽宁福彩向警方报案的两年时间内,供应商始终未发现该系统漏洞,对一个成熟而且具备很强实力的公司而言有些不可思议。

(2) 赵立群从市福彩中心兑出的 600 多万元是合法所得,还是非法所得? 若为非法所得,那么能采用什么方法,在明明没有中奖的情况下又去兑奖呢? 这是否意味着还存在其他的技术漏洞呢?

- 索尼电视软件缺陷

2006 年 2 月,索尼(中国)公司称,2005 年下半年在中国内地推出的 5 款电视,包括液晶电视和液晶背投电视,由于在软件方面出现了设计缺陷,导致不能正常开关机。

索尼公司的专业人员研究后发现,特定范围内的液晶背投电视和液晶电视的软件中存在一个计时错误,该错误会导致相关型号电视在待机及累计工作约 1200 小时后,出现在使用中不能正常关机或在待机状态下不能开机的现象。而液晶电视的正常工作时间为 5 万小时。随后索尼(中国)有限公司对存在问题的 5 款电视进行了免费软件升级。

- "F-16"战机软件缺陷

2007 年美国 12 架 F-16 战斗机在执行从夏威夷飞往日本的任务中,因电脑系统编码中犯了一个小错误,导致飞机上的全球定位系统纷纷失灵,有一架战机折戟沉沙。

软件缺陷是软件界甚至整个计算机界最热门的话题。为了解决这个问题,软件从业人员、专家和学者做出了大量的努力。现在人们已经逐步认识到所谓的软件缺陷实际上仅是一种状况,那就是软件中有错误,正是这些错误导致了软件开发在成本、进度和质量上的失控。有错误是软件的属性,而且是无法改变的,因为软件是由人来完成的,所有由人做的工作都不会是完美无缺的,问题在于我们如何去避免错误的产生和消除已经产生的错误,使程序中的错误密度达到尽可能低的程度。

1.1.2　软件缺陷产生的原因

在软件开发的过程中,软件缺陷的产生是不可避免的。那么造成软件缺陷的主要原因有哪些? 从软件本身、团队工作和技术问题等角度分析,就可以了解造成软件缺陷的主要因素。

1. 软件本身

(1) 文档错误、内容不正确或拼写错误。

(2) 没有考虑大量数据使用场合,从而可能会引起强度或负载问题。

(3) 对程序逻辑路径或数据范围的边界考虑不够周全,漏掉某些边界条件,造成容量或边界错误。

(4) 对一些实时应用,要进行精心设计和技术处理,保证精确的时间同步,否则容易引起时间上不协调、不一致的问题。

(5) 没有考虑系统崩溃后的自我恢复或数据的异地备份、灾难性恢复等问题,从而存在系统安全性、可靠性的隐患。

(6) 硬件或系统软件上存在的错误。

(7) 软件开发标准或过程上的错误。

2. 团队工作

(1) 分析系统需求时对客户的需求理解不清楚,或者和用户的沟通存在一些困难。

(2) 不同阶段的开发人员相互理解不一致。例如,软件设计人员对需求分析的理解有偏差,编程人员对系统设计规格说明书中某些内容重视不够,或存在误解。

(3) 对于设计或编程上的一些假定或依赖性,相关人员没有充分沟通。

3. 技术问题

(1) 算法错误:在给定条件下没能给出正确或准确的结果。

(2) 语法错误:对于编译性语言程序,编译器可以发现这类问题;但对于解释性语言程序,只能在测试运行时发现。

(3) 计算和精度问题:计算的结果没有满足所需要的精度。

(4) 系统结构不合理、算法选择不科学,造成系统性能低下。

(5) 接口参数传递不匹配,导致模块集成出现问题。

1.2　软件测试概述

计算机和程序是一对孪生兄弟,自从计算机诞生之日起就必须要有程序在其上运行。为了使所编制的程序能在计算机上运行,从而得到问题的正确解,必须对程序的功能进行测试。所以软件测试工作在软件工程诞生之前就客观存在了,一直延用至今,且其测试的内容和技术也有了较大的发展。

无论是 ISO 9000 的质量体系认证,还是 CMU/SEI 的 CMM 认证,其中均涉及测试,如 ISO 9000 中共有 19 个要素,其中一个要素就是"检验和试验",对于软件来说就是测试。再如 CMU/SEI 的 CMM 中共有 18 个过程关键域,其中有一个质量保证过程关键域,就是对过程的监视和测量。

因此,无论从何种角度讲,软件测试是必不可少的活动,是对软件需求分析、设计规约和编码的最终复审;是保证软件质量的关键步骤。软件测试是根据软件开发各阶段的规约和软件的内部结构,精心设计一批测试用例(包括输入数据及其预期的输出结果),并利用这些测试用例去运行程序,以发现软件中不符合质量特性要求(即缺陷或错误)的过程。目前,许多软件开发机构将研发力量的 40% 以上投入到软件测试之中,充分体现了对软件质量的重视。众所周知,软件中存在的缺陷甚至错误,如果遗留到软件交付投入运行之时,终将会暴露出来。到那时,不仅改正这些缺陷所花的代价更高,而且往往造成恶劣的后果。由此可知软件测试的重要性。

在进行软件产品或软件系统开发时,主要有 3 类人员必须参与,他们分别是项目经理、开发人员和测试人员。一般来说,大家都会十分重视开发工作,因此在一个项目组中,会有很多的开发人员,而测试人员都比较少。经过多次实践后,才会增加测试人员,如微软公司就是这种情况,目前软件测试人员就比较多了,如 Exchange 2000,项目经理 23 人,开发人员 140 人,测试人员 350 人;再如 Windows 2000,项目经理 250 人,开发人员 1700 人,测试人员 3200 人,可以看出开发人员和测试人员之比,竟达 3∶5。对于当前我国的软件企业来说,软件测试的力度远远不够,随着市场的成熟和企业的发展,必将会极大地投入到测试工作中去,届时测试人员将会十分走俏。

1.2.1　软件测试定义

什么是软件测试? G. Myers 给出了关于测试的一些规则,这些规则也可以看作是测试的定义。

- 测试是为了发现程序中的错误而执行程序的过程。
- 好的测试方案是极有可能发现迄今为止尚未发现的错误的测试方案。
- 成功的测试是发现了至今为止尚未发现的错误的测试。

从上述规则可以看出,软件测试的正确定义就是利用测试工具按照测试方案和流程对产品进行功能和性能测试,甚至根据需要编写不同的测试工具,设计和维护测试系统,对测试方案可能出现的问题进行分析和评估。执行测试用例后,需要跟踪故障,以确保开发的产品适合需求。

软件测试是"为了发现程序中的错误而执行程序的过程",这和某些人通常想象的"测试是为了表明程序是正确的","成功的测试是没有发现错误的测试"等是恰恰相反的。

由于测试的目标是暴露程序中的错误,从心理学角度看,由程序的编写者自己进行测试是不恰当的。因此,在综合测试阶段通常由其他人员组成测试小组来完成测试工作。

1.2.2　软件测试贯穿于软件生命周期

不论采用什么技术和方法,软件中仍然会有错。采用新的语言、先进的开发方式、完善的开发过程,可以减少错误的引入,但是不可能完全杜绝软件中的错误,这些引入的错误需要通过测试来找出,软件中的错误密度也需要通过测试来进行估计。测试是所有工程学科的基本组成单元,是软件开发的重要部分。统计表明,在典型的软件开发项目中,软件测试工作量往往占软件开发总工作量的 40% 以上。而在软件开发的总成本中,用在测试上的开销要占到 30%～50%。如果把维护阶段也考虑在内,讨论整个软件生存期时,测试的成本比例也许会有所降低,但实际上维护工作相当于二次开发,乃至多次开发,其中必定还包含有许多测试工作。因此,测试对于软件生产来说是必需的,我们应该思考的是"采用什么方法、如何安排测试"。

20 世纪 70 年代中期,形成了软件开发生命周期的概念。这对于软件产品的质量保障以及组织好软件开发工具有着重要的意义。首先,由于能够把整个开发工作明确地划分成若干个开发步骤,复杂的问题就能按阶段分别加以解决。这就使得对于问题的认识与分析、解决的方案与方法以及具体实现的步骤,在各个阶段都有着明确的目标。其次,把软件开发划分成阶段,提供了对中间产品进行检验的依据。各阶段完成的软件文档成为检验软件质量的主要对象。很显然,程序代码中的错误,并不一定是编码环节所引起的,很可能是详细设计、概要设计阶段,甚至是需求分析阶段的问题引起的。因此,即使针对源程序进行测试,所发现的问题其根源也可能在开发前期的各个阶段。解决问题、纠正错误也必须追溯到前期的工作。

从软件工程的角度来看,软件的生命周期一般可以分为 4 个活动时期:软件分析时期、软件设计时期、编码和测试时期、软件运行与维护时期。软件测试横跨其中的两个阶段,在进行编码的同时,也进行着单元测试。所谓单元测试就是指在每个模块编写出来后对其进行的测试,通常程序员和测试员是同一个人;在编码结束后,还有对整个系统的综合测试,这时主要是测试模块接口的正确性和整个系统的功能。通常由专业的测试人员来负责这一工作,测试人员有熟悉电脑的程序员、测试员,也有不熟悉电脑的用户。

1.2.3　软件测试的目标和原则

软件测试的目标是要证明程序中有故障存在,并且是最大可能地尽早找出最多的错误,测试过程要求设计出最能暴露问题的测试用例。软件测试要从软件有缺陷和故障这个假定出发去进行测试活动,并从中尽可能多地发现问题。实现这个目的的关键是如何合理地设计测试用例。在设计测试用例的时候,要着重考虑那些易于发现程序错误的方法策略与具体数据。

测试是以发现故障为目的并为发现故障而执行程序的过程。综上所述,软件测试的目的就是要尽早发现软件缺陷,并确保其得以修复。

为了发现软件缺陷,应遵循以下原则:

(1) 应当把"尽早地和不断地进行软件测试"作为软件开发者的座右铭。

(2) 测试用例应由测试输入数据和与之对应的预期输出结果这两部分组成。

（3）程序员应避免检查自己的程序。

（4）在设计测试用例时，应当包括合理的输入条件和不合理的输入条件。

（5）充分注意测试中的群集现象。

（6）严格执行测试计划，排除测试的随意性。

（7）应当对每一个测试结果做全面检查。

（8）妥善保存测试计划、测试用例、出错统计和最终分析报告，为维护提供方便。

1.2.4　软件测试的代价

如果测试软件不能穷尽所有的情况，则该软件就是有风险的。软件测试不可能对软件使用中所有的情况进行测试，但有可能用户会在使用该软件的时候碰到，并且可能发现软件的缺陷。等到那个时候，再进行软件缺陷的修复，代价将是非常高的。

软件测试的一个主要工作原则就是如何把无边无际的可能性减少到一个可以控制的范围，以及如何针对软件风险做出恰当的选择，去粗存精，找到最佳的测试量，使测试工作量刚好合适，既能达到测试的目的，又较为经济。图 1-1 是测试工作量和软件缺陷数量之间的关系曲线。

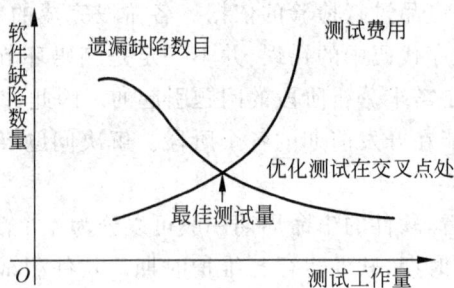

图 1-1　测试工作量和软件缺陷数量之间的关系曲线

1.2.5　软件测试类别

软件测试有各种分类方法，按照不同的分类原则有不同的分类结果。软件测试的分类原则可以有以下几种：

（1）按照测试的动、静态来分，有静态测试和动态测试。

在软件开发过程中，每产生一个文档，或每一个活动结束时产生文档，都必须进行测试，这种测试叫做静态测试。静态测试通过了，该过程或活动才算结束，可以进入下一个阶段或活动，这种静态测试也叫做评审。

动态测试就是通过运行程序来检验程序的动态行为和运行结果的正确性。运行程序不是目的，通过运行来检验程序是否正确才是动态测试的目的所在。动态测试必须具备测试用例，有时还需要具备驱动程序、桩模块和测试监视代码。

（2）按照软件层面来分，将软件评审的内容分两个层面来进行，即技术评审和管理评审。

① 技术评审的任务

- 建立软件配置管理基线。
- 提出并解决技术问题,审查技术工作。
- 评价项目的状态,判明有关技术问题的近期、长期风险,并加以讨论。
- 在技术代表的权限内,达成已判明风险的转移策略。
- 标识呈交给管理人员讨论的风险要素和有关问题。
- 确保用户和软件开发技术人员之间的交流通畅。

② 管理评审的任务

- 报告上级管理部门该项目的状态、所采取的方针、所达成的技术协议以及软件产品进展的总体情况。
- 解决技术评审不能解决的问题。
- 就技术评审不能解决的近期、长期风险可达成的转移战略。
- 鉴别并解决管理方面的问题以及技术评审没有提出的风险。
- 征得用户的同意和各方认可以便及时完成。

(3) 按照软件开发过程的内、外进行分类。

软件开发过程中的测试,按软件开发过程中所处的阶段(或活动)及其作用来分,有单元测试、集成测试、系统测试和验收测试。

① 软件开发过程中的测试,大部分是开发单位自行完成的。当然,也可交给第三方软件测试机构执行,但往往是系统测试和验收测试。有时,这种测试,因为不是由用户进行的,又称 α 测试。

② 软件产品测试。其测试对象是产品化或正在产品化的软件。这种测试的内容包含范围很广,通常由第三方软件测试机构执行。

通常的软件产品测试:

- 功能测试;
- 性能测试;
- β 测试(用户测试);
- Benchmark 测试。

专门的软件产品测试:

- 可靠性测试;
- 标准符合性测试;
- 互操作性测试;
- 安全性测试;
- 强度测试。

(4) 按照测试用例所依据的信息来源,测试方法可以分为如下几种:

① 以程序为基础的测试。通过对程序的分析形成测试用例,并以程序被执行的程度来判断测试是否充分,这就是"白盒法"。

② 以需求规约和需求描述为基础的测试。通过分析软件的需求描述和需求规约形成测试用例,并根据需求描述和需求规约所规定的功能和性能是否得到了充分的检验来判断测试是否充分,这就是"黑盒法"。

③ 程序和需求相结合的测试。综合考虑需求和实现形成测试用例。

④ 以接口为基础的测试。仅仅依靠软件与其运行环境之间的接口形成测试用例,随机测试就是一种以接口为基础的测试方法。

(5) 按照判断测试的充分性,测试方法可以分为如下几种:

① 结构性测试,旨在充分覆盖程序结构,并以程序中的某类成分是否都已得到测试为依据,来判断测试的充分性,如语句覆盖是一种结构性测试。

② 排错性测试,旨在排除程序中潜在缺陷的可能性,并根据测试用例集排除软件潜在缺陷的可能性能力去判断测试的充分性。

③ 分域测试,通过对软件的需求和实现进行分析,将软件的输入空间划分成一系列子空间,然后在每一个子空间内选择一个或多个测试数据。

④ 功能测试,根据软件所需的功能和所实现的功能,形成测试用例,分析测试的充分性。

(6) 按照软件测试的完整性,从程序结构和测试覆盖程度出发分为如下几种:

① 完全性和连续性测试

要求程序中的所有指令至少执行一次(100%的语句覆盖)。

② 图路径测试

所有图路径至少执行一次(100%的图路径覆盖)。

③ 程序路径测试

所有程序路径至少执行一次(100%的程序路径覆盖)。

④ 穷举测试

对输入参数的所有值执行所有程序路径,或对输入参数的所有值和所有输入序列以及初始条件的所有组合,执行所有程序路径。

以上这 6 种软件测试的分类方法,是从不同的技术角度对软件测试进行的分类。实际上,它们之间有很多交互和相关之处,方法的分类只是为了能更清晰地看到测试技术的区别,找到最佳的测试方法。

1.3　软件测试模型

建立一个正确的测试模型有利于对测试过程的全面认识。软件测试专家通过测试实践总结出一些测试模型,如 V 模型、W 模型等。显然,测试作为开发过程中的一部分,其流程也是嵌入这些开发模型之中的。

1.3.1　软件开发阶段与测试阶段的联系

为了使软件测试过程尽可能地有效,测试阶段需要伴随开发过程进行,而不能仅仅作为开发过程的后续过程进行,如图 1-2 所示。

研究显示测试通常占软件开发成本的 30%～50%。为了减少测试成本,需要实现一个结构化的、经过良好定义的测试办法。某些项目可能看起来太小不需要广泛的测试,但是人们应该考虑的是错误可能带来的影响而不是项目的大小。但我们也必须记住测试仅仅可以表明错误的存在,而无法表明它们不

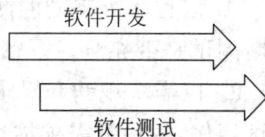

图 1-2　软件测试应贯穿于整个软件开发过程

存在。

图 1-3 给出了一个关于软件开发过程和测试过程的一般解释并且显示了这些过程之间的关系。实际上，正如前面提到的，这两个过程应该被作为一个整体看待和处理。图 1-3 中的花纹显示了不同的阶段的关系。例如，系统测试是去检查软件产品是否满足开发开始时定义的需求。大部分集成测试是去检查开发的设计阶段所做的逻辑设计。

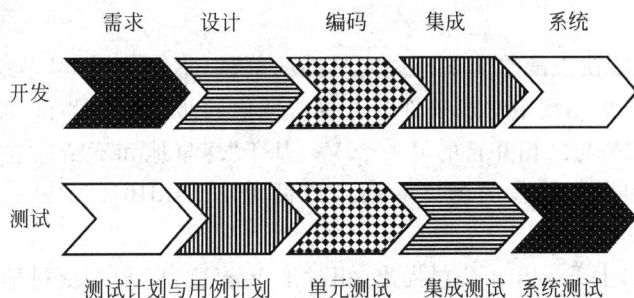

图 1-3　测试阶段与开发阶段的关系

1.3.2　软件测试模型

在软件开发几十年的实践过程中，人们总结了很多的开发模型，如瀑布模型、原型模型、螺旋模型、增量模型、渐进模型、快速软件开发（RAD）及最近比较流行的 Rational 统一过程（RUP）等，这些模型对于软件开发过程具有很好的指导作用。但是，在这些过程方法中，并没有充分强调测试的价值，也没有给测试以足够的重视，利用这些模型不能很好地指导测试实践。

软件测试是与软件开发紧密相关的一系列有计划的系统性活动，软件测试也需要测试模型去指导实践。软件测试专家通过测试实践总结出一些测试模型，由于测试与开发过程是紧密结合的，这些测试模型中也包含开发过程，体现测试与开发的融合。下面简单介绍几个主要测试模型。

1. V 模型

在软件测试方面，V 模型是最广为人知的模型，它最早是由 Paul Rook 在 20 世纪 80 年代后期提出的，旨在改进软件开发的效率和效果。

在传统的开发模型中，如瀑布模型，通常把测试过程作为在需求分析、概要设计、详细设计和编码全部完成之后的一个阶段，尽管有时测试工作会占用整个项目周期一半的时间，但是仍有人认为测试只是一个收尾工作，而不是主要的工程。V 模型是瀑布模型的变种，它反映了测试活动与分析和设计等开发活动的对应关系。

图 1-4 就是 V 模型，图中箭头代表了时间

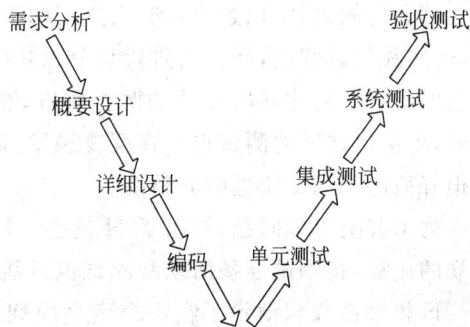

图 1-4　V 模型

方向,左边下降的是开发过程各阶段,与此相对应的是右边上升的部分,即测试过程的各个阶段。

V 模型从左到右描述了基本的开发过程和测试行为,明确地标明了测试工程中存在的不同级别,清楚地描述了这些测试阶段和开发过程期间各阶段的对应关系。

2. W 模型

V 模型的局限性在于没有明确地说明早期的测试,不能体现"尽早地和不断地进行软件测试"的原则。在 V 模型中增加软件各开发阶段应同步进行的测试,便演化为 W 模型,开发是一个 V,测试是与之相并行的另一个 V。基于"尽早地和不断地进行软件测试"的原则,在软件的需求和设计阶段的测试活动应遵循 IEEE std1012—1998《软件验证和确认(V&V)》的原则。

W 模型(图 1-5)由 Evolutif 公司提出,相对于 V 模型,W 模型更科学。W 模型是 V 模型的发展,强调的是测试活动应该伴随整个软件开发周期,而且测试的对象不仅仅是程序,需求、设计同样要测试。测试与开发是同步进行的,有利于尽早地发现问题。以需求为例,需求分析一完成,就可以对需求进行测试,而不是等到最后才进行针对需求的验收测试。

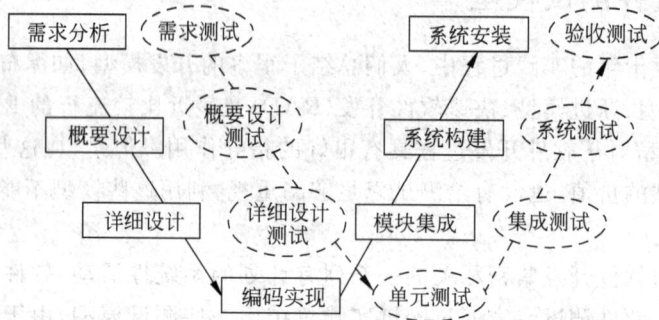

图 1-5 W 模型

3. H 模型

V 模型和 W 模型均存在一些不妥之处。首先,如前所述,它们都把软件的开发视为需求、设计、编码等一系列串行的活动,而事实上,虽然这些活动之间存在相互牵制的关系,但在大部分时间内,它们是可以交叉进行的。虽然软件开发期望有清晰的需求、设计和编码阶段,但实践告诉我们,严格的阶段划分只是一种理想状况。试问,有几个软件项目是在有了明确的需求之后才开始设计的呢? 所以,相应的测试活动之间也不存在严格的次序关系。同时,各层次之间的测试也存在反复触发、迭代和增量等关系。另外,V 模型和 W 模型都没有很好地体现测试流程的完整性。

为了解决以上问题,提出了 H 模型。H 模型将测试活动完全独立出来,形成一个完全独立的流程,将测试准备活动和测试执行活动清晰地体现出来。H 模型如图 1-6 所示。

H 模型图仅仅演示了在整个生存周期中某个层次上的一次测试"微循环"。图中的其他流程可以是任意开发流程,例如设计流程和编码流程。也可以是其他非开发流程,例如软

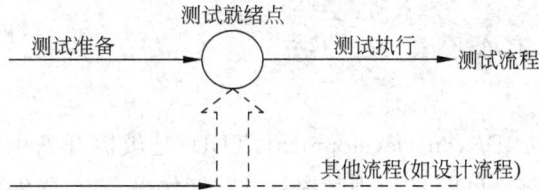

图 1-6 H 模型

件质量保证流程,甚至是测试流程自身。也就是说,只要测试条件成熟了,测试准备活动完成了,测试执行活动就可以进行了。

4. X 模型

X 模型的基本思想是由 Marick 提出的,Marick 对 V 模型最主要的批评是 V 模型无法引导项目的全部过程。他认为一个模型必须能处理开发的所有方面,包括交接、频繁重复的集成以及需求文档的缺乏等。Maricke 认为一个模型不应该规定那些和当前所公认的实践不一致的行为。

X 模型也是对 V 模型的改进,X 模型要求针对单独的程序片段进行相互分离的编码和测试,此后通过频繁的交接,通过集成最终合成为可执行的程序。

图 1-7 就是 X 模型,X 模型的左边描述的是针对单独程序片段所进行的相互分离的编码和测试,此后将进行频繁的交接,通过集成最终成为可执行的程序,然后再对这些可执行程序进行测试。已通过集成测试的成品可以进行封装并提交给用户,也可以作为更大规模和范围内集成的一部分。多根并行的曲线表示变更可以在各个部分发生。X 模型在图形的右下方还定义了探索性测试,这是不进行事先计划的特殊类型的测试,诸如"我这么测一下,结果会怎么样"。这一方式往往能帮助有经验的测试人员在测试计划之外发现更多的软件错误,但这样可能对测试造成人力、物力和财力的浪费,对测试员的熟练程度要求比较高。

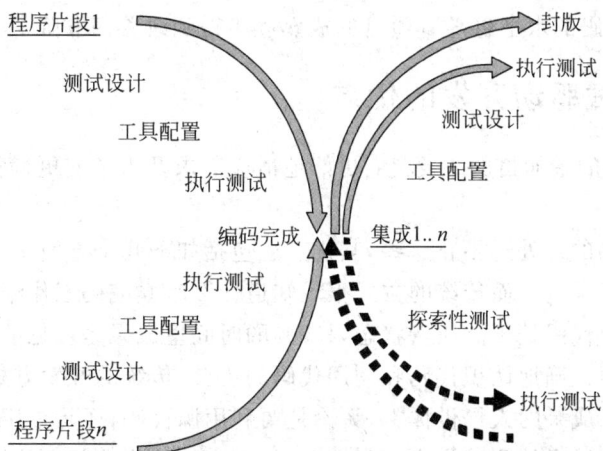

图 1-7 X 模型

1.4　测试驱动开发

测试驱动开发(Test Driven Development,TDD)是敏捷开发中的一项核心实践和技术,也是一种设计方法论。TDD 的原理是在开发功能代码之前,先编写单元测试用例代码,测试代码确定需要编写什么产品代码。TDD 虽是敏捷方法的核心实践,但不只适用于极限编程(Extreme Programming,EP),同样可以适用于其他开发方法和过程。

TDD 的基本思路就是通过测试来推动整个开发的进行,但测试驱动开发并不只是单纯的测试工作,而是把需求分析、设计、质量控制量化的过程。

TDD 的主要目的不仅仅是测试软件,测试工作保证代码质量仅仅是其中一部分,TDD还在开发过程中帮助客户和程序员去除模棱两可的需求。TDD 首先考虑使用需求(对象、功能、过程、接口等),主要是编写测试用例框架对功能的过程和接口进行设计,而测试框架可以进行持续验证。

1.4.1　测试驱动开发的概念

测试驱动开发是极限编程的一个重要组成部分,它的基本思想就是在开发功能代码之前,先编写测试代码。它以不断地测试推动代码的开发,既简化了代码,又保证了软件质量。也就是说在明确要开发某个功能后,首先思考如何对这个功能进行测试,并完成测试代码的编写,然后编写相关的代码满足这些测试用例。循环进行添加其他功能,直到完成全部功能的开发。代码整洁可用是测试驱动开发所追求的目标。这种方法在实际中能够起到非常好的效果,使得测试工作成为设计的一部分,很好地把开发和测试融合为一个整体。

测试驱动开发改变了编码的过程,并且这种改变不仅是可能的,同时也是值得去做的。开发包括三方面的活动:编写测试用例,编码并进行测试,重构代码以消除重复代码使其更简单、更灵活、更容易理解。这个过程会频繁地重复,每次进行测试均是为了保证产品的正确性。设计、编码和测试三者之间的鸿沟将不再存在,这样可以促进对整个环境更好地理解。因此,设计和编码的水平将随着项目的成熟逐步得到改善而非降低。

1.4.2　测试驱动开发的优点

考虑实施 TDD 的最初目的主要是:更好地适应需求及需求变更,简化开发过程和缩短开发周期。

当然,TDD 带来的好处远不止这些,其优点还包括如下几个方面:

(1) 项目进度可预测。而传统的方式很难知道什么时候编码工作结束。

(2) 大部分时间代码处于高质量状态,100%的时间里成果是可见的。

(3) 提供了全面正确地认识代码和利用代码的机会,传统的开发方式则没有这个机会。

(4) 为利用已有成果的人提供样本,无论是要利用源代码,还是重用组件。

(5) 系统可以与详尽的测试集成一起发布,从而为软件将来版本的扩展提供方便。

(6) 将设计、编码、测试融为一体。由于编写测试和编写功能代码的是相同的程序员,降低了理解代码所花费的成本;同时避免了设计角色,因为对于一个使用 TDD 技术的开发小组而言,每个人都在进行设计。

(7) 降低了开发小组间的交流成本,提高了相互依赖程度。

(8) 由于能清晰、无二义地描述对代码的需求,从而减少了文档对代码需求描述不清而引入缺陷的可能。

(9) 在预先设计和紧急设计之间建立一种平衡点,为开发(测试)人员区分哪些设计应该事先做,哪些设计应该迭代时做,提供了一个可靠的判断依据,即避免了过度设计。

(10) 有利于发现比传统测试方式更多的缺陷。

1.4.3 测试驱动开发的原则

1. 测试隔离

不同代码的测试应该相互隔离。对一块代码的测试只考虑此代码的测试,不要考虑其实现细节(比如它使用了其他类的边界条件)。

2. "一顶帽子"

开发人员开发过程中要做不同的工作,比如编写测试代码、开发功能代码、对代码重构等。做不同的事,承担不同的角色。开发人员完成对应的工作时应该保持注意力集中在当前工作上,而不要过多的考虑其他方面的细节,保证头上只有一顶帽子。避免考虑无关细节过多,无谓地增加复杂度。

3. 测试列表

需要测试的功能点很多。应该在任何阶段想添加功能需求问题时,把相关功能点加到测试列表中,然后继续手头工作,不断地完成对应的测试用例、功能代码、重构。这样既可以避免疏漏,也能够避免干扰当前进行的工作。

4. 测试驱动

这个比较核心。完成某个功能、某个类,首先编写测试代码,考虑其如何使用、如何测试。然后再对其进行设计、编码。

5. 先写断言

编写测试代码时,应该首先编写对功能代码的判断用的断言语句,然后编写相应的辅助语句。

6. 可测试性

功能代码设计、开发时应该具有较强的可测试性。其实遵循比较好的设计原则的代码都具备较好的测试性。比如比较高的内聚性、尽量依赖于接口等。

7. 及时重构

无论是功能代码还是测试代码,对结构不合理、重复代码等情况,在测试通过后,及时进行重构。

1.5　软件质量保证

软件作为一种逻辑产品,是人类思维的创造物,其新旧技术的更新换代比起传统领域要迅速得多。随着时间的推移,软件的应用范围越来越广,已成为国民经济、国防和日常生活中必不可少的重要组成部分,同时随着软件的规模和复杂度的迅速增大,其开发过程不易把握,开发进度、成本与计划不符的问题也日益严重,软件的质量越来越成为人们关注的焦点。

软件质量是贯穿软件生存期的一个极为重要的问题。同时,面对不断变化和激烈竞争的市场,产品质量已成为公司和企业得以保持其长期竞争优势的关键。如何产生一个高质量的软件产品,尤其是如何从企业角度出发,控制整个软件的生产过程,确保软件产品的高质量以及如何使软件摆脱极强的特殊性,如业务领域、开发人员能力等,而达到统一的水平,是现阶段摆在许多软件企业面前的一个迫切的问题。

软件质量保证(Software Quality Assurance,SQA)是建立一套有计划、有系统的方法,来向管理层保证拟定出的标准、步骤、实践和方法能够正确地被所有项目采用。软件质量保证的目的是使软件过程对管理人员是可见的,它通过对软件产品和活动进行评审和审计来验证软件是否合乎标准。软件质量保证人员在项目开始时就参与到开发过程中,保障开发过程的质量。

1.5.1　软件质量和软件质量模型

1. 质量和软件质量的概念

质量是"反映实体满足明确或隐含需要能力的特性总和"(ISO 8402)。质量就其本质来说是一种客观事物具有某种能力的属性,由于客观事物具备了某种能力,才可能满足人们的需要。质量的定义中所说的"实体"是指可单独描述和研究的事物。

ISO 9000 中对质量的定义是这样的:"质量指一组固有特性满足要求的程度"。定义中的"特性"是指事物所特有的性质,固有特性是事物本来就有的,它是通过产品、过程或体系设计和开发、实现过程形成的属性。"满足要求"就是应满足明示的(如明确规定的)、隐含的(如组织的惯例、一般习惯)或必须履行的(如法律法规、行业规则)的需要和期望。只有全面满足这些要求,才能评定为好的质量或优秀的质量。

在质量管理过程中,"质量"的含义是广义的,除了产品质量之外,还包括工作质量。质量管理不仅要管好产品本身的质量,还要管好质量赖以产生和形成的工作质量,并以工作质量为重点。

ANSI/IEEE Std 729—1983 中对软件质量这样定义:"与软件产品满足规定的和隐含的需求的能力有关的特征或特性的全体"。

软件质量反映了以下三方面的问题:

- 软件需求是度量软件质量的基础。不符合需求的软件就不具备质量。
- 规范化的标准定义了一组开发准则,用来指导软件人员用工程化的方法来开发软件。如果不遵守这些开发准则,软件质量就得不到保证。

- 往往会有一些隐含的需求没有显式地提出来。如软件应具备良好的可维护性。如果软件只满足那些精确定义了的需求而没有满足这些隐含的需求,软件质量也不能保证。

软件质量是各种特性的复杂组合。它随着应用的不同而不同,随着用户提出的质量要求不同而不同。因此,有必要讨论各种质量特性以及评价质量的准则,还要介绍为保证质量所进行的各种活动。

2. 软件质量特性与质量模型

软件质量特性,反映了软件的本质。讨论一个软件的质量,问题最终要归结到定义软件的质量特性。而定义一个软件的质量,就等价于为该软件定义一系列质量特性。

人们通常把影响软件质量的特性用软件质量模型来描述。已有多种有关软件质量模型的方案。它们共同的特点是:把软件质量特性定义成分层模型。最基本的叫做基本质量特性,它可以由一些子质量特性定义和度量。子质量特性在必要时又可由它的一些子质量特性定义和度量。

早在 1976 年,由 Boehm 等提出软件质量模型的分层方案。1979 年 McCall 等改进 Boehm 质量模型,又提出了一种软件质量模型。模型的三层次式框架如图 1-8 所示。质量模型中的质量概念基于 11 个特性之上。而这 11 个特性分别面向软件产品的运行、修正、转移。它们与特性的关系如图 1-9 所示。McCall 等认为,特性是软件质量的反映,软件属性可用做评价准则,定量化地度量软件属性可知软件质量的优劣。

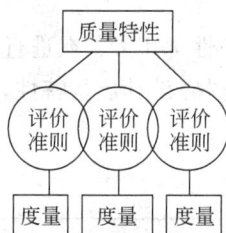

图 1-8　McCall 质量模型框架　　　　　　图 1-9　McCall 软件质量模型

在 ISO 国际标准中,也有关于软件质量的模型。ISO/IEC 9126—1991 标准规定的软件质量模型由三个层次组成。在这个标准中,三个层次中的第一层称为质量特性,第二层称为质量子特性,第三层称为度量,如图 1-10 所示。该标准定义了 6 个质量特性,即功能性、可靠性、可维护性、效率、可使用性、可移植性;并推荐了 21 个子特性,即适合性、准确性、互操作性、依从性、安全性、成熟性、容错性、易恢复性、易理解性、易学习性、易操作性、时间特性、资源特性、易分析性、易变更性、稳定性、易测试性、适应性、易安装性、遵循性、易替换性,但不作为标准。用于评价质量子特性的度量没有统一的标准,由各使用单位视实际情况制定。

3. 软件质量特性之间的竞争

在软件的质量特性与质量特性之间、质量特性与子特性之间存在着有利影响和不利影响,若用"△"表示该质量特性对质量特性有有利影响;用"▽"表示该质量特性对质量特性有不利影响。则有下面表 1-1 所示的关系。例如,由于效率的要求,应尽可能采用汇编语

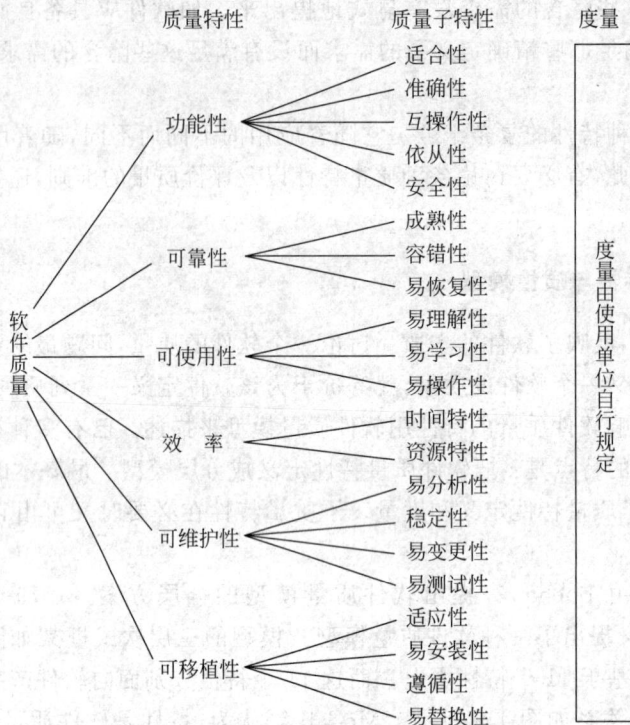

图 1-10　ISO 9126 软件质量模型

言。但是用汇编语言编制出的程序,可靠性、可移植性以及可维护性都很差。在进行软件质量设计时,必须考虑利弊,全面权衡,根据质量需求,适当合理地选择/设计质量特性,并进行评价。

表 1-1　各质量特性之间的关系

功能性	可靠性	可使用性	效 率	可维护性	可移植性
功能性	△			△	
可靠性			▽		△
可使用性			▽	△	△
效率	▽			▽	▽
可维护性	△		▽		△
可移植性	▽		▽		

1.5.2　软件能力成熟度模型

为了解决软件危机的问题,企业界在软件工程、技术和工具方面投入了大量的人力、物力和财力,希望能找到一种提高软件质量的有效方法,他们致力于探索开发软件的新技术、新方法,试图提高软件生产率和质量。而这些新技术、新方法确实也为解决软件危机提供了一些帮助。例如面向对象方法,它很好地解决了软件开发完备性和软件代码重用性等问题。但这些方法都没有从根本上解决软件危机。软件产品的开发、维护杂乱无章,软件企业的成熟状况依然困扰着软件产业的发展。于是专家们开始从软件过程的管理方面着手解决软件危机问题。软件企业开始希望能有效地控制软件的开发和维护过程,使企业的内部形成优秀的软件工程和软件管理文化。

在 20 世纪 80 年代中期,由美国国防部资助,卡内基·梅隆大学(Carnegie Mellon University)软件工程研究所(Software Engineering Institute,SEI)最先提出的"软件能力成熟度模型(Software Capability Maturlty Model,SW-CMM)"理论,其应用在 20 世纪 90 年代正式发表为研究成果。这一成果已经得到了众多国家软件产业界的认可,并且在北美、欧洲和日本等国家及地区得到了广泛应用,成为事实上的软件过程改进的工业标准。

SEI 给 CMM 下的定义是:对于软件组织在定义、实现、度量、控制和改善其软件过程的进程中各个发展阶段的描述。该模型便于确定软件组织的现有过程能力并查找出软件品质及过程改进方面的最关键的问题,从而为选择过程改善战略提供指南。其目的是帮助软件企业对软件工程过程进行管理和改善,增强开发与改进能力,从而能按时地、不超预算地开发出高品质的软件。CMM 是一种用于评价软件能力并帮助其改善软件品质的方法,以逐步演进的架构形式不断地完善软件开发和维护过程,具备变革的内在原动力。

CMM 的基本理念在于:如果不可视,就难以控制;不能控制,反馈就难以发挥效果;反馈无效,就难以改善。就像中药一样,CMM 的功效在于其改善的持续性。CMM 在日本受到各大企业的重视,NEC、富士通、NTT 软件、东芝等企业都以 SW-CMM 为参考,以本企业的改善活动经验为基础,开发出改善模型并加以实施。

CMM 为企业的软件过程能力提供了一个阶梯式的进化框架,阶梯共有 5 级,如图 1-11 所示。第一级只是一个起点,任何准备按 CMM 体系进化的企业都自然处于这个起点上,并通过它向第二级迈进。除第一级外,每一级都设定了一组目标,如果达到了这组目标,则表明达到了这个成熟级别,可以向下一级别迈进。

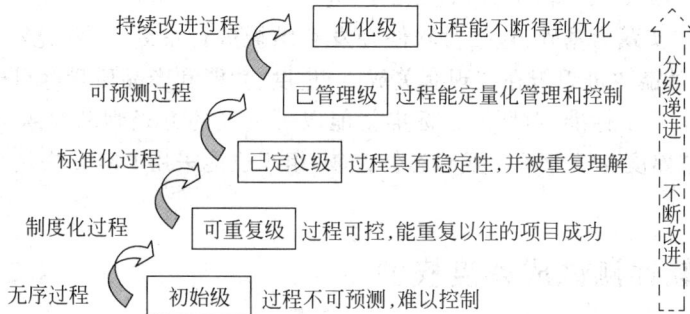

图 1-11 软件能力成熟度模型

第一级:初始级(Initial)

初始级的软件过程是未加定义的随意过程,项目的执行是随意甚至是混乱的。也许有些企业制订了一些软件工程规范,但若这些规范未能覆盖基本的关键过程要求,且执行没有政策、资源等方面的保证时,那么它仍然被视为初始级。

第二级:可重复级(Repeatable)

根据多年的经验和教训,人们总结出软件开发的首要问题不是技术问题而是管理问题。因此,第二级的焦点集中在软件管理过程上。一个可管理的过程则是一个可重复的过程,可重复的过程才能逐渐改进和成熟。可重复级的管理过程包括了需求管理、项目管理、质量管理、配置管理和子合同管理 5 个方面；其中项目管理过程又分为计划过程和跟踪与监控过程。

通过实施这些过程，从管理角度可以看到一个按计划执行的且阶段可控的软件开发过程。

第三级：已定义级（Defined）

在可重复级定义了管理的基本过程，而没有定义执行的步骤标准。在第三级则要求制订企业范围的工程化标准，并将这些标准集成到企业软件开发标准过程中去。所有开发的项目需要根据这个标准过程，裁剪出与项目适宜的过程，并且按照过程执行。过程的裁剪不是随意的，在使用前必须经过企业有关人员的批准。

第四级：已管理级（Managed）

第四级的管理是量化的管理。所有过程需建立相应的度量方式，所有产品的质量（包括工作产品和提交给用户的最终产品）需要有明确的度量指标。这些度量应是详尽的，且可用于理解和控制软件过程和产品。量化控制将使软件开发真正成为一种工业生产活动。

第五级：优化级（Optimizing）

优化级的目标是达到一个持续改善的境界。所谓持续改善是指可以根据过程执行的反馈信息来改善下一步的执行过程，即优化执行步骤。如果企业达到了第五级，就表明该企业能够根据实际的项目性质、技术等因素，不断调整软件生产过程以求达到最佳。

CMM 提供了一个软件过程改进的框架，这具体与软件生命周期无关，也与所采用的开发技术无关。在开发企业内部，根据这个 CMM 模型，可以极大程度地提高按计划的时间和成本提交有质量保证的软件产品的能力。

CMM 描述了一个有效的软件过程的各个关键元素，指出了一个软件企业从无序的、不成熟的过程到成熟的、有纪律的过程进化的改进途径。

CMM 以具体实践为基础，包括对软件开发和维护进行策划、工程化和管理的实践，遵循这些关键实践就能改进组织在实现有关成本、进度、功能和产品质量等目标上的能力。

CMM 建立起一个标准，对照这个标准就能以可重复的方式判断组织软件过程的成熟度，并能将过程成熟度与工业的实践状态作比较，组织也能采用 CMM 去规划它的软件过程改进。

1.5.3　软件测试成熟度模型

TMM 即 Software Testing Maturity Model（SW-TMM），意为"软件测试能力成熟度模型"，是 IIT（Indian Institute of Technology）大学提出来匹配 CMM、5 级的测试管理模型。由于软件的健壮性和软件测试过程专业化并没有完全结合在一起，因此开始对软件测试过程进行评估，从而产生了软件测试成熟度模型。软件测试成熟度模型可以记录当前等级，指明预期等级和实际等级之间的差距，提供必要过程改进的方法。

软件测试成熟度模型（TMM）是当前影响力最大的软件测试过程模型，其具有如下优点：

（1）等级水平结构、关键活动和角色的定义最为精细。

（2）测试相关因素覆盖最全面。

（3）支持测试过程成熟度增长。

（4）有定义良好的评估模型的支持。

（5）实施 TMM 能改进测试过程，并有助于提高软件质量、软件工程生产力和缩短研发周期，减少投入。

作为一类等级递增模型，TMM 体现了 20 世纪 50 年代到 20 世纪末的测试阶段划分和测试目标定义的发展历程。它来源于当前的工程实践总结，并允分利用了 Beizer 的测试人员思考模式的进化模型。它能够用于分析软件测试机构运作过程中最优秀或最混乱的区域，并辅助软件测试机构进行测试过程的评估与改进。

TMM 制定了 5 个成熟度等级：初始级，阶段定义级，集成级，管理和度量级，优化、缺陷预防和质量控制级。各级成熟度水平包含了一组成熟度目标和子目标以及支持它们的任务、职责和活动。

第一级——初始级

TMM 初始级软件测试过程的特点是测试过程无序，有时甚至是混乱的，几乎没有妥善的定义。初始级中软件的测试与调试常常被混为一谈，软件开发过程中缺乏测试资源、工具以及训练有素的测试人员。初始级的软件测试过程没有定义成熟度目标。

第二级——阶段定义级

TMM 的阶段定义级中，测试活动是按照计划进行的，测试已具备基本的测试技术和方法（如白盒测试和黑盒测试），软件的测试与调试已经被明确地区分开。这时，测试被定义为软件生命周期中的一个阶段，它紧随在编码阶段之后。但在定义级中，测试计划往往在编码之后才得以制订，这显然有悖于软件工程的要求。

TMM 的阶段定义级中需实现 3 个成熟度目标：制订测试与调试的目标和策略，启动测试计划过程，制度化基本的测试技术和方法。

第三级——集成级

在集成级，测试不仅仅是跟随在编码阶段之后的一个阶段，它已被扩展成与软件生命周期融为一体的、一组已定义的活动。测试活动遵循软件生命周期的 V 模型。测试人员在需求分析阶段便开始着手制订测试计划，并根据用户或客户需求建立测试目标，同时设计测试用例并制订测试通过准则。在集成级上，应成立软件测试机构，提供测试技术培训，关键的测试活动应有相应的测试工具予以支持。在该测试成熟度等级上，没有正式的评审程序，没有建立质量过程和产品属性的测试度量。集成级要实现 4 个成熟度目标，它们分别是：建立软件测试机构，制订技术培训计划，软件全寿命周期测试，控制和监督测试过程。

在 TMM 的定义级，测试过程中引入计划能力。在 TMM 的集成级，测试过程引入控制和监督活动。两者均为测试过程提供了可见性，为测试过程的持续进行提供保证。

第四级——管理和度量级

在管理和度量级，测试活动除测试被测程序外，还包括软件生命周期中各个阶段的评审、审查和追查，使测试活动涵盖了软件验证和软件确认活动。根据管理和度量级的要求，软件工作产品以及与测试相关的工作产品，如测试计划，测试设计和测试步骤都要经过评审。因为测试是一个可以量化并度量的过程，为了度量测试过程，测试人员应建立测试数据库，收集和记录各软件工程项目中使用的测试用例，记录缺陷并按缺陷的严重程度划分等级。此外，所建立的测试规程应能够支持软件组织最终对测试过程的控制和度量。管理和度量级有 3 个要实现的成熟度目标：建立组织范围内的评审程序，建立测试过程的度量程序和软件质量评价。

第五级——优化、预防缺陷和质量控制级

由于本级的测试过程是可重复的、已定义的、已管理的和已度量的，因此软件组织能够优化调整和持续改进测试过程。测试过程的管理为持续改进产品质量和过程质量提供指导，并提供必要的基础设施。优化、预防缺陷和质量控制级有 3 个要实现的成熟度目标：应用过程数据预防缺陷，质量控制和测试过程优化。

1.5.4　软件质量保证

软件质量保证(Software Quality Assurance，SQA)是一种有计划的、系统的评估软件产品质量、确保软件产品符合相关标准、流程的活动。就是向用户及社会提供满意的高质量的产品，确保软件产品从诞生到消亡为止的所有阶段的质量的活动，即确定、达到和维护需要的软件质量而进行的所有有计划、有系统的管理活动。

1. SQA 的目的

软件质量保证的目标是以独立审查方式，从第三方的角度监控软件开发任务的执行，就软件项目是否正遵循已制订的计划、标准和规程给开发人员和管理层提供反映产品和过程质量的信息和数据，提高项目透明度，同时辅助软件工程组取得高质量的软件产品。主要包括以下 4 个方面：

- 通过监控软件开发过程来保证产品质量。
- 保证开发出来的软件和软件开发过程符合相应标准与规程。
- 保证软件产品、软件过程中存在的不符合问题得到处理，必要时将问题反映给高级管理者。
- 确保项目组制订的计划、标准和规程适合项目组的需要，同时满足评审和审计需要。

2. SQA 组织的主要工作

SQA 组织的主要工作包括两方面：监控软件的开发过程，保证软件开发过程符合相应的标准与规程；保证软件产品、软件过程中存在的不符合问题得到处理，必要时将问题反映给高级管理者。

SQA 的主要作用是给管理者提供实现软件过程的保证，因此 SQA 组织需要保证：

- 选定的开发方法被采用。
- 选定的标准和规程得到采用和遵循。
- 进行独立的审查。
- 偏离标准和规程的问题得到及时地反映和处理。
- 项目定义的每个软件任务得到实际执行。

3. SQA 人员的组成

软件企业中的 SQA 人员既可以由全职人员担任，也可以由企业内具有相关素质、经过 SQA 培训的人员兼职担任。由此组成的 SQA 小组可能是一个真正的物理上存在的独立部门,也可以是一个逻辑上存在的平台。但不管是真正的独立部门还是逻辑上的平台,它都需要有一个灵魂人物——SQA 小组组长,来组织 SQA 小组的日常活动。

在给一个项目组分配负责监督其项目过程的 SQA 时,一定要注意一点:就是该项目的 SQA 不能是该项目组的开发人员、配置管理人员或测试人员,一个项目的 SQA 除了监控项目过程,完成 SQA 相关工作以外,不应该参与项目组的其他实质性工作,否则他会与项目组捆绑在一起,很难保持客观性。

4. 软件质量保证的工作内容

软件质量保证的工作内容主要包括以下 6 类:

(1) 与 SQA 计划直接相关的工作:SQA 在项目早期要根据项目计划制订与其对应的 SQA 计划,定义出各阶段的检查重点,标识出检查、审计的工作产品对象以及在每个阶段 SQA 的输出产品。

(2) 参与项目的阶段性评审和审计:在 SQA 计划中通常已经根据项目计划定义了与项目阶段相应的阶段检查,包括参加项目在本阶段的评审和对其阶段产品的审计。对于阶段产品的审计通常是检查其阶段产品是否按计划按规程输出并内容完整,这里的规程包括企业内部统一的规程也包括项目组内自己定义的规程。

(3) 对项目日常活动与规程的符合性进行检查:这部分的工作内容是 SQA 的日常工作内容。由于 SQA 独立于项目组,如果只是参与阶段性的检查和审计,很难及时反映项目组的工作过程,所以 SQA 也要在两个阶段点之间设置若干小的跟踪点,来监督项目的进行情况,以便能及时反映出项目组中存在的问题,并对其进行追踪。如果只在阶段点进行检查和审计,即便发现了问题也难免过于滞后,不符合尽早发现问题、把问题控制在最小的范围之内的整体目标。

(4) 对配置管理工作的检查和审计:SQA 要对项目过程中的配置管理工作是否按照项目最初制订的配置管理计划进行监督,包括配置管理人员是否定期进行该方面的工作、是否所有人得到的都是开发过程产品的有效版本。这里的过程产品包括项目过程中产生的代码和文档。

(5) 跟踪问题的解决情况:对于评审中发现的问题和项目日常工作中发现的问题,SQA 要进行跟踪,直至解决。

(6) 收集新方法,提供过程改进的依据:此类工作很难具体定义在 SQA 的计划当中,但是 SQA 有机会直接接触很多项目组,对于项目组在开发管理过程中的优点和缺点都能准确地获得第一手资料。

5. 软件质量保证和软件测试的联系

软件质量保证和软件测试是软件质量工程的两个不同层次的工作,软件测试只是软件质量保证工作的一个重要环节。为什么要这么说呢? 首先让我们来认识两个新名词:QA 和 QC。

质量保证(Quality Assurance,QA)是要监控公司质量保证体系的运行状况,审计项目的实际执行情况和公司规范之间的差异,并出具改进建议和统计分析报告,对公司的质量保证体系的质量负责。

质量控制(Quality Control,QC)是对每个阶段或关键点的产出物进行检测,评估产出物是否符合预计的质量要求,对产出物的质量负责。QC 有时也被称为质量检验或质量检查。

SQA 就是软件质量保证,而 SQC 就是软件质量控制。

1.6   小结

计算机技术已经越来越广泛地应用于经济和国防建设的各个部门,以不可阻挡之势渗透到人们工作和生活的各个领域,尤其在航天、核能、通信、交通、金融等一些关键领域中计算机的作用更加至关重要。同时,它们对计算机软件的可靠性和安全性也有严格的要求。近年来,由于软件错误而造成经济损失、导致严重后果的事例屡见不鲜,因此,如何保证软件产品的质量和可靠性就成为人们必须解决的一个重要问题,而软件测试便是保证软件质量的一个重要手段。大量统计资料表明,软件测试的工作量往往占软件开发总工作量的 40%以上,因此,必须高度重视软件测试工作。仅就测试而言,它的目标是发现软件中的错误,但是,发现错误并不是我们的最终目的。软件测试是为了能够保证开发出高质量的完全符合用户需要的软件。

本章概述了软件测试的有关概念、方法和过程等方面的基础知识,使读者对软件测试有一个比较全面的了解,并为进一步讨论软件测试技术奠定基础。

习题

1. 软件缺陷产生的原因是什么?
2. 简述软件测试的定义和软件测试的必要性。
3. 简述软件测试与软件开发过程的关系。
4. 列举软件测试模型,并描述其优缺点。
5. 什么是测试驱动开发? 这样的开发方式有什么优势?
6. 软件质量保证和软件测试的关系。
7. 如何评价软件质量? 怎样提高软件质量?
8. 试用软件质量模型来评价一个你熟悉的软件的质量。

第2章
测试用例设计

本章将介绍测试用例的定义、设计准则和编写规范。重点讲解设计测试用例的两大类方法：黑盒测试方法和白盒测试方法。

黑盒测试方法是软件测试技术中最基本的方法，在各测试阶段中都有广泛的应用。本章重点学习黑盒测试的基本概念和典型方法，主要包括等价类划分法、边界值分析法、错误推测法、因果图法、决策表法、正交试验法、功能图法等，通过具体实施策略和具体范例的介绍，使读者能对这部分内容有较深刻的理解，能够在实际的测试工作中灵活应用。

白盒测试方法同样是测试技术的最基本的方法，它的核心是针对被测试程序的内部细节进行检查。本章介绍了白盒测试的概念和特点以及典型的白盒测试方法，主要包括逻辑覆盖测试、基本路径测试、程序插桩测试、静态测试等内容。

最后对黑盒测试和白盒测试策略进行了总结。

本章要点：

- 测试用例的定义和设计准则。
- 黑盒测试的含义、优缺点。
- 各种典型的黑盒测试方法。
- 黑盒测试方法的使用策略。
- 白盒测试的定义、优缺点。
- 各种典型的白盒测试方法。
- 白盒测试方法的使用策略。
- 黑白盒测试的综合使用策略。

2.1 测试用例

2.1.1 测试用例定义

1. 测试用例的定义

测试用例（Test Case）是为某个特殊目标而编制的一组测试输入、执行条件以及预期结果，以便测试某个程序路径或核实程序是否满足某个特定需求。

通常这样来描述测试用例：测试用例指对一项特定的软件产品进行测试任务的描述，体现测试方案、方法、技术和策略。内容包括测试目标、测试环境、输入数据、测试步骤、预期结果、测试脚本等,并形成文档。

2. 测试用例的意义

测试用例是将软件测试的行为活动做一个科学化的组织归纳。目的是能够将软件测试的行为转化成可管理的模式,同时测试用例也是将测试具体量化的方法之一。

不同类别的软件,测试用例是不同的。要使最终用户对软件感到满意,最有力的举措就是对最终用户的期望加以明确阐述,以便对这些期望进行核实并确认其有效性。测试用例反映了要核实的需求。然而,核实这些需求可能通过不同的方式并由不同的测试员来实施。

既然可能无法(或不必负责)核实所有的需求,那么是否能为测试挑选最适合或最关键的需求则关系到项目的成败。选中要核实的需求将是对成本、风险和对该需求进行核实的必要性这三者权衡考虑的结果。

3. 测试用例的重要性

测试用例是软件测试的核心。

软件测试的重要性是毋庸置疑的。但如何以最少的人力、资源投入,在最短的时间内完成测试,发现软件系统的缺陷,保证软件的优良品质,则是软件公司探索和追求的目标。每个软件产品或软件开发项目都需要有一套优秀的测试方案和测试方法。

影响软件测试的因素很多,例如软件本身的复杂程度、开发人员(包括分析、设计、编程和测试的人员)的素质、测试方法和技术的运用等。如何保障软件测试质量的稳定?有了测试用例,无论是谁来测试,参照测试用例实施,都能保障测试的质量。可以把人为因素的影响减少到最小。即便最初的测试用例考虑不周全,随着测试的进行和软件版本更新,也将日趋完善。

因此测试用例的设计和编制是软件测试中最重要的活动。测试用例是测试工作的指导,是软件测试必须遵守的准则,更是软件测试质量稳定的根本保障。

测试用例构成了设计和制订测试过程的基础。测试的"深度"与测试用例的数量成比例。由于每个测试用例反映不同的场景、条件或经由产品的事件流,因而,随着测试用例数量的增加,您对产品质量和测试流程也就越有信心。

2.1.2　测试用例设计概述

1. 编制测试用例

这里着重介绍一些编制测试用例的具体做法。

1) 测试用例文档

编写测试用例文档应有文档模板,须符合内部的规范要求。测试用例文档将受制于测试用例管理软件的约束。

软件产品或软件开发项目的测试用例一般以该产品的软件模块或子系统为单位,形成一个测试用例文档,但并不是绝对的。

测试用例文档由简介和测试用例两部分组成。简介部分编制了测试目的、测试范围、定义术语、参考文档、概述等。测试用例部分逐一列示各测试用例。每个具体测试用例都将包括下列详细信息：用例编号、用例名称、测试等级、入口准则、验证步骤、期望结果（含判断标准）、出口准则、注释等。以上内容涵盖了测试用例的基本元素：测试索引，测试环境，测试输入，测试操作，预期结果，评价标准。

2）测试用例的设置

早期的测试用例是按功能设置，后来引进了路径分析法，按路径设置用例。目前演变为按功能、路径混合模式设置用例。按功能测试是最简捷的，即按用例规约遍历测试每一功能。

对于操作复杂的程序模块，其各功能的实施是相互影响、紧密相关、环环相扣的，可以演变出数量繁多的变化。如果没有严密的逻辑分析，产生遗漏是在所难免的。路径分析是一个很好的方法，其最大的优点在于可以避免漏测试。

3）设计测试用例

测试用例可以分为基本事件、备选事件和异常事件。设计基本事件的用例，应该参照用例规约（或设计规格说明书），根据关联的功能、操作按路径分析法设计测试用例。而对孤立的功能则直接按功能设计测试用例。基本事件的测试用例应包含所有需要实现的需求功能，覆盖率达 100%。

设计备选事件和异常事件的用例，则要复杂和困难得多。例如，字典的代码是唯一的，不允许重复。测试需要验证：字典新增程序中已存在有关字典代码的约束，若出现代码重复，必须报错，并且要求报错文字正确。在设计编码阶段形成的文档往往对备选事件和异常事件分析描述不够详尽。而测试本身则要求验证全部非基本事件，同时尽量发现其中的软件缺陷。

可以采用软件测试常用的基本方法：等价类划分法、边界值分析法、错误推测法、因果图法、逻辑覆盖法等设计测试用例。视软件的不同性质采用不同的方法。如何灵活运用各种基本方法来设计完整的测试用例，并最终暴露隐藏的缺陷，全凭测试设计人员的丰富经验和精心设计。

2．测试用例在软件测试中的作用

1）指导测试的实施

测试用例主要适用于集成测试、系统测试和回归测试。在实施测试时测试用例作为测试的标准，测试人员一定要按照测试用例严格按用例项目和测试步骤逐一实施测试。并将测试情况记录在测试用例管理软件中，以便自动生成测试结果文档。

根据测试用例的测试等级，集成测试应测试哪些用例，系统测试和回归测试又该测试哪些用例，在设计测试用例时都已做明确规定，实施测试时测试人员不能随意做变动。

在我们的实践中测试数据是与测试用例分离的。按照测试用例配套准备一组或若干组测试原始数据以及标准测试结果。尤其像测试报表之类数据集的正确性，按照测试用例规划准备测试数据是十分必要的。

除正常数据之外，还必须根据测试用例设计大量边缘数据和错误数据。

2）编写测试脚本的"设计规格说明书"

为提高测试效率，软件测试已大力发展自动测试。自动测试的中心任务是编写测试脚本。如果说软件工程中软件编程必须有设计规格说明书，那么测试脚本的设计规格说明书就是测试用例。

3）评估测试结果的度量基准

完成测试实施后需要对测试结果进行评估,并且编制测试报告。判断软件测试是否完成、衡量测试质量需要一些量化的结果。例如测试覆盖率是多少、测试合格率是多少、重要测试合格率是多少等。以前的统计基准是软件模块或功能点,显得过于粗糙。采用测试用例做度量基准更加准确、有效。

4）分析缺陷的标准

通过收集缺陷,对比测试用例和缺陷数据库,分析确认是漏测还是缺陷复现。漏测反映了测试用例的不完善,应立即补充相应测试用例,最终达到逐步完善软件质量的目的。而已有相应测试用例,则反映实施测试或变更处理存在问题。

3. 相关问题

1）测试用例的评审

测试用例是软件测试的准则,但它并不是一经编制完成就成为准则。测试用例在设计编制过程中要组织同级互查。完成编制后应组织专家评审,需获得通过才可以使用。评审委员会可由项目负责人、测试、编程、分析设计等有关人员组成,也可邀请客户代表参加。

2）测试用例的修改更新

测试用例在形成文档后也还需要不断完善。主要来自三方面的缘故:第一,在测试过程中发现设计测试用例时考虑不周,需要完善;第二,在软件交付使用后反馈的软件缺陷,而缺陷又是因测试用例存在漏洞造成;第三,软件自身的新增功能以及软件版本的更新,测试用例也必须配套修改更新。

一般小的修改完善可在原测试用例文档上修改,但文档要有更改记录。软件的版本升级更新,测试用例一般也应随之编制升级更新版本。

3）测试用例的管理软件

运用测试用例还需配备测试用例管理软件。它的主要功能有三个:第一,能将测试用例文档的关键内容,如编号、名称等自动导入管理数据库,形成与测试用例文档完全对应的记录;第二,可供测试实施时及时输入测试情况;第三,最终实现自动生成测试结果文档,包含各测试度量值,测试覆盖表和测试通过或不通过的测试用例清单列表。

有了管理软件,测试人员无论是编写每日的测试工作日志、还是出软件测试报告,都会变得轻而易举。

2.1.3　测试用例编写规范

1. 测试用例编写准备

从配置管理员处申请软件配置:《需求规格说明书》和《设计说明书》;根据需求规格说明书和设计说明书,详细理解用户的真正需求,并且对软件所实现的功能已经准确理解,然后着手制订测试用例。

2. 测试用例制订的原则

测试用例要包括欲测试的功能、应输入的数据和预期的输出结果。测试数据应该选用少量、高效的测试数据进行尽可能完备的测试。基本目标是：设计一组发现某个错误或某类错误的测试数据，测试用例应覆盖的方面包括：

(1) 正确性测试：输入用户实际数据以验证系统是满足需求规格说明书的要求；测试用例中的测试点应首先保证要至少覆盖需求规格说明书中的各项功能，并且正常。

(2) 容错性(健壮性)测试：程序能够接收正确数据输入并且产生正确(预期)的输出，输入非法数据(非法类型、不符合要求的数据、溢出数据等)时，程序应能给出提示并进行相应处理。把自己想象成一名对产品操作一点也不懂的客户，再进行任意操作。

(3) 完整(安全)性测试：指对未经授权的人使用软件系统或数据的企图，系统能够控制的程度，程序的数据处理能够保持外部信息(数据库或文件)的完整。

(4) 接口间测试：测试各个模块相互间的协调和通信情况，数据输入输出的一致性和正确性。

(5) 数据库测试：依据数据库设计规范对软件系统的数据库结构、数据表及其之间的数据调用关系进行测试。

(6) 边界值分析法：确定边界情况(刚好等于、稍小于和稍大于和刚刚大于等价类边界值)，针对我们的系统在测试过程中输入的一些合法数据/非法数据，主要在边界值附近选取。

(7) 压力测试：输入 10 条记录运行各个功能，输入 30 条记录运行，输入 50 条记录运行进行测试。

(8) 等价划分：将所有可能的输入数据(有效的和无效的)划分成若干个等价类。

(9) 错误推测：主要是根据测试经验和直觉，参照以往的软件系统出现错误之处。

(10) 效率：完成预定的功能，系统的运行时间(主要是针对数据库而言)。

(11) 可理解(操作)性：理解和使用该系统的难易程度(界面友好性)。

(12) 可移植性：在不同操作系统及硬件配置情况下的运行性。

(13) 回归测试：按照测试用例将所有的测试点测试完毕，测试中发现的问题开发人员已经解决，进行下一轮的测试。

(14) 比较测试：将已经发布的类似产品或原有的老产品与测试的产品同时运行比较，或与已往的测试结果比较。

说明：针对不同的测试类型和测试阶段，测试用例编写的侧重点有所不同。

(1) 其中第 1、2、6、8、9、13 项为模块(组件、控件)测试、组合(集成)测试、系统测试都涉及重点测试的方面。

(2) 单元(模块)测试(组件、控件)测试：重点测试第 1 项。

(3) 组合(集成)测试：重点进行接口间数据输入及逻辑的测试，即第 4 项。

(4) 系统测试：重点测试第 3、7、10、11、12、14 项。

(5) 其中压力测试和可移植性测试如果是公司的系列产品，可以选用其中有代表性的产品进行一次代表性测试即可。

(6) 对于每个测试项目测试的测试用例不是一成不变的，随着测试经验的积累或在测试其他项目发现有测试不充分的测试点时，可以不断地补充完善测试项目的测试用例。

3. 常用测试用例组成元素

1) 用例 ID

2）用例名称

3）测试目的

4）测试级别

5）程序参考信息

6）测试环境

7）输入数据

8）测试步骤

9）预期结果

10）设计人员

11）结论

12）日期

……

2.2　黑盒测试概述

2.2.1　黑盒测试的概念

黑盒测试也称功能测试或数据驱动测试，它通过测试来检测每个功能是否都能正常使用。在测试时，把程序看作一个不能打开的黑盒子，在完全不考虑程序内部结构和内部特性的情况下，对程序接口进行测试，它只检查程序功能是否按照需求规格说明书的规定正常使用，程序是否能适当地接收输入数据而产生预期的输出信息。黑盒测试着眼于程序外部结构，不考虑内部逻辑结构，主要针对软件界面和软件功能进行测试。

黑盒测试法注重于测试软件的功能需求，主要试图发现下列几类错误。

- 功能不正确或遗漏。
- 界面错误。
- 数据库访问错误。
- 性能错误。
- 初始化和终止错误等。

黑盒测试不破坏被测对象的数据信息。

黑盒测试是以用户的角度，从输入数据与输出数据的对应关系出发进行测试的。很明显，如果外部特性本身有问题或规格说明的规定有误，用黑盒测试方法是发现不了错误的。

黑盒测试的实施流程主要包括以下几个步骤：

1．测试计划

首先，根据用户需求报告中关于功能要求和性能指标的规格说明书，定义相应的测试需求报告，即制订黑盒测试的最高标准，以后所有的测试工作都将围绕着测试需求来进行，符合测试需求的应用程序即是合格的，反之即是不合格的；同时，还要适当选择测试内容，合理安排测试人员、测试时间及测试资源等。

2. 测试设计

将测试计划阶段制订的测试需求分解、细化为若干个可执行的测试过程,并为每个测试过程选择适当的测试用例(测试用例选择的好坏将直接影响到测试结果的有效性)。

3. 测试开发

建立可重复使用的自动测试过程。

4. 测试执行

执行测试开发阶段建立的自动测试过程,并对所发现的缺陷进行跟踪管理。测试执行一般由单元测试、组合测试、集成测试、系统联调及回归测试等步骤组成,测试人员应本着科学负责的态度,一步一个脚印地进行测试。

5. 测试评估

结合量化的测试覆盖域及缺陷跟踪报告,对于应用软件的质量和开发团队的工作进度及工作效率进行综合评价。

2.2.2　黑盒测试用例设计方法

从理论上讲,黑盒测试只有采用穷举输入测试,把所有可能的输入都作为测试情况考虑,才能查出程序中所有的错误。实际上测试情况有无穷多个,人们不仅要测试所有的输入,而且还要对那些不合法但可能的输入进行测试。这样看来,完全测试是不可能的,所以我们要进行有针对性的测试,通过制订测试案例指导测试的实施,保证软件测试有组织、按步骤,以及有计划地进行。黑盒测试行为必须能够加以量化,才能真正保证软件质量,而测试用例就是将测试行为具体量化的方法之一。具体的黑盒测试用例设计方法包括等价类划分法、边界值分析法、错误推测法、因果图法、判定表法、正交试验设计法、功能图法等。

下节将就这些测试方法进行介绍和讨论,并给出几个运用实例。

2.3　典型黑盒测试方法

2.3.1　等价类划分方法

1. 方法简介

等价类是指输入域的某个子集合,在该子集合中,各个输入数据对于揭露程序中的错误都是等效的,并做合理假定,测试某等价类的代表值就等效于对这一类其他数据的测试。因此,可以把全部输入数据合理划分成若干等价类,在每个等价类中取少数典型数据作为测试用例。这样就可以用少量代表性数据取得完备的测试结果。

等价类划分有两种不同的情况:有效等价类和无效等价类。

1) 有效等价类

有效等价类是指对于程序的规格说明来说是合理的、有意义的输入数据构成的集合。

利用有效等价类可检验程序是否实现了规格说明中所规定的功能和性能。

2）无效等价类

与有效等价类的定义恰巧相反。无效等价类指对程序的规格说明是不合理的或无意义的输入数据所构成的集合。对于具体的问题,无效等价类至少应有一个,也可能有多个。

设计测试用例时,要同时考虑这两种等价类。因为软件不仅要能接收合理的数据,也要能经受意外的考验,这样的测试才能确保软件具有更高的可靠性。

在进行等价类划分之前,需要先从程序的功能说明书中找出各个输入条件,为每个输入条件划分等价类,形成若干互不相交的子集。等价类的划分要以完备性和无冗余性为标准。完备性是指所有等价类要完整覆盖整个输入域;无冗余性是指等价类之间无交叉,互不相交。

比如一个程序的输入数据满足 $0<x<100$ 的整数为有效数据,其他整数为无效数据,那么就可以划分成两个等价类,一个是有效数据的等价类,另一个是无效数据的等价类。设计测试用例时就可以从这两个等价类中分别取一个输入数据来得到两个测试用例。有效数据的等价类为 $1\sim99$,所以可以从 $1\sim99$ 中任意取一个数作为输入数据来得到一个测试用例,从 x 不等于 $1\sim99$ 中的数据中任意取一个数据作为输入数据得到另一个测试用例。

$1\sim99$ 中的任一数据和其他数据都是等价的,比如使用 2 来进行测试,那么可以假定数据 2 测试通过的话,$1\sim99$ 中的其他数据也能测试通过。

等价类划分法可以用来对一些不能穷举的集合进行合理分类,从各个等价类中选出有代表性的数据进行测试,从而保证设计出来的设计用例具有一定的代表性和一定范围内的完整性,有效地缩减测试用例的数量。

2. 等价类的划分原则和步骤

在采用等价类划分方法进行测试用例的设计时,必须首先在分析需求规格说明的基础上划分等价类,列出等价类表,然后才能确定等价类对应的测试用例。如何确定等价类是使用等价类划分法过程中的重要问题,划分原则如下:

（1）如果规定了输入条件的取值范围或者个数,则可以确定一个有效等价类和两个无效等价类。例如,程序要求输入的数值是从 10 到 20 之间的整数,则有效等价类为"大于等于 10 而小于等于 20 的整数",两个无效等价类为"小于 10 的整数"和"大于 20 的整数"。

（2）如果规定了输入值的集合,则可以确定一个有效等价类和一个无效等价类。例如,程序要进行平方根运算,则"大于等于 0 的数"为有效等价类,"小于 0 的整数"为无效等价类。

（3）如果规定了输入数据的一组值,并且程序要求对每一个输入值分别进行处理,则可以为每一个输入值确定一个有效等价类,此外根据这组值确定一个无效等价类,即所有不允许的输入值的集合。例如,程序规定某个输入条件 x 的取值只能为集合 $\{1,3,5,7\}$ 中的某一个,则有效等价类为 $x=1,x=3,x=5,x=7$,程序对这 4 个数值分别进行处理;无效等价类为 x 不等于 1,3,5,7 的值的集合。

（4）如果规定了输入数据必须遵守的规则,则可以确定一个有效等价类和若干个无效等价类。例如,程序中某个输入条件规定输入数据必须为 4 位数字,则可以划分一个有效等价类为输入数据为 4 位数字,3 个无效等价类分别为输入数据中含有非数字字符、输入数据少于 4 位数字、输入数据多于 4 位数字。

（5）如果已知的等价类中各个元素在程序中的处理方式不同,则应将等价类进一步划分成更小的等价类。

在确立了等价类之后,就可以建立等价类表,列出所有划分的等价类,如表 2-1 所示。

表 2-1 等价类表示例

输入条件	有效等价类	无效等价类
…	…	…
…	…	…

再根据列出的等价类表,按以下步骤确定测试用例:

(1) 为每一个等价类规定一个唯一的编号。

(2) 设计一个新的测试用例,使其尽可能多地覆盖未被覆盖的有效等价类,重复这个过程,直到所有的有效等价类均被测试用例所覆盖。

(3) 设计一个新的测试用例,使其覆盖一个无效的等价类,重复这个过程,直至所有的无效等价类均被测试用例所覆盖。

等价类划分通过识别许多相等的条件,极大地降低了要测试的输入条件的数据,但这种方式不能测试输入条件组合的情况。

3. 等价类的判定方法

最容易判定一个子集是否是等价类的方法就是路径判定法,路径判定法的基本思想是:对于子集中的任一数据,如果执行路径并不完全相同,那么这个子集不是等价类。

需要注意的是,路径判定法的反命题并不成立,即不能由执行路径相同就推断出子集中的数据是等价类。因为执行路径相同情况下得到的结果不一定相同,举例如下:

```
int mul(int a){
        return (a * 10000);
}
```

在 mul()函数中,不论 a 输入多少,执行路径都只有一条,但是当 a 的值过大时,会出现整数乘法溢出,显然不能将 a 的任意取值都作为等价类。

路径相同之所以不能认为是等价类的根本原因在于程序设计中本身可能存在缺陷和遗漏,设计或编码后的程序中的路径本身就可能不正确,测试用例设计时不能假定程序中的路径一定是正确的。

4. 等价类划分测试实例

【实例 2-1】 三角形问题

三角形类型判别程序规定:"输入三个整数 a、b、c 分别作为三边的边长构成三角形。通过程序判定所构成的三角形的类型"。用等价类划分方法为该程序进行测试用例设计(三角形问题的复杂之处在于输入与输出之间的关系比较复杂)。

分析题目中给出上的和隐含的对输入条件的要求:

①整数②三个数③非零数④正数

⑤两边之和大于第三边⑥等腰⑦等边

如果 a、b、c 满足条件①～④,则输出下列 4 种情况之一:

(1) 如果不满足条件⑤,则程序输出为"非三角形"。

（2）如果三条边相等，即满足条件⑦，则程序输出为"等边三角形"。

（3）如果只有两条边相等，即满足条件⑥，则程序输出为"等腰三角形"。

（4）如果三条边都不相等，则程序输出为"一般三角形"。

列出等价类表并编号，如表 2-2 所示。

表 2-2   三角形等价类表

输入条件		有效等价类		号码	无效等价类		号码
输入条件	输入三个整数	整数		1	一边为非整数	a 为非整数	12
						b 为非整数	13
						c 为非整数	14
					两边为非整数	a、b 为非整数	15
						b、c 为非整数	16
						c、a 为非整数	17
					三边均为非整数		18
		三个数		2	只给一边	只给 a	19
						只给 b	20
						只给 c	21
					只给两边	只给 a、b	22
						只给 b、c	23
						只给 c、a	24
					给出三个以上		25
		非零数		3	一边为零	a 为 0	26
						b 为 0	27
						c 为 0	28
					两边为零	a、b 为 0	29
						b、c 为 0	30
						c、a 为 0	31
					三边 abc 均为 0		32
		正数		4	一边<0	$a<0$	33
						$b<0$	34
						$c<0$	35
					两边<0	$a<0$ 且 $b<0$	36
						$b<0$ 且 $c<0$	37
						$c<0$ 且 $a<0$	38
					三边均<0		39
输出条件	构成一般三角形	$a+b>c$		5	$a+b<c$		40
					$a+b=c$		41
		$b+c>a$		6	$b+c<a$		42
					$b+c=a$		43
		$c+a>b$		7	$c+a<b$		44
					$c+a=b$		45
	构成等腰三角形	$a=b$	且两边之和大于第三边	8			
		$b=c$		9			
		$c=a$		10			
	构成等边三角形	$a=b=c$		11			

覆盖有效等价类的测试用例,如表 2-3 所示。

表 2-3 覆盖有效等价类的测试用例表

a	b	c	覆盖等价类号码
3	4	5	1~7
4	4	5	1~7,8
4	5	5	1~7,9
5	4	5	1~7,10
4	4	4	1~7,11

覆盖无效等价类的测试用例,如表 2-4 所示。

表 2-4 覆盖无效等价类的测试用例表

a	b	c	覆盖等价类编号	a	b	c	覆盖等价类编号
2.5	4	5	12	0	0	5	29
3	4.5	5	13	3	0	0	30
3	4	5.5	14	0	4	0	31
3.5	4.5	5	15	0	0	0	32
3	4.5	5.5	16	−3	4	5	33
3.5	4	5.5	17	3	−4	5	34
4.5	4.5	5.5	18	3	4	−5	35
3			19	−3	−4	5	36
	4		20	−3	4	−5	37
		5	21	3	−4	−5	38
3	4		22	−3	−4	−5	39
	4	5	23	3	1	5	40
3		5	24	3	2	5	41
3	4	5	25	3	1	1	42
0	4	5	26	3	2	1	43
3	0	5	27	1	4	2	44
3	4	0	28	3	4	1	45

2.3.2 边界值分析法

1. 边界值分析法概要

边界值分析法就是对输入或输出的边界值进行测试的一种黑盒测试方法。通常边界值分析法是对等价类划分法的补充,这种情况下,其测试用例来自等价类的边界。长期的测试实践表明,大量的错误发生在输入或输出范围的边界上,而不是发生在输入输出范围的内部,因此,针对边界情况设计测试用例,可以查出更多的错误。

使用边界值分析方法设计测试用例,首先应确定边界情况。通常输入输出等价类的边界就是应着重测试的边界情况,应选取正好等于、刚刚大于和刚刚小于边界的值作为测试数据,而不是选取等价类中的典型值作为测试数据。但在边界情况复杂时,要找出适当的边界测试用例还需要针对问题的输入域和输出域边界耐心细致地逐个进行考察。

基于边界值分析方法选择测试用例的原则如下：

（1）如果输入条件规定了值的范围，则应取刚达到这个范围的边界的值以及刚刚超越这个范围边界的值作为测试输入数据。

例如，如果程序的规格说明中规定："重量在 10 千克至 50 千克范围内的邮件，其邮费计算公式为……"。作为测试用例，我们应取 10 及 50，还应取 10.01,49.99,9.99 及 50.01 等。

（2）如果输入条件规定了值的个数，则用最大个数，最小个数，比最小个数少一，比最大个数多一的数作为测试数据。

比如，一个输入文件应包括 1～255 个记录，则测试用例可取 1 和 255，还应取 0 及 256 等。

（3）将规则（1）和（2）应用于输出条件，即设计测试用例使输出值达到边界值及其左右的值。

例如，某程序的规格说明要求计算出"每月保险金扣除额为 0 至 1165.25 元"，其测试用例可取 0.00 及 1165.24、还可取−0.01 及 1165.26 等。

再如一程序属于情报检索系统，要求每次"最少显示 1 条、最多显示 4 条情报摘要"，这时我们应考虑的测试用例包括 1 和 4，还应包括 0 和 5 等。

（4）如果程序的规格说明给出的输入域或输出域是有序集合，则应选取集合的第一个元素和最后一个元素作为测试用例。

（5）如果程序中使用了一个内部数据结构，则应当选择这个内部数据结构的边界上的值作为测试用例。

（6）分析规格说明，找出其他可能的边界条件。

2. 边界值分析实例

【实例 2-2】 标准化阅卷程序。

现有一个学生标准化考试批阅试卷、产生成绩报告的程序。其规格说明如下：程序的输入文件由一些有 80 个字符的记录组成，如图 2-1 所示，所有记录分为 3 组。

（1）标题：这一组只有一个记录，其内容为输出成绩报告的名字。

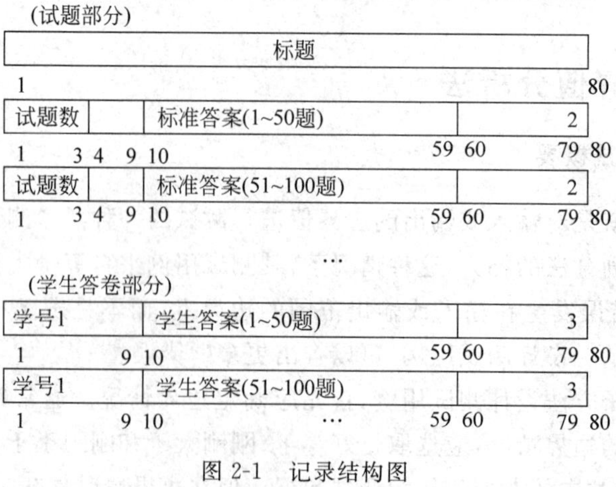

图 2-1 记录结构图

（2）试卷各题标准答案记录：每个记录均在第80个字符处标以数字"2"。该组的第一个记录的第1～3个字符为题目编号（取值为1～999）。第10～59个字符给出第1～50题的答案（每个合法字符表示一个答案）。该组的第2个，第3个，……记录相应为第51～100题，第101～150题，……的答案。

（3）每个学生的答卷描述：该组中每个记录的第80个字符均为数字"3"。每个学生的答卷在若干个记录中给出。如甲的首记录第1～9字符给出学生姓名及学号，第10～59字符列出的是甲所做的第1～50题的答案。若试题数超过50，则第2个，第3个，……记录分别给出他的第51～100题，第101～150题，……的解答。然后是学生乙的答卷记录。

（4）学生人数不超过200，试题数不超过999。

（5）程序的输出有4个报告：

a）按学号排列的成绩单，列出每个学生的成绩、名次。

b）按学生成绩排序的成绩单。

c）平均分数及标准偏差的报告。

d）试题分析报告。按试题号排序，列出各题学生答对的百分比。

解答：分别考虑输入条件和输出条件以及边界条件。给出如表2-5所示的输入条件及相应的测试用例。

表 2-5　输入条件测试用例表

输 入 条 件	测 试 用 例
输入文件	空输入文件
标题	没有标题
	标题只有1个字符
	标题有80个字符
试题数	试题数为1
	试题数为50
	试题数为51
	试题数为100
	试题数为0
	试题数含义非数字字符
标准答案记录	没有标准答案记录，有标题
	标准答案记录多余1个
	标准答案记录少于1个
学生人数	0个学生
	1个学生
	200个学生
	201个学生
学生答题	某学生只有1个回答记录，但有2个标准答案记录
	该学生是文件中的第1个学生
	该学生是文件中的最后1个学生（记录数出错的学生）
学生答题	某学生有2个回答记录，但只有1个标准答案记录
	该学生是文件中的第1个学生（记录数出错的学生）
	该学生是文件中的最后1个学生

续表

输　入　条　件	测　试　用　例
学生成绩	所有学生的成绩都相等 每个学生的成绩都不相等 部分学生的等级相同 （检查是否能按成绩正确排名次） 有个学生 0 分 有个学生 100 分

输出条件及相应的测试用例，如表 2-6 所示。

表 2-6　输出条件测试用例表

输　出　条　件	测　试　用　例
输出报告 a、b	有个学生的学号最小（检查按序号排列是否正确） 有个学生的学号最大（检查按序号排列是否正确） 适当的学生人数，是产生的报告刚好满 1 页（检查打印页数） 学生人数比刚才多出 1 人（检查打印换页）
输出报告 c	平均成绩 100 平均成绩 0 标准偏差为最大值（有一半的 0 分，其他 100 分） 标准偏差为 0（所有成绩相等）
输出报告 d	所有学生都答对了第 1 题 所有学生都答错了第 1 题 所有学生都答对了最后 1 题 所有学生都答错了最后 1 题 选择适当的试题数，使第 4 个报告刚好打满 1 页 试题数比刚才多 1，使报告打满 1 页后，刚好剩下 1 题未打

【实例 2-3】　三角形问题的边界值分析测试用例。

在三角形问题描述中，除了要求边长是整数外，没有给出其他的限制条件。在此，我们将三角形每边边长的取范围值设置为[1,100]测试用例，如表 2-7 所示。

表 2-7　测试用例表

测试用例	a	b	c	预期输出
Test1	60	60	1	等腰三角形
Test2	60	60	2	等腰三角形
Test3	60	60	60	等边三角形
Test4	50	50	99	等腰三角形
Test5	50	50	100	非三角形
Test6	60	1	60	等腰三角形
Test7	60	2	60	等腰三角形
Test8	50	99	50	等腰三角形
Test9	50	100	50	非三角形
Test10	1	60	60	等腰三角形
Test11	2	60	60	等腰三角形
Test12	99	50	50	等腰三角形
Test13	100	50	50	非三角形

2.3.3 错误推测法

1. 错误推测法

错误推测法是经验丰富的测试人员常常使用的一种测试用例设计方法。错误推测方法是基于经验和直觉推测程序中所有可能存在的各种错误,从而有针对性地设计测试用例的方法。

错误推测法的基本思想是:列举出程序中所有可能的错误和容易发生错误的特殊情况,根据它们选择测试用例。例如,设计一些非法、错误、不正确和垃圾数据进行输入测试。如果软件要求输入数字,就输入字母;如果软件只接受正数,就输入负数;如果软件对时间敏感,就输入不正常年份等。

2. 错误推测法实例

1) 前面【实例 2-2】中成绩报告的程序,采用错误推测法还可以补充设计一些测试用例:

Ⅰ. 程序是否把空格作为回答。

Ⅱ. 在回答记录中混有标准答案记录。

Ⅲ. 除了标题记录外,还有一些记录最后一个字符既不是 2 也不是 3。

Ⅳ. 有两个学生的学号相同。

Ⅴ. 试题数是负数。

2) 测试一个对线性表(比如数组)进行排序的程序,可推测列出以下几项需要特别测试的情况:

Ⅰ. 输入的线性表为空表。

Ⅱ. 表中只含有一个元素。

Ⅲ. 输入表中所有元素已排好序。

Ⅳ. 输入表已按逆序排好。

Ⅴ. 输入表中部分或全部元素相同。

2.3.4 因果图方法

1. 因果图法概述

如果程序的输入条件之间相互联系,就会使情况变得复杂,要检查输入条件的组合情况不是一件容易的事情,即使把所有输入条件划分成等价类,它们之间的组合情况也相当多,难于分析清楚。因此,必须考虑采用因果图法,这种方法能够对于多种条件组合、产生多个动作的情况来设计测试用例。

因果图法是软件测试中的一种重要方法,它是由美国 IBM 公司的 EIemendorf 在吸收硬件测试中自动生成逻辑组合电路测试等技术的基础上于 1973 年提出的,它是作为进行功能测试把功能说明书形式化的一种记述方法。因果图法是用逻辑式描述程序的输入条件(原因)和输出条件(结果),同时,用制约条件描述输入条件间的依赖关系的一种方法,其特征在于图式记述。

　　因果图方法基于这样的一种思想：一些程序的功能可以用判定表的形式来表示，并根据输入条件的组合情况规定相应的操作。因此，可以考虑为判定表中的每一列设计一个测试用例，以便测试程序在输入条件的某种组合下的输出十分正确。概括地说，因果图方法就是从程序规格说明书的描述中找出因（输入条件）和果（输出结果或程序状态的改变）的关系，通过因果图转换为判定表，最后为判定表中的每一列设计一个测试用例。这种方法考虑到输入情况的各种组合以及各个输入情况之间的相互制约关系，适合于检查程序输入条件的各种组合情况。

2. 因果图的画法

　　如果在测试时必须考虑输入条件的各种组合，则可能的组合数目将是天文数字，因此必须考虑采用一种适合于描述多种条件的组合、相应产生多个动作的形式来进行测试用例的设计，这就需要利用因果图。因果图方法能帮助测试人员按照一定的步骤，高效率地开发测试用例，以检测程序输入条件的各种组合情况。它是将自然语言规格说明转化成形式语言规格说明的一种严格方法，可以指出规格说明存在的不完整性和二义性。

　　在因果图中，以直线连接左右节点，左节点表示输入状态（原因），右节点表示输出状态（结果）。因果图中常用 4 种符号表示规格说明中的 4 种因果关系，如图 2-2 所示。

　　图 2-2 中，c_i 表示原因，通常置于图的左部；e_i 表示结果，通常在图的右部。c_i 和 e_i 均可取值 0 或 1，0 表示某状态不出现，1 表示某状态出现。

　　恒等：若 c_i 是 1，则 e_i 也是 1；否则 e_i 为 0。

　　非：若 c_i 是 1，则 e_i 是 0；否则 e_i 是 1。

　　或：若 c_1 或 c_2 或 c_3 是 1，则 e_i 是 1；否则 e_i 为 0。"或"可有任意个输入。

　　与：若 c_1 和 c_2 都是 1，则 e_i 为 1；否则 e_i 为 0。"与"也可有任意个输入。

　　输入状态相互之间还可能存在某些依赖关系，称为约束。例如，某些输入条件本身不可能同时出现。输出状态之间也往往存在约束关系。在因果图中，用特定的符号表明这些约束关系，如图 2-3 所示。

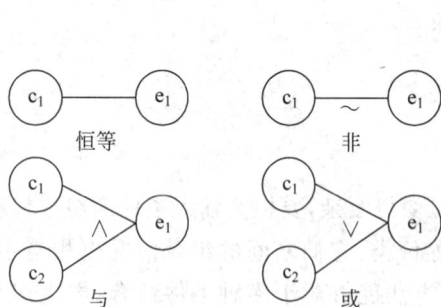

图 2-2　因果关系

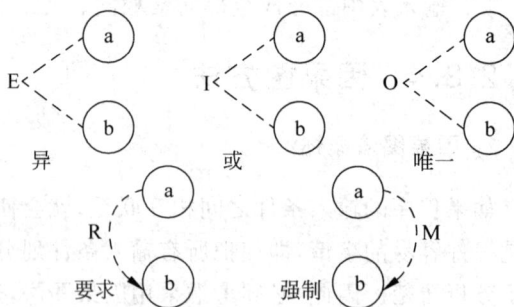

图 2-3　约束关系

输入条件的约束有 4 类：

E 约束（异）：a 和 b 中至多有一个可能为 1，即 a 和 b 不能同时为 1。

I 约束（或）：a、b 和 c 中至少有一个必须是 1，即 a、b 和 c 不能同时为 0。

O 约束（唯一）：a 和 b 必须有一个，且仅有 1 个为 1。

R 约束(要求):a 是 1 时,b 必须是 1,即不可能 a 是 1 时 b 是 0。

输出条件约束类型只有一种:

M 约束(强制):若结果 a 是 1,则结果 b 强制为 0。

利用因果图生成测试用例的基本步骤:

(1) 分析软件规格说明描述中,哪些是原因(即输入条件或输入条件的等价类),哪些是结果(即输出条件),并给每个原因和结果赋予一个标识符。

(2) 分析软件规格说明描述中的语义,找出原因与结果之间,原因与原因之间对应的关系,根据这些关系,画出因果图。

(3) 由于语法或环境限制,有些原因与原因之间,原因与结果之间的组合情况不可能出现,为表明这些特殊情况,在因果图上用一些记号表明约束或限制条件。

(4) 把因果图转换为判定表。

(5) 把判定表的每一列拿出来作为依据,设计测试用例。

3. 利用因果图法设计测试用例实例

【实例 2-4】 某程序规格说明要求:输入的第一个字符必须是 ♯ 或 *,第二个字符必须是一个数字,此情况下进行文件的修改;如果第一个字符不是 ♯ 或 *,则给出信息 N,如果第二个字符不是数字,则给出信息 M。

解题步骤:

分析程序的规格说明,列出原因和结果,如表 2-8 所示。

表 2-8 原因和结果

原 因	结 果
c_1:第一个字符是 ♯	e_1:给出信息 N
c_2:第一个字符是 *	e_2:修改文件
c_3:第二个字符是一个数字	e_3:给出信息 M

找出原因与结果之间,原因与原因之间对应的关系,根据这些关系,画出因果图,如图 2-4 所示。编号为 10 的中间节点是导出结果的进一步原因。

找出原因与原因之间,原因与结果之间的组合情况,在因果图上用一些记号表明约束或限制条件。因为 c_1 和 c_2 不可能同时为 1,即第一个字符不可能既是 ♯ 又是 *,在因果图上可对其施加 e 约束,如图 2-5 所示。

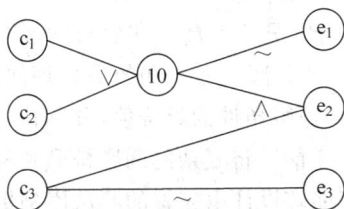

图 2-4 原因与结果的关系

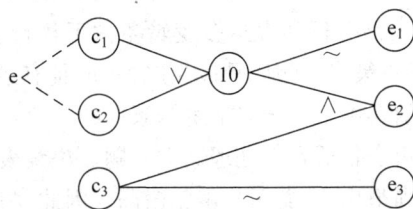

图 2-5 因果图

把因果图转换为判定表,如表 2-9 所示。

表 2-9　判定表

选项＼规则		1	2	3	4	5	6	7	8
原因	c_1	1	1	1	1	0	0	0	0
	c_2	1	1	0	0	1	1	0	0
	c_3	1	0	1	0	1	0	1	0
	10			1	1	1	1	0	0
结果	e_1							√	√
	e_2			√		√			
	e_3				√		√		√
	不可能	√	√						
测试用例				♯3	♯A	*6	*B	A1	GT

把判定表的每一列拿出来作为依据，设计测试用例，如表 2-10 所示。

表 2-10　测试用例表

测试用例编号	输入数据	预期输出
1	♯3	修改文件
2	♯A	给出信息 M
3	*6	修改文件
4	*B	给出信息 M
5	A1	给出信息 N
6	GT	给出信息 N 和信息 M

以上是因果图的一个简单例子，在这个例子中，由于关系简单，条件组合较少，即使不用画因果图也能直接得到决策表，但不要就此以为因果图是多余的。在较为复杂的问题中，因果图方法十分有效，可以帮助检查输入条件组合，设计出非冗余、高效的测试用例。

2.3.5　决策表法

1. 决策表

在因果图方法中用到的决策表（也称为判定表），是软件工程实践中的重要工具，主要用在软件开发的详细设计阶段。决策表的作用与因果图类似，能表示输入条件的组合以及与每一输入组合相对应的动作组合。因此，决策表与因果图的使用场合类似。

决策表是分析和表达多逻辑条件下执行不同操作的情况的工具。在所有的黑盒测试方法中，基于决策表的测试是最为严格、最具有逻辑性的测试方法。在一些数据处理问题当中，某些操作的实施依赖于多个逻辑条件的组合，即针对不同逻辑条件的组合值，分别执行不同的操作。决策表很适合于处理这类问题。决策表的优点在于能够将复杂的问题按照各种可能的情况全部列举出来，简明并避免遗漏。因此，利用决策表能够设计出完整的测试用例集合。

决策表的构造形式如图 2-6 所示。决策表通常由 5 部分组成，分别如下。

条件桩：列出问题的所有条件。

条件项：针对条件桩给出的条件列出所有可能的取值。一般来说，条件项的个数数量庞大,例如,问题有 5 个条件,每个条件有 2 个取值,条件项的个数就是 $2^5=32$。

动作桩:列出问题规定的可能采取的操作,操作顺序一般没有约束。

动作项:指出在条件项的各组取值情况下应采取的动作,动作项的数目与条件项相等。

规则:一种条件取值组合与其对应的动作组合(即决策表中贯穿条件项和动作项的一列)构成决策表中的一个规则。条件取值组合的数目就是规则的数目。

构造决策表可遵循如下步骤:

(1) 列出条件桩和动作桩。

(2) 确定规则的个数。有 n 个条件的决策表有 $2n$ 个规则(每个条件取真、假值)。

(3) 填入条件项。

(4) 填入动作项,得到初始决策表。

(5) 简化决策表,合并相似规则。

建立决策表后,可针对决策表中的每一列有效规则设计一个测试用例,用于对程序进行黑盒测试。

实际使用决策表时需要简化以合并相似规则。若表中有两条以上规则具有相同动作,且在条件项之间存在相似关系,就可以进行合并。如图 2-7 所示,条件项的前两个条件取值一致,只有第 3 个条件取值不同,这表明前两个条件分别取真值和假值时,无论第 3 个条件取何值,都要执行同一操作,这两条规则可以合并。合并后第 3 个条件项用符合"—"表示与取值无关,称为"无关条件"。与此类似,具有相同动作的规则可进一步合并,如图 2-7 所示。

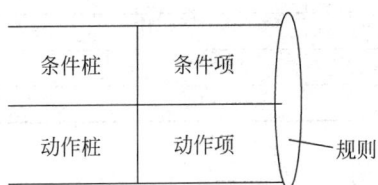

图 2-6　决策表构造

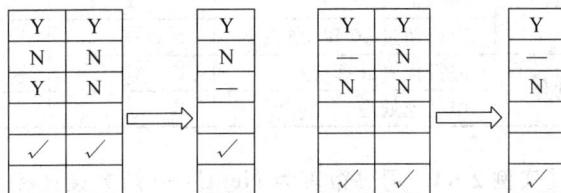

图 2-7　规则的合并

2. 利用决策表方法生成测试用例实例

【实例 2-5】　问题要求:"对功率大于 50 马力的机器、维修记录不全或已运行 10 年以上的机器,应给予优先的维修处理"。这里假定,"维修记录不全"和"优先维修处理"均已在别处有更严格的定义。请建立决策表。

解题步骤:

(1) 列出所有的条件桩和动作桩,如表 2-11 所示。

表 2-11　原因与结果

条件	功率大于 50 马力吗?
	维修记录不全吗?
	运行超过 10 年吗?
动作	进行优先处理
	作其他处理

(2) 确定规则的个数：这里有 3 个条件，每个条件有两个取值，故应有 $2^3 = 8$ 种规则。

(3) 填入条件项。可从最后 1 行条件项开始，逐行向上填满。如第三行是：Y N Y N Y N Y N，第二行是：Y Y N N Y Y N N 等。

(4) 填入动作桩和动作顶。这样便得到如表 2-12 所示的初始决策表。

表 2-12　初始决策表

		1	2	3	4	5	6	7	8
条件	功率大于 50 马力吗？	Y	Y	Y	Y	N	N	N	N
	维修记录不全吗？	Y	Y	N	N	Y	Y	N	N
	运行超过 10 年吗？	Y	N	Y	N	Y	N	Y	N
动作	进行优先处理	√	√	√		√		√	
	作其他处理				√		√		√

(5) 化简决策表。根据合并相似规则，初始决策表中的部分规则可以进行合并。例如规则 1 和规则 2 可以合并，规则 3、5、7 可以合并，规则 6、8 可以合并。合并后得到简化决策表，如表 2-13 所示。

表 2-13　简化决策表

		1	2	3	4
条件	功率大于 50 马力吗？	Y	—	Y	N
	维修记录不全吗？	Y	—	N	—
	运行超过 10 年吗？	—	Y	N	N
动作	进行优先处理	√	√		
	作其他处理			√	√

【实例 2-6】　用决策表为 NextDate 函数设计测试用例。

NextDate 函数包含三个变量 month、day 和 year，函数的输出为输入日期后一天的日期。要求输入变量 month、day 和 year 均为整数值，并且满足下列条件：

条件 1：$1 \leqslant month \leqslant 12$

条件 2：$1 \leqslant day \leqslant 31$

条件 3：$1912 \leqslant year \leqslant 2050$

解题步骤：

三个变量间存在复杂逻辑依赖关系，需要建立决策表进行分析。

条件有 3 个：month、day 和 year。

结果是函数能够使用的操作，有 5 种：day 变量和 mouth 变量的加 1 和复位操作，year 变量的加 1 操作(year 没有复位操作是因为每年只有 1 天需要加 1，其他情况 year 都不发生变化，因此只考虑特殊的每年最后一天就行了)。

条件的取值不再是单一的"真"和"假"，针对具体日期，输出日期会有很多变化。所以要先进行等价类的划分，借此来确定条件变量的取值情况。根据变量间的逻辑依赖关系，划分等价类集合如下：

M1＝{月份：每月有 30 天}　　　　M2＝{月份：每月有 31 天，12 月除外}

M3＝{月份：12 月}　　　　　　　　M4＝{月份：2 月}

D1＝｛日期：1＜＝日期＜＝27｝　　D2＝｛日期：28｝

D3＝｛日期：29｝　　　　　　　D4＝｛日期：30｝　　　D5＝｛日期：31｝

Y1＝｛年：年是闰年｝　　　　Y2＝｛年：年不是闰年｝

变量 mouth 的取值有 4 个：M1、M2、M3、M4。

day 有 5 个取值：D1、D2、D3、D4、D5。

year 有 2 个取值：Y1、Y2。

规则个数＝4×5×2＝40。

初始决策表，如表 2-14 所示。

表 2-14　初始决策表

		1	2	3	4	5	6	7	8	9	10	11	12	13	14	15	16	17	18	19	20
条件	M	1	1	1	1	1	1	1	1	1	1	2	2	2	2	2	2	2	2	2	2
	D	1	1	2	2	3	3	4	4	5	5	1	1	2	2	3	3	4	4	5	5
	Y	1	2	1	2	1	2	1	2	1	2	1	2	1	2	1	2	1	2	1	2
动作	day＋1	√	√	√	√	√	√					√	√	√	√	√	√	√	√		
	day 复位							√	√											√	√
	mouth＋1							√	√											√	√
	mouth 复位																				
	year＋1																				
	不可能									√	√										
		21	22	23	24	25	26	27	28	29	30	31	32	33	34	35	36	37	38	39	40
条件	M	3	3	3	3	3	3	3	3	3	3	4	4	4	4	4	4	4	4	4	4
	D	1	1	2	2	3	3	4	4	5	5	1	1	2	2	3	3	4	4	5	5
	Y	1	2	1	2	1	2	1	2	1	2	1	2	1	2	1	2	1	2	1	2
动作	day＋1	√	√	√	√	√	√	√	√			√	√	√							
	day 复位									√	√				√	√					
	mouth＋1														√	√					
	mouth 复位									√	√										
	year＋1									√	√										
	不可能																√	√	√	√	√

初步简化决策表，如表 2-15 所示。

表 2-15　简化决策表

		1～2	3～4	5～6	7～8	9～10	11～12	13～14	15～16	17～18	19～20
条件	M	1	1	1	1	1	2	2	2	2	2
	D	1	2	3	4	5	1	2	3	4	5
	Y	—	—	—	—	—	—	—	—	—	—
动作	day＋1	√	√	√			√	√	√	√	
	day 复位				√						√
	mouth＋1				√						√
	mouth 复位										
	year＋1										
	不可能					√					

续表

		21~22	23~24	25~26	27~28	29~30	31~32	33	34	35	36	37~38	39~40
条件	M	3	3	3	3	3	4	4	4	4	4	4	4
	D	1	2	3	4	5	1	2	2	3	3	4	5
	Y	—	—	—	—	—	—	1	2	1	2	—	—
动作	day+1	√	√	√	√		√	√					
	day 复位					√			√	√			
	mouth+1								√	√			
	mouth 复位					√							
	year+1					√							
	不可能										√	√	√

再次简化决策表，如表 2-16 所示。

表 2-16　二次简化决策表

	序　　号	1	2	3	4	5	6	7	8	9	10	11	12	13
条件	M	1~3	1	1	2	2	3	3	4	4	4	4	4	4
	D	1~3	4	5	4	5	4	5	1	2	2	3	3	4~5
	Y	—	—	—	—	—	—	—	1	2	1	2	—	—
动作	day+1	√			√		√		√	√				
	day 复位		√			√		√			√	√		
	mouth+1		√			√					√	√		
	mouth 复位							√						
	year+1							√						
	不可能			√									√	√

对应测试用例表，如表 2-17 所示。

表 2-17　测试用例表

序号	输　　入	预　期　输　出
1	1990-5-26	1990-5-27
2	2001-4-30	2001-5-1
3	2001-4-31	错误
4	1999-8-30	1999-8-31
5	1999-8-31	1999-9-1
6	2010-12-30	2010-12-31
7	2009-12-31	2010-1-1
8	2010-2-18	2010-2-19
9	2008-2-28	2008-2-29
10	2007-2-28	2007-3-1
11	2008-2-29	2008-3-1
12	2007-2-29	错误
13	2007-2-30	错误

3．决策表的适用范围

决策表能把复杂的问题按各种可能的情况一一列举出来，简明而易于理解，也可避免遗漏。但决策表不能表达重复执行的动作，例如循环结构。

决策表测试法适用于具有以下特征的应用程序：

- if-then-else 逻辑突出。
- 输入变量之间存在逻辑关系。
- 涉及输入变量子集的计算；输入与输出之间存在因果关系。
- 适用于使用决策表设计测试用例的条件。
- 规格说明以决策表形式给出或较容易转换为决策表。
- 条件的排列顺序不会也不应影响执行的操作。
- 规则的排列顺序不会也不应影响执行的操作。

当某一规则的条件已经满足，并确定要执行的操作后，不必检验别的规则。如果某一规则的条件要执行多个操作，这些操作的执行顺序无关紧要。

2.3.6　正交试验设计法

1．正交表基本概念

正交试验设计起源于科学试验，它应用依据 Galois 理论导出的正交表，从大量试验条件中挑选出适量的、有代表性的条件来合理地安排试验。运用这种方法安排的试验具有"均匀分散、整齐可比"的特点。"均匀分散"性使试验点均衡地分布在试验范围内，让每个试验点有充分的代表性；"整齐可比"性使试验结果的分析十分方便，可以估计各因素对指标的影响，找出影响事物变化的主要因素。实践证明，正交试验设计是一种解决多因素试验问题卓有成效的方法。

正交表是一整套规则的设计表格，$L_n(t^c)$ 为正交表的表示代号，其中 n 为试验次数（正交表的行数），t 为水平数（就是变量的取值个数），c 为影响因素的个数，也就是变量的个数（正交表的列数）。例如：$L_9(3^4)$ 表示需要 9 次实验，最多可观察 4 个因素，每个因素有 3 个取值。正交表是运用组合数学理论，在拉丁方和正交拉丁方的基础上构造的一种规格化的表格，它将正交试验选择的水平组合列出表格。$L_9(3^4)$ 也可以这样解释：该正交表有 9 行 4 列，表中每个单元格的取值都为 3，如表 2-18 所示。再如：$L_{16}(2 \times 3_7)$ 表示的正交表是 16 行 8 列，其中第一列的单元格有 2 个取值，后 7 列有 3 个取值。

表 2-18　$L_9(3^4)$ 正交表

Factor / Runs	1	2	3	4
1	1	1	1	1
2	1	2	2	2
3	1	3	3	3
4	2	1	2	3
5	2	2	3	1

续表

Factor Runs	1	2	3	4
6	2	3	1	2
7	3	1	3	2
8	3	2	1	3
9	3	3	2	1

有关术语解释：

次数(Runs)：运用在测试方法中，即为试验次数，也就是测试用例的个数。

因素(Factor)：试验中准备考察的变量。

水平(Level)：被考察因素的取值。

正交表具有以下两项性质：

(1) 每一列中，不同的数字出现的次数相等。例如在两水平正交表中，任何一列都有数码"1"与"2"，且任何一列中它们出现的次数是相等的，如在三水平正交表中，任何一列都有"1"、"2"、"3"，且在任一列的出现数均相等。

(2) 任意两列中数字的排列方式齐全而且均衡。例如在两水平正交表中，任何两列(同一横行内)有序对子共有 4 种：(1,1)、(1,2)、(2,1)、(2,2)。每种对数出现次数相等。在三水平情况下，任何两列(同一横行内)有序对共有 9 种，(1,1)、(1,2)、(1,3)、(2,1)、(2,2)、(2,3)、(3,1)、(3,2)、(3,3)，且每对出现数也均相等。

以上两点充分地体现了正交表的两大优越性，即"均匀分散"和"整齐可比"。通俗地说，每个因素的每个水平与另一个因素各水平各碰一次，这就是正交性。正交性保证了在各个水平中最大程度地排除了其他因素水平的干扰，能最有效地进行比较和做出预期，容易找到好的试验条件。

正交试验设计法的基本步骤如下：

(1) 确定因素。

(2) 确定每个因素的水平数。

(3) 选择合适正交表(常用的正交表在各种专业书籍和网站中可以查到，例如 http://www.york.ac.uk/depts/maths/tables/orthogonal.htm，根据实际的因素数和水平数选择合适的正交表)。

(4) 把变量的值映射到表中。

(5) 把每一行的各因素水平的组合作为一个测试用例。

(6) 加上认为可能且没有在表中出现的组合。

公式 1：

$$试验次数(runs) = \sum [(leves - 1) \times factors] - 1$$

如何找到合适的正交表呢？

常用的正交表在各种专业书籍和网站中可以查到，例如 http://www.york.acuk/depts/maths /tables /orthogonal.htm，如图 2-8 所示。

使用正交法进行试验设计时，需要根据实际的因素及其相应水平来求解试验次数和详

Orthogonal Arrays (Taguchi Designs)

- L4: Three two-level factors
- L8: Seven two-level factors
- L9 : Four three-level factors
- L12: Eleven two-level factors
- L16: Fifteen two-level factors
- L16b: Five four-level factors
- L18: One two-level and seven three-level factors
- L25: Six five-level factors
- L27: Thirteen three-level factors
- L32: Thirty-two two-level factors
- L32b: One two-level factor and nine four-level factors
- L36: Eleven two-level factors and twelve three-level factors
- L50: One two-level factors at 2 levels and eleven five-level factors
- L54: One two-level factor and twenty-five three-level factors
- L64: Thirty-one two-level factors
- L64b: Twenty-one four-level factors
- L81: Forty three-level factors
- A Library of Orthogonal Arrays by N J A Sloane
- Table of Taguchi Designs

Note that L36b is temporarily unavailable - cf. http://www.itl.nist.gov/div898/software/dataplot/designs.htm.

图 2-8 正交表检索

细的试验数据。利用公式 1 可以由因素数和相应水平数求出最少试验次数（行数）。正交表的行数应该大于等于最少试验次数，同时结合因素数和水平数就可以找到合适的正交表。

例如：

某试验有 3 个因素，3 个水平。

则试验次数$=(3-1)\times 3+1=7$。

找到合适的正交表：$L_9(3^3)$，如图 2-9 所示。

再如：某试验有 4 个因素，其中 3 个因素是 3 水平，1 个因素是 2 水平。

试验次数$=(3-1)\times 3+(2-1)\times 1+1=8$。

找到合适正交表：$L_{18}(1^2\times 3^3)$，选取前 4 列使用即可，如图 2-10 所示。

Experiment Number	Column 1	2	3	4	5	6	7	8
1	1	1	1	1	1	1	1	1
2	1	1	2	2	2	2	2	2
3	1	1	3	3	3	3	3	3
4	1	2	1	1	2	2	3	3
5	1	2	2	2	3	3	1	1
6	1	2	3	3	1	1	2	2
7	1	3	1	2	1	3	2	3
8	1	3	2	3	2	1	3	1
9	1	3	3	1	3	2	1	2
10	2	1	1	3	3	2	2	1
11	2	1	2	1	1	3	3	2
12	2	1	3	2	2	1	1	3
13	2	2	1	2	3	1	3	2
14	2	2	2	3	1	2	1	3
15	2	2	3	1	2	3	2	1
16	2	3	1	3	2	3	1	2
17	2	3	2	1	3	1	2	3
18	2	3	3	2	1	2	3	1

图 2-9 $L_9(3^3)$

Experiment Number	Column 1	2	3	4
1	1	1	1	1
2	1	2	2	2
3	1	3	3	3
4	2	1	2	3
5	2	2	3	1
6	2	3	1	2
7	3	1	3	2
8	3	2	1	3
9	3	3	2	1

图 2-10 $L_{18}(1^2\times 3^3)$

2．正交试验法应用

【实例 2-7】 为提高某化学产品的转化率,选择 3 个有关因素进行条件试验,它们分别是反应温度 A,反应时间 B 和用碱量 C,并确定其取值范围为:

A:80～90℃;

B:90～150min;

C:5％～7％。

试验目的是确定因素 A、B、C 对转化率有什么影响,从而确定最佳生产条件,即转化率最高时的温度、时间和用碱量。这里,对因素 A、B、C 在试验范围内选取 3 个水平,分别是:

A:A1 = 80℃,A2 = 85℃,A3 = 90℃;

B:B1 = 90min; B2 = 120min; B3 = 150min;

C:C1 = 5％,C2 = 6％,C3 = 7％。

本例中有 3 个水平 3 因素,经过筛选,应选择正交表 $L_9(3^4)$,而该例中只有 3 个因素,每个因素对应正交表中的一列,可仅使用表中的前 3 列(任意 3 列都可以)。把 A、B、C 及其水平数分别与表中一列对应,就得到正交试验设计方案,如表 2-19 所示。

表 2-19   正交试验方案

试验号	水平组合	试 验 条 件		
		温度℃	时间 min	用碱量％
1	A1B1C1	80	90	5
2	A1B2C2	80	120	6
3	A1B3C3	80	150	7
4	A2B1C2	85	90	5
5	A2B2C3	85	120	7
6	A2B3C1	85	150	5
7	A3B1C3	90	90	7
8	A3B2C1	90	120	5
9	A3B3C2	90	150	6

2.3.7 功能图法

程序的功能说明通常由动态说明和静态说明组成,动态说明描述了输入数据的次序或转移的次序,静态说明描述了输入条件与输出条件之间的对应关系。对于较复杂的程序,由于存在大量的组合情况,仅用静态说明组成的规格说明对于测试来说往往是不够的,必须用动态说明来补充功能说明。

功能图方法是用功能图 FD 形式化地表示程序的功能说明,并机械地生成功能图的测试用例。功能图模型由状态迁移图和逻辑功能模型构成。状态迁移图用于表示输入数据序列以及相应的输出数据,在状态迁移图中,由输入数据和当前状态决定输出数据和后续状态。逻辑功能模型用于表示在状态中输入条件和输出条件之间的对应关系,逻辑功能模型只适合于描述静态说明,输出数据仅由输入数据决定,测试用例则是由测试中经过的一系列状态和在每个状态中必须依靠输入输出数据满足的一对条件组成。功能图方法其实是一种黑盒白盒混合用例设计方法。

功能图方法中，要用到的逻辑覆盖和路径测试的概念和方法，就是白盒测试方法；而确定输入数据序列及相应的输出数据，则是黑盒测试方法。

2.3.8　黑盒测试方法使用策略

在使用黑盒测试方式时，只有结合被测软件的特点，有选择地使用若干种方法，才能达到良好的测试效果。

黑盒测试方法的综合使用策略如下：

（1）首先进行等价类划分，等价类划分也常是边界值方法的基础。

（2）在任何情况下都必须使用边界值分析方法。经验表明用这种方法设计出的测试用例发现程序错误的能力最强。

（3）测试人员可以根据经验用错误推测法追加一些测试用例。

（4）如果程序的功能说明中含有输入条件的组合情况，则可选用因果图法和判定表法。

（5）对于参数配置类的软件，要用正交试验法选择较少的组合方式达到最佳效果。

（6）对于业务流清晰的系统，可以利用场景法。

（7）程序的功能较复杂，存在大量组合情况时，可考虑功能图法。

2.4　白盒测试概述

2.4.1　白盒测试概念

白盒测试（White-box Testing）也称结构测试、逻辑驱动测试。"白盒"将程序形象地比喻为放在一个透明的盒子里，故测试人员了解被测程序的内部结构。测试人员利用程序的内部逻辑结构和相关信息，对程序的内部结构和路径进行测试，检验其是否达到了预期的设计要求。白盒测试是从程序设计者的角度进行的测试。

白盒方法和黑盒方法一样，也不能做到穷举测试。这是因为程序的结构往往是复杂的，程序中很难完全不出现选择结构和循环结构，当程序中出现了选择结构和循环结构时，程序中的路径数目将大大增加。如果选择结构、选择结构自身和循环结构、循环结构自身再出现嵌套，路径数则更是急剧增加。

白盒测试是一项技术含量很高的工作，测试人员采用白盒测试方法设计测试用例时，必须在仔细研究程序的内部结构的基础上，从数量极大的可用测试用例中精心挑选尽可能少的测试用例，来覆盖程序的内部结构。

白盒测试的目的是通过检查软件内部的逻辑结构，对软件中的逻辑路径进行覆盖测试，在程序的不同地方设立检查点，检查程序的状态，以确定实际运行状态与预期状态是否一致。

白盒测试是针对被测单元内部如何进行工作的测试。白盒测试的主要方法有程序结构分析、程序逻辑覆盖、基本路径测试、软件规范性检查等。它根据程序的控制结构设计导出其测试用例,并主要用于程序验证。白盒测试全面了解程序的内部逻辑结构,对所有逻辑路径进行测试。因为对于不同复杂度的代码逻辑,可以衍生出许多种执行路径,只有选用适当的测试方法,才能帮助测试者找到正确方向。在使用白盒测试方法时,测试者必须检查程序的内部结构,从检查程序的逻辑着手,得出测试的数据。

白盒测试的特点:

- 依据软件设计说明进行。
- 对程序内部细节严密检验。
- 针对特定条件设计测试用例。
- 对软件逻辑路径进行覆盖测试。

白盒测试方法遵循的原则:

- 保证一个模块中的所有独立路径至少被测试一次。
- 所有逻辑值均需测试真(True)和假(False)两种情况。
- 检查程序的内部数据结构,保证其结构的有效性。
- 在上下边界及可操作范围内运行所有循环。

2.4.2　白盒测试优缺点

与黑盒测试相比,白盒测试深入到程序的内部进行测试,更易于定位错误的原因和具体位置,弥补了黑盒测试只能从程序外部进行测试的不足。

白盒测试也有其局限性,即使白盒测试覆盖了程序中的所有路径,仍不一定能发现程序中的全部错误。这是因为:白盒测试不能查出程序中的设计缺陷;白盒测试不能查出程序是否遗漏了功能或路径;白盒测试可能发现不了一些与数据相关的错误。

2.4.3　白盒测试方法

白盒测试的方法总体上分为静态方法和动态方法两大类。

静态分析是一种不执行程序而进行测试的技术。静态分析的关键功能是检查软件的表示和描述是否一致,有没有冲突或歧义。

动态分析的主要特点是当软件系统在模拟的或真实的环境中执行之前、之中和之后,对软件系统行为的分析。动态分析包含了程序在受控的环境下使用特定的期望结果进行正式的运行。它显示了一个系统在检查状态下是正确还是不正确。在动态分析技术中,最重要的技术是路径和分支测试。

常用的白盒测试方法有代码检查法、静态结构分析法、质量度量法、逻辑覆盖法、基本路径测试法、域测试、符号测试、Z路径测试、程序变异等。其中运用最为广泛的是基本路径测试法。

2.5　典型白盒测试方法

2.5.1　逻辑覆盖测试

逻辑覆盖是以程序内部的逻辑结构为基础的设计测试用例的技术,是通过对程序逻辑结构的遍历实现程序的覆盖,它是一系列测试过程的总称。这一方法要求测试人员对程序的逻辑结构有清楚的了解,甚至要能掌握源程序的所有细节。

从覆盖源程序语句的详细程度分析,逻辑覆盖标准有:语句覆盖、判定覆盖、条件覆盖、判定条件覆盖、条件组合覆盖和修正条件判定覆盖等。

我们使用如下程序片段来讲解各种覆盖标准,伪代码和流程图如图 2-11 所示。

```
if((A>1)and(B=0))
then X=X/A
if((A=2) or (X>1))
then X=X+1
```

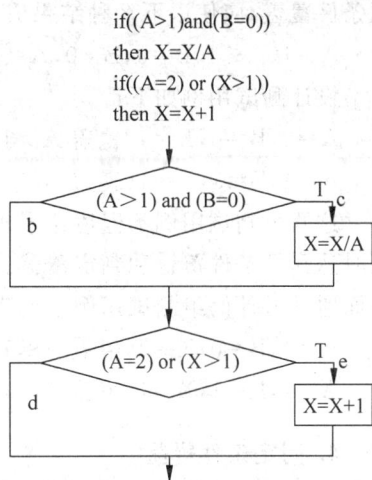

图 2-11　程序代码及流程图

1. 语句覆盖

语句覆盖(Statement Coverage)的含义是:设计足够多的测试用例,使被测程序中的每条可执行语句至少执行一次。语句覆盖也称为点覆盖。

对示例程序,若要做到语句覆盖,程序的执行路径应是 ace,为此可设计如下的测试用例(注意:A、B、X的值在这里为输入值,严格说来,测试用例还应包括预期输出,在此省略,下同):

A＝2,B＝0,X＝4

语句覆盖是一种很弱的逻辑覆盖标准,它对程序的逻辑覆盖很少。对于示例程序,语句覆盖只覆盖了两个判断为真的情况,若某个判定的结果为假,则对应的操作有错也不会通过语句覆盖发现。此外,语句覆盖只关心判定的结果,没有考虑判定中的条件及条件之间的逻辑关系,若程序中的"and"错写成"or","or"错写成"and",或者判定中的条件"X＞1"错写成"X＜1",都不可能通过 A＝2,B＝0,X＝4 这组测试用例发现。

2. 判定覆盖

判定覆盖(Decision Coverage)的含义是:设计足够多的测试用例,使被测程序中的每个判定取到每种可能的结果,即覆盖每个判定的所有分支。也就是使程序中的每个取"真"分支和取"假"分支至少均经历一次,也称为分支覆盖。显然,若实现了判定覆盖,则必然实现了语句覆盖,判定覆盖是一种强于语句覆盖的覆盖标准。

要实现对示例程序的判定覆盖,则需覆盖路径 ace 和 abd,或覆盖 acd 和 abe 两条路径。设计两组测试用例如下:

A＝3,B＝0,X＝3(覆盖路径 ace)
A＝2,B＝1,X＝1(覆盖路径 abd)

判定覆盖对程序的覆盖程度仍不高,若判定中的条件"X＞1"错写成"X＜1",仍然不能发现。

3. 条件覆盖

条件覆盖(Condition Coverage)的含义是:设计足够多的测试用例,使被测程序中的每个条件取到各种可能的结果。

对示例程序,考虑包含在两个判定中的 4 个条件,每个条件均可取真假两种值。若要实现条件覆盖,应使以下 8 种结果成立:

A>1,A≤1,B=0,B≠0,A=2,A≠2,X>1,X≤1

设计测试用例如下:

A=2,B=0,X=4(覆盖 A>1、B=0、A=2、X>1,执行路径 ace)

A=1,B=1,X=1(覆盖 A≤1、B≠0、A≠2、X≤1,执行路径 abd)

这两个测试用例不但覆盖了 4 个条件的 8 种情况,而且覆盖了两个判定的 4 个分支,即同时达到了条件覆盖和判定覆盖。但是,并不是说满足条件覆盖就一定能够满足判定覆盖,下面通过另外两组测试用例来说明这一点。

A=1,B=0,X=3(覆盖 A≤1、B=0、A≠2、X>1,执行路径 abe)

A=1,B=1,X=1(覆盖 A≤1、B≠0、A≠2、X≤1,执行路径 abd)

4. 判定条件覆盖

判定条件覆盖要求设计足够的测试用例,使得每个条件取到各种可能的结果,且每个判定取到各种可能的结果。若实现了判定条件覆盖,则必然也实现了判定覆盖和条件覆盖。

对示例程序,若要实现判定条件覆盖,可设计如下两组测试用例:

A=2,B=0,X=4(覆盖 A>1、B=0、A=2、X>1,执行路径 ace)

A=1,B=1,X=1(覆盖 A≤1、B≠0、A≠2、X≤1,执行路径 abd)

5. 条件组合覆盖

当某个判定中存在多个条件时,仅仅考虑单个条件的取值是不够的,条件组合覆盖的含义是:设计足够多的测试用例,使被测程序中每个判定的所有条件取值组合都至少出现一次。

对示例程序,若要实现条件组合覆盖,应使如下的 8 种条件取值组合至少出现一次:

① A>1,B=0　　　　　② A>1,B≠0

③ A≤1,B=0　　　　　④ A≤1,B≠0

⑤ A=2,X>1　　　　　⑥ A=2,X≤1

⑦ A≠2,X>1　　　　　⑧ A≠2,X≤1

为覆盖此 8 种组合,可设计如下的 4 组测试用例:

A=2,B=0,X=4(覆盖①、⑤两种组合,执行路径 ace)

A=2,B=1,X=1(覆盖②、⑥两种组合,执行路径 abd)

A=1,B=0,X=2(覆盖③、⑦两种组合,执行路径 abe)

A=1,B=1,X=1(覆盖④、⑧两种组合,执行路径 abe)

对某被测程序,若实现了条件组合覆盖,则一定实现了判定覆盖、条件覆盖及判定条件覆盖。但条件组合覆盖不一定能覆盖程序中的每条路径,如上述 4 组测试用例就没有覆盖到路径 acd。

6. 修正条件判定覆盖

修正条件判定覆盖是由欧美的航空/航天制作厂商和使用单位联合制定的"航空运输和

装备系统软件认证标准",目前在国外的国防、航空航天领域应用广泛。这个覆盖度量需要足够的测试用例来确定各个条件能够影响到包含的判定结果。它要求满足两个条件:首先,每一个程序模块的入口和出口点都要考虑至少被调用一次,每个程序的判定到所有可能的结果值要至少转换一次;其次,程序的判定被分解为通过逻辑操作符(and、or)连接的bool条件,每个条件对于判定的结果值是独立的。

实现修正条件判定覆盖,需要付出极大的成本(通常能够支持修正条件判定覆盖的测试工具价格极其昂贵)。

7. Z 路径覆盖

Z路径覆盖是路径覆盖的一种变体。路径覆盖是白盒测试最为典型的问题。着眼于路径分析的测试可称为路径测试。完成路径测试的理想情况是做到路径覆盖。对于比较简单的小程序,实现路径覆盖是可以做到的。但是如果程序中出现较多判断和较多循环,可能的路径数据将会急剧增长,达到一个巨大的数字,以至不可能做到实现路径覆盖。

为了解决这一问题,必须舍掉一些次要因素,对循环机制进行简化,从而极大地减少路径的数量,使得覆盖这些有限的路径成为可能。因此,称简化循环意义上的路径覆盖为Z路径覆盖。

这里所说的对循环化简是指限制循环的次数。无论循环的形式和实际执行循环体的次数是多少,只考虑循环一次和零次两种情况,即只考虑执行时进入循环体一次和跳过循环体这两种情况。

对于程序中的所有路径,可以用路径树表示。当得到某一程序的路径树后,从其根节点开始,一次遍历,再回到根节点时,把所经历的叶节点名排列起来,就得到一个路径。如果测试设法遍历了所有的叶节点,那就得到了所有路径。

当得到所有路径后,生成每个路径的测试用例,就可以做到Z路径覆盖的测试。

8. ESTCA 覆盖

逻辑覆盖其出发点似乎是合理的。所谓"覆盖",就是想要做到全面,而无遗漏。但事实表明,它并不能真的做到无遗漏。面对这类情况我们应该从中吸取的教训是测试工作要有重点,要多针对容易发生问题的地方设计测试用例。

测试专家从测试工作实践的教训出发,吸收了计算机硬件的测试原理,提出了一种经验型的测试覆盖准则,较好地解决了上述问题。硬件测试中,对每一个门电路的输入、输出测试都是有额定标准的。通常,电路中一个门的错误常常是"输出总是0",或是"输出总是1"。与硬件测试中的这一情况类似,我们常常要重视程序中谓词的取值,但实际上它可能比硬件测试更加复杂。通过大量实验,测试专家确定了程序中谓词最容易出错的部分,得出一套错误敏感测试用例分析ESTCA(Error Sensitive Test Cases Analysis)规则。

［规则1］　对于A rel B(rel可以是<、=和>)型的分支谓词,应适当地选择A与B的值,使得测试执行到该分支语句时,A<B,A=B和A>B的情况分别出现一次。

［规则2］　对于A rel1 C(rel1可以是>或是<,A是变量,C是常量)型的分支谓词,当rel1为<时,应适当地选择A的值,使A=C−M(M是距C最小的容器容许正数,若A和C均为整型时,M=1)。同样,当rel1为>时,应适当地选择A,使A=C+M。

［规则3］　对外部输入变量赋值,使其在每一测试用例中均有不同的值与符号,并与同一组测试用例中其他变量的值和符号不一致。

显然,上述规则1是为了检测 rel 的错误,规则2是为了检测"差一"之类的错误(如本应是"IF A ＞ 1"而错成"IF A ＞ 0"),而规则3则是为了检测程序语句中的错误(如应是"引用变量"而错写成"引用常量")。

上述三规则并不是完备的,但在普通程序的测试中是有效的。原因在于规则本身针对程序编写人员容易发生的错误,或是围绕着发生错误的频繁区域,从而提高了发现错误的命中率。

9. 层次 LCSAJ 覆盖

LCSAJ 覆盖(Linear Code Sequence and Jump Coverage)的字面含义是线性代码顺序和跳转覆盖,是一套覆盖率准则。一个 LCSAJ 是一组顺序执行的代码,以控制流跳转为其结束点。它的定义如下:它起始于程序的入口或者是一个可能导致控制流跳转的点;它结束于程序的出口或者是一个可能导致控制流跳转的点;对于该点,一个跳转在后面的序列中产生。

LCSAJ 的起点是根据程序本身决定的。它的起点是程序第一行或转移语句的入口点,或是控制流可以跳转到达的点。因此,几个 LCSAJ 首尾相接构成 LCSAL 串,组成程序的一条路径。第一个 LCSAJ 起点为程序起点,最后一个 LCSAJ 终点为程序终点。一条程序路径可能是由两个、三个或多个 LCSAJ 组成的。基于 LCSAJ 与路径的这一关系,测试专家提出了 LCSAJ 覆盖准则,这是一个分层的覆盖准则,可以这样来描述:

第一层:语句覆盖。

第二层:分支覆盖。

第三层:LCSAJ 覆盖。即程序中的每一个 LCSAJ 都至少在测试中经历过一次。

第四层:两两 LCSAJ 覆盖。即程序中每两个首尾相连的 LCSAJ 组合起来在测试中都要经历一次。

第 $n+2$ 层:每 n 个首尾相连的 LCSAJ 组合在测试中都要经历过一次。

这说明了,越是高层的覆盖准则越难满足。尽管 LCSAJ 覆盖要比判定覆盖复杂的多,但是 LCSAJ 的自动化相对来说还是容易获得的。另外,对一个模块的微小的变动可能会对 LCSAJ 产生重大影响,因此维护 LCSAJ 的测试数据是相当困难的。一个大模块包含极其庞大的 LCSAJ,因此要获得 100％的覆盖率也是不现实的。然而测试专家提供的证据表明,把测试 100％的 LCSAJ 作为目标比 100％的判定覆盖要有效的多。

10. 面向对象的覆盖

传统的结构化度量没有考虑面向对象的一些特性,如多态、继承和封装等。传统的结构化覆盖必须被加强,以满足面向对象特性,上下文覆盖就是一种针对面向对象特性而增强的覆盖。

上下文覆盖可以应用到面向对象领域处理诸如多态、继承和封装的特性,同时该方法也可以被扩展用于多线程应用。通过使用这些面向对象的上下文覆盖,结合传统的结构化覆盖的方法就可以保证代码的结构被完整地执行,同时提高对被测软件质量的信心。

有三个面向对象上下文覆盖地定义,它们分别是:

(1) 继承上下文覆盖(Inheritance Context Coverage),指上下文内执行到的判定分支数据量占程序内判定的总数的百分比。该覆盖率用于度量在系统中的多态调用被测试得多好。

(2) 基于状态的上下文覆盖(State-Based Context Coverage),该覆盖用于改进对带有状态依赖行为的类的测试。

(3) 已定义用户上下文覆盖(User-Defined Context Coverage),该度量允许上下文覆盖的方法被应用到传统结构化覆盖率无法使用的地方,例如多线程应用。

2.5.2 基本路径测试

基本路径测试法是在程序控制流图的基础上,通过分析控制构造的环路复杂性,导出基本可执行路径集合,从而设计测试用例的方法。

设计出的测试用例要保证在测试中程序的每个可执行语句至少执行一次,即达到语句覆盖100%和条件覆盖100%。

对于复杂性大的程序要实现所有路径覆盖(测试所有可执行路径)是不可能的,因此,若某一程序的每一个独立路径都被测试过,那么可以认为程序中的每个语句都已经检验过了,即达到了语句覆盖。这种测试方法就是通常所说的基本路径测试方法。某一程序的独立路径是指从程序入口到出口的多次执行中,每次至少有一个语句集(包括运算、赋值、输入输出或判断)是新的和未被重复的。

在程序控制流图的基础上,通过分析控制构造的环路复杂性,导出基本可执行路径集合,从而设计测试用例。

1. 程序控制流图

在进行测试设计时,为了能更突出程序控制流的结构,可对程序的流程图进行简化,简化之后得到的图形称为程序控制流图。图中涉及两者符号:节点和控制流线。

节点代表一条或顺序执行的多条语句,有向箭头称为边,代表控制流。图2-12是程序的5种基本结构的流图画法。

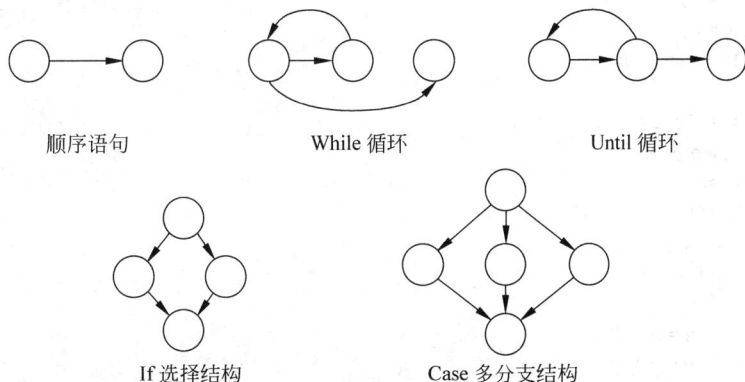

图 2-12 5种基本结构的流图

在将程序流程图转化成控制流图时,应注意以下原则:

- 分支汇聚处应有一个汇聚节点。
- 边和节点圈定的范围叫做区域,当对区域计数时,图形外的范围应算做一个区域。
- 若程序有复合条件,则必须将其分解为多个嵌套的简单条件(包含简单条件的节点被称为判定节点,也叫谓词节点),并映射成控制流图。

谓词节点就是不含复合判定条件的节点,分支判断节点和循环判断节点都可能是谓词节点。程序(或流程图)中的复合条件,应转化为多个简单条件判断,在流图中用相应的谓词节点加以表示。

如图 2-13 所示的流程图,图中的判定含有两个条件,即为复合条件判断,故将此判断在控制流图中用两个谓词节点表示。

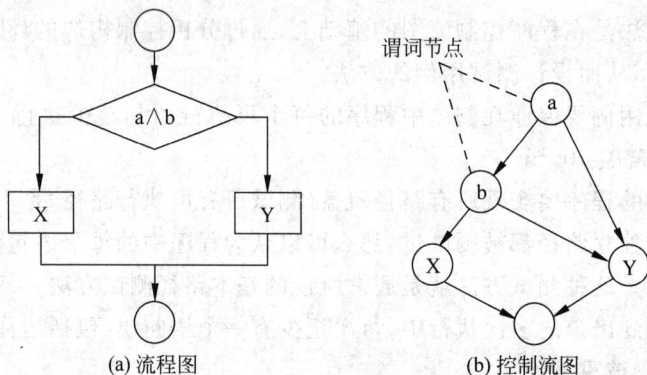

(a) 流程图   (b) 控制流图

图 2-13　程序流程图和控制流图

以如下 C 程序为例,进行基本路径测试。程序中每行开头的数字(1~17)是对每条语句的编号。画出对应的程序流程图和控制流图,如图 2-14 所示。可以看到,控制流图突出描述程序控制流变化,不改变程序控制流的顺序节点可以忽略,如程序流程图中的节点 2、3、14 等并没有在控制流图中出现。

```
void Sort(int iRecordNum, int iType)
1    {
2        int x = 0;
3        int y = 0;
4        while (iRecordNum -- > 0)
5        {
6          if(iType == 0)
7            x = y + 2;
8          else
9            if(iType == 1)
10             x = y + 10;
11           else
12           {
13             x = y + 20;
14             y = y ++ ;
15           }
16       }
17   }
```

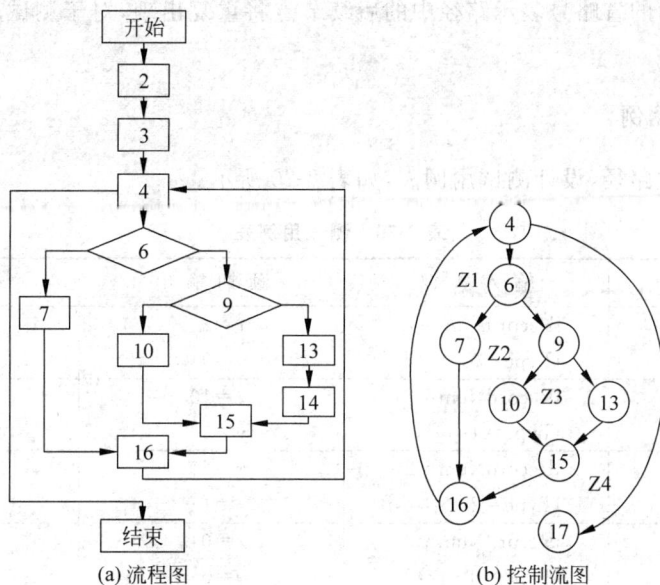

(a) 流程图   (b) 控制流图

图 2-14 程序流程图和控制流图

2. 计算环路复杂度

环路复杂度是一种为程序逻辑复杂性提供定量测度的软件度量,可以将该度量用于计算程序的基本独立路径数目。环路复杂度给出了程序基本路径集合中的独立路径的条数,是确保所有语句至少执行一次的测试数量的上界。独立路径是指包括若干未曾处理的语句或条件的一条路径。

可以用以下三种方法计算环路复杂度:

(1) 控制流图中的区域数对应于环路复杂性定义。

(2) 设 E 为控制流图的边数,N 为图的节点数,则定义环路的复杂性为 $V(G)=E-N+2$。

(3) 若设 P 为控制流图中的谓词节点数,则有 $V(G)=P+1$。

对示例程序计算环路复杂度。

方法一:控制流图有 4 个区域,Z1、Z2、Z3 和 Z4,$V(G)=4$。

方法二:$V(G)=E-N+2=11(边数)-9(节点数)+2=4$。

方法三:判断节点有 3 个,节点 4、节点 6 和节点 9,$V(G)=P+1=3+1=4$。

因此,该程序环路复杂度是 4。基本路径集中有 4 条独立路径。

3. 导出基本路径集

根据上面的计算方法,导出基本路径集,列出程序的独立路径,可得出程序的基本路径集中有 4 条独立路径。

路径 1:4—6—7—16—4—…

路径 2:4—6—9—10—15—16—4—…

路径 3:4—6—9—13—15—16—4—…

路径 4:4—17

路径 1、2、3 后的省略号表示路径中的后续节点将重复出现,对于测试用例的设计并不重要。

4. 设计测试用例

根据上述独立路径,设计测试用例表,如表 2-20 所示。

表 2-20   测试用例表

编 号	输 入 数 据	预 期 输 出	覆 盖 路 径
测试用例 1	iRecordNum＝2 iType＝0	x＝2 y＝0	路径 1
测试用例 2	iRecordNum＝2 iType＝1	x＝10 y＝0	路径 2
测试用例 3	iRecordNum＝2 iType＝2	x＝20 y＝1	路径 3
测试用例 4	iRecordNum＝0 iType＝0	x＝0 y＝0	路径 4

2.5.3 程序插桩

1. 程序插桩

程序插桩是借助在被测程序中进行插入操作,来实现测试目的的方法。

我们在调试程序时,常常要在程序中插入一些打印语句,希望执行程序时打印出我们关心的信息,进而通过这些信息了解执行过程中程序的一些动态特性。比如,程序的实际执行路径,特定变量在特定时刻的取值等。从这一思想发展出的程序插桩技术能够按用户的要求,获取程序的各种信息,成为测试工作的有效手段。

程序插桩是在不破坏被测试程序原有逻辑完整性的前提下,在程序的相应位置上插入一些探针。这些探针本质上就是进行信息采集的代码段,可以是赋值语句或采集覆盖信息的函数调用。通过探针的执行并输出程序的运行特征数据。基于对这些特征数据的分析,揭示程序的内部行为和特征。

如果我们想了解一个程序在某次运行中所有可执行语句被覆盖的情况,或是每个语句的实际执行次数,最好的办法就是利用插桩技术。下面以计算整数 X 和 Y 的最大公约数为例,说明插桩方法的要点。图 2-15 是这一程序的流程图,图中虚线框并不是源程序的内容,而是为了记录语句执行次数而插入的。

虚线框代码实现计数功能,其形式为:
$$C(i) = C(i) + 1 \quad i = 1, 2, \cdots, 6$$

在程序特定部位插入记录动态特性的语句,最终是为了把程序执行过程中发生的一些重要事件记录下来。例如,记录在程序执行过程中某些变量值的变化情况、变化范围等。又如程序逻辑覆盖情况,也只有通过程序的插桩才能取得覆盖信息。实践表明,程序插桩方法是应用很广的技术,特别是在完成程序的测试和调试时非常有效。

设计插桩程序时需要考虑的问题包括:

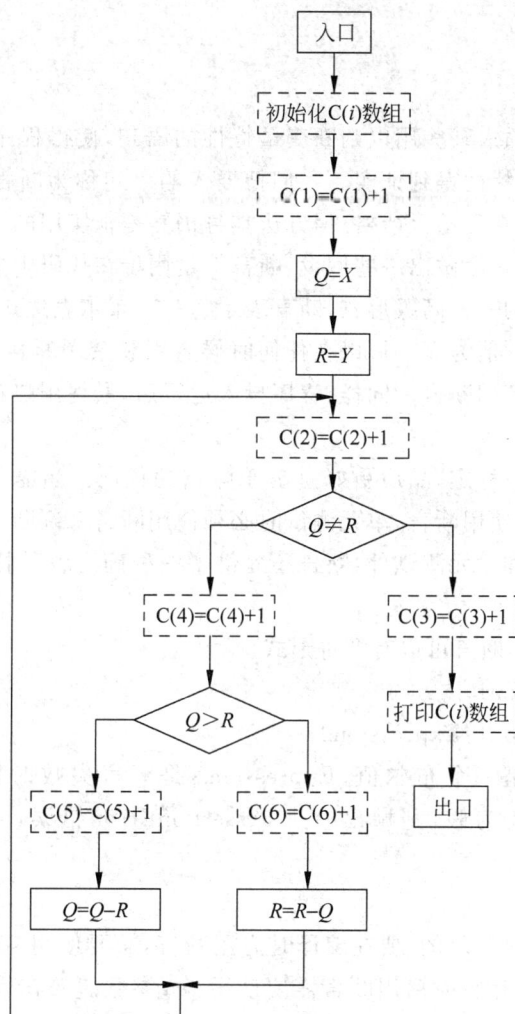

图 2-15 程序插桩

（1）探测哪些信息。

（2）在程序的什么部位设置探测点。

（3）需要设置多少个探测点。

其中前两个问题需要结合具体情况解决，并不能给出笼统的回答。第 3 个问题需要考虑如何设置最少探测点的方案。例如，在上例中的程序入口处，若要记录语句 $Q=X$ 和 $R=Y$ 的执行次数，只需插入 $C(1)=C(1)+1$ 就够了，没有必要在每个语句之后都插入技术语句，需要针对程序的控制结构进行具体分析。这里列举出一些设置计数语句的部位：

（1）第一个可执行语句前。

（2）函数调用之后。

（3）循环开始后。

（4）判断分支后。

（5）输入输出后。

（6）Go to 语句后。

2. 断言语句

在程序中特定部位插入某些用以判断变量特性的语句，使得程序执行中这些语句得以证实，从而使程序的运行特性得到证实。我们把插入的语句称为断言。这一做法是程序正确性证明的基本步骤，尽管算不上严格，但方法本身仍然是很实用的。

编写代码时，我们总是会做出一些假设，断言就是用于在代码中捕捉这些假设的。可以将断言看作是异常处理的一种高级形式，断言表示为一些布尔表达式，程序员相信在程序中的某个特定点该表达式的值为真。可以在任何时候启用和禁用断言验证，因此可以在测试时启用断言而在部署时禁用断言。同样，程序投入运行后，最终用户在遇到问题时可以重新启用断言。

使用断言可以创建更稳定，品质更好且易于除错的代码。当需要在一个值为 False 时中断当前操作的话，可以使用断言，单元测试时必须使用断言来判断实际输出与预期结果是否一致。除了类型检查和单元测试外，断言还提供了一种确定各种特性是否在程序中得到维护的极好的方法。

在 Java 程序设计中，断言可以有两种形式：

（1）assert Expression1；

（2）assert Expression1：Expression2；

其中 Expression1 应该是一个布尔值，Expression2 是断言失败时输出的失败消息的字符串。如果 Expression1 为假，则抛出一个 AssertionError 错误，并显示 Expression2 字符串。

断言示例：

断言在默认情况下是关闭的，要在编译时启用断言，需要使用 source1.4 标记，即 javac source1.4 Test.java ，在运行时启用断言需要使用 -ea 参数。要在系统类中启用和禁用断言可以使用 -esa 和 -dsa 参数。

例如：

```
public class AssertExampleOne{
public AssertExampleOne(){ }
public static void main(String args[]){
int x = 10;
System.out.println("Testing Assertion that x == 100");
assert x = 100: "Out assertion failed!";//设置断言,判断 x 是否为 100
System.out.println("Test passed!");
}
}
```

如果编译时未加 -source1.4，则编译通不过，在执行时未加 -ea 时输出为：

```
Testing Assertion that x == 100
Test passed
```

JRE 忽略了断言的旧代码，而使用了参数-ea 就会输出为：

```
Testing Assertion that x == 100
Exception in thread "main" java.lang.AssertionError: Out assertion failed!
at AssertExampleOne.main(AssertExampleOne.java:6)
```

2.5.4 静态方法

静态测试包括代码检查、静态结构分析、代码质量度量等。它可以由人工进行,充分发挥人的逻辑思维优势,也可以借助软件工具自动进行。

1. 代码检查

代码检查包括代码桌面检查、代码审查、走查等,主要检查代码和设计的一致性,代码对标准的遵循、可读性,代码的逻辑表达的正确性,代码结构的合理性等方面。代码检查可以发现违背程序编写标准的问题,程序中不安全、不明确和模糊的部分,找出程序中不可移植部分、违背程序编程风格的问题,包括变量检查、命名和类型审查、程序逻辑审查、程序语法检查和程序结构检查等内容。

在实际使用中,代码检查比动态测试更有效率,能快速找到缺陷,发现 $30\% \sim 70\%$ 的逻辑设计和编码缺陷;代码检查看到的是问题本身而非征兆。但是代码检查非常耗费时间,而且代码检查需要知识和经验的积累。代码检查应在编译和动态测试之前进行,在检查前,应准备好需求描述文档、程序设计文档、程序的源代码清单、代码编码标准和代码缺陷检查表等。

1) 桌面检查(Desk Checking)

桌面检查是一种传统的检查方法,由编程人员检查自己编写的程序。编程人员对自己编写的源代码进行分析、检验,或者人工执行代码,以尽可能地发现程序中的错误。

由于编程人员熟悉自己的编程思路和程序逻辑结构,故桌面检查可以节省检查时间。桌面检查需要首先运行拼写检查器、语法检查器、句法检查器,或是可以用来帮助文档进行字面检查工作的任何其他工具。然后,作者就可以慢慢地复审文档来寻找文档中的不一致、不完全和漏掉信息的地方。在这个过程中所检测到的问题,应该由作者自己来进行直接修改,这当中可能会需要项目管理者或是项目中的其他专家提供建议。一旦所有的改正工作完成,就应该重新运行前面所讲的桌面检查来发现并修改所有由于修改内容而引进的新的拼写、语法和标点错误。

2) 代码审查(Inspection)

代码审查比桌面检查要正式,能够发现更多的不足,同时也更费时。代码审查由受过专门培训的主持人来领导,并定义参与者(同行)的角色,有正式的入口、出口准则及度量标准,主要目的是发现缺陷。

在代码审查之前,审查小组负责人将设计规格说明书、程序清单及编码规范等分发给小组成员,作为审查依据。特别是要给小组的每个成员一份常见错误清单,也称缺陷检查表,它罗列了以往编程中的常见错误,并对错误进行了分类。

审查小组成员在仔细阅读以上材料后,进入正式的审查阶段,即召开代码审查会议。期间,编程人员对自己编写的程序逐句讲解,其他组员则可以提出自己的疑问,进而展开讨论,以确认错误是否存在。

大量实践表明,编程人员在讲解自编程序的过程中,更易于发现原先未发现的问题,而小组成员的共同讨论,也有利于错误的暴露,从而提高软件的质量。

3) 走查(Walk-Through)

走查是最正式、最耗时的静态测试技术,但也是最有效的。走查与代码审查的步骤基本相同,在进行走查之前,走查小组的成员也会得到设计规格说明书、程序清单和编码规范等材料,走查小组的成员应充分研读这些资料。在走查过程中,与代码审查不同的是,小组成员不再简单地逐一分析程序逻辑,而是由小组的测试人员设计一批有代表性的测试用例,小组成员集体扮演计算机的角色,在头脑中沿着程序的逻辑运行这些测试用例,将程序运行的总计记录于纸上或黑板上供大家分析和讨论,进而检查其执行逻辑、控制模型、算法和使用参数与数据的正确性,以发现设计中存在的问题以及设计与编码不一致的地方。

2. 静态结构分析

静态结构分析主要是以图形的方式表现程序的内部结构,供测试人员对程序结构进行分析。

程序的结构形式是白盒测试的主要依据。研究表明程序员 38% 的时间花费在理解软件系统上,因为代码以文本格式被写入多重文件中,这是很难阅读理解的,需要其他一些东西来帮助人们阅读理解,如各种图表等,而静态结构分析满足了这样的需求。

在静态结构分析中,测试者通过使用测试工具分析程序源代码的系统结构、数据结构、内部控制逻辑等内部结构,生成函数调用关系图、模块控制流图、内部文件调用关系图、子程序表、宏和函数参数表等各类图形图标,可以清晰地标识整个软件系统的组成结构,使其便于阅读和理解,然后可以通过分析这些图标,检查软件有没有存在缺陷或错误。

其中函数调用关系图通过应用程序中各函数之间的调用关系展示了系统的结构。通过查看函数调用关系图,可以检查函数之间的调用关系是否符合要求,是否存在递归调用,函数的调用层是否过深,有没有存在独立的没有被调用的函数。从而可以发现系统是否存在结构缺陷,发现哪些函数是重要的,哪些是次要的,需要使用什么级别的覆盖要求。

模块控制流图是与程序流程图相类似的,由许多节点和连接节点的边组成的一种图形,其中一个节点代表一条语句或数条语句,边代表节点间的控制流向,它显示了一个函数的内部逻辑结构。模块控制流图可以直观地反映出一个函数的内部逻辑结构,通过检查这些模块控制流图,能够很快发现软件的错误与缺陷。

3. 代码质量度量

根据 ISO/IEC 9126 质量模型的定义,软件质量包括 6 个方面:功能性、可靠性、可用性、效率、可维护性和可移植性。我们可以由此构造质量度量模型,通过量化的数据评估软件的各个方面。

详细内容见章节"1.5.1 软件质量和软件质量模型"。

2.5.5 白盒测试方法使用策略

在白盒测试中,可以使用各种测试方法的综合策略如下所示:

(1) 在测试中,应尽量先用工具进行静态结构分析。

（2）测试中可采取先静态后动态的组合方式：先进行静态结构分析、代码检查和静态质量度量，再进行覆盖率测试。

（3）利用静态分析的结果作为引导，通过代码检查和动态测试的方法对静态分析结果进行进一步的确认，使测试工作更为有效。

（4）覆盖率测试是白盒测试的重点，一般可使用基本路径测试法达到语句覆盖标准。对于软件的重点模块，应使用多种覆盖率标准衡量代码的覆盖率。

（5）在不同的测试阶段，测试的侧重点不同。在单元测试阶段，以代码检查、逻辑覆盖为主；在集成测试阶段，需要增加静态结构分析、静态质量度量；在系统测试阶段，应尽量使用黑盒测试方法，但若发现软件中的严重问题且无法用黑盒测试方法定位，则仍需选择性地使用白盒测试方法，深入到模块的内部进行错误定位。

2.6　黑白盒测试方法总结

通过本章的讲述，我们对黑盒测试和白盒测试应该有了一个较为清楚的认识。黑盒测试和白盒测试作为两种出发点完全不同的测试方法，各有其特点，在软件测试中是缺一不可的。

黑盒测试完全不考虑程序的具体实现，从程序外部对其功能、性能等进行测试，可以认为是站在用户角度进行的测试。由于黑盒测试具有成本较低的优点，被测试从业人员广泛采用。

但黑盒测试有其不足之处，如对特定的输入，软件的输出恰巧是正确的，但内部的运算有错，黑盒测试无法发现；还有如果软件中存在内存泄露、误差积累等隐患也是黑盒测试无能为力的。

与黑盒测试相比，白盒测试深入到程序的内部进行测试，能发现比黑盒测试更多的错误，也更易于定位错误的原因和具体位置，并能得出测试对代码的覆盖率，弥补了黑盒测试只能从程序外部进行测试且难于衡量测试完整性的不足。

虽然白盒测试的优点很多，但不能对一个测试项目盲目地、无限制地使用白盒测试方法，因为白盒测试与黑盒测试的方式虽然不同，但在很多场合会与黑盒测试产生同样的效果，应减少此类冗余的测试。毕竟白盒测试意味着更多的测试成本。

一般来说，在软件测试的单元测试阶段，以使用白盒测试法为主对被测单元进行测试；在集成测试阶段，可使用黑盒、白盒相结合的方法测试多个单元组装在一起能否按预期的设计要求工作，这种测试策略也可以理解为灰盒测试方法；在集成测试之后的测试阶段，目标软件已基本成型，应使用黑盒测试方法对软件进行测试。

2.7　小结

本章主要介绍了测试用例的相关知识和黑、白盒测试方法的相关内容。我们不仅要明白测试用例的含义，还要掌握测试用例的设计方法。黑、白盒测试方法的目的就是为了找出合适的测试用例，使测试过程高效、完整。

本章详细讲述了多种典型的黑、白盒测试方法,读者需细心理解方法的要义,通过一定的实践来掌握黑、白盒测试方法的内涵。

习题

1. 什么是测试用例?为什么要设计测试用例?

2. 什么是黑盒测试?什么是白盒测试?它们有何优缺点?

3. 对小的程序进行穷举测试是可能的,用穷举测试能否保证程序是百分之百正确的?

4. 边界值方法和等价类方法的关系是怎样的?

5. 在什么情况下应使用因果图法或决策表法?

6. 有一个评定并打印学生成绩等级的程序,其规格说明如下:

成绩满分为 100 分,学生成绩若在[90,100]之间,打印等级为"A";学生成绩若在[80, 90)之间,打印等级为"B";学生成绩若在[60,80)之间,打印等级为"C";学生成绩若低于 60,打印等级为"D";若学生成绩小于 0 或大于 100,或者学生成绩中含有非数字字符,则打印"error"。试根据此规格说明用等价类方法、边界值方法和错误推测法共同完成该程序功能的黑盒测试用例设计。

7. 有一个处理单价为 5 角钱的饮料的自动售货机软件测试用例的设计。

其规格说明如下:若投入 5 角钱或 1 元钱的硬币,按下"橙汁"或"啤酒"的按钮,则相应的饮料就送出来。若售货机没有零钱找,则一个显示"零钱找完"的红灯亮,这时再投入 1 元硬币并按下按钮后,饮料不送出来而且 1 元硬币也退出来;若有零钱找,则显示"零钱找完"的红灯灭,在送出饮料的同时退还 5 角硬币。

8. 用决策表测试法测试以下程序:该程序有三个输入变量 month、day、year(month、day 和 year 均为整数值,并且满足:1≤month≤12 和 1≤day≤31)分别作为输入日期的月份、日、年份,通过程序可以输出该输入日期在日历上隔一天的日期。

例如,输入为 2011 年 11 月 29 日,则该程序的输出为 2011 年 12 月 1 日。

(1) 分析各种输入情况,列出为输入变量 month、day、year 划分的有效等价类。

(2) 分析程序规格说明,结合以上等价类划分的情况给出问题规定的可能采取的操作(即列出所有的动作桩)。

(3) 根据(1)和(2),画出简化后的决策表。

9. 为以下流程图所示的程序段设计一组测试用例,要求分别满足语句覆盖、判定覆盖、条件覆盖、判定条件覆盖、组合覆盖和路径覆盖。

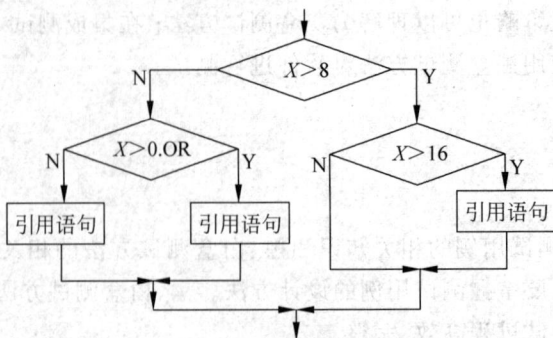

10. 在三角形问题中,要求输入三个边长:a,b,c。当三边不可能构成三角形时提示错误,可构成三角形时计算三角形的周长。若是等腰三角形,则打印"等腰三角形";若是等边三角形,则打印"等边三角形"。画出相应的程序流程图,并采用基本路径测试方法为该程序设计测试用例。

11. 使用基本路径测试方法,为以下程序段设计测试用例。

```
void Do (int X, int A, int B)
{
if ( (A > 1)&&(B = 0) )
    X = X/A;
if ( (A = 2)||(X > 1) )
    X = X + 1;
}
```

第3章

软件测试流程

软件测试是贯穿软件整个生命周期的一个系统的过程,包括单元测试、集成测试、确认测试、系统测试、验收测试等阶段。为确保测试工作的正常实施,一般在每个测试阶段中都要有测试计划、测试设计、测试执行和测试评估等基本步骤。

本章重点讲述测试流程中的单元测试、集成测试、确认测试、系统测试、验收测试等测试阶段的工作内容、实施手段及步骤,让读者弄清楚软件测试的基本过程,掌握在不同的阶段应该如何开展测试工作。

本章要点:

- 桩模块和驱动模块。
- 集成测试策略。
- 回归测试。
- 性能测试内容。
- Web 系统测试。
- 验收测试。

3.1 软件测试的过程

3.1.1 软件测试基本过程

测试是贯穿软件整个生命周期的一个系统的过程。系统化的测试过程能够在软件发布前发现更多的问题,并保证及早发现问题,从而以最小的代价更正问题。对于测试的基本过程,一般有测试计划、测试设计、测试执行和测试评估几个基本阶段。

1. 测试计划阶段

测试计划就是定义一个测试项目,确定各测试阶段的目标和策略的过程,目的是能够正确地度量和控制测试。这个过程将输出测试计划文档,明确要完成的测试活动,为测试过程的每一阶段提供清楚的目标;评估完成活动所需要的时间和资源;设计测试组织和岗位职权,进行活动安排和资源分配;安排跟踪和控制测试过程的活动。

2. 测试设计阶段

测试设计就是根据测试计划设计测试方案,编写详细的测试脚本的过程。测试设计过程输出的是各测试阶段使用的测试用例。

将测试计划阶段制订的测试活动分解、细化为若干个可执行的测试过程,构造测试计划中说明的执行测试所需的要素,这些要素通常包括驱动程序、测试数据集和实际执行测试所需的软件,同时为每个测试过程选择适当的测试用例、准备测试环境和测试工具。

测试设计的结果可以作为各阶段测试计划的附件提交评审。测试设计的另一项内容是回归测试设计,即确定回归测试的用例集。用于测试用例的修订部分,也要求重新评审。

3．测试执行阶段

按照测试计划,使用测试用例对待测项目进行逐一地、详细地测试,将获得的运行结果与预期结果进行比较、分析和评估,判断软件是通过了每项测试还是失败,确定开发过程中将要执行的下一步工序,同时记录、跟踪和管理软件缺陷。

在每个测试执行之后,对发现的错误都要进行相应的修改。当软件修改以后,必须运行原有的全部测试用例重新测试,并验证测试结果,这样可确保修改后软件的正确性和质量。

4．测试评估阶段

将测试执行阶段得到的测试结果进行测试分析和汇总,依次评定测试用例、测试项、软件总体质量等级。如果必要,还应组织专家评议,最终得到测试报告。

测试的对象和结果应在测试报告中汇总。测试报告用来对测试结果进行分析说明。经过测试后,证实了软件具有的能力以及它的缺陷和限制,并给出评价的结论性意见,这些意见既是对软件质量的评价,又是决定该软件能否交付用户使用的依据。测试分析报告的结构可以参考 GB 8567—88——《计算机软件产品开发文件编制指南》。

3.1.2 与软件开发过程并行的测试流程

10 年前,测试仅仅是软件开发的之后过程;现在,大多数公司认识到软件测试将在软件生命周期中起着重要作用。他们意识到在项目组中培训软件测试员,并在开发过程的早期投入工作可以制造出质量更优的软件。软件测试员的目标是找出软件缺陷,尽可能早一些,并确保其得以修复。

在经典的瀑布模型中,软件开发包括项目计划、需求分析、设计、编码与单元测试、综合测试和运行维护阶段。软件测试贯穿于软件开发的整个过程,在开发的任何阶段,测试资源至少有一项相关的活动。下面我们将对软件测试过程如何与开发过程并行工作进行分析。

1．软件项目计划阶段

软件项目计划及相关的时间表(包括整体的软件测试计划)建立起来时,进行的测试工作就是评审项目计划以保证所有的测试任务已经被包含进去,并被安排了合适的时间长度。项目初期为这些任务分配资源时仍然可以提出任何有关潜在资源分配的问题。

2．软件需求分析阶段

在搜集和编写需求时,就要开始编写测试计划,列出测试的所有步骤及相关假设和约束,同时通过严格的检查和评审来测试需求,以求清楚、完整和可测试性。这就意味着尽早防止缺陷在代码中出现,等到将来的测试阶段再发现缺陷,改正的代价就更高了。

在需求分析阶段建立系统测试计划,同时,开始准备确认测试计划。

3．软件设计阶段

将需求分析阶段建立的系统测试计划加以细化更新,进行系统测试设计;将确认测试计划加以细化,进行确认测试设计。在概要设计阶段完成集成测试计划,并且在详细设计阶段加以细化更新,进行集成测试设计。

在详细设计阶段也要完成单元测试计划。模块测试计划不需要非常正规,只是简单解释程序员计划如何测试这个模块。单元测试的测试计划应该根据被测单元的性质而制订,如对系统控制单元应主要采用结构测试;对复杂的计算单元应主要采用算法分析测试用例;对界面单元就应该测试各种选项的组合等。

4．编码与单元测试阶段

在此阶段将系统测试设计、确认测试设计、集成测试设计最终确定下来,根据单元测试计划建立单元测试环境,完成单元测试设计。

单元测试集中在检查软件设计的最小单位——模块上。一个模块编码完成后,如果代码已经无错误地通过编译或汇编,并且已经对代码进行了可能的预处理,就可以采用代码走查和代码审查相结合的方式对代码进行静态分析。

完成代码的静态分析之后,就开始执行单元测试。单元测试的目的在于发现各模块内部的错误,以确保受测试模块内部的一致性与逻辑正确,并使排错工作易于进行。

由于每个模块在整个软件中并不是孤立的,在对每个模块进行单元测试时,也不能完全忽视它们和周围模块的相互联系。

5．集成测试

对于已经完成单元测试,并且已经置于测试配置管理之下的相关的软件模块,按照集成测试设计,开始进行集成测试。集成测试是将多个模块连接起来,以发现概要设计中模块之间接口设计的问题,其目的是检查模块是否已正确地合并成满足规格说明的产品。

事实上,对于那些独立的模块,在编码及单元测试结束之后就可以开始集成测试了。因此,集成测试阶段与编码及单元测试阶段在时间上有一部分是重叠的,是并行的过程。

需要注意的是,重要的模块应该先测试并集成。集成测试结束之后,完成集成测试报告。

6．确认测试

集成测试完成以后,分散开发的模块被连接起来,构成完整的程序。各模块之间的接口存在的种种问题都已消除,于是测试工作进入确认测试阶段。按照前面进行的测试设计执行确认测试,目的是检查所开发的软件是否达到了用户需求说明中的要求。若能达到这一要求,则认为开发的软件是合格的。

确认测试结束之后,完成确认测试报告。

7．系统测试

由于软件只是计算机系统的一个组成部分，软件开发完成以后，最终还要与计算机硬件、外设、某些支持软件、数据和人员等其他系统元素结合在一起，在实际运行（使用）环境下，对计算机系统进行全面检验，这样的做法涉及软件需求以及软件与系统中其他方面的关系。

系统测试通过与系统的需求定义做比较，发现软件与系统定义不符合或相矛盾的地方，以保证各组成部分不仅能单独地受到检验，而且在系统各部分协调工作的环境下也能正常工作。

系统测试结束之后，完成系统测试报告。系统测试应交付的文档有：系统测试分析报告、最终的用户手册和操作手册、项目开发总结报告。

8．运行维护阶段

为确保软件产品在初次交付和安装后能够在用户环境中良好地运行，需对软件进行有效维护。外部发现的缺陷一旦报告给支持部门，测试小组就要分析缺陷报告，确定缺陷是否可再生以及是否在发布之前就已经知道原因。根据维护计划的规定将准备修改的问题进行汇总，填写软件问题汇总表。每次维护活动结束后，原则上填写一次维护报告，维护报告经部门经理审查后作为维护记录存放。

图 3-1 是测试过程与整个软件开发的关系模型。图中虚线将开发过程的几个步骤分隔开来，以便比较清楚地表示出开发过程的各个阶段相应的测试活动。

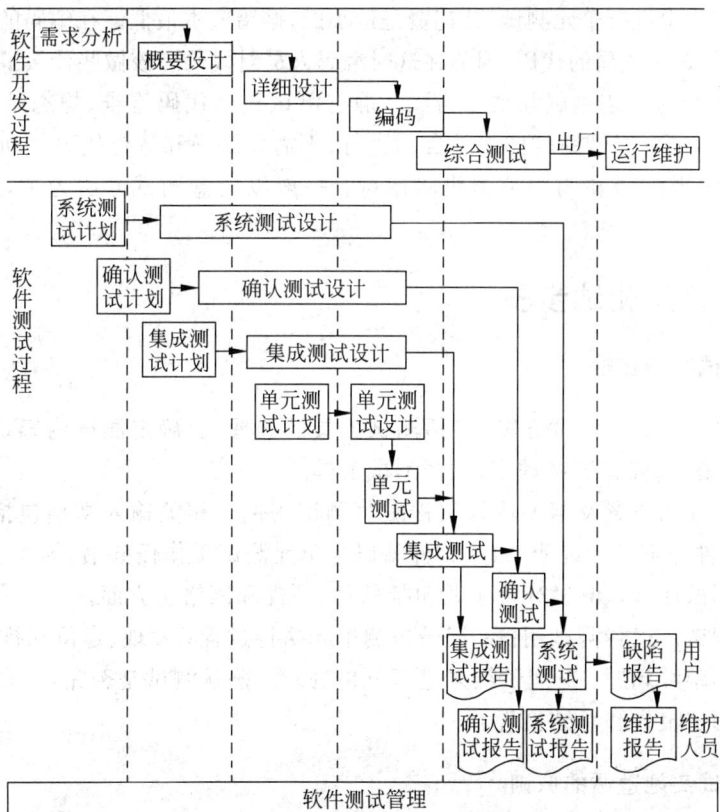

图 3-1　开发阶段对应的测试活动

接下来,将针对测试流程中的单元测试、集成测试、确认测试、系统测试、验收测试等重点测试阶段展开描述。

3.2　单元测试

3.2.1　单元测试概述

单元测试是针对软件设计的最小单位——程序模块,进行正确性检验的测试工作。一般做法是由开发人员编写一小段测试代码,根据被测目标代码的应用场景,设计拥有合理覆盖度的输入条件,调用执行目标代码,然后判断输出结果是否与预期一致,被测试目标代码一般应具体到类的方法层面上。单元测试是一个方法层级上的测试,单元测试也是最细粒度的测试,用于测试一个类的每一个方法都已经满足了方法的功能需求。

单元测试的目的在于发现目标代码中可能存在的错误。与其他测试阶段不同的是单元测试一般由编程人员在编码阶段进行,以便及时发现编码过程中可能存在的缺陷并使其尽早得以修正。

单元测试是程序员的一项基本职责,程序员必须对自己所编写的代码保持认真负责的态度,这也是程序员的基本职业素质之一。同时单元测试能力也是程序员的一项基本能力,能力的高低直接影响到程序员的工作效率与软件的质量。

在编码的过程中进行单元测试,其花费是最小的,排错成本最低。在编码的过程中考虑测试问题,得到的将是更优质的代码,因为在这时编码人员对代码应该做些什么了解得最清楚。

单元测试可分为静态测试和动态测试。静态测试包括代码检查、静态结构分析等。它可以由人工进行,也可以借助软件工具自动进行,不需要编译和运行代码。动态测试则要编写测试代码,并需要编译和调用被测代码运行。一般以白盒测试方法为主,黑盒测试方法为辅。

3.2.2　单元测试步骤

1. 单元测试实施步骤

(1) 制订测试计划和测试方案(包括测试工具的选择)。确定测试内容,初步制订测试策略,确定测试资源,安排测试进度,选择测试工具。

(2) 根据计划和方案及相关输入文档编写测试用例。相关输入文档包括《软件需求规格说明书》《软件详细设计说明书》《软件编码与单元测试工作任务书》等。

(3) 搭建测试环境。测试环境主要包括软件、硬件和网络三方面。

(4) 执行测试。运行测试用例;记录被测单元执行过程;发现、定位和排除错误。

(5) 记录和跟踪问题:对测试结果进行分析、归类,确认测试是否完备。

(6) 编写测试报告和总结报告。

2. 单元测试实施遵循的原则

- 精心制订测试计划。

- 严格评审测试计划。
- 严格执行测试计划。
- 系统分析测试结果并提交报告。

3.2.3 单元测试环境

通常单元测试中的被测模块往往不是一个可以独立运行的程序,所以在执行单元测试阶段的动态测试时,应设置辅助模块,模拟被测模块与其他模块的联系,使得被测模块能正常运行,以达到测试目的。这些辅助模块分为两种:

驱动模块:模拟被测模块的上一级模块,相当于被测模块的主程序。它接收测试数据,把这些数据传送给被测模块,最后输出实测结果。

桩模块:用以代替被测模块调用的子模块。桩模块可以做少量的数据操作,不需要把子模块所有功能都带进来,但不允许什么事情也不做。

读者可自行举例来理解两类辅助模块的作用。

如图 3-2 所示,被测模块、相应驱动模块及桩模块共同构成了一个"测试环境"。

由于驱动模块和桩模块不是最终提交的模块,在进行单元测试时应尽量避免开发驱动模块和桩模块。尤其应避免开发桩模块,因为驱动模块开发的工作量一般少于桩模块。驱动模块是用来代替被测模块的实际上层模块,只用于完成调用被测模块工作,而桩模块要做的事情则要多一些。

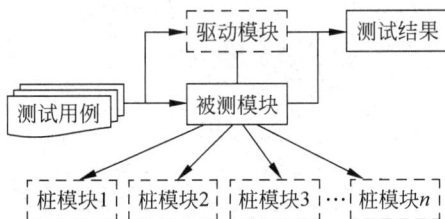

图 3-2 驱动模块与桩模块

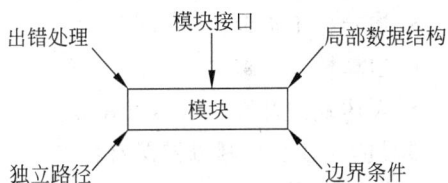

图 3-3 单元测试的主要任务

3.2.4 单元测试主要任务

单元测试的对象是软件设计的最小单位——模块或函数,单元测试的依据是详细设计说明书。测试者要根据详细设计说明书和源程序清单,了解模块的 I/O 条件和模块的逻辑结构等。要求对所有的局部和全局的数据结构、外部接口和程序代码的关键部分进行桌面检查和代码审查。单元测试的主要内容有以下 5 个方面,如图 3-3 所示。

1. 模块接口

检查进出程序单元的数据流是否正确,这一过程必须在其他测试之前进行。如果数据不能正确地输入和输出,就谈不上进行其他测试。对于模块接口需要如下的测试项目:

- 调用所测模块时的输入参数与模块的形式参数在个数、属性、顺序上是否匹配。
- 所测模块调用子模块时,它输入子模块的参数与子模块的形式参数在个数、属性、顺序上是否匹配。
- 是否修改了只做输入用的形式参数。
- 输出给标准函数的参数在个数、属性、顺序上是否匹配。
- 全局变量的定义在各模块中是否一致。
- 限制是否通过形式参数来传送。

2. 局部数据结构测试

模块的局部数据结构是最常见的错误来源，应设计测试用例以检查以下各种错误：
- 检查不正确或不一致的数据类型说明。
- 使用尚未赋值或尚未初始化的变量。
- 错误的初始值或错误的默认值。
- 变量名拼写错误或书写错误。
- 不一致的数据类型。

3. 路径测试

路径测试是单元测试中最基本的测试类型，主要查找由于错误计算、不正确的比较或不正常的控制流而导致的错误。常见的不正确的计算有：
- 运算的优先次序不正确或误解了运算的优先次序。
- 运算的方式错误（运算的对象彼此在类型上不相容）。
- 算法错误。
- 初始化不正确。
- 运算精度不够。
- 表达式的符号表示不正确等。

常见的比较和控制流错误有：
- 不同数据类型的比较。
- 不正确的逻辑运算符或优先次序。
- 因浮点运算精度问题而造成的两值比较不等。
- 关系表达式中不正确的变量和比较符。
- "差 1 错"，即不正确地多循环或少循环一次。
- 错误的或不可能的循环终止条件。
- 当遇到发散的迭代时不能终止循环。
- 不适当地修改了循环变量等。

4. 错误处理测试

比较完善的模块设计要求能预见出错的条件、设置适当的出错处理对策，以便在程序出错时能对出错程序重新做安排，保证其逻辑上的正确性。这种出错处理也是模块功能的一部分。表明出错处理模块有错误或缺陷的情况有：
- 出错的描述难以理解。
- 出错的描述不足以对错误定位和确定出错的原因。

- 显示的错误与实际的错误不符。
- 对错误条件的处理不正确。
- 在对错误进行处理之前,错误条件已经引起系统的干预。
- 如果出错情况不予考虑,那么检查恢复正常后模块可否正常工作。

5．边界测试

边界上出现错误上常见的。我们应该设计测试用例检查:
- 在 n 次循环的第 0 次、1 次、n 次是否有错误。
- 运算或判断中取最大最小值时是否有错误。
- 数据流、控制流中刚好等于、大于、小于确定的比较值时是否出现错误。

3.3　集成测试

3.3.1　集成测试概述

集成测试(也叫组装测试,联合测试)是单元测试的逻辑扩展。集成测试是在单元测试的基础上进行的,将所有的软件单元按照概要设计规格说明的要求组装成模块、子系统或系统的过程中各部分工作是否达到或实现相应技术指标及要求的活动。也就是说,在集成测试之前,单元测试应该已经完成,集成测试的对象是已经完成单元测试的软件单元。

集成测试所持的主要依据是《软件概要设计规格说明》,任何不符合该说明的程序模块行为都应该加以记载并上报。在现实中,通过单元测试和子系统的功能测试的模块在集成时,仍可能会出现下列问题:
- 在把各个模块连接起来的时候,穿越模块接口的数据是否会丢失。
- 各个子功能组合起来,能否达到预期要求的父功能。
- 一个模块的功能是否会对另一个模块的功能产生不利的影响。
- 全局数据结构是否有问题。
- 单个模块的误差积累起来,是否会放大,从而达到不可接受的程度。

因此,单元测试后,有必要进行集成测试,发现并排除在模块连接中可能发生的上述问题,最终构成要求的软件子系统或系统。

集成测试的内容包括单元间的接口以及集成后的功能。在这种情况下,集成测试的意义还在于它能间接地验证概要设计是否具有可行性。

集成测试主要使用黑盒测试方法测试集成单元的功能,并且对以前的集成进行回归测试。当对集成后的某单元进行了修改,就需要进行回归测试,验证与该单元组装在一起的其他单元(尤其是上层单元)能否正常工作。

3.3.2　集成测试过程

1．集成测试计划的编制

集成测试是正规测试过程,必须精心计划,并与单元测试的完成时间协调起来。在制订

测试计划时,应考虑如下因素:

- 系统集成方式。
- 集成过程中连接各个模块的顺序。
- 模块代码编制和测试进度是否与集成测试的顺序一致。
- 测试过程中是否需要专门的硬件设备。

解决了上述问题之后,就可以列出各个模块的编制、测试计划表,标明每个模块单元测试完成的日期、首次集成测试的日期、集成测试全部完成的日期以及需要的测试用例和所期望的测试结果。

2. 集成测试过程

集成测试的一般步骤如下:

- 制定集成测试计划。
- 设计集成测试。
- 实施集成测试。
- 执行集成测试。
- 评估集成测试结果。

集成测试主要由系统设计人员和软件评测人员完成,开发人员也参与集成测试。集成测试相对来说是挺复杂的,而且对于不同的技术、平台和应用差异也比较大,更多是和开发环境融合在一起。集成测试所确定的测试的内容,主要来源于设计模型。集成测试人员的工作过程如表 3-1 所示。

表 3-1 集成测试人员的工作过程

过　　程	工作内容	工作结果	人员和职责
制定集成测试计划	设计模型、集成构建计划	集成测试计划	测试设计人员负责制定集成测试计划
设计集成测试	集成测试计划、设计模型	集成测试用例、集成过程	测试设计人员负责设计集成测试用例和测试过程
实施集成测试	集成测试用例、测试过程、工作版本	驱动模块或桩模块、测试脚本、测试过程	测试设计人员负责设计驱动模块和桩模块,编制测试脚本,更新测试过程;实施员负责实施驱动模块和桩模块
执行集成测试	工作版本、测试脚本	测试结果	测试人员负责执行测试并记录测试结果
评估集成测试	集成测试计划、测试结果	测试评估报告	测试设计人员负责会同集成员、编码员等具体评估测试,并生产测试评估报告

3. 集成测试的完成标准

判定集成测试过程是否完成,可从以下几个方面检查:

- 成功地执行了测试计划中规定的所有集成测试。
- 修正了所发现的错误。
- 测试结果通过了专门小组的评审。

在完成预定的集成测试工作之后,测试人员应负责对测试结果进行整理、分析,形成测试报告。测试报告中要记录实际的测试结果、在测试中发现的问题、解决这些问题的方法以及解决之后再次测试的结果。此外还应提出目前不能解决、还需要管理人员和开发人员注意的一些问题,提供测试评审和最终决策,以提出处理意见。

3.3.3 集成测试策略

1. 一次性集成方式

一次性集成方式又称为大爆炸集成(Big-Bang Integration),是一种非增殖式集成方式(Non-Incremental Integration)。本小节中介绍的其他集成测试策略则属于增殖式集成方式(Incremental Integration)。

一次性集成的策略是,首先分别对每个模块进行单元测试,然后一次性地将所有模块集成在一起,并对它们进行测试,发现并清除在模块连接过程中出现的问题,得到最终要求的软件系统。

当软件的模块数量较多、接口复杂时,一次性集成方式不利于定位和解决发现的问题,所以很难构造出一个成功的最终系统。在实际应用中,该方式较少使用。

2. 自顶向下的集成方式

自顶向下的集成方式(Top-Down Integration)根据软件的模块结构图,按控制层次从高到低的顺序对模块进行集成,也就是从最顶层模块向下逐步集成,并在集成的过程中进行测试,直至组装成符合要求的最终软件系统。

自顶向下的集成方式的测试步骤如下:

(1) 以主模块为被测模块,主模块的直接下属模块则用桩模块代替。

(2) 采用深度优先或广度优先策略,用实际模块替换相应的桩模块(每次仅替换一个或少量几个桩模块,视模块接口的复杂程度而定),他们的直接下属模块则又用桩模块代替,与已测试的模块或子系统集成为新的子系统。

(3) 对新形成的子系统进行测试,发现和排除模块集成过程中引起的错误,并做回归测试。

(4) 若所有模块都已集成到系统中,则结束集成,否则转到步骤(2)。

图 3-4 所示的是采用自顶向下的广度优先集成方式进行集成的过程。读者可以自行求解深度优先方式。

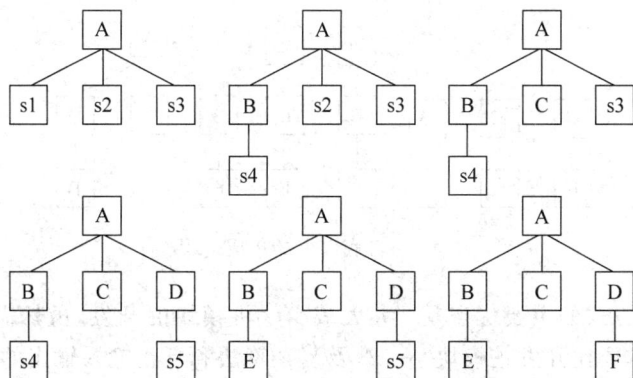

图 3-4 自顶向下的广度优先集成方式

自顶向下的集成方式的主要优点如下：

- 可以及早地发现和修复模块结构图中的主要控制点存在的问题，以减少以后的返工，因为在一个模块划分合理的模块结构图中，主要的控制点多出现在较高的控制层次上。
- 能较早地验证功能的可行性。
- 最多只需一个驱动模块，减少了驱动模块的开发成本。
- 支持故障隔离。若模块 A 通过了测试，而加进模块 B 后测试中出现错误，则可以肯定错误处于模块 B 内部或 A、B 的接口上。

自顶向下的集成方式的主要缺点是需要开发和维护大量的桩模块。桩模块很难模拟实际子模块的功能，而涉及复杂算法和真正输入输出的模块一般在底层，它们是最容易出问题的模块，如果到组装的后期才测试这些模块，一旦发现问题，将导致大量的回归测试。

为了有效进行集成测试，软件系统的控制结构应具有较高的可测试性。

随着测试的逐步推进，组装的系统愈加复杂，易导致对底层模块测试的不充分，尤其是那些被复用的模块。

在实际使用中，自顶向下的集成方式很少单独使用，这是因为该方法需要开发大量的桩模块，增加了集成测试的成本，违背了应尽量避免开发桩模块的原则。

3. 自底向上的集成方式

自底向上的集成方式(Down-Top Integration)根据软件的模块结构图，按控制层次从低到高的顺序对模块进行集成，也就是从最底层模块向上逐步集成，在集成的同时进行测试，直至组装成符合要求的最终软件系统。

因为是自底向上进行组装，对于一个给定层次的模块，它的所有下属模块已经组装并测试完成，所以不再需要桩模块。测试步骤如下：

(1) 为最底层模块开发驱动模块，对最底层模块进行并行测试。

(2) 用实际模块替换驱动模块，与其已被测试过的直属子模块集成为一个子系统。

(3) 为新形成的子系统开发驱动模块(若新形成的子系统对应为主控模块，则不必开发驱动模块)，对该子系统进行测试。

(4) 若该子系统已对应为主控模块，即最高层模块，则结束集成，否则转到步骤(2)。

图 3-5 表示了自底向上的集成过程。

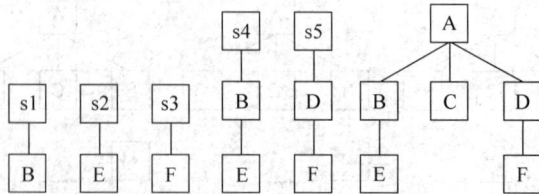

图 3-5　自底向上的集成过程

自底向上集成方式的主要优点是：大大减少了桩模块的开发，虽然需要开发大量驱动模块，但其开发成本要比开发桩模块小。涉及复杂算法和真正输入输出的模块往往在底层，它们是最容易出错的模块，先对底层模块进行测试，减少了回归测试的成本。在集成的早期实现对底层模块的并行测试,提高了集成的效率。支持故障隔离。

自底向上集成方式的主要缺点是需要开发大量的驱动模块,主要控制点存在的问题要到集成后期才能修复,需花费较大成本。故此类集成方法不适合于那些控制结构对整个体系至关重要的软件产品。随着测试的逐步推进,组装的系统愈加复杂,对底层模块的异常很难测试。

在实际的使用中,自底向上集成方式比自顶向下集成方式应用更广泛,尤其是在如下场合,更应使用自底向上的集成方式:软件的高层接口变化较频繁,可测试性不强,软件的底层接口较稳定。

3.3.4　回归测试

1. 概述

在软件生命周期中的任何一个阶段,只要软件发生了改变,就可能给该软件带来问题。软件的改变可能是源于发现了错误并做了修改,也有可能是因为在集成或维护阶段加入了新的模块。当软件中所含错误被发现时,如果错误跟踪与管理系统不够完善,就可能会遗漏对这些错误的修改;而开发者对错误理解的不够透彻,也可能导致所做的修改只修正了错误的外在表现,而没有修复错误本身,从而造成修改失败;修改还有可能产生副作用从而导致软件未被修改的部分产生新的问题,使本来工作正常的功能产生错误。同样,在有新代码加入软件的时候,除了新加入的代码中有可能含有错误外,新代码还有可能对原有的代码带来影响。因此,每当软件发生变化时,我们就必须重新测试现有的功能,以便确定修改是否达到了预期的目的,检查修改是否损害了原有的正常功能。同时,还需要补充新的测试用例来测试新的或被修改了的功能。为了验证修改的正确性及其影响就需要进行回归测试。

2. 回归测试策略

回归测试需要时间、经费和人力来计划、实施和管理。为了在给定的预算和进度下,尽可能有效率和有效力地进行回归测试,需要对测试用例库进行维护并依据一定的策略选择相应的回归测试包。

1) 测试用例库的维护

为了最大限度地满足客户的需要和适应应用的要求,软件在其生命周期中会频繁地被修改并不断推出新的版本,修改后的或者新版本的软件会添加一些新的功能或者在软件功能上产生某些变化。随着软件的改变,软件的功能和应用接口以及软件的实现发生了演变,测试用例库中的一些测试用例可能会失去针对性和有效性,而另一些测试用例可能会变得过时,还有一些测试用例将完全不能运行。为了保证测试用例库中测试用例的有效性,必须对测试用例库进行维护。

测试用例的维护是一个不间断的过程,通常可以将软件开发的基线作为基准,维护的主要内容包括下述几个方面。

(1) 删除过时的测试用例。

(2) 改进不受控制的测试用例。

(3) 删除冗余的测试用例。

（4）增添新的测试用例。

2）回归测试包的选择

在软件生命周期中，即使一个得到良好维护的测试用例库也可能变得相当大，这使每次回归测试都重新运行完整的测试包变得不切实际。一个完全的回归测试包括每个基线测试用例，时间和成本约束可能阻碍运行这样一个测试，有时测试组不得不选择一个缩减的回归测试包来完成回归测试。

回归测试的价值在于它是一个能够检测到回归错误的受控实验。当测试组选择缩减的回归测试时，有可能删除了将揭示回归错误的测试用例，消除了发现回归错误的机会。然而，如果采用了代码相依性分析等安全的缩减技术，就可以决定哪些测试用例可以被删除而不会让回归测试的意图遭到破坏。

选择回归测试策略应该兼顾效率和有效性两个方面。常用的选择回归测试的方式包括：再测试全部用例、基于风险选择测试、基于操作剖面选择测试、再测试修改的部分等。

3）回归测试的基本过程

有了测试用例库的维护方法和回归测试包的选择策略，回归测试可遵循下述基本过程进行：

（1）识别出软件中被修改的部分。

（2）从原基线测试用例库 T 中，排除所有不再适用的测试用例，确定那些对新的软件版本依然有效的测试用例，其结果是建立一个新的基线测试用例库 T0。

（3）依据一定的策略从 T0 中选择测试用例测试被修改的软件。

（4）如果必要，生成新的测试用例集 T1，用于测试 T0 无法充分测试的软件部分。

（5）用 T1 执行修改后的软件。

第（2）步和第（3）步测试验证修改是否破坏了现有的功能，第（4）和第（5）步测试验证修改工作本身。

3. 回归测试实践

在实际工作中，回归测试需要反复进行，当测试者一次又一次地完成相同的测试时，这些回归测试将变得非常令人厌烦，而在大多数回归测试需要手工完成的时候尤其如此，因此，需要通过自动测试来实现重复的和一致的回归测试。通过测试自动化可以提高回归测试效率。为了支持多种回归测试策略，自动测试工具应该是通用的和灵活的，以便满足达到不同回归测试目标的要求。

在测试软件时，应用多种测试技术是常见的。当测试一个修改了的软件时，测试者也可能希望采用多于一种的回归测试策略来增加对修改软件的信心。不同的测试者可能会依据自己的经验和判断选择不同的回归测试技术和策略。

回归测试并不减少对系统新功能和特征的测试需求，回归测试包应包括新功能和特征的测试。如果回归测试包不能达到所需的覆盖要求，必须补充新的测试用例使覆盖率达到规定的要求。

回归测试是重复性较多的活动，容易使测试者感到疲劳和厌倦，降低测试效率，在实际工作中可以采用一些策略减轻这些问题。例如，安排新的测试者完成手工回归测试，分配更有经验的测试者开发新的测试用例，编写和调试自动测试脚本，做一些探索性的或 Ad Hoc

测试。还可以在不影响测试目标的情况下，鼓励测试者创造性地执行测试用例，变化的输入、按键和配置能够有助于激励测试者又能揭示新的错误。

在组织回归测试时需要注意两点，首先是各测试阶段发生的修改一定要在本测试阶段内完成回归，以免将错误遗留到下一测试阶段。其次，回归测试期间应对该软件版本冻结，将回归测试发现的问题集中修改，集中回归。

在实际工作中，可以将回归测试与兼容性测试结合起来进行。在新的配置条件下运行旧的测试可以发现兼容性问题，而同时也可以揭示编码在回归方面的错误。

3.4 确认测试

经过集成测试后，软件产品已基本定型。确认测试（Validation Testing）的任务是验证软件的功能、性能及其他特性是否达到需求规格说明书的要求。若达到这一要求，则认为开发的软件是合格的，确认测试也被称为合格性测试。在测试规格说明书中，对需求规格说明中的要求做进一步的细化，用于指导确认测试的进行。

确认测试一般不由软件开发人员执行，而应由软件企业中独立的测试部门或第三方测试机构来完成。

确认测试一般包括有效性测试和软件配置复查。

3.4.1 有效性测试

有效性测试是在模拟的环境下，运用黑盒测试的方法，验证被测软件是否满足需求规格说明书列出的需求。为此，需要首先制订测试计划，规定要做测试的种类。还需要制订一组测试步骤，描述具体的测试用例。通过实施预定的测试计划和测试步骤，确定软件的特性是否与需求相符，确保所有的软件功能、性能需求都能得到满足，所有的文档都是正确且便于使用的。同时，对其他软件需求（可移植性、兼容性、出错自动恢复、可维护性等）也都要进行测试。

经过确认测试，应该为已开发的软件给出结论性的评价。

（1）经过检验的软件的功能、性能及其他要求均已满足需求规格说明书的规定，则可被认为是合格的软件。

（2）经过检验发现与需求说明书有相当的偏离，则要求得到一个各项缺陷清单。

3.4.2 配置审查

确认测试过程的重要环节就是配置审查工作。其目的在于确保已开发软件的所有文件资料均已编写齐全，并得到分类编目，足以支持运行以后的软件维护工作。

配置审查的文件资料包括用户所需的以下资料：

用户手册：用于指导用户如何安装、使用软件和获得服务与援助的相关资料，有时也包括软件使用的案例。

操作手册：软件中进行各项使用操作的具体步骤和程序方法。

设计资料：设计说明书、源程序以及测试资料（测试说明书、测试报告）等。

3.5　系统测试

3.5.1　系统测试概念

系统测试是将已经通过确认测试的软件作为整个计算机系统的一部分,与系统中的硬件、外设、网络等其他元素结合在一起,在实际运行环境或模拟系统运行环境下,测试其与系统中其他元素能否实现正确连接,以满足用户的所有需求。

系统测试的任务是通过与系统的需求定义比较,发现软件与系统的定义不符合的地方。

显然,系统测试已超出了对软件进行测试的范围,但软件在整个系统中往往占据重要的位置,软件的质量对系统测试的成功与否有极大的影响。一个软件能够顺利通过系统测试,是对其质量的最佳诠释。

与确认测试一样,系统测试一般不由软件开发人员执行,而应由软件企业中独立的测试部门或第三方测试机构完成。

系统测试阶段使用黑盒测试方法设计测试用例,完成对整个系统的测试。

3.5.2　系统测试的主要类型

系统测试的测试类型包括:
- 功能测试(Functional Testing)
- 性能测试(Performance Testing)
- 安全性测试(Security Testing)
- 负载测试(Load Testing)
- 强度测试(Stress Testing)
- 容量测试(Volume Testing)
- 配置测试(Configuration Testing)
- 故障恢复测试(Recovery Testing)
- 安装测试(Installation Testing)
- 文档测试(Documentation Testing)
- 用户界面测试(GUI Testing)

……

其中,功能测试、性能测试、配置测试、安装测试等在一般情况下是必需的。而其他的测试类型则需要根据软件项目的具体要求进行裁剪。

1. 功能测试

功能测试又称正确性测试,它检查被测试软件的功能是否符合规格说明的要求,侧重于所有可直接追踪到功能描述或业务功能和业务规则的测试需求。功能测试的目标是核实数据的接收、处理和检索是否正确以及业务规则的实施是否恰当。功能测试按照软件系统的需求规格说明书所规定的系统功能说明,通过系统测试用例的实施,以验证被测试软件是否满足需求。它主要采用黑盒测试技术设计系统测试用例。

2．性能测试

性能测试对响应时间、事务处理速率和其他与时间相关的需求进行评测和评估，检查系统是否满足需求规格说明书中规定的性能。性能测试主要关注被测系统的事务处理速率和响应时间等性能指标。压力测试、负载测试、疲劳测试、强度测试、容量测试等是常见的性能测试类型。

通常，对软件性能的测试表现在：对资源利用（如内存、CPU 等）进行的精确度量、响应时间、吞吐量、辅助存储区（例如缓冲区、工作区的大小等）、处理精度等几个方面。

1）压力测试和负载测试

压力测试（Stress Testing）和负载测试是改变应用程序的输入，以对应用程序施加越来越大的负载，通过综合分析交易执行指标和资源监控指标，评测和评估应用系统在不同负载条件下的性能的行为。

压力测试的目的主要体现在以下三个方面：

（1）以真实的业务为依据，选择有代表性的、关键的业务操作设计测试案例，以评价系统的当前性能。

（2）当扩展应用程序的功能或新的应用程序将要被部署时，压力测试帮助确定系统是否还能够处理期望的用户负载，以预测系统的未来性能。

（3）通过模拟成百上千用户，重复执行和运行测试，可以确认性能瓶颈，获得系统能提供的最大服务级别，并调整应用以优化其性能。例如，测试一个 Web 站点在大量负荷下，何时系统的响应会退化或失败。

压力测试是测试在一定的负荷条件下，长时间连续运行系统给系统性能造成的影响。负载测试是测试在一定的工作负荷下，给系统造成的负荷及系统响应的时间。

负载测试可以采用手动和自动两种方式。手动测试会遇到很多问题，如无法模拟太多用户、测试者很难精确记录相应时间、连续测试和重复测试的工作量特别大等。因此对于负载测试，手动方式通常用于初级的负载测试。目前，绝大多数的负载测试都是通过自动化工具完成的。

负载测试主要的测试指标包括交易处理性能指标和资源指标。其中，交易处理性能指标包括交易结果、每分钟交易数、交易响应时间（有最小、平均和最大服务器响应时间等）和虚拟并发用户数。

2）疲劳测试

疲劳测试采用系统稳定运行情况下能够支持的最大并发用户数，持续运行一段时间业务，通过综合分析交易执行指标和资源监控卡指标可以确定系统处理最大业务量时的性能。疲劳测试的主要目的是测试系统的稳定性，同时它也是对应用系统并发性能的测试。

3）强度测试

强度测试（Intensity Testing）的目的是找出由于资源不足或资源争用而导致的错误。如果内存或磁盘不足，测试对象就可能会表现出一些在正常条件下并不明显的缺陷；而其他缺陷则可能是由于争用共享资源而造成的。强度测试还可用于确定测试对象能够处理的最大工作量。

4）容量测试

容量测试（Volume Testing）通常与数据库有关，其目的在于使系统承受超额的数据容量来确定系统的容量瓶颈（如同时在线的最大用户数），进而优化系统的容量处理能力。

3. 安全性测试

安全性测试（Security Testing）的目的在于检测软件系统对非法入侵的防范能力，它是通过模拟软件真实运行环境下攻击者的操作行为，如通过力图截取或破译系统的口令、破坏系统的保护机制、导致系统出现故障并在系统恢复过程中企图非法进入、通过浏览非保密数据以试图推导所需的保密信息等来寻找软件架构中不合理之处和编码的安全隐患。

安全性测试非常灵活，需要像黑客一样思考，有时甚至需要一点灵感，因此没有固定的步骤可以遵循，下面列举出一些通用的思路和方法。

（1）畸形的文件结构：畸形的 Word 文档结构、畸形的 MP3 文件结构等都可能触发软件中的漏洞。

（2）畸形的数据包：软件中存在客户端和服务器端的时候，往往会遵守一定的协议进行通信。程序员在实现时往往会假定用户总是使用官方的软件，数据结构总是遵守预先设计的格式。试着自己实现一个伪造的客户端，更改协议中的一些约定，向服务器发送畸形的数据包，也许能发现不少问题；反之，客户端在收到"出人意料"的服务器端的数据包时，也可能遇到问题。

（3）用户输入的验证：所有的用户输入都应该进行限制，如长字符串的截断、转义字符的过滤等。在 Web 应用中应该格外注意 SQL 注入和 XSS 注入问题，SQL 命令、空格、引号等敏感字符都需要得到恰当的处理。

（4）验证资源之间的依赖关系：程序员往往会假设某个 dll 文件是存在的，某个注册表项的值符合一定格式等。当这些依赖关系无法满足时，软件往往会做出意想不到的事情。例如，某些软件把身份验证函数放在一个 dll 文件中，当程序找不到这个文件时，身份验证过程将被跳过。

（5）伪造程序输入和输出时使用的文件：包括 dll 文件、配置文件、数据文件、临时文件等。检查程序在使用这些外部的资源时是否采取了恰当的文件校验机制。

（6）古怪的路径表达方式：有时软件会禁止访问某种资源，程序员在实现这种功能时可能会简单地禁用该资源所在的路径。但是，Windows 的路径表示方式多种多样，很容易漏掉一些路径。例如，表 3-2 列出的是一些对 Windows XP 下计算器程序访问的路径表达方式。

表 3-2   计算机程序访问路径

C:\windows\system32\calc.exe	普通的绝对路径
C:/windows/system32/calc.exe	UNIX 路径格式
\\? \C:\windows\system32\calc.exe	通过浏览器或 run 访问
file://C:\windows\system32\calc.exe	通过浏览器或 run 访问
%windir%\system32\calc.exe	通过环境变量访问
\\127.0.0.1\c$\windows\system32\calc.exe	需要共享 C 盘
C:\windows\..\windows\.\system32\calc.exe	路径回溯
C:\windows\.\system32\calc.exe	路径回溯

在使用了 utf-8 编码之后的 url 路径更加五花八门,在做安全测试时应该确认被禁止使用的资源能够彻底被禁用。

（7）异常处理：确保系统的异常能够得到恰当的处理。

4. 健壮性测试

健壮性是指在异常情况下,软件能继续正常运行的能力。健壮性有两层含义：一是容错能力,二是恢复能力。因而健壮性测试（Robustness Testing）包括容错性测试（Fault Tolerance Testing）和恢复性测试（Recoverability Testing）。

1）容错性测试

进行容错性测试时,通常构造一些不合理的输入来引诱软件出错,观察其能否正常工作。例如,输入不合理的月份,输入与数据类型要求不符的数据；又如在测试 C/S 模式的软件时,把网络线拔掉造成通信异常中断等。

2）恢复性测试

恢复性测试的含义是将系统置于极端条件下（或者是模拟的极端条件下）,迫使其发生故障（如设备 I/O 故障或无效的数据库指针和关键字）,检查系统恢复正常工作状态的能力。

若系统能自动进行恢复,应检查的项目包括：重新初始化、检验点设置机构、数据恢复及重新启动；若需人工干预进行恢复,还需测试系统的评价修复时间,判定其是否在限定的时间范围内。

恢复性测试还需对系统的故障转移能力进行评判。故障转移指当主机软硬件发生故障时,备份机器能及时启动,使系统继续正常运行,以避免丢失任何数据或事务。这对于电信、银行等领域处理重要事务的软件是十分重要的。

5. 可靠性测试

可靠性（Reliability）是指在一定的环境下,系统不发生故障的概率。由于软件不像硬件那样可以加速老化,软件可靠性测试（Reliability Testing）可能会花费很长时间。

为解决这一问题,比较实用的方法是让用户使用系统,记录每一次发生故障的时刻。计算出相邻故障的时间间隔（注意去除非工作时间）。这样便可以方便地统计出不发生故障的最小时间间隔、最大时间间隔和平均时间间隔。其中,平均时间间隔也可称为平均无故障时间,在很大程度上代表了软件系统的可靠性。

6. 配置测试和兼容性测试

兼容性测试（Compatibility Testing）有时也被称为配置测试（Configuration Testing）,但它们的含义略有不同。一般来说,配置测试的目的是保证软件在其相关的硬件上能够正常运行,而兼容性测试主要是指测试软件能否与其他软件协作运行。

配置和兼容性测试通常对开发系统类软件比较重要,如驱动程序、操作系统、数据库管理系统等。

配置测试的核心内容就是使用各种硬件来测试软件的运行情况,一般包括如下情况：

- 软件在安装不同类型 CPU 的机器上的运行情况。

- 软件在安装不同厂商的浏览器时的运行情况。
- 软件在不同组件上的运行情况,例如要测试开发的拨号程序在不同厂商生产的Modem 上的运行情况。
- 不同的外设。
- 不同的接口。
- 不同的可选项,如不同的内存容量等。

兼容性测试的核心内容如下:

- 软件是否能在不同的操作系统平台上兼容。
- 软件是否能在同一操作系统平台的不同版本上兼容。
- 软件本身能否向前或向后兼容。
- 软件能否与其他相关的软件兼容。
- 数据兼容测试,即测试能否与其他软件共享数据。

7. 用户界面测试

目前,大多数软件都具有图形用户界面 GUI(Graphic User Interface)。因为 GUI 开发环境有可复用的构件,开发用户界面更加省时而且更加准确,但 GUI 的复杂性也增加了,从而加大了设计和执行测试用例的难度。GUI 测试的重点是图形用户界面的正确性、易用性和视觉效果。因为现在的 GUI 设计和实现有了越来越多的相似之处,所以也就产生了一系列测试标准。下列问题可以作为常见 GUI 测试的指南。

1) 窗体的测试

(1) 窗体的大小:窗体的大小要合适,使内部控件布局合理,不过于密集,也不过于空旷。

(2) 窗体的位置:对于主窗体,其正中应该与显示屏正中一致;对于子窗体,一般应在父窗体显示区的中间。

(3) 移动窗体:快速或慢速移动窗体,背景及窗体本身刷新必须正确。

(4) 缩放窗体:鼠标拖动、最大化、还原、最小化按钮。

(5) 显示分辨率。

(6) 宽屏和普屏:宽屏和普屏的显示器,界面显示效果可能不一样。

2) 标题栏的测试

(1) 标题图标:不同窗体的图标要易于分辨。

(2) 标题内容:标题的内容要简明扼要,且不能有错别字。

3) 菜单栏的测试

(1) 菜单深度最好不超过 3 层。

(2) 菜单通常使用 5 号字体。

(3) 菜单前的图标不宜太大,与字高保持一致最好。

(4) 各项菜单是否能完成相应功能。

(5) 各菜单与其完成的功能是否一致。

(6) 有无错别字。

(7) 有无中英文混合。

（8）快捷键或热键。

（9）鼠标右键菜单。

（10）不可用菜单是否真的不可用（这在不同权限下会出现）。

4）工具栏的测试

（1）工具栏中通常使用5号字体，工具栏一般比菜单栏略宽。

（2）相近功能的工具栏放在一起。

（3）工具栏的按钮要有即时提示信息，图标要能直观地表达要完成的操作。

（4）一条工具栏的长度最长不能超过屏幕宽度。

（5）系统常用的工具栏设置默认放置位置。

（6）工具栏太多时可以考虑使用工具箱，由用户根据自己的需求定制。

5）状态栏的测试

（1）显示用户切实需要的信息，如目前的操作、系统的状态、当前位置、时间、用户信息、提示信息、错误信息等，如果某一操作需要的时间比较长，还应该显示进度条和进程提示。

（2）状态条的高度以放置5号字为宜。

6）控件的测试

（1）控件自身的测试，包括大小、位置、字体等。

（2）控件的功能测试，包括文本框、Up-Down控件文本框、组合列表框（下拉列表框）、列表框、命令按钮、单选按钮（单选框）、复选框、滚动条等。

（3）各种控件混合使用时的测试，包括控件间的相互作用、Tab键的顺序、热键的使用、Enter键和Esc键的使用、控件组合后功能的实现等。

8. 文档测试

文档测试（Documentation Testing）主要是指对提交给用户的文档进行的测试。这是一项十分重要的测试。文档测试的对象主要包括：包装文字和图形，市场宣传材料、广告及其他插页，授权、注册登记表，最终用户许可协议，安装和设置向导，用户手册，联机帮助，样例、示例和模板。

文档测试的目的是提高易用性和可靠性，降低技术支持费用，尽量使用户通过文档自行解决问题。因此，文档测试主要包括如下检查内容：

（1）文档的内容是否能让不同级别的读者理解。

（2）文档中的术语是否适合读者。

（3）内容和主题是否合适。

（4）图表的准确度和精确度如何。

（5）样例和示例是否与软件功能一致。

（6）拼写和语法是否准确。

（7）文档是否与其他相关文档的内容一致，例如是否与广告信息一致。

9. 安装测试和卸载测试

1）安装测试

安装测试（Installation Testing）的目的是确认如下方面能否实现：

(1) 安装程序能够正确运行。

(2) 软件安装正确。

(3) 软件安装后能够正常运行。

安装测试应着重关注如下方面：

(1) 安装手册中的所有步骤得到验证。

(2) 安装过程中所以默认选项得到验证。

(3) 安装过程中典型选项得到验证。

(4) 测试各种不同的安装组合，并验证各种不同组合的正确性，包括参数组合、控件执行顺序组合、产品安装组件组合、产品组件安装顺序组合等。

(5) 对安装过程中异常配置或状态（非法和不合理配置）情况进行测试，例如断电、网络失效、数据库失效等。

(6) 安装后是否能生成正确的目录结构和文件。

(7) 安装后动态库是否正确。

(8) 安装后软件能否正常运行。

(9) 安装后是否会形成多余的目录结构、文件、注册表信息、快捷方式等。

(10) 安装测试是否在所有的运行环境上进行了验证，例如操作系统、数据库、硬件环境、网络环境等。

(11) 能否在笔记本上进行安装（很多产品在笔记本上安装时会出现问题，尤其是系统级产品）。

(12) 安装软件后是否会对操作系统或某些应用程序造成不良影响。

(13) 是否可以识别大部分硬件。

(14) 确认打包程序的特性，不同的打包发布程序所支持的系统都是不一样的。

(15) 空间不足（如安装过程中向安装盘放入大量文件）时安装情况如何。

2) 卸载测试

卸载测试（Uninstallation Testing）应重点关注如下方面：

(1) 在不同的卸载方式下卸载。例如程序自带卸载程序、系统的控件面板卸载、通过其他自动卸载工具。

(2) 软件在运行、暂停、终止等各种状态时的卸载。

(3) 非正常卸载情况，如在卸载软件过程中取消卸载进程，然后观察软件能否继续正常使用。

(4) 冲击卸载。即在卸载的过程中中断电源，启动计算机后，重新卸载软件。

(5) 在不同的运行环境（如操作系统、数据库、硬件环境、网络环境等）下进行卸载。

(6) 能否在笔记本上进行卸载。

(7) 卸载后是否对操作系统或其他应用程序造成不良影响。

(8) 卸载过程中是否删除了系统应保留的用户数据。

(9) 卸载后系统能否恢复到软件安装前的状态，包括快捷方式、目录结构、动态链接库、注册表、系统配置文件、驱动程序、关联情况等。

3.5.3 Web 系统的测试方法

随着 Internet 和 Intranet/Extranet 的快速增长,Web 已经对商业、工业、银行、财政、教育、政府和娱乐及我们的工作和生活产生了深远的影响。许多传统的信息和数据库系统正在被移植到互联网上,电子商务讯速增长,早已超过了国界。范围广泛的、复杂的分布式应用正在 Web 环境中出现。Web 的流行和无所不在,是因为它能提供支持所有类型内容连接的信息发布,容易为最终用户存取。

国外学者在 1998 年就提出了 Web 工程的概念。Web 工程作为一门新兴的学科,提倡使用一个过程和系统的方法来开发高质量的基于 Web 的系统。它使用合理的、科学的工程和管理原则,用严密的和系统的方法来开发、发布和维护基于 Web 的系统。目前,对于 Web 工程的研究主要是在国外开展的,国内还刚刚起步。

在基于 Web 的系统开发中,如果缺乏严格的过程,我们在开发、发布、实施和维护 Web 的过程中,可能就会碰到一些严重的问题,失败的可能性很大。而且,随着基于 Web 的系统变得越来越复杂,一个项目的失败将可能导致很多问题。当这种情况发生时,我们对 Web 和 Internet 的信心可能会无法挽救地动摇,从而引起 Web 危机。并且,Web 危机可能会比软件开发人员所面对的软件危机更加严重、更加广泛。

在 Web 工程过程中,基于 Web 系统的测试、确认和验收是一项重要而富有挑战性的工作。基于 Web 的系统测试与传统的软件测试不同,它不但需要检查和验证是否按照设计的要求运行,而且还要测试系统在不同用户的浏览器端的显示是否合适。重要的是,还要从最终用户的角度进行安全性和可用性测试。然而,Internet 和 Web 媒体的不可预见性使测试基于 Web 的系统变得困难。因此,我们必须为测试和评估复杂的基于 Web 的系统研究新的方法和技术。

一般软件的发布周期以月或以年计算,而 Web 应用的发布周期以天计算甚至以小时计算。Web 测试人员必须处理更短的发布周期,测试人员和测试管理人员面临着从测试传统的 C/S 结构和框架环境到测试快速改变的 Web 应用系统的转变。

1. 功能测试

1)链接测试

链接是 Web 应用系统的一个主要特征,它是在页面之间切换和指导用户去一些不知道地址的页面的主要手段。链接测试可分为三个方面。首先,测试所有链接是否按指示的那样确实链接到了该链接的页面;其次,测试所链接的页面是否存在;最后,保证 Web 应用系统上没有孤立的页面,所谓孤立页面是指没有链接指向该页面,只有知道正确的 URL 地址才能访问。

链接测试可以自动进行,现在已经有许多工具可以采用。链接测试必须在集成测试阶段完成,也就是说,在整个 Web 应用系统的所有页面开发完成之后进行链接测试。

2)表单测试

当用户给 Web 应用系统管理员提交信息时,就需要使用表单操作,例如用户注册、登录、信息提交等。在这种情况下,我们必须测试提交操作的完整性,以校验提交给服务器的信息的正确性。例如,用户填写的出生日期与职业是否恰当,填写的所属省份与所在城市是否匹配等。如果使用了默认值,还要检验默认值的正确性。如果表单只能接受指定的某些值,则也要进行测试。例如只能接受某些字符,测试时可以跳过这些字符,看系统是否会报错。

3) Cookies 测试

Cookies 通常用来存储用户信息和用户在某应用系统的操作,当一个用户使用 Cookies 访问了某一个应用系统时,Web 服务器将发送关于该用户的信息,把该信息以 Cookies 的形式存储在客户端计算机上,这可用来创建动态和自定义页面或者存储登录等信息。

如果 Web 应用系统使用了 Cookies,就必须检查 Cookies 是否能正常工作。测试的内容可以包括 Cookies 是否起作用,是否按预定的时间进行保存,刷新对 Cookies 有什么影响等。

4) 设计语言测试

Web 设计语言版本的差异可以引起严重的客户端或服务器端问题,例如使用哪种版本的 HTML 等。当在分布式环境中开发时,开发人员都不在一起,这个问题就显得尤为重要。除了 HTML 的版本问题外,不同的脚本语言,例如 Java、JavaScript、ActiveX、VBScript 或 Perl 等也要进行验证。

5) 数据库测试

在 Web 应用技术中,数据库起着重要的作用,数据库为 Web 应用系统的管理、运行、查询和实现用户对数据存储的请求等提供空间。在 Web 应用中,最常用的数据库类型是关系型数据库,可以使用 SQL 对信息进行处理。

在使用了数据库的 Web 应用系统中,一般情况下,可能发生两种错误,分别是数据一致性错误和输出错误。数据一致性错误主要是由于用户提交的表单信息不正确而造成的,而输出错误主要是由于网络速度或程序设计问题等引起的,针对这两种情况,可分别进行测试。

2. 性能测试

1) 连接速度测试

用户连接到 Web 应用系统的速度根据上网方式的变化而变化,他们或许是电话拨号,或许是宽带上网。当下载一个程序时,用户可以等较长的时间,但如果仅仅访问一个页面就不会这样。如果 Web 系统响应时间太长(例如超过 5 秒钟),用户就会因没有耐心等待而离开。

另外,有些页面有超时的限制,如果响应速度太慢,用户可能还没来得及浏览内容,就需要重新登录了。而且,连接速度太慢,还可能引起数据丢失,使用户得不到真实的页面。

2) 负载测试

负载测试是为了测量 Web 系统在某一负载级别上的性能,以保证 Web 系统在需求范围内能正常工作。负载级别可以是某个时刻同时访问 Web 系统的用户数量,也可以是在线数据处理的数量。例如,Web 应用系统能允许多少个用户同时在线? 如果超过了这个数量,会出现什么现象? Web 应用系统能否处理大量用户对同一个页面的请求?

3) 压力测试

负载测试应该安排在 Web 系统发布以后,在实际的网络环境中进行测试。因为一个企业的内部员工,特别是项目组人员总是有限的,而一个 Web 系统能同时处理的请求数量将远远超出这个限度,所以,只有放在 Internet 上,接受负载测试,其结果才是正确可信的。

进行压力测试是指实际破坏一个 Web 应用系统,测试系统的反映。压力测试是测试系统的限制和故障恢复能力,也就是测试 Web 应用系统会不会崩溃,在什么情况下会崩溃。黑客常常提供错误的数据负载,直到 Web 应用系统崩溃,接着当系统重新启动时获得存取权。

压力测试的区域包括表单、登录和其他信息传输页面等。

3. 可用性测试

1) 导航测试

导航描述了用户在一个页面内操作的方式,在不同的用户接口控制之间,例如按钮、对话框、列表和窗口等;或在不同的连接页面之间。通过考虑下列问题,可以决定一个 Web 应用系统是否易于导航:导航是否直观? Web 系统的主要部分是否可通过主页存取? Web 系统是否需要站点地图、搜索引擎或其他的导航帮助?

在一个页面上放太多的信息往往起到与预期相反的效果。Web 应用系统的用户趋向于目的驱动,很快地扫描一个 Web 应用系统,看是否有满足自己需要的信息,如果没有,就会很快地离开。很少有用户愿意花时间去熟悉 Web 应用系统的结构,因此 Web 应用系统导航帮助要尽可能地准确。

导航的另一个重要方面是 Web 应用系统的页面结构、导航、菜单、连接的风格是否一致。确保用户凭直觉就知道 Web 应用系统里面是否还有内容,内容在什么地方。

Web 应用系统的层次一旦决定,就要着手测试用户导航功能,让最终用户参与这种测试,效果将更加明显。

2) 图形测试

在 Web 应用系统中,适当的图片和动画既能起到广告宣传的作用,又能起到美化页面的功能。一个 Web 应用系统的图形可以包括图片、动画、边框、颜色、字体、背景、按钮等。图形测试的内容有:

(1) 要确保图形有明确的用途,图片或动画不要胡乱地堆在一起,以免浪费传输时间。Web 应用系统的图片尺寸要尽量地小,并且要能清楚地说明某件事情,一般都链接到某个具体的页面。

(2) 验证所有页面字体的风格是否一致。

(3) 背景颜色应该与字体颜色和前景颜色相搭配。

(4) 图片的大小和质量也是一个很重要的因素,一般采用 JPG 或 GIF 格式压缩。

3) 内容测试

内容测试用来检验 Web 应用系统提供信息的正确性、准确性和相关性。

信息的正确性是指信息是可靠的还是误传的。例如,在商品价格列表中,错误的价格可能引起财政问题甚至导致法律纠纷;信息的准确性是指是否有语法或拼写错误。这种测试通常使用一些文字处理软件来进行,例如使用 Microsoft Word 的"拼音与语法检查"功能;信息的相关性是指是否在当前页面可以找到与当前浏览信息相关的信息列表或入口,也就是一般 Web 站点中的所谓"相关文章列表"。

4）整体界面测试

整体界面是指整个 Web 应用系统的页面结构设计，是给用户的一个整体感。例如，当用户浏览 Web 应用系统时是否感到舒适，是否凭直觉就知道要找的信息在什么地方？整个 Web 应用系统的设计风格是否一致？

对整体界面的测试过程，其实是一个对最终用户进行调查的过程。一般 Web 应用系统采取在主页上做一个调查问卷的形式，来得到最终用户的反馈信息。

对所有的可用性测试来说，都需要有外部人员（与 Web 应用系统开发没有联系或联系很少的人员）的参与，最好是最终用户的参与。

4. 客户端兼容性测试

1）平台测试

市场上有很多不同的操作系统类型，最常见的有 Windows、UNIX、Macintosh、Linux等。Web 应用系统的最终用户究竟使用哪一种操作系统，取决于用户系统的配置。这样，就可能会发生兼容性问题，同一个应用可能在某些操作系统下能正常运行，但在另外的操作系统下可能会运行失败。

因此，在 Web 系统发布之前，需要在各种操作系统下对 Web 系统进行兼容性测试。

2）浏览器测试

浏览器是 Web 客户端最核心的构件，来自不同厂商的浏览器对 Java、JavaScript、ActiveX、Plug-ins 或不同的 HTML 规格有不同的支持。例如，ActiveX 是 Microsoft 的产品，是为 Internet Explorer 而设计的，JavaScript 是 Netscape 的产品，Java 是 Sun 的产品等等。另外，框架和层次结构风格在不同的浏览器中也有不同的显示，甚至根本不显示。不同的浏览器对安全性和 Java 的设置也不一样。

测试浏览器兼容性的一个方法是创建一个兼容性矩阵。在这个矩阵中，测试不同厂商、不同版本的浏览器对某些构件和设置的适应性。

5. 安全性测试

Web 应用系统的安全性测试区域主要有：

（1）现在的 Web 应用系统基本采用先注册，后登录的方式。因此，必须测试有效和无效的用户名和密码，要注意到是否大小写敏感，可以试多少次的限制，是否可以不登录而直接浏览某个页面等。

（2）Web 应用系统是否有超时的限制，也就是说，用户登录后在一定时间内（例如 15 分钟）没有单击任何页面，是否需要重新登录才能正常使用。

（3）为了保证 Web 应用系统的安全性，日志文件是至关重要的。需要测试相关信息是否写进了日志文件、是否可追踪。

（4）当使用了安全套接字时，还要测试加密是否正确，检查信息的完整性。

（5）服务器端的脚本常常构成安全漏洞，这些漏洞又常常被黑客利用。所以，还要测试没有经过授权，就不能在服务器端放置和编辑脚本的问题。

6. 总结

本节从功能、性能、可用性、客户端兼容性、安全性等方面讨论了基于 Web 的系统测试方法。

基于 Web 的系统测试与传统的软件测试既有相同之处，也有不同的地方，对软件测试提出了新的挑战。基于 Web 的系统测试不但需要检查和验证是否按照设计的要求运行，而且还要评价系统在不同用户的浏览器端的显示是否合适。重要的是，还要从最终用户的角度进行安全性和可用性测试。

3.6 验收测试

3.6.1 验收测试概念

验收测试（Acceptance Testing）是软件正式交付使用之前的最后一个阶段，相关的用户和测试人员根据测试计划和结果对系统进行测试，确定产品是否能够满足合同或用户所规定需求。

验收测试是部署软件之前的最后一个测试操作，目的是确保软件准备就绪，并且可以让最终用户将其用于执行软件的既定功能和任务。

验收测试需要制订测试计划和过程，测试计划应规定测试的种类和测试进度，测试过程则定义一些特殊的测试用例，旨在说明软件与需求是否一致。无论是计划还是过程，都应该着重考虑软件是否满足合同规定的所有功能和性能，文档资料是否完整、准确，人机界面和其他方面（例如可移植性、兼容性、错误恢复能力和可维护性等）是否令用户满意。验收测试的结果有两种可能，一种是功能和性能指标满足软件需求说明的要求，用户可以接受；另一种是软件不满足软件需求说明的要求，用户无法接受。

3.6.2 验收测试策略

验收测试的常用策略有三种，它们分别是：正式验收、非正式验收或 Alpha 测试、Beta 测试。验收测试策略的选择通常建立在合同需求、组织和公司标准以及应用领域的基础上。

1. 正式验收

正式验收测试是一项管理严格的过程，它通常是系统测试的延续。计划和设计这些测试的周密和详细程度不亚于系统测试。选择的测试用例应该是系统测试中所执行测试用例的子集。不要偏离所选择的测试用例方向，这一点很重要。在很多组织中，正式验收测试是完全自动执行的。

对于系统测试，活动和工件是一样的。在某些组织中，开发组织（或其独立的测试小组）与最终用户组织的代表一起执行验收测试。在其他组织中，验收测试则完全由最终用户组织执行，或者由最终用户组织选择人员组成一个客观公正的小组来执行。

这种测试形式的优点是：

- 要测试的功能和特性都是已知的。
- 测试的细节是已知的并且可以对其进行评测。
- 测试可以自动执行,支持回归测试。
- 可以对测试过程进行评测和监测。
- 可接受性标准是已知的。

缺点包括:

- 要求大量的资源和计划。
- 测试可能是系统测试的再次实施。
- 可能无法发现软件中由于主观原因造成的缺陷,这是因为测试时只查找预期要发现的缺陷。

2. 非正式验收测试

非正式验收测试也叫做 Alpha 测试。在非正式验收测试中,执行测试过程的限定不像正式验收测试中那样严格。在此测试中,确定并记录要研究的功能和业务任务,但没有可以遵循的特定测试用例,测试内容由各测试员决定。这种验收测试方法不像正式验收测试那样组织有序,而且更为主观。

大多数情况下,非正式验收测试是由最终用户组织执行的。

这种测试形式的优点是:

- 要测试的功能和特性都是已知的。
- 可以对测试过程进行评测和监测。
- 可接受性标准是已知的。
- 与正式验收测试相比,可以发现更多由于主观原因造成的缺陷。

缺点包括:

- 要求资源、计划和管理资源。
- 无法控制所使用的测试用例。
- 最终用户可能沿用系统工作的方式,并可能无法发现缺陷。
- 最终用户可能专注于比较新系统与遗留系统,而不是专注于查找缺陷。
- 用于验收测试的资源不受项目的控制,并且可能受到压缩。

3. Beta 测试

与其他验收策略相比,Beta 测试需要的控制最少。在 Beta 测试中,采用的细节多少、数据和方法完全由各测试员决定。各测试员负责创建自己的环境、选择数据,并决定要研究的功能、特性或任务。各测试员负责确定自己对于系统当前状态的接受标准。

Beta 测试由最终用户实施,通常开发(或其他非最终用户)组织对其的管理很少或不进行管理。Beta 测试是所有验收测试策略中最主观的。

这种测试形式的优点是:

- 测试由最终用户实施。
- 大量的潜在测试资源。
- 提高客户对参与人员的满意程度。

- 与正式或非正式验收测试相比,可以发现更多由于主观原因造成的缺陷。

缺点包括:

- 未对所有功能和/或特性进行测试。
- 测试流程难以评测。
- 最终用户可能沿用系统工作的方式,并可能没有发现或没有报告缺陷。
- 最终用户可能专注于比较新系统与遗留系统,而不是专注于查找缺陷。
- 用于验收测试的资源不受项目的控制,并且可能受到压缩。
- 可接受性标准是未知的。
- 需要更多辅助性资源来管理 Beta 测试员。

3.6.3　验收测试过程

(1) 软件需求分析:了解软件功能和性能要求、软硬件环境要求等,并特别要了解软件的质量要求和验收要求。

(2) 编制《验收测试计划》和《项目验收准则》:根据软件需求和验收要求编制测试计划,制订需测试的测试项,制订测试策略及验收通过准则,并经过客户参与的计划评审。

(3) 测试设计和测试用例设计:根据《验收测试计划》和《项目验收准则》编制测试用例,并经过评审。

(4) 测试环境搭建:建立测试的硬件环境、软件环境等(可在委托客户提供的环境中进行测试)。

(5) 测试实施:测试并记录测试结果。

(6) 测试结果分析:根据验收通过准则分析测试结果,做出验收是否通过及测试评价。

(7) 测试报告:根据测试结果编制缺陷报告和验收测试报告,并提交给客户。

3.7　小结

本章对测试过程进行了详细描述,介绍了单元测试、集成测试、确认测试、系统测试和验收测试等测试阶段的主要任务和工作重点。单元测试关注程序模块内部的实现细节,多采用白盒测试技术来实现;集成测试的重点在于集成策略的选择和回归测试的安排;确认测试主要进行程序的有效性测试和软件配置的复查,为后期的系统测试做准备;系统测试更多地关注整个目标系统,强调软件与其他要素的契合度,其中,性能测试是系统测试的重点;验收测试是交付产品前的最后工序,测试工作的开展应以用户为主。

测试活动贯穿整个软件生命周期,不同的阶段需要不同的测试手段和方式。读者在掌握各测试过程的内容后,应着重关注测试方式的灵活性和测试技术的多样性。

习题

1. 请描述软件开发过程与软件测试过程的对应关系。
2. 什么是单元?单元测试的含义是什么?

3. 单元测试主要解决哪 5 个方面的测试问题？

4. 什么是桩模块？什么是驱动模块？单元测试中一定要开发两类模块吗？为什么？

5. 已通过单元测试的程序模块在集成过程中会出现问题吗？为什么？

6. 有哪些集成测试策略？一般适用于何种场合？

7. 如何进行回归测试？

8. 确认测试的任务是什么？主要包括哪些具体测试活动？

9. 系统测试主要包括哪些类型？分别解释它们的含义。

10. 压力测试和负载测试是什么意思？它们之间有什么关系？

11. Web 系统的测试主要包括哪些方面？

12. 各个测试阶段主要由哪些人员来完成测试工作？

13. 为什么要进行验收测试？验收测试怎么做？

第4章

面向对象软件的测试

自 20 世纪 80 年代后期以来,面向对象软件开发技术发展迅速,获得了越来越广泛的应用,在面向对象的分析、设计技术以及面向对象的程序设计语言方面,均获得了很丰富的研究成果与工程实际应用。

面向对象技术产生更好的系统结构,更规范的编程风格,极大优化了数据使用的安全性,提高了程序代码的重用,一些人就此认为面向对象技术开发出的程序无须进行测试。应该看到,尽管面向对象技术的基本思想保证了软件应该有更高的质量,但实际情况却并非如此,因为无论采用什么样的编程技术,编程人员的错误都是不可避免的,而且由于面向对象技术开发的软件代码重用率高,更需要严格测试,避免错误的繁衍。

本章要点:

* 面向对象的基本概念。
* 面向对象的特点对其测试策略的影响。
* 面向对象测试模型。
* 类簇测试。
* 系统测试。

4.1　面向对象的基本概念

有一种观点认为可以用下列等式描述面向对象方法:

面向对象(Object Oriented)＝对象(Object)＋分类(Classification)＋继承(Inheritance)＋消息通信(Massage Communication)

可以说,若采用这 4 个机制进行软件开发,则该开发过程是面向对象的。下面介绍面向对象方法中的这几个基本概念。

1. 对象

对象(Object)是一组属性以及这组属性上的专用操作的封装体。属性通常是一些数据,有时也可以是另一个对象。在面向对象的程序设计中,对象是一个基本的可计算实体,对象被创建、修改、访问或由于协作的结果而被删除。在一个良好的面向对象的设计理念中,程序中的对象是一些问题及其解决方法的特定实体的描述。

封装是一种信息隐蔽技术,用户只能看见对象封装界面上的信息,对象的内部实现对用户是隐蔽的。封装的目的是使对象的使用者和生产者分离,使对象的定义和实现分开。

对象是软件开发期间测试的直接目标。在程序运行时,对象的行为是否符合它的说明规定,该对象与和它相关的对象是否协同工作,这两方面是面向对象软件测试所关注的焦点。

对象可以用它的生命周期来描述。当一个对象被创建时它的生命周期就开始了,这个过程贯穿于对象的一系列状态,当一个对象被删除时它的生命周期也就结束了。

2. 类

类(Class)是一组具有相同属性和相同操作的对象的集合。在面向对象的程序中,任何被描述的概念最初都必须被声明为类,然后创建由该类定义的对象。创建对象的过程被称做实例化,而创建的结果被称为实例。一个类中的每个对象都是这个类的一个实例,它们都可使用类中提供的函数。一个对象的状态则包含在它的实例变量中图 4-1 是一个类及实例。

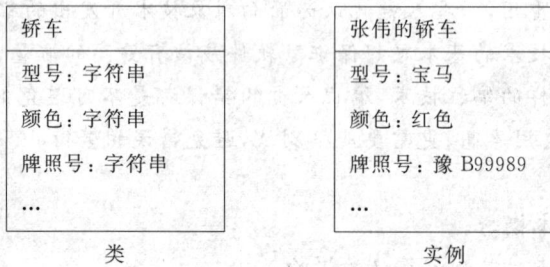

轿车		张伟的轿车
型号:字符串		型号:宝马
颜色:字符串		颜色:红色
牌照号:字符串		牌照号:豫 B99989
...		...
类		实例

图 4-1　类及实例

3. 继承

继承是类之间的一种基本关系,是基于层次关系的不同类共享数据和操作的一种机制。它允许新类可以在一个已有类的基础上进行定义。一个类对另一个类的依赖,使得已有类的说明和实现可以被复用。这种方法有一个重要的优势,那就是已有类不会被改变,并且对其他任何继承它的新类来说都是一样的。这里所说的新类主要是指子类或派生类,被新类继承的已有类就叫基类。一个基类以及从这个基类直接或间接继承而得到的派生类,它们共同构成继承层次关系。同时子类除了定义自己特有的属性和操作外,还可以对基类中的操作重新定义其实现方法,称为重载(Override)。

例如“船”类是“帆船”类的基类,“帆船”类是“船”类的子类。同样,“船”类还可以是“交通工具”类的子类,“交通工具”类是“船”类的基类。这样可以形成类的继承关系,如图 4-2 所示。

4. 消息

消息(Message)是对象间通信的手段,一个对象通过向另一个对象发送消息来请求其服务。一个消息除了需要接受对象名,还可以包含一些值(实参),它们常常在操作被执行时使用。

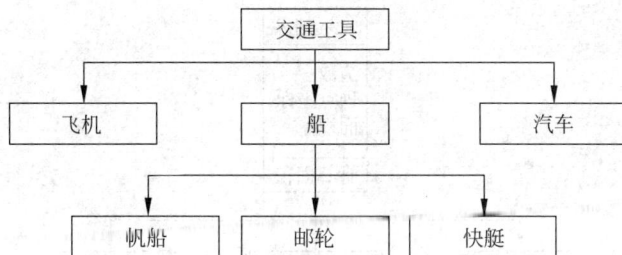

图 4-2　基类和子类的关系

面向对象的程序是通过一系列对象协同工作来解决问题的，这一协作是通过对象之间互相传送消息来完成的。我们把发送消息的对象称为发送者，把接收消息的对象称为接收者。消息的接收者也可以将某个值返回给消息的发送者。

面向对象程序执行的典型过程首先是实例化对象，然后将一条消息传送给其中的某个对象，消息的接收者把它自己产生的消息发送给其他对象（甚至是发送给自己）来执行计算。比如在一些由事件驱动的环境下，环境会不断地发送消息并且等待诸如鼠标单击和按键等外部事件的响应。

5. 接口

接口是行为声明的集合。接口是由一些规范构成的，这一规范定义了类的一套完整的公共行为。在 C++ 中，通过定义一个抽象的基类、其内部仅包含公有的虚拟方法，可以达到定义接口的目的。

接口封装了操作的说明。这些说明逐步形成了诸如类这种形式的更大分组的规范。如果这一接口包含的行为和类的行为不相符，那么对这一接口的说明就不是令人满意的。

接口不是孤立的，它与其他的接口和类有一定的关系。一个接口可以指定一个行为的参数类型，使得实现该接口的类可被当作一个参数行传递。

6. 多态

多态性（PolymorPhism）是指同一个操作作用于不同的对象上可以有不同的解释，并且产生不同的执行结果。多态有几种不同的形式，如参数多态、包含多态、过载多态。参数多态是能够根据一个或多个参数来定义一种类型的能力，包含多态和过载多态在面向对象语言中通常体现在子类与父类的继承关系上。

例如，图 4-3 表示三角形类、矩形类、六边形类都继承了多边形类，其中多边形类是一个抽象类，它定义了抽象操作"计算面积"的接口，在三角形类、矩形类中都继承操作"计算面积"，即它们与父类中的"计算面积"有相同的接口定义，并分别给出了它们各自计算面积的实现方法。

与多态性密切相关的一个概念就是动态绑定（Dynamiobinding）。动态绑定是指在程序运行时才将消息所请求的操作与实现该操作的方法进行连接。传统的程序设计语言的过程调用与目标代码的连接放在程序运行前进行，称为静态绑定，而动态绑定则是把这种连接推迟到运行是才进行。在一般与特殊关系中，子类是父类中的一个特例，所以父类对象可以出

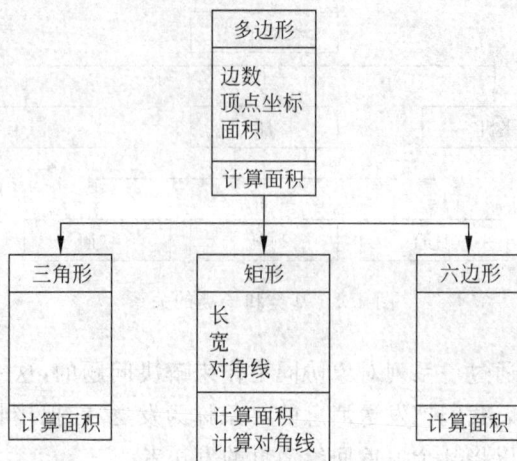

图 4-3　多态性实例

现的地方,也允许其子类对象出现。因此在运行过程中,当一个对象发送消息请求服务时,要根据接受对象的具体情况将请求的操作与实现的方法进行连接。

4.2　面向对象软件的特点对其测试策略的影响

对面向对象的软件而言,虽然其测试的目标仍是用最少的时间和工作量来发现尽可能多的错误,但面向对象软件的性质改变了测试的策略和测试技术。面向对象测试也给软件工程师带来新的挑战。

继承、封装、多态性、基于消息的通信等概念都是面向对象软件的重要特征,对面向对象测试有很大的影响。

1. 单元

传统软件对“单元”有多种定义,其中适用于面向对象测试的两种定义如下:

(1) 单元是可以编译和执行的最小软件部件。

(2) 单元是绝不会指派给多个设计人员开发的软件部件。

在传统的软件中,通常单个模块或子程序(相当于面向对象中的一个方法)作为一个单元。在面向对象软件中,类是由属性(数据)以及操作这些属性的操作组成的封装体,是面向对象软件中的单元,所以其相应的软件软件测试方法可以分为以下两类。

(1) 基于需求的测试:与已知的黑盒测试一样,基于需求的测试旨在测试程序是否满足相应的需求。它一般是通过提出一组可能的输入,即测试数据来测试程序,判断输出与需求的一致性,从而实现测试。

(2) 基于程序的测试:正如白盒测试一样,基于程序的测试是基于需求的测试的一种有益的补充,主要用于检测代码的内部结构。通过相应的覆盖准则,选取测试数据来实现测试。

2．封装

在面向对象方法中引入封装是有益的，它实现了信息隐藏，编程人员不必再关心类的内部实现。封装通过分离类的接口与实现，增强了类的抽象性。这对测试也是有益的，测试单元可以很明确地被设计，从而大大简化了测试。

但是同时正因为封装是一种信息隐蔽技术，它也妨碍了测试。用户只能看见对象封装界面上的信息，对象的内部实现对用户是隐蔽的。由于属性和操作被封装在类中，因此测试时很难获得对象的某些具体信息，从而给测试带来困难。

解决方案可以通过下面方法：

（1）修改测试类，通过增加操作向测试者提供对象的属性，但是这种方法是强制的，同时也不能保证引入的操作与类中原有的操作是否重名。

（2）在一个继承类中定义新操作，该类继承于测试类，并且只是用于协助测试，这个操作将获取测试类的属性，然而如果类的某些属性不能为子类所访问也是无用的，例如 C++ 语言的私有属性。

（3）某些语言通过引入一些机制来打破封装，例如 C++ 语言的 friends members。

3．继承

继承性是面向对象的基本特点之一，是一种有效的程序复用方法。继承使父类的属性和操作可以被通过实例化产生的子类和对象所继承。子类不但继承父类的特征，还能对其进行重定义。因此，继承的方法和重定义的方法在子类的环境中都要重新测试。一般情况下分为单继承、多重继承和重复继承。单继承是简单但使用最多的方式，一个子类只有一个父类；多重继承是一个子类有多个父类；重复继承是指一个子类通过多条路径继承了同一父类。多重继承和重复继承会出现在多个父类中重名的变量和函数的情况，容易引起混乱，同时使子类的复杂性显著提高，出现隐含错误的可能性大大增加，因此在实际中不提倡这种用法。在面向对象软件中，子类可以继承父类的属性和操作，也可以对继承的操作进行重定义。这并不表示测试了父类的操作后，子类就不必对继承的操作进行测试。

4．多态性

多态通常是与继承相联系的，这多个类必须属于一个类层次，由根类和它的子类组成。如果系统中所有的类均继承于唯一的一个根类，那么这个类层可以是系统中的所有类的构成。

多态性的性质给测试带来障碍：

（1）未决的动态绑定。多态性将给基于程序的测试带来未决定性。由于多态名字可以表示不同类的对象，故当调用一个多态名字的操作时，只有到程序运行时，才可能知道哪段代码要被执行。与继承测试一样，也需要为类的操作定义"层次说明"，用来详细说明操作所希望的最小行为及其所有可能的重定义。

（2）多态参数。当操作的一个或多个参数为多态时，相似的问题依然存在。故在测试一个操作时，当执行其实际参数的各种组合时，测试必须确定能够覆盖绑定的所有可能的情况。

5. 基于消息的通信

面向对象软件是通过消息通信来实现类之间的协作的,它们没有明显的层次控制结构,因此,传统的自顶向下和自底向上集成策略不适用于面向对象软件测试。

正是由于这些特征的存在,传统的测试方法无法直接应用于面向对象测试方法中,需要做相应的修改。

4.3 面向对象软件测试的特殊性

从程序的组织结构方面来讲,传统测试技术不完全适用于面向对象软件的测试。传统程序的测试过程是,选定一组数据,交给待测程序处理,通过比较实际执行结果和预期执行结果,判断程序是否含有错误。因此,传统软件测试技术与过程式程序中数据和操作相分离的特点相适应。而面向对象软件不是把程序看成工作在数据上的一系列过程或函数的集合,而是把程序看作相互协作而又彼此独立的对象的集合,在面向对象程序中,对象是一组属性以及这组属性上的专用操作的封装体,每个对象就像一个传统意义上的小程序,有自己的数据、操作、功能和目的。

传统的软件系统是由一个个功能模块通过过程调用关系组合而成的。而在面向对象的系统中,系统的功能体现在对象间的协作上,相同的功能可能驻留在不同的对象中,操作序列是由对象间的消息传递决定的。传统意义上的功能实现不再是靠子功能的调用序列完成的,而是在对象之间合作的基础上完成的。不同对象有自己的不同状态,而且,同一对象在不同的状态下对消息的响应可能完全不同。

为实现某一特定的功能,有可能要激活调用属于不同对象类的多个方法(C++中的成员函数),形成方法的启用链。显然,基于功能分解的自顶向下或自底向上的集成测试策略并不适用于以面向对象方法构造的软件。

编程语言的改变对测试有影响,开发过程的变化以及分析和设计重点的改变也会对测试产生影响。许多面向对象的软件的测试活动都可以在传统的过程中找到对应的活动。我们仍旧使用单元测试,尽管在这里“单元”的意义已发生了改变:我们仍将做集成测试以确保各个子系统能够一致正常地工作;我们仍将做回归测试以确保对软件最后一轮的修改不会对软件以前的功能造成负面影响。

从上面的讨论我们可以看出:面向对象软件语言特有的一些概念和机制,如数据抽象、继承、多态、动态绑定和消息传递都对测试有着深刻的影响。其中有的因素使测试复杂化,导致测试工作量加大,有的因素有助于测试过程中重用已有的测试资源,从而有利于减少测试的工作量,有的因素两方面兼而有之。但总的来讲,在这些因素的共同作用下,测试面向对象比测试传统软件更加困难。

面向对象测试的整体目标和传统测试相一致,以最小的工作量发现最多的错误。但是由于面向对象的封装、继承和动态绑定使得面向对象的软件测试复杂化,所以需要进行相关方面的研究。我们必须结合面向对象技术的特点,研究新的面向对象软件的测试理论、方法来与之适应。这一点已成为研究人员和软件开发人员的共识。

4.4　面向对象软件的测试模型

　　虽然面向对象的程序有其独有的新特性，但就测试而言，用面向对象方法开发的系统测试与其他方法开发的系统测试没有什么不同，在所有开发系统中都是根据规范说明来验证系统设计的正确性。面向对象的测试策略也是从"小型测试"直至"大型测试"，即从单元测试开始，逐步展开，最后对有效性和系统测试。只是在测试中要考虑面向对象因素。

　　面向对象程序的结构不再是传统的功能模块结构，作为一个整体，原有集成测试所要求的逐步将开发的模块搭建在一起进行测试的方法已经不适用。而且，面向对象软件抛弃了传统的开发模式，对每个开发阶段都有不同于以往的要求和结果，已经不可能用功能细化的观点来检测面向对象分析和设计的结果。因此，传统的测试模型对面向对象软件已经不再适用。针对面向对象软件的开发特点，应该有一种新的测试模型。

　　现在比较普遍的观点认为：面向对象技术主要包括 6 个核心概念：对象、消息、接口、类、继承、多态。面向对象的开发模型实质是将软件测试过程分成 3 个阶段，即面向对象分析（Object Oriented Analysis，OOA）、面向对象设计（Object Oriented Design，OOD）和面向对象编程（Object Oriented Programming，OOP）。

　　面向对象测试的类型分为：

- 面向对象分析的测试（OOATest）。
- 面向对象设计的测试（OODTest）。
- 面向对象编程的测试（OOPTest）。
- 面向对象单元测试（OOUnltTest）。
- 面向对象集成测试（OOIntegrationTest）。
- 面向对象系统测试（OOSystemTest）。

　　面向对象测试类型的另一种划分：模型测试、类测试（用于代替单元测试）、交互测试（用于代替集成测试）、系统（包括子系统）测试、接收测试、部署测试。

　　传统测试模式与面向对象的测试模式的最主要的区别在于，面向对象的测试更关注对象而不是完成输入输出的单一功能，这样的话，测试可以在分析与设计阶段就先行介入，使得测试更好地配合软件生产过程并为之服务。与传统测试模式相比，面向对象测试的优点在于：更早地定义出测试用例；早期介入可以降低成本；尽早地编写系统测试用例以便于开发人员与测试人员对系统需求的理解保持一致；面向对象的测试模式更注重于软件的实质。

　　面向对象的开发模型突破了传统的瀑布模型，将开发分为面向对象分析（OOA），面向对象设计（OOD），和面向对象编程（OOP）三个阶段。分析阶段产生整个问题空间的抽象描述，在此基础上，进一步归纳出适用于面向对象编程语言的类和类结构，最后形成代码。由于面向对象的特点，采用这种开发模型能有效地将分析设计的文本或图表代码化，不断适应用户需求的变动。针对这种开发模型，结合传统的测试步骤，一些学者提出了一种整个软件开发过程中不断测试的测试模型，使开发阶段的测试与编码完成后的单元测试、集成测试、系统测试成为一个整体。测试模型如图 4-4 所示。

　　面向对象分析的测试和面向对象设计的测试是对分析结果和设计结果的测试，主要是

面向对象的系统测试		
	面向对象的集成测试	
		面向对象的单元测试
面向对象分析测试	面向对象设计测试	面向对象的编程测试
面向对象分析OOA	面向对象设计OOD	面向对象编程OOP

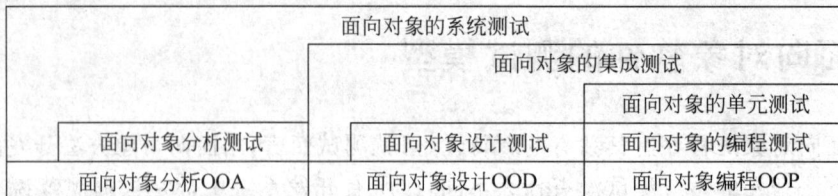

图 4-4　面向对象的测试模型

对分析设计产生的文本进行,是软件开发前期的关键性测试。面向对象编程的测试主要针对编程风格和程序代码实现进行测试,其主要的测试内容在面向对象单元测试和面向对象集成测试中体现。面向对象单元测试是对程序内部具体单一的功能模块的测试,如果程序是用 C++ 语言实现,主要就是对类成员函数的测试。面向对象单元测试是进行面向对象集成测试的基础。面向对象集成测试主要对系统内部的相互服务进行测试,如成员函数间的相互作用,类间的消息传递等。面向对象集成测试不但要基于面向对象单元测试,更要参见面向对象设计和面向对象设计的测试结果。面向对象系统测试是基于面向对象集成测试的最后阶段的测试,主要以用户需求为测试标准,需要借鉴面向对象分析和面向对象分析的测试结果。

尽管上述各阶段的测试构成一个相互作用的整体,但其测试的主体、方向和方法各有不同,下面我们将从面向对象分析的测试,面向对象设计的测试,面向对象编程的测试,单元测试,集成测试,系统测试 6 个方面分别介绍对面向对象软件的测试。

1. 面向对象分析的测试

面向对象分析直接映射问题空间,全面地将问题空间中实现功能的现实抽象化。将问题空间中的实例抽象为对象(不同于 C++ 中的对象概念),用对象的结构反映问题空间的复杂实例和复杂关系,用属性和服务表示实例的特性和行为。对一个系统而言,与传统分析方法产生的结果相反,行为是相对稳定的,结构是相对不稳定的,这更充分反映了现实的特性。面向对象分析的结果是为后面阶段类的选定和实现,类层次结构的组织和实现提供平台。因此,面向对象分析对问题空间分析抽象的不完整,最终会影响软件的功能实现,导致软件开发后期大量可避免的修补工作,而一些冗余的对象或结构会影响类的选定、程序的整体结构或增加程序员不必要的工作量。尽管面向对象分析的测试是一个不可分割的系统过程,为实现得方便我们将面向对象分析阶段的测试划分为 5 个方面:对认定的对象的测试,对认定的结构的测试,对认定的主题的测试,对定义的属性和实例关联的测试,对定义的服务和消息关联的测试。

2. 面向对象设计的测试

面向对象设计采用造型的观点,以面向对象分析为基础归纳出类,并建立类结构或进一步构造成类库,实现分析结果对问题空间的抽象。面向对象设计归纳的类,可以是对象简单的延续,可以是不同对象的相同或相似的服务。由此可见,面向对象设计不是在面向对象分析上的另一思维方式的大动干戈,而是面向对象分析的进一步细化和更高层的抽象。所以,面向对象设计与面向对象分析的界限通常是难以严格区分的。面向对象设计确定类和类结构不仅是满足当前需求分析的要求,更重要的是通过重新组合或加以适当的补充,能方便实现功能的重用和扩增,以不断适应用户的要求。因此,对面向对象设计的测试,本文建议针对功能的实现和重用以及对面向对象分析结果的拓展,从如下三方面考虑:对认定的类的测试,对构造的类层次结构的测试,对类库的支持的测试。

3. 面向对象编程的测试

典型的面向对象程序具有继承、封装和多态的新特性,这使得传统的测试策略必须有所改变。封装是对数据的隐藏,外界只能通过被提供的操作来访问或修改数据,这样降低了数据被任意修改和读写的可能性,降低了传统程序中对数据非法操作的测试。继承是面向对象程序的重要特点,继承使得代码的重用率提高,同时也使错误传播的概率提高。继承使得传统测试遇见了这样一个难题:对继承的代码究竟应该怎样测试? 多态使得面向对象程序对外呈现出强大的处理能力,但同时却使得程序内同一函数的行为复杂化,测试时不得不考虑不同类型具体执行的代码和产生的行为。

面向对象程序是把功能的实现分布在类中。能正确实现功能的类,通过消息传递来协同实现设计要求的功能。正是这种面向对象程序风格,将出现的错误能精确地确定在某一具体的类。因此,在面向对象编程阶段,忽略类功能实现的细则,将测试的目光集中在类功能的实现和相应的面向对象程序风格上,主要体现为以下两个方面:数据成员是否满足数据封装的要求,类是否实现了要求的功能。

4.5 面向对象软件的测试策略

面向对象程序的结构不再是传统的功能模块结构,作为一个整体,原有集成测试所要求的逐步将开发的模块组装在一起进行测试的方法已经不再适用。而且,面向对象软件抛弃了传统的开发模式,对每个开发阶段都有不同以往的要求和结果,已经不可能用功能细化的观点来检测面向对象分析和设计的结果。因此,传统的测试模型对面向对象软件已经不再适用。针对面向对象软件的开发特点,应该有一种新的测试模型。通常与传统的面向过程的测试相对应,面向对象软件测试的层次划分如图 4-5 所示。

传统测试	面向对象测试	
单元测试	类测试	方法测试
		对象测试
集成测试	类簇测试	
系统测试	系统测试	

图 4-5 面向对象软件的测试层次

1. 面向对象的单元测试

面向对象程序的基本单位是类。类测试是由那些与验证类的实现是否和该类的说明完全一致的相关联的活动组成。如果类的实现正确,那么类的每个实例的行为也应该是正确的。

　　类测试与传统测试过程中的单元测试大体相似,而且它们还有许多相同的问题必须说明。类测试还必须说明综合测试的许多方面,因为每个对象都定义了一个范围级别,在此范围内,许多方法都可以围绕一系列的实例属性交互。

　　我们能够通过代码检查或执行测试用例来有效地测试一个类的代码。在某些情况下用代码检查代替基于执行的测试方法是可行的。但是,和基于执行的测试方法相比,代码检查有两个不利之处:

　　(1) 代码检查易受人为错误的影响。

　　(2) 代码检查在回归测试方面明显需要更多的工作量,常常需要几乎和原始测试一样多的资源。

　　尽管基于执行的测试方法克服了这些缺点,但确定测试用例和开发测试驱动程序也需要很大的工作量。在某些情况下,为某个类构造一个测试驱动程序所需要的工作量可能比开发这个类所需要的工作量多好几个数量级。在这种情况下,我们也应该评估在使用了这个类的系统之外测试这个类所花的代价和带来的收益。但这种情况并不是面向对象编程所独有的。有许多子程序是在结构图的上级被调用的,在涉及这些子程序的传统开发过程中,也出现了相同的情形。

　　对于每个类,我们要决定是将其作为一个单元进行独立测试,还是以某种方式将其作为某个较大部分的一个组件进行独立测试,将基于以下因素进行决策:

　　(1) 这个类在系统中的作用,尤其是与之相关联的风险程度。

　　(2) 这个类的复杂性(根据状态个数、操作个数以及该类与其他类有多少关联进行衡量)。

　　(3) 开发这个类测试驱动程序所需的工作量。

　　假如一个类是某个类库不可缺少的部分,即使测试驱动程序的开发成本可能很高,对它进行充分的类测试也是值得的,因为它的正确操作是最重要的。

　　在类测试过程中,不能仅仅检查输入数据产生的结果是否与预期的吻合,还要考虑对象的状态,整个过程应涉及对象的初态、输入参数、输出参数以及对象的终态,类测试与传统单元测试的区别如图 4-6 所示。

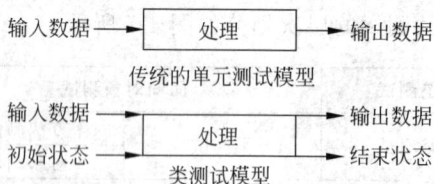

图 4-6　类测试与传统单元测试的区别

2. 面向对象的集成测试

　　面向对象的类簇测试把一组相互有影响的类看作一个整体称为类簇。类簇测试主要根据系统中相关类的层次关系,检查类之间的相互作用的正确性,即检查各相关类之间消息连接的合法性、子类的继承性与父类的一致性、动态绑定执行的正确性、类簇协同完成系统功能的正确性等。其测试有两种不同策略:

（1）基于类间协作关系的横向测试：由系统的一个输入事件作为激励，对其触发的一组类进行测试，执行相应的操作/消息处理路径，最后终止于某一输出事件。应用回归测试对已测试过的类集再重新执行一次，以保证加入新类时不会产生意外的结果。

（2）基于类间继承关系的纵向测试：首先通过测试独立类（是系统中已经测试正确的某类）来开始构造系统，在独立类测试完成后，下一层继承独立类的类（称为依赖类）被测试，这个依赖类层次的测试序列一直循环执行到构造完整个系统。

面向对象的集成测试能够检测出相对独立的单元测试无法检测出的那些类相互作用时才会产生的错误。基于单元测试对成员函数行为正确性的保证，集成测试只关注于系统的结构和内部的相互作用。面向对象的集成测试可以分成两步进行：先进行静态测试，再进行动态测试。

3. 面向对象的系统测试

通过单元测试和集成测试，仅能保证软件开发的功能得以实现。但不能确认在实际运行时，它是否满足用户的需要，是否大量存在实际使用条件下会被诱发产生错误的隐患。为此，对完成开发的软件必须经过规范的系统测试。换个角度说，开发完成的软件仅仅是实际投入使用系统的一个组成部分，需要测试它与系统其他部分配套运行的表现，以保证在系统各部分协调工作的环境下也能正常工作。

系统测试是对所有程序和外部成员构成的整个系统进行整体测试，检验软件和其他系统成员配合工作是否正确，另外，系统测试还包括了确认测试内容，以验证软件系统的正确性和性能指标等是否满足需求规格说明书所制订的要求。它与传统的系统测试一样，可沿用传统的系统测试方法。在整个面向对象的软件测试过程中，集成测试可与单元测试同时进行，以减少单元集成时出现的错误。对已经测试通过的单元，在集成测试或系统测试中，可能发现独立测试没有发现的错误。

系统测试应该尽量搭建与用户实际使用环境相同的测试平台，应该保证被测系统的完整性，对临时没有的系统设备部件，也应有相应的模拟手段。系统测试时，应该参考面向对象分析的结果，对应描述的对象、属性和各种服务，检测软件是否能够完全"再现"问题空间。系统测试不仅是检测软件的整体行为表现，从另一个侧面看，也是对软件开发设计的再确认。

这里说的系统测试是对测试步骤的抽象描述。它体现的具体测试内容包括以下几个方面。

（1）功能测试：测试是否满足开发要求，是否能够提供设计所描述的功能，是否用户的需求都得到满足。功能测试是系统测试最常用和必需的测试，通常还会以正式的软件说明书为测试标准。

（2）强度测试：测试系统的能力最高实际限度，即软件在一些超负荷的情况下的功能实现情况。如要求软件某一行为的大量重复、输入大量的数据或大数值数据、对数据库大量复杂的查询等。

（3）性能测试：测试软件的运行性能。这种测试常常与强度测试结合进行，需要事先对被测软件提出性能指标，如传输连接的最长时限、传输的错误率、计算的精度、记录的精度、响应的时限和恢复时限等。

（4）安全测试：验证安装在系统内的保护机构确实能够对系统进行保护，使之不受各种非常的干扰。安全测试时需要设计一些测试用例试图突破系统的安全保密措施，检验系统是否有安全保密的漏洞。

（5）恢复测试：采用人工的干扰使软件出错，中断使用，检测系统的恢复能力，特别是通信系统。恢复测试时，应该参考性能测试的相关测试指标。

（6）可用性测试：测试用户是否能够满意使用。具体体现为操作是否方便，用户界面是否友好等。

安装/卸载测试等。

4.6 小结

面向对象软件测试强调面向对象软件的新特性（诸如封装、集成、多态等）给测试工作带来的新变化，如何在测试工作中解决这些问题是我们学习的重点。面向对象测试模型给出了一种整个软件开发过程中不断测试的测试模型，使开发阶段的测试与编码完成后的单元测试、集成测试、系统测试成为一个整体。

习题

1. 类测试应该怎样进行？面向对象软件的单元测试和集成测试应该采用什么样的测试策略？

2. 简述面向对象软件的功能和性能测试。

3. 面向对象的软件测试分哪几部分？

第 5 章

软件自动化测试

随着软件开发技术的快速发展,软件设计和编码的效率得到非常大的提高。然而软件测试的工作量与过去相比并未减少,相反在整个软件生命周期中,所占比例呈不断上升趋势。为提高软件开发的效率和软件质量,将测试自动化替代一部分手工测试是非常有用的方法。

自动化测试就是希望能够通过自动化测试工具或者其他手段,按照测试工程师的预定计划进行自动测试,其目的是减轻手工测试的劳动量,同时达到提高软件质量的目的,它涉及测试流程、测试体系、自动化编译、持续集成、自动发布测试系统以及自动化测试等方面。

本章要点:

- 自动化测试定义。
- 自动化测试的必要性和优缺点。
- 自动化测试生命周期。
- 自动化测试的实施。
- 自动化测试原理和方法。
- 自动化测试工具的作用和优势。
- 自动化测试工具的分类。
- 自动化测试工具的局限性。

5.1 软件自动化测试概述

5.1.1 自动化测试定义

什么是自动化测试?

根据软件质量工程协会关于自动化测试的定义:自动化测试就是利用策略、工具等,减少人工介入的非技术性、重复性、冗长的测试活动。

其实,软件自动化测试就是执行用某种程序设计语言编制的自动测试程序,控制被测试软件的执行,模拟手动测试步骤,完成全自动或是半自动测试。

全自动测试就是指在自动测试过程中,根本不需要人工干预,由程序自动完成测试的全过程。半自动测试就是指在自动测试过程中,需要由人工输入测试用例或选择测试路径,再由自动测试程序按照人工制订的要求完成自动测试。

5.1.2　自动化测试与手工测试的比较

通常,软件测试的工作量很大,测试会占到40%的开发时间,一些可靠性要求非常高的软件,测试时间甚至占到开发时间的60%。而在具体的测试实施中,有手工测试和自动测试之分。手工测试是指软件测试工程师通过安装和运行被测软件,根据测试文档的要求,运行测试用例,观察软件运行结果是否正常的过程。但是在实际软件开发生命周期中,手工测试具有以下局限性:

(1) 通过手工测试无法做到覆盖所有代码路径。

(2) 简单的功能性测试用例在每一轮测试中都不能少,而且具有一定的机械性、重复性,工作量往往较大。

(3) 许多与时序、死锁、资源冲突、多线程等有关的错误,通过手工测试很难捕捉到。

(4) 进行系统负载、性能测试时,需要模拟大量数据或大量并发用户等各种应用场合时,很难通过手工测试来进行。

(5) 进行系统高可靠性测试时,需要模拟系统运行10年、几十年的情况,以验证系统能否稳定运行,这也是公共测试无法模拟的。

(6) 如果有大量(如几千)的测试用例,需要在短时间内(如一天)完成,手工测试不可能做到。

(7) 回归测试难以做到全面测试。

自动化测试是指使用各种自动化测试工具软件,通过运行事先设计的测试脚本等文件,测试被测软件、自动产生测试报告的过程。这样就可以节省人力,具有良好的可操作性、可重复性和高效率等特点。

手工测试和自动化测试的比较见表5-1。

表 5-1　手工测试和自动化测试情况比较

测 试 步 骤	手工测试/小时	自动化测试/小时	改进百分率(使用工具)
测试计划制度	22	40	25%
测试程序开发	262	117	55%
测试执行	466	23	95%
测试结果分析	117	58	50%
错误状态/纠正监视	117	23	80%
报告生成	96	16	83%
总持续时间	1090	277	75%

5.1.3　软件测试自动化的优缺点

1. 自动化测试的优点

自动化测试的优点是同手工测试比较所体现出来的。与手工测试相比,自动化测试具有手工测试所无法比拟的优点,且可以执行一些手工测试不可能或很难完成的测试。

- 性能方面的测试。

压力测试、并发测试、大数据量测试和崩溃性测试,用手工测试是不可能达到的。例如,对于 100 个用户的联机系统,用户手工进行并发操作是几乎不可能的,但自动测试可以模拟来自 100 个用户的输入。

- 提高测试的效率,尤其是运行冗长而复杂的测试时,自动化是必需的。
- 提高测试的准确性,降低对测试工程师的技术要求。
- 可实现无人照看测试,更好地利用时间资源。
- 具有一致性和可重复性。
- 利于进行回归测试、适应性测试、可移植性测试、性能测试和配置测试。
- 缩短测试的时间。
- 有利于解决测试与开发之间的矛盾。
- 从经济上考虑,自动测试通常比手工测试有优越性。
- 与手工测试相比,自动测试的修改性比较低。

2. 自动化测试的缺点

自动化测试好处虽然很多,但并不是万能的,也存在着一定的局限性。自动测试的缺点如下:

- 软件自动测试并不能代替人的工作,尤其是带有智力性质的手工测试。
- 软件测试自动化可能降低测试的效率。
- 自动测试并非像测试工程师所期望的那样能发现大量的错误。
- 缺乏测试经验。
- 技术问题、组织问题和脚本维护。

因此,应该对软件自动化测试有正确的认识,它并不能完全代替手工测试。不要完全期望有了自动化测试就能提高测试的质量。如果测试工程师缺少测试的技能,那么测试也可能会失败。

综合上述自动测试的优缺点,相信经过自动测试经验的不断积累和自动测试工具性能的不断提高,自动测试能替代手工测试的工作会越来越多,从而自动测试成为对手工测试的有利补充。合理的运用自动化测试可以大大提高工作效率,反之则会是噩梦。无论测试自动化多么强大,在现阶段依然是以手工测试为主。

5.2 软件自动化测试的引入和实施

5.2.1 软件自动化测试的引入原则

对于软件测试自动化的工作,大多数人都认为是一件非常容易的事。其实软件测试自动化的工作量非常大,而且也并不是在任何情况下都适用,同时软件测试自动化的设计并不比程序设计简单。在自动化测试实施之前,测试团队应该找出能自动化的软件测试过程以及应该自动化的软件测试过程;知道自动化测试的预期结果并列出在正确执行自动化测试后的益处;同时,需要列出自动化测试工具的备选方案。因此,软件测试的自动化是一个渐近的过程,自动化测试既不能解决软件测试中的所有问题,也不意味着任何软件测试都可以自动化。要成功地实现软件测试自动化,需要周密的计划和大量艰苦的工作,软件测试自动化的开发人员首先必须清楚认识到该自动化什么。以下几条可以作为自动化软件测试的标准。

1) 自动化回归测试

从软件测试自动化的目的知道,软件测试自动化所获得的好处来自于自动化测试工具的重复使用,回归测试应该作为自动化的首要目标。

2) 自动化重复性测试

如果一个测试经常使用,并且使用这个测试不方便,那么就应该考虑自动化这个测试。

3) 自动化已经实现的手工测试用例

对软件测试自动化之前,通常已经有许多已实现的、详细的手工测试用例,从中选择可以自动化的手工测试用例进行自动化。

4) 自动化对稳定应用进行的测试

在对某一个应用进行自动化测试之前,首先应该确定该应用是否稳定。

5) 自动化性能测试

对软件进行的性能测试,包括在不同的系统负载下进行的测试。这些测试需要采用工具辅助完成,非常适合自动化。

在确定自动化哪些测试之后,要评估自动化测试的时间。据统计,开发一个自动化测试的时间,是手工测试的 3～10 倍,对于复杂的测试,甚至更长。因此,初次实施自动化测试的时间消耗,要比熟悉工具和测试流程后需要的时间更长,在评估自动化测试的时间消耗时,一定要将其考虑在内。所以,一般挑选时间消耗比较大的测试先实行自动化测试。

最后,确定自动化测试的执行顺序。这里最重要的原则就是采用迭代的方式确定自动化测试的执行顺序。首先确定每个迭代的目标,挑选最能获得投资回报的测试,例如冒烟测试几乎总是能立即获得时间和资源上的回报,再挑选最容易开发脚本、最容易理解的测试实行自动化,之后逐渐扩展并迭代。

5.2.2　软件自动化测试生命周期

软件自动化测试是一个复杂的过程,它和软件开发项目一样,有生命周期。自动化测试的执行应经过需求定义、测试计划、测试设计、测试开发等一系列的活动,它必须被视为一个完整的软件开发过程。由 Elfreide Dustin 提出的自动化测试生命周期方法 ATLM (Automated Testing Lifecycle Methodology) 为自动化测试的成功实施指明了方向。ATLM 包括 6 个主要过程:自动化测试决策,自动化测试工具获取,自动化测试引入过程,自动化测试计划、设计和开发,自动化测试的执行和管理和自动化测试项目评审。具体情况如图 5-1 所示。

1) 自动化测试决策

在这一阶段,企业要根据自身的实际情况分析是否应该引入自动化测试,克服不正确的自动测试期望,认识到自动化测试的好处;同时,测试工程师需要列出自动化测试工具的备选方案,以获得管理层的支持。

2) 自动化测试工具获取

在得到决策者的支持以后,测试工程师要选择合适的测试工具来支持自动化测试。首

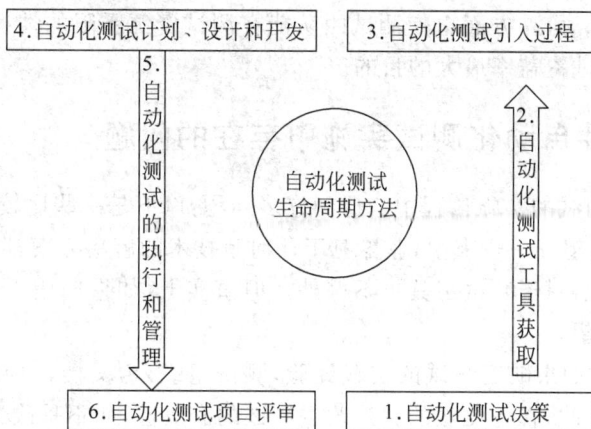

图 5-1　软件自动化测试生命周期方法

先,测试工程师要审查企业系统,制订一个工具的评审标准,确保测试工具与本企业内部操作系统、编程语言以及其他技术环境尽可能多的兼容。然后,要评审可以得到的测试工具,选择一个或多个特定的获选测试工具。最后,确定测试工具,与工具供应商联系产品演示事宜,如果有可能,对全体测试人员进行测试工具的培训。

3) 自动化测试引入过程

自动化测试的引入过程主要就是分析测试过程的目标、目的和策略,然后验证测试工具是否能够支持大多数项目的测试需求。测试过程分析确保整个测试过程和测试策略适当,必要时可以加以改进,以便成功地引入自动化测试。测试工具考察阶段,测试工程师根据测试需求、可用的测试环境和人力资源、用户环境、平台以及被测的应用产品特性,研究将自动化测试工具或使用程序引入测试工作是否对项目有好处。

4) 自动化测试计划、设计和开发

在测试计划阶段,要特别注重确定测试的文档,制订能够达到测试目的和支持测试环境的计划,编制测试计划文档。它包括风险评估、鉴别和确定测试需求的优先级,估计测试资源的需求量,开发测试项目计划以及给测试小组成员分配测试职责;测试设计阶段需要确定所要执行的测试数目、测试方式,必须执行的测试条件以及需要建立和遵循的测试设计标准;测试开发,即开发自动化测试脚本,为了使自动化测试可重用、可维护、可扩展,必须定义和遵循测试开发的标准。

5) 自动化测试的执行和管理

在这个阶段,测试人员必须根据测试的日常安排来执行测试脚本,并改善这些脚本。在这个过程中还必须评审测试的结果,以避免错误的结果。系统的问题应通过系统问题报告记录在案,并帮助开发人员理解和重现这些问题。最后,测试团队需要进行回归测试来追踪和关闭这些问题。

6) 自动化测试项目评审

测试项目的评审必须贯穿于整个自动化测试生命周期,以利于测试活动的不断改进,必须有相应的标准来衡量评审的效果。

ATLM 是一种结构化的方法,它规定了测试方法和执行测试的流程,使得软件专业人员能进行可重复的软件测试。把 ATLM 应用到自动化测试项目中,一方面规范了测试流程,便于测试的管理;另一方面也使测试团队能在测试资源受限的情况下有效组织和执行测试活动,达到使测试覆盖率最大的目的。

5.2.3　软件自动化测试实施中存在的问题

在软件自动化测试的实施过程中会遇到许多问题,以下是一些比较普遍的问题:

(1) 不现实的期望。一般来说,业界对于任何新技术的解决方案都深信不疑,认为可以解决面临的所有问题,对于测试工具也不例外。但事实上,如果期望不现实,无论测试工具如何,都满足不了期望。

(2) 缺乏经验。如果缺乏测试的实践经验,测试组织差,文档较少或不一致,测试发现缺陷的能力就差。因此,首先要做的就是改进测试的有效性,而不是改进测试效率。只有手工测试积累到一定程度,才能做好自动化测试。

(3) 期望自动测试发现大量的缺陷。测试第一次运行时最有可能发现缺陷,如果测试已经运行,再次运行相同的测试发现新缺陷的概率就小得多。对回归测试而言,再次运行相同的测试只是确保修改是否是正确的,并不能发现很多新的问题。

(4) 安全性错觉。如果自动测试过程没有发现任何缺陷,并不意味着软件没有缺陷,可能由于测试设计的原因导致测试本身就有缺陷。

(5) 自动化测试的维护性。当软件修改后,通常也需要修改部分测试,这样必然导致对自动化测试的修改。在进行自动化测试的设计和实现时,需要注意这个问题,防止自动化测试带来的好处被过高的维护成本所淹没。

(6) 技术问题。商业的测试工具也是软件产品,并不能解决所有的问题,通常在某些地方会有缺陷。测试工具都有适用范围,要很好地利用它,对使用者进行培训是必不可少的。

(7) 组织问题。自动测试实施并不简单,必须有管理支持及组织艺术。

5.3　软件自动化测试工具

近年来,软件已经成为商业的重要组成部分。减少软件开发费用并增强软件质量已经成为了软件业的重要目标。为此,软件组织也付出了很大的努力,并且许多公司也已经成功地开发了一些软件测试工具。

5.3.1　自动化测试原理和方法

软件测试自动化实现的基础是可以通过设计的特殊程序模拟测试工程师对计算机的操作过程、操作行为,或者类似于编译系统那样对计算机程序进行检查。

软件测试自动化实现的原理和方法主要有:直接对代码进行静态和动态分析、测试过程的捕获和回放、测试脚本技术、虚拟用户技术和测试管理技术。

1. 代码分析

代码分析类似于高级语言编译系统,一般针对不同的高级语言去构造分析工具;在工具中定义类、对象、函数、变量等规则、语法规则;在分析时对代码进行语法扫描,找出不符合编码规范的地方；根据某种质量模型评价代码质量，生成系统的调用关系图等。

2．捕获回放

代码分析是一种白盒测试的自动化方法，捕获和回放则是一种黑盒测试的自动化方法。捕获是将用户的每一步操作都记录下来。这种记录的方式有两种：一种是记录程序用户界面的像素坐标或程序显示对象(窗口、按钮、滚动条等)的位置，另一种方式是记录相对应的操作、状态变化或是属性变化。所有的记录转换为一种脚本语言所描述的过程，以模拟用户的操作。

回放时，将脚本语言所描述的过程转换为屏幕上的操作，然后将被测系统的输出记录下来同预先给定的标准结果比较。

捕获和回放可以大大减轻黑盒测试的工作量，在迭代开发的过程中，能够很好地进行回归测试。

录制手工测试可以很快得到可回放的测试比较结果；捕获和录带调试输入可以自动产生执行测试的文档，这样可提供审计追踪的功能，准确了解所发生的事件；录制手工测试可以对大量的文件或数据库进行相同的修改和维护；另外还可以用于演示。

3．录制回放

目前的自动化负载测试解决方案几乎都是采用"录制/回放"的技术。

所谓的"录制/回放"技术，就是先由手工完成一遍需要测试的流程，同时由计算机记录下这个流程期间客户端和服务器端之间的通信信息，这些信息通常是一些协议和数据，并形成特定的脚本程序(Script)。然后在系统的统一管理下同时生成多个虚拟用户，并运行该脚本，监控硬件和软件平台的性能，提供分析报告或相关资料。这样通过几台机器就可以模拟出成百上千的用户对应用系统进行负载能力的测试。

录制回放的测试事例脚本过程如图 5-2 所示。测试工具读取测试脚本，激活被测软件，然后执行被测软件。测试工具执行的操作以及有效输入到被测软件中的信息和测试脚本中描述的一样。在测试过程中，被测软件读取初始阅读文档中的初始数据，在执行过脚本中的命令后将最后结果输出到编辑文档中。测试过程中，日志文件也随之生成，里面包括测试运行中的所有重要信息，通常日志文件包括运行时间、执行者、比较结果以及测试工具按照脚本命令要求输出的任何信息。

4．脚本技术

脚本是一组测试工具执行的指令集合，也是计算机程序的一种形式。脚本可以通过录制测试的操作产生，然后再做修改，这样可以减少脚本编程的工作量。当然也可以直接用脚本语言编写脚本。脚本语言和编程工具语言非常相似，更接近于网页脚本语言。它有自己的语法规则、保留字等，也遵循着软件工程的原则，需要考虑结构化设计和文档的健全编写。

对比编程工具语言，测试脚本语言也可分为：线形脚本、结构化脚本、共享脚本、数据驱动脚本和关键字驱动脚本。

脚本中包含的是测试数据和指令，一般包括如下信息：

- 同步(何时进行下一个输入)。

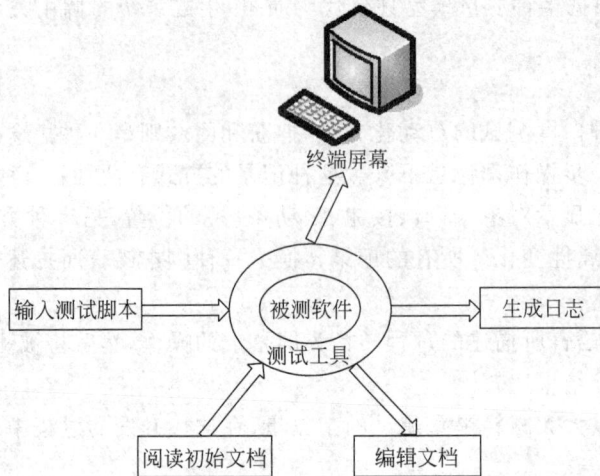

图 5-2　录制回放脚本示意图

- 比较信息(比较什么,比较标准)。
- 捕获何种屏幕数据及存储在何处。
- 从哪个数据源或从何处读取数据。
- 控制信息。

脚本技术可以分为以下几类:

- 线性脚本:是录制手工执行的测试用例得到的脚本。
- 结构化脚本:类似于结构化程序设计,具有各种逻辑结构(顺序、分支、循环),而且具有函数调用功能。
- 共享脚本:是指某个脚本可被多个测试用例使用,即脚本语言允许一个脚本调用另一个脚本。
- 数据驱动脚本:将测试输入存储在独立的数据文件中。
- 关键字驱动脚本:是数据驱动脚本的逻辑扩展。

5. 自动比较

　　既然软件测试是检验软件功能、性能等的软件开发活动,那么自动比较在软件测试中的作用当然是重要的。以此推之,软件测试自动化中的自动比较在自动化中也是关键的。测试工具的技术核心也在于自动比较是如何实现的,不同的测试自动化工具的技术是不尽相同的。比如说图像的比较,有的测试工具是按像素逐位进行比较;而有的工具则是先对图像进行处理,然后对处理后的图像按基线比较;更有巧妙的测试工具是把两个图像的像素点异或运算,如果两个相同的话,则产生一片空白的第三个图像。比较技术不同,比较的质量和效率也是不一样的。

　　在自动化比较之前的活动是准备期望输出,根据输入计算或估计被处理的输入所产生的输出,然后在期望输出和实际输出之间进行比较。在这里,产生比较错误的一个可能就是期望输出中有错误,这样测试的一部分报告会显示比较结果中此处有比较差,这是测试错误,而非软件错误。另外,自动比较不如手工比较灵活,每次自动测试,都会盲目地以相同方式重复相同的比较。如果软件发生变化,则必须相应更新测试事例,这样的维护费用就很高了。但因为比较大量的数字、屏幕输出、磁盘输入或其他形式的输出是非常烦琐的事情,使用自动比较代替人工比较是个很好的捷径,就如汽车车间的焊接一般都是由机器人完成的一样。

总结一下,自动比较包括:

- **静**态比较和动态比较。
- 简单比较和复杂比较。
- 敏感性测试比较和健壮性测试比较。
- 比较过滤器。

5.3.2 自动化测试工具的特征

一般来说,一个好的自动化测试工具一般应具有以下几条关键特征:

1．支持脚本化语言

这是最基本的一条要求,脚本语言具有与编程语言类似的语法结构,可以对已经录制好的脚本进行编辑修改。具体来讲,应该至少具备以下功能:

- 支持多种常用的变量和数据类型。
- 支持数组、列表、结构以及其他混合数据类型。
- 支持各种条件逻辑(if、case 等语句)。

脚本语言的功能越强大,就越能够为测试开发人员提供更灵活的使用空间,而且有可能用一个复杂的语言写出比被测软件还要复杂的测试系统。所以,必须确认脚本语言的功能可以满足测试的需求。

2．对程序界面对象的识别能力

测试工具必须能够将测试程序界面中的所有对象区分并标识出来,录制的测试脚本才具有更好的可读性、灵活性和更大的修改空间。如果只通过位置坐标来区分对象,它的灵活性就差很多了。

对于用一些比较通用的开发工具写的程序,如 PB、Delphi 和 MFC,大多数测试工具都能区分和标识出程序界面里的所有元素,但对一些不太普及的开发工具或是库函数,工具的支持会比较差。因此,在开发测试工具时对开发语言的支持是很重要的一项。

3．支持函数的可重用

如果支持函数调用,可以建立一套比较通用的函数库,一旦程序做了改动,只需要把原来脚本中的相应函数进行更改,而不用把所有可能的脚本都修改,可以节省很大的工作量。

测试工具在这项功能上的实现情况有两点要注意:首先要确保脚本能比较容易地实现对函数的调用;其次还要支持脚本与被调函数之间的参数传递,比如对于用户登录函数,每次调用时可能都需要使用不同的用户名和口令,此时就必须通过参数的传递将相关信息送到函数内部执行。

4. 支持外部函数库

除了针对被测系统建立库函数外,一些外部函数同样能够为测试提供更强大的功能,如 Windows 程序中对文件的访问,C/S 程序中对数据库编程接口的调用等。

5. 抽象层

抽象层的作用是将程序界面中存在的所有对象实体一一映射成逻辑对象,帮助减少测试维护工作量。有些工具称这一层叫 TestMap、GuiMap 或 TestFrajne。举个简单的例子来看看抽象层的作用,例如,一个用户登录窗口,其中需要输入两条信息,程序中对这两条信息的标识分别叫 Name 和 Password,而且在很多脚本里都要做登录操作。但是,在软件的下一个版本中,登录窗口中两条输入信息的标识变成了 UserName 和 Pword,这时候只需要将抽象层中这两个对象的标识进行一次修改就可以了。脚本执行时通过抽象层会自动使用新的对象标识。通过测试工具支持程序界面的自动搜索,建立所有对象的抽象层,当然也可以手工建立或进行一些定制操作。

5.3.3 自动化测试工具的作用和优势

软件测试自动化通常借助测试工具进行。测试工具可以进行部分测试的设计、实现、执行和比较的工作。部分测试工具可以实现测试用例的自动生成,但通常的工作方式为人工设计测试用例,使用工具进行用例的执行和比较。如果采用自动比较技术,还可以自动完成测试用例执行结果的判断,从而避免人工比对存在的疏漏问题。

因此,自动化测试工具的作用如下所示:

- 确定系统最优的硬件配置。
- 检查系统的可靠性。
- 检查系统硬件和软件的升级情况。
- 评估新产品。

而自动化测试工具的优势主要体现在以下几个方面:

- 记录业务流程并生成脚本程序的能力。
- 对各种网络设备(客户机或服务器、其他网络设备)的模仿能力。
- 用有限的资源生成高质量虚拟用户的能力。
- 对于整个软件和硬件系统中各个部分的监控能力。
- 对于测试结果的表现和分析能力。

5.3.4 软件自动化测试工具的选择

市场上的测试工具非常多,没有哪个工具在所有环境下都是最优的,所有工具在不同的环境下都有它们各自的优点和缺点。到底哪种工具最佳,这依赖于系统工程环境以及企业特定的其他需求和标准。因此,为了更符合企业的需要和系统工程环境的需要,测试人员在选择自动化测试工具时,需要从以下方面来考虑:

(1)确定需要的测试生命周期工具类型。如果计划在整个企业范围内实现自动化,则需要倾听所有涉众的意见,确定工具能够和尽可能多的操作系统、编程语言和企业其他方面的技术环境兼容。

（2）确定各种系统构架。选择工具时,必须确定应用程序在技术上的构架,其中包括整个企业或一个特殊项目应用最普遍的中间件、数据库、操作系统、开发语言、使用的第三方插件等。

（3）了解被测试应用程序管理数据的方式。选择测试工具时,必须了解被测试应用程序管理数据的方式,并且确定自动测试工具如何支持对数据的验证。

（4）了解测试类型。选择测试工具时,必须了解想让工具提供的测试类型,例如用于回归测试、强度测试或者容量测试。

（5）了解进度。选择测试工具时,需要关注它能否满足或者影响测试进度。在时间表的限制内,评审测试人员是否有足够的时间学习这种工具是非常重要的。

（6）了解预算。考虑可以支配的预算。

5.3.5　自动化测试工具的分类

实际运用中,测试工具可以从两个不同的方面去分类:

- 根据测试方法不同,自动化测试工具可以分为:白盒测试工具和黑盒测试工具。
- 根据测试的对象和目的,自动化测试工具可以分为:单元测试工具、功能测试工具、负载测试工具、性能测试工具、Web 测试工具、数据库测试工具、回归测试工具、嵌入式测试工具、页面链接测试工具、测试设计与开发工具、测试执行和评估工具和测试管理工具等。

根据以上的分类,下面就来具体地介绍这些测试工具。

1. 白盒测试工具

白盒测试工具一般是针对被测源程序进行测试,测试所发现的故障可以定位到代码级。根据测试工具工作原理的不同,白盒测试的自动化工具可分为静态测试工具和动态测试工具。

静态测试工具是在不执行程序的情况下,分析软件的特性。静态分析主要集中在需求文档、设计文档以及程序结构方面。按照完成的职能不同,静态测试工具包括以下几种类型:①代码审查;②一致性检查;③错误检查;④接口分析;⑤输入输出规格说明分析检查;⑥数据流分析;⑦类型分析;⑧单元分析;⑨复杂度分析。

动态测试工具是直接执行被测程序以提供测试活动。它需要实际运行被测系统,并设置断点,向代码生成的可执行文件中插入一些监测代码,掌握断点这一时刻的程序运行数据（对象属性、变量的值等）,具有功能确认、接口测试、覆盖率分析和性能分析等性能。动态测试工具可以分为以下几种类型:①功能确认与接口测试;②覆盖测试;③性能测试;④内存分析。

常用的动态工具有:

（1）Jtest:是一个代码分析和动态类、组件测试工具,是一个集成的、易于使用和自动化的 Java 单元测试工具。

（2）Jcontract:在系统级验证类/部件是否正确工作并被正确使用。它是个独立工具,在功能上是 Jtest 的补充。

（3）C++Test：C++Test 可以帮助开发人员防止软件错误，保证代码的健全性、可靠性、可维护性和可移植性。C++Test 自动测试 C 和 C++类、函数或组件，而无须编写单个测试实例、测试驱动程序或桩调用。

（4）CodeWizard：先进的 C/C++源代码静态分析工具，使用超过 500 个编码规范自动化地标明危险。

（5）Insure++：一个基于 C/C++的自动化内存错误、内存泄漏检测工具。

（6）.test：是专为.NET 开发而推出的自动化单元级测试与静态分析工具。

（7）BoundsChecker：BoundsChecker Visual C++ Edition 是针对 Visual C++的错误检测和调试工具。

（8）TrueTime：TrueTime 能监控程序运行过程，能提供详细的应用程序和组件性能的分析，并自动定位到运行缓慢的代码。

（9）FailSafe：是 VB 语言环境下的自动错误处理和恢复工具。

（10）JcheckJcheck ：是 DevPartner Studio 开发调试工具的一个组件，可以收集 Java 程序运行中准确的实时信息。

（11）TrueCoverage：是一个代码覆盖率统计工具。它支持 C++、JAVA 和 Visual Basic 语言环境。

（12）SmartCheck：是针对 VB 的自动错误检测和调试工具。

（13）Xunit 系列开源框架：这是目前最流行的单元测试开源框架，根据支持的语言环境不同，可分为 JUnit(Java)、CppUnit(C++)、Dunit(Delphi)、PhpUnit(PHP)、Aunit(Ada) 和 NUnit(.NET)。

2．功能测试工具

常用的功能测试工具有：

（1）WinRunner：企业级的功能测试工具，用于检测应用程序是否能够达到预期的功能及正常运行，自动执行重复任务并优化测试工作。

（2）QARun：自动回归测试工具，在.NET 环境下运行，它还提供与 TestTrack Pro 的集成。

（3）Rational Robot：Rational TestSuite 中的一员，对于 Visual Studio 6 编写的程序提供非常好的支持，同时还提供 Java Applet、HTML、Oracle Forms、People Tools 应用程序的支持。

（4）Functional Tester：Robot 的 Java 实现版本，是在 Rational 被 IBM 收购后发布的。

（5）QuickTest Pro：Mercury 公司出品的 B/S 系统的功能测试工具。

3．性能测试工具

常用性能测试工具有：

（1）LoadRunner：预测系统行为和性能的负载测试工具。

（2）QALoad：Compuware 公司性能测试工具套件中的压力负载工具，QALoad 是客户/服务器系统、企业资源配置（ERP）和电子商务应用的自动化负载测试工具。

（3）Benchmark Factory：是一种高扩展性的强化测试、容量规划和性能优化工具，可以模拟数千个用户访问应用系统中的数据库、文件、Internet 及消息服务器,从而更加方便地确定系统容量,找出系统瓶颈,隔离出用户的分布式计算环境中与系统强度有关的问题。无论是服务器,还是服务器集群,Benchmark Factory 都是一种成熟、可靠、高扩展性和易于使用的测试工具。

(4) SilkPerformance:是业界最先进的企业级负载测试工具。它能够模拟成千上万的用户在多协议和多种计算环境下的工作。SilkPerformance 可以让你在使用前,就能够预测企业电子商务环境的行为——不受电子商务应用规模和复杂性影响。

(5) JMeter:是一个专门为运行和服务器负载测试而设计、100％的纯 Java 桌面运行程序。

(6) WAS:是 Microsoft 提供的免费的 Web 负载压力测试工具,应用广泛。

(7) OpenSTA:全称是 Open System Testing Architecture。OpenSTA 的特点是可以模拟很多用户来访问需要测试的网站,它是一个功能强大、自定义设置功能完备的软件。

(8) PureLoad:一个完全基于 Java 的测试工具,它的 Script 代码完全使用 XML。

4. 测试管理工具

常用的测试管理工具有:

(1) TestDirector:是全球最大的软件测试工具提供商 Mercury Interactive 公司生产的企业级测试管理工具,也是业界第一个基于 Web 的测试管理系统,它可以在公司内部或外部进行全球范围内的测试管理。通过在一个整体的应用系统中集成了测试管理的各个部分,包括需求管理、测试计划、测试执行以及错误跟踪等功能,TestDirector 极大地加速了测试过程。

(2) TestManager:是针对测试活动管理、执行和报告的中央控制台。它是为可扩展性而构建的,支持的范围从纯人工测试方法到各种自动化范型(包括单元测试、功能回归测试和性能测试)。

(3) QADirector:协助我们管理应用系统的测试,确保软件的服务质量。QADirector 分布式的测试能力和多平台的支持,能够使开发和测试团队,从一个单点控制跨平台环境的测试。让开发人员、测试人员和 QA 管理人员共享测试资源、测试结果与历史记录。

(4) TestLink:是 sourceforge 的开放源代码项目之一,作为基于 Web 的测试用例管理系统,它的主要功能是测试用例的创建、管理和执行,并且还提供了一些简单的统计功能。

(5) Bugzilla:是一个开源的缺陷跟踪系统(Bug-Tracking System),它可以管理软件开发中缺陷的提交(New)、修复(Resolve)、关闭(Close)等整个生命周期。

(6) JIRA:是集项目计划、任务分配、需求管理、错误跟踪于一体的商业软件。JIRA 基于 Java 架构,由于 Atlassian 公司对很多开源项目实行免费提供缺陷跟踪服务,因此在开源领域,其认知度比其他产品要高得多,而且易用性也好一些。

(7) Mantis:一个基于 PHP 技术的轻量级的缺陷跟踪系统,其功能与前面提及的 JIRA 系统类似,都是以 Web 操作的形式提供项目管理及缺陷跟踪服务。在功能上可能没有 JIRA 那么专业,但在实用性上足以满足中小型项目的管理及跟踪。更重要的是其开源,不需要负担任何费用。

5.3.6　自动化测试工具的局限性

相当长一段时间内,软件测试一直都是由人工操作,即手工地按照预先定义的步骤运行应用程序。自从软件产业开始以来,软件组织对自动化软件测试过程做出了很大的努力。许多公司已经成功地开发出了一些软件测试工具,这些工具在产品发布之前就能发现并确定 Bug。现在市场上有非常多的自动化测试工具,上一节中仅列出了它们其中的一部分。这些测试工具有很多已经涵盖了软件测试生命周期的各个阶段。

然而,它们对生成或编写测试脚本却有着相似的被动架构,即遵循手工指定待测试产品,指定待测试方法,编辑和调试生成测试脚本的模式。这些测试脚本通常是由三种方式编写,即由测试工程师手工编写,由测试工具使用反向工程生成和由捕获/回放工具生成。无论由哪一种方式编写测试脚本,调试都是一个可能伴随的步骤。比较前一节中的测试工具之后,将会发现这些测试工具要求专用化并包含不一致性,简单有效的标准化的测试技术还相当缺乏。另外,这些测试工具的开发通常都落后于新开发技术的发展与应用。所有的测试工具的新产品的快速上市,新技术的进步,新设计过程的采用,和第三方组件的完美整合都存在一定的风险。当前的软件测试工具基本上都存在一定的不足:

- 缺乏引导彻底测试能力。
- 缺乏集成测试和互操作性测试的能力。
- 缺乏自动生成测试脚本的机制。
- 缺乏决定何时产品足够完善可予以发布的严格测试。
- 缺乏简单有效的性能衡量标准和测试测量规程。

5.4　小结

本章介绍了自动化测试的优缺点、引入原则、实施、方法等,弄清楚了什么是自动化测试,为什么要进行自动化测试,怎样实施自动化测试,用什么工具进行自动化测试等问题,最后点出自动化工具并不是万能的,自动化测试要与手工测试相配合才能达到较好的测试效果。

本章中概要性地介绍了众多自动化测试工具,若想详细了解这些工具,读者可以查阅相应测试工具提供商的官方网站及其他资料。

习题

1. 为什么自动化测试是必须且可行的?
2. 简述自动化测试的优缺点。
3. 请总结描述软件自动化测试生命周期方法学的意义和作用。
4. 企业引进自动化测试后测试工作的效率一定会提高吗? 为什么?
5. 试描述你所了解到的自动化测试工具,并指出这些工具的功能和应用范围。
6. 请在互联网中查阅开源自动化工具的资料,并总结它们的基本信息。

第6章

软件测试管理

软件测试管理是软件项目管理的一个子集或分支，与传统的软件项目管理在核心上没有本质的区别，但由于管理对象的特殊性，软件测试管理在具体执行中有自己的特点。

本章首先介绍了软件测试管理的必要性以及测试管理的内容和要素，然后从计划管理、缺陷管理、文档管理、过程管理、组织管理、配置管理等方面详细介绍了软件测试管理的各项内容。最后讲解了测试管理工具 TestDirector 的使用方法以及如何使用 TestDirector 来管理自动化测试项目。

本章要点：

- 软件测试管理的必要性和内容。
- 测试计划的作用和内容。
- 缺陷的分类和处理流程。
- 测试文档规范。
- 测试过程管理的内容。
- 测试组织和测试团队的管理。
- 软件配置管理的关键活动。
- TestDirector 的配置和管理过程。
- 使用 TestDirector 管理测试项目的方法。

6.1 软件测试管理概述

软件项目管理是为了使软件项目能够按照预定的成本、进度、质量顺利完成，而对人员（People）、产品（Product）、过程（Process）和项目（Project）进行分析和管理的活动。

软件项目管理的根本目的是为了让软件项目尤其是大型项目的整个软件生命周期（从分析、设计、编码到测试、维护全过程）都能在管理者的控制之下，以预定成本按期、按质地完成软件，交付用户使用。而研究软件项目管理为了从已有的成功或失败的案例中总结出能够指导今后开发的通用原则、方法，同时避免前人的失误。

软件测试管理是软件项目管理的一个子集或分支，与传统的软件项目管理在核心上没有本质的区别，但由于管理对象的特殊性，软件测试管理在具体执行中有自己的特点。

6.1.1 软件测试管理的引入

为什么要进行测试管理？原因有以下 4 点：

（1）软件测试的工作量要占整个软件开发工作量的 40％以上，对于高可靠、高安全的软件来说，这一比例可能会达到 60％～70％。因此，软件测试是软件开发过程中的一项重要工作，必须对其进行科学有效的管理。

（2）一项软件测试工作涉及技术、计划、质量、工具、人员等各个方面，是一项复杂的工作，因此需要对其进行管理。

（3）任何软件测试工作都是在一定的约束条件下进行的，要做到完全彻底的测试是不可能的。

（4）只有系统化、规范化的软件测试才能有效地发现软件缺陷，才能对发现的软件缺陷实施有效的追踪和管理，才能在软件缺陷修改后进行有效的回归测试。

6.1.2　软件测试管理的要素

高效的软件测试管理是一个项目成功必不可少的因素。测试是以技术为导向的专业工作，但是因为其在软件开发过程中的特殊位置，所以工作过程中需要有效的沟通、协调来作为保障。我们通常把这些沟通、协调和计划工作统一称为软件测试管理。软件测试管理中的基本要素有 4 个，分别是：计划、沟通、执行和版本控制。

1．符合软件开发计划时间框架的软件测试计划

软件测试计划的目的是用来识别任务，分析风险，规划资源和确定进度。从计划的定义上来看，计划并不是一张时间进度表，而是一个动态的过程，最终以系列文档的形式确定下来。拟定软件测试计划需要测试项目管理人员的积极参与，软件测试作为阶段工作必须服从主软件项目计划在时间和资源上的约定。

完整的测试计划应该包含对测试范围的界定、风险的确定、资源的规划和时间表的制订。

2．沟通

沟通是测试管理人员必需的技能。测试管理者需要将测试发现的问题及时地反馈给开发人员，同时也要积极地去了解外界产生的变更。项目中存在变化是普遍现象，而作为管理者就是要去管理这里变化，及时地修订计划。严格地说，如果没有这些变化，作为测试管理者的你就没有多少存在的价值。有些人认为一旦有了计划之后，只要按照要求去执行就可以，但是项目本身是一个动态的过程，计划是项目在某一个时刻、时段的静态体现，所以要按照发展的眼光来对待计划。沟通是了解外界变化的积极手段，对测试管理者而言，计划沟通能力比测试技能更重要。

3．执行

软件测试也存在一个执行能力的问题，有人会说我把要求的事情按照要求做完了不就可以了吗？ 的确，按照期望去执行任务是正确的。但是这里有一个问题就是如何保证执行者对期望的理解同要求者的期望是完全一致的呢？ 所以执行的背后还是一个沟通的问题，这里的沟通是测试管理者和执行者之间的沟通。所以作为一名测试管理人员一定要在测试工程师开始工作之前明确任务的意图、前提和结果。

4．版本控制

版本控制，简单地说就是测试版本有明确的标识或说明，并且测试版本的交付是在项目管理人员的控制之下的。测试版本说明是开发人员和测试人员之间交流的有效形式，测试人员可以从中看清当前测试版本相对于上一版本的变化，有利于测试人员更加高效，有针对性地执行测试。

另外，测试版本的控制还有助于保证进度和测试的效率。

成功地完成一个软件测试项目还有其他很多重要的因素，例如测试人员的个人能力，管理者的综合素质，公司的开发过程等，这里就不再赘述了。

6.1.3 软件测试管理的内容

1．测试计划的管理

测试计划的管理内容主要有：测试评估，确定切实可行的测试目标，制订合理的测试计划，控制测试计划的执行。

测试并非随机活动，测试必须被计划，并且被安排足够的时间和资源。测试活动应当受到控制，测试的中间产物应被评审并纳入配置管理。

测试计划是关键的管理功能，它定义各个级别的测试所使用的策略、方法、测试环境、测试通过或失败准则等。测试计划的目的是要为有组织地完成测试提供基础。从管理角度看，测试计划是最重要的文档，这是因为它帮助管理测试项目。测试计划不一定要尽善尽美，但一定要切合实际，要根据项目特点、公司实际情况来编制，不能脱离实际情况；测试计划一旦制订下来，并不是一成不变的，世界万事万物时时刻刻都在变化，软件需求、软件开发、人员流动等都在时刻发生着变化，测试计划也要根据实际情况的变化而不断进行调整，以满足实际测试要求；测试计划要能从宏观上反映项目的测试任务、测试阶段、资源需求等，不一定要太过详细。

一个好的测试计划包括产品基本情况、测试需求说明、测试策略和记录、测试资源配置、计划表、问题跟踪报告、测试计划的评审和结果等。

2．测试件管理

主要内容是：检查和评审测试工作产品，测试和分析测试对象——软件产品，收集质量分析和产品放行决策所需要的数据，测试配置管理。

测试过程中会产生很多中间产品和文档，它们统称为测试件。测试件泛指一切手工测试和自动测试活动中必须受控或值得纳入测试团队知识库的所有输入和输出数据（包含团队自主开发的测试自动化工具）。表 6-1 是测试件的内容。

如何有效地管理好测试件，是影响测试团队效率与整体水平的重要因素之一。在待测项目规模小、功能点少的情况下，测试工作或许能正常进行，但如果测试团队要同时测试多个项目，各项目规模都相对较大，涉及的测试人员较多，在此情况下，测试工作的效率可能会大为降低。比如，测试人员在进行自动化测试时，发现测试脚本、测试数据与待测程序的版本有时根本不匹配，或者发现很多缺陷报告实际上是重复的，等等。这些典型的低效率事件

表 6-1　测试件内容

测试件		
测试输入	测试输出	
	测试记录	测试总结
测试大纲　测试计划 测试用例　测试脚本 方案策略　规范文档 测试工具	测试结果 缺陷报告 测试工作日志	测试分析数据 测试评估数据 项目经验与教训

多半是由测试件管理工作的低效引起的。除此之外,测试件管理对于团队的整体水平提高亦具有不可估量的长远意义。如果某个测试团队完成一个项目的测试工作后不做分析、总结,不将有代表的测试用例、测试方案等积累起来,那么这个团队可能会长时间在一个较低的水平上徘徊,无法将类似项目的测试件迁移到当前项目中来,测试团队的新成员也无法通过测试件管理库获取前人已有的知识积累。

在表 6-1 提到的测试件中,已经较好地实现了自动化管理的有:测试用例自动化管理、测试缺陷(报告)跟踪管理。除此之外的测试件目前尚未发现有对应的专用管理工具,建议采用配置管理工具(如 CVS)来完成对它们的自动化管理。

测试件管理工作的另一个更为重要的价值就在于测试件可以被复用,测试件蕴含的经验和知识可以被后来者获取并迁移到当前项目中。测试团队的整体水平的提高很大程度上在于团队内部知识传递的充分有效。由于测试件管理库记载了各个项目采用的测试技术以及获得的经验教训,这对于团队中的新手而言,是很宝贵的资源,即便是对于从业多年的老手来说,也应该多多参考这个知识库,因为测试件的复用能有效规避重复劳动。另外,建议测试团队负责人通过多种方式,让团队成员多多了解、学习和利用测试件库,鼓励团队成员对测试件提出改进意见。

3. 测试过程的管理

测试过程管理的主要内容是:定义和定制所需要的测试过程,满足测试过程所需要的资源和条件,实施确定的测试过程,测量和分析测试过程的有效性和效率,进行基于度量的测试过程的持续改进。

测试过程的三个主要测试活动(计划、准备、实施)可被分成 5 个阶段:计划和控制阶段、准备阶段、规范阶段、实施执行阶段和完成阶段。

测试过程管理主要有 5 个环节:测试需求管理、测试计划管理、测试执行管理、缺陷管理和测试总结报告。

通常,测试流程管理会运用测试管理工具,以提高管理效率和准确性,本章的后续章节将通过 TestDirector 来讲解测试管理的实际运用。

4. 测试人员及组织的管理

主要工作有:选择合适的测试人员,使测试人员能够按测试计划完成测试任务,与有关人员进行沟通、协同工作,建立有效的软件测试团队。

为高效地检测出软件中存在的故障,提高软件质量,开发出高质量软件产品,加强对测试工作的组织和管理就必不可少。采用系统的方法建立起软件测试管理体系，也就是要把测试工作作为一个系统，对组成这个系统的各个过程进行监督和控制，通过管理使之协同作用、互相促进，以实现特定目标。

6.2 软件测试计划的管理

6.2.1 测试计划的编制

1. 测试计划的重要性

软件测试计划作为软件项目计划的子计划，在项目启动初期是必须规划的，一般在软件需求整理完成，和开发计划一起制订。在越来越多的软件开发实践中，软件质量日益受到重视，测试过程也从一个相对独立的步骤越来越紧密嵌套在软件整个生命周期中。如何规划整个项目周期的测试工作；如何将测试工作上升到测试管理的高度都依赖于测试计划的制订，因此测试计划成了测试工作赖于展开的基础。

测试计划描述了如何进行测试，有效的测试计划会驱动测试工作的完成，使测试执行、测试分析以及测试报告的工作开展更加顺利。

测试计划是在软件测试中最重要的步骤之一，它在软件开发的前期对软件测试做出清晰、完整的计划，不光对整个测试起到关键性的作用，而且对开发人员的开发工作，整个项目的规划，项目经理的审查都有辅助性的作用。

一个好的测试计划可以起到如下作用：

（1）避免测试的"事件驱动"。

（2）使测试工作和整个开发工作融合起来。

（3）使资源和变更事先作为一个可控制的风险。

2. 测试计划的目的

测试计划描述所要完成的测试包括测试背景、测试目的、风险分析、所需资源、任务安排和进度等。

（1）将需求和总体设计分解成可测试、应该测试、推迟测试和无法测试的范围。

（2）对每个范围制订测试的策略和方法。

（3）制订 Release 和停止测试的标准。

（4）准备测试所需要的环境。

（5）确定测试风险。

（6）确定软件测试目标。

（7）确定测试所需要的资源和其他相关信息。

（8）制订测试进度和任务安排。

3. 测试计划编写的 6 个要素

（1）Why：为什么测试？明确测试的目的。

（2）What：测试什么？明确测试的范围和内容。

（3）When：何时测试？明确测试的开始和结束日期。

（4）Where：测试资料在哪儿？明确测试文档和软件缺陷的存放位置。

（5）Who：谁来测试？明确测试人员的任务分配。

（6）How：怎么测试？明确指出测试的方法和测试工具。

4．测试计划的主要内容

测试计划的内容会因不同的项目以及项目的大小而有所不同，一般而言在测试计划中应该清晰描述以下内容：

（1）测试目标：对测试目标进行简要的描述。

（2）测试概要：摘要说明所需测试的软件、名词解释以及提及所参考的相关文档。

（3）测试范围：测试计划所包含的测试软件需测试的范围和优先级，哪些需要重点测试、哪些无须测试或无法测试或推迟测试。

（4）重点事项：列出需要测试的软件的所有的主要功能和测试重点，这部分应该能和测试案例设计相对应和互相检查。

（5）质量目标：制订测试软件的产品质量目标和软件测试目标。

（6）资源需求：进行测试所需要的软硬件、测试工具、必要的技术资源、培训、文档等。

（7）人员组织：需要多少人进行测试，各自的角色和责任，他们是否需要进行相关的学习和培训，什么时候他们需要开始，并将持续多长时间。

（8）测试策略：制订测试整体策略、所使用的测试技术和方法。

（9）发布提交：在按照测试计划进行测试发布后需要交付的软件产品、测试案例、测试数据及相关文档。

（10）测试进度和任务人员安排：将测试的计划合理地分配到不同的测试人员，并注意先后顺序。如果开发的 Release 不确定，可以给出测试的时间段。对于长期大型的测试计划，可以使用里程碑来表示进度的变化。

（11）测试开始/完成/延迟/继续的标准：制订测试开始和完成的标准；某些时候，测试计划会因某种原因（过多阻塞性的 Bug）而导致延迟，问题解决后测试继续。

（12）风险分析：需要考虑测试计划中可能的风险和解决方法。

5．编写测试计划的注意事项

（1）测试计划不一定要尽善尽美，但一定要切合实际，要根据项目特点、公司实际情况来编制，不能脱离实际情况。

（2）测试计划一旦制订下来，并不就是一成不变的，世界万事万物时时刻刻都在变化，软件需求、软件开发、人员流动等都在时刻发生着变化，测试计划也要根据实际情况的变化而不断进行调整，以满足实际测试要求。

（3）测试计划要能从宏观上反映项目的测试任务、测试阶段、资源需求等，不一定要太过详细。

6.2.2 测试计划的控制和度量

1. 测试计划执行控制

测试计划制订完成后就要按照计划的要求严格执行测试任务,但是,在测试过程中,经常会出现测试工作不能按照计划的要求来进行。这类问题有两个来源:测试人员的执行力不够和测试计划的变更。

为了使测试人员能较好地执行上级分配的测试任务,一般在制订测试计划的同时,还应该制订一个计划跟踪表或做一个进度表,让测试员明白这个阶段的工作重点是什么,什么时候应该提交什么样的任务报告。要分好轻重级别,所有的工作任务都有很重要很紧急,很重要不紧急,不重要很紧急,不重要不紧急之分,这样测试员在工作时就可以根据进度表分析实际情况,按照计划制订的进度合理展开工作。

在工作过程中,测试员一定要了解没有完成任务的原因,由此合理调派工作任务,制订监督计划。

测试计划制订完成后,最常见的问题是测试计划本身出现变更,使其变更的原因有项目需求、版本以及测试资源的变更等。有的变更是计划内的,例如需求、版本的变更,有的变更是计划外的,例如硬件设备的延期到货等。这些变更不仅会影响到测试过程的正常进行,而且,若处理不当,会造成极大的人力、物力和时间浪费。因此,在测试计划中就要充分考虑对各种变更的控制。

测试过程中,我们会通过如下手段来及时调整更新测试计划:

- 按照确定的报告周期,定期收集实际的进度和成本数据,提交状态报告、周期报告。
- 将发生的变更(范围、进度、预算)列入测试计划。
- 与计划进行比较,分析存在的偏差和原因。
- 确定需要采取的纠正措施,纳入测试计划。
- 更新测试计划(范围、进度、预算)。

2. 测试计划的变更

测试计划改变了已往根据任务进行测试的方式,为使测试计划得到贯彻和落实,测试组人员必须及时跟踪软件开发的过程,为产品提交测试做准备。测试计划的目的,本身就是强调按规划的测试战略进行测试,淘汰以往以任务为主的临时性。在这种情况下,测试计划中强调对变更的控制显得尤为重要。

变更来源于 4 个方面:项目计划的变更、需求的变更、测试产品版本的变更、测试资源的变更。

测试阶段的风险主要来源于上述变更所造成的不确定性,有效地应对这些变更就能降低风险发生的概率。要想计划本身不成为空谈和空白无用的纸质文档,对不确定因素的预见和事先防范必须做到心中有数。

1) 项目计划的变更

项目计划的变更一般所涉及的都是日程变更。当项目计划出现变更时,由于软件产品的交付期是既定的,因而不得不采取一些有效的方法,压缩执行测试的时间。为了应对此变更,在确保测试质量的前提下,适当地调整测试计划的测试策略和范围是一种主要方法。调整的目的是重新确定不重要的测试部分,调换测试的次序和减少测试规模,力求在限定时间内做最重要部分的测试。为弥补其不足,可以把忽略部分的测试内容留给确认测试或现场测试。此外,其他的应对办法包括:减少进入测试的阻力例如降低测试计划中系统测试准入准则,分步提交测试例如改成迭代方式增量测试,减少回归测试的要求例如开发人员实时修改,在测试计划中对缺陷修复响应时间和过程进行约定,缺陷进行局部回归而不是重新全部测试等。

2) 需求的变更

项目进行过程中最不可避免的就是需求的变更。在制订测试计划时,如果项目需求处于动态变化中,则需要在测试用例章节进行说明。在实际工作中,测试用例和测试数据往往没有进行区分,因而当需求发生变化时,设计的数据就作废了。因此,对于一个动态需求的项目,必须在计划中对因需求变更而造成的测试方式的变化加以说明。

3) 产品版本的变更

对于测试产品版本的变更,除了部分是由于需求变更而造成的外,修改缺陷引发的问题应在章节中增加测试产品版本更新管理的章节,在此章节明确更新周期和暂停测试的原则。例如,小版本的产品更新不能多于每天三次,一个相对大的版本其变更不能多于每周1次,紧急发布产品仅限于何种类型的修改或变更,由谁负责统一维护和同步更新测试环境等。测试计划通常制订了准入和准出标准,但还应考虑测试暂停的情况,例如产品错误发布或者服务器数据更新。暂停时如果测试经理不进行跟踪,可能发生测试组等待测试而没人通知继续测试的情况,造成测试资源的浪费。因此,增加更新周期和暂停测试原则是很有必要的。

4) 测试资源的变更

测试资源的变更是测试组内部测试资源不足或者与其他测试项目的测试时间冲突时,测试部门不能安排更多的人力和足够时间参与测试的情况。在测试计划中的控制方法与测试日程变更相类似。为了排除这种风险,除缩减测试规模等方法以外,需要保证的资源还必须在测试计划中人力资源和测试环境一栏明确,否则,必须将这个问题作为风险记录。

尽管上面尽可能地描述了测试计划如何制订才能“完美”,但是还存在的问题是对测试计划的管理和监控。一份计划投入再多的时间去做也不能保证按照这份计划进行实施。好的测试计划是成功的一半,另一半是对测试计划的执行。对小项目而言,一份更易于操作的测试计划更为实用,对中型乃至大型项目来看,测试经理的测试管理能力就显得格外重要,要确保计划不折不扣地执行下去,测试经理的人际谐调能力、项目测试的操作经验、公司的质量现状等都能够对项目测试产生足够的影响。另外,计划也是“动态的”!没有必要把所有的可能因素都囊括进去,也没有必要针对这种变化额外制订“计划的计划”,测试计划制订不能在项目开始后束之高阁,而应紧追项目的变化,实时进行思考和贯彻,根据现实修改,然后成功实施,这才能实现测试计划的最终目标——保证项目最终产品的质量!

3. 测试停止准则

根据测试项目的实际需要,测试者会制订符合被测软件具体需求的测试停止标准。这里给出一份比较流行的测试停止标准文档,仅供学习参考。

软件测试停止标准

一、简介

目的：本文档的目的是为软件单元测试、集成测试、确认测试、系统测试、安装测试、验收测试提供停止标准。

范围：本文档适用于××××软件研发部批准立项的软件项目《××××》的测试活动。

文档结构：

第一部分：简介，介绍软件停止标准的目的，本标准的适用范围，以及在本文档中使用的词汇的解释。

第二部分：描述软件单元测试、集成测试、确认测试、系统测试、安装测试、验收测试停止标准。

第三部分：列出本标准使用的参考文献。

第四部分：附录。

词汇表：

缺陷(Defect)：是对软件产品预期属性的偏离现象。

覆盖率(Coverage Rate)：语句覆盖率、测试用例执行覆盖率，测试需求覆盖率等的总称。

二、软件测试停止标准

软件测试暂停、停止标准：

(1) 软件系统在进行单元、集成、确认、系统、安装、验收测试时，发现一级错误(大于等于1)、二级错误(大于等于2)暂停测试返回开发。

(2) 软件系统经过单元、集成、确认、系统、安装、验收测试，分别达到单元、集成、确认、系统、安装、验收测试停止标准。

(3) 软件系统通过验收测试，并已得出验收测试结论。

(4) 软件项目需暂停以进行调整时，测试应随之暂停，并备份暂停点数据。

(5) 软件项目在其开发生命周期内出现重大估算，进度偏差，需暂停或终止时，测试应随之暂停或终止，并备份暂停或终止点数据。

单元测试停止标准

(1) 单元测试用例设计已经通过评审。

(2) 按照单元测试计划完成了所有规定单元的测试。

(3) 达到了测试计划中关于单元测试所规定的覆盖率的要求。

(4) 被测试的单元每千行代码必须发现至少3个错误(不含五级错误)。

(5) 软件单元功能与设计一致。

(6) 在单元测试中发现的错误已经得到修改，各级缺陷修复率达到标准。

集成测试停止标准

(1) 集成测试用例设计已经通过评审。

(2) 按照集成构件计划及增量集成策略完成了整个系统的集成测试。

（3）达到了测试计划中关于集成测试所规定的覆盖率的要求。

（4）被测试的集成工作版本每千行代码必须发现至少 2 个错误（不含五级错误）。

（5）集成工作版本满足设计定义的各项功能、性能要求。

（6）在集成测试中发现的错误已经得到修改，各级缺陷修复率达到标准。

确认测试停止标准

（1）确认测试用例设计已经通过评审。

（2）按照确认测试计划完成了确认测试。

（3）达到了确认测试计划中关于确认测试所规定的覆盖率的要求。

（4）系统达到详细设计定义的各项功能、性能。

（5）在系统测试中发现的错误已经得到修改，各级缺陷修复率达到标准。

系统测试停止标准

（1）系统测试用例设计已经通过评审。

（2）按照系统测试计划完成了系统测试。

（3）达到了测试计划中关于系统测试所规定的覆盖率的要求。

（4）被测试的系统每千行代码必须发现至少 1 个错误（不含五级错误）。

（5）系统满足需求规格说明书的要求。

（6）在系统测试中发现的错误已经得到修改，各级缺陷修复率达到标准。

安装测试停止标准

（1）安装退出之后，确认应用程序可以正确启动、运行。

（2）在安装之前请备份你的注册表，安装之后，察看注册表中是否有多余的垃圾信息。

（3）如果系统提供自动卸载工具，那么卸载之后需检验系统是否把所有的文件全部删除，注册表中有关的注册信息是否也被删除。

（4）安装完成之后，可以在简单地使用之后再执行卸载操作，有的系统在使用之后会发生变化，变得不可卸载。

（5）对于客户服务器模式的应用系统，可以先安装客户端，然后安装服务器端，测试是否会出现问题。

（6）考察安装该系统是否对其他的应用程序造成影响，特别是 Windows 操作系统，经常会出现此类的问题。

（7）在安装测试中发现的错误已经得到修改，各级缺陷修复率达到标准。

验收测试停止标准

（1）软件需求分析说明书中定义的所有功能已全部实现，性能指标全部达到要求。

（2）在验收测试中发现的错误已经得到修改，各级缺陷修复率达到标准。

（3）所有测试项没有残余一级、二级、三级和四级错误。

（4）需求分析文档、设计文档和编码实现一致。

（5）验收测试工件齐全（测试计划、测试用例、测试日志、测试通知单、测试分析报告，待验收的软件安装程序。）

缺陷修复率标准

（1）一、二级错误修复率应达到 100%。

（2）三、四级错误修复率应达到 95％以上。

（3）五级错误修复率应达到 60％以上。

覆盖率标准

（1）语句覆盖率最低不能小于 80％（白盒测试时的语句覆盖率）。

（2）测试用例执行覆盖率应达到 100％（功能测试用例均以执行）。

（3）测试需求执行覆盖率应达到 100％（业务测试用例均以执行）。

三、错误级别

一级：不能完全满足系统要求，基本功能未完全实现；或者危及数据安全，系统崩溃或挂起等导致系统不能继续运行。

包括以下各种错误：

（1）由于程序所引起的死机，非法退出。

（2）死循环。

（3）因错误操作导致的程序中断。

（4）功能错误或完全未实现。

（5）与数据库连接错误。

（6）数据通信错误。

二级：严重地影响系统要求或基本功能的实现，且没有更正办法（重新安或重新启动该软件不属于更正办法）。使系统不稳定，或破坏数据，或产生错误结果，或部分功能无法执行，而且是常规操作中经常发生或非常规操作中不可避免的主要问题。

包括以下各种错误：

（1）程序接口错误。

（2）系统可被执行，但操作功能无法执行（含指令）。

（3）单项操作功能可被执行，但在此功能中某些小功能（含指令参数的使用）无法被执行（对系统非致命的）。

（4）在小功能项的某些项目（选项）使用无效（对系统非致命的）。

（5）业务流程不正确。

（6）功能实现不完整，如删除时没有考虑数据关联。

（7）功能的实现不正确，如在系统实现的界面上，一些可接受输入的控件点击后无作用；对数据库的操作不能正确实现。

（8）报表格式以及打印内容错误（行列不完整，数据显示不在所对应的行列等导致数据显示结果不正确的错误）。

三级：严重地影响系统要求或基本功能的实现，但存在合理的更正办法（重新安装或重新启动该软件不属于更正办法）。系统性能或响应时间变慢、产生错误的中间结果但不影响最终结果等影响有限的问题。

包括以下各种错误：

（1）操作界面错误（包括数据窗口内列名定义、含义是否一致）。

（2）打印内容、格式错误（只影响报表的格式或外观，不影响数据显示结果的错误）。

（3）简单的输入限制未放在前台进行控制。

（4）删除操作未给出提示。

（5）已被捕捉的系统崩溃，不影响继续操作。

（6）虽然正确性不受影响，但系统性能和响应时间受到影响。

（7）不能定位焦点或定位有误，影响功能实现。

（8）显示不正确但输出正确。

（9）增删改功能，在本界面不能实现，但在另一界面可以补充实现。

四级：使操作者不方便或遇到麻烦，但它不影响执行工作功能或重要功能。界面拼写错误或用户使用不方便等小问题或需要完善的问题。

包括以下各种错误：

（1）界面不规范。

（2）辅助说明描述不清楚。

（3）输入输出不规范。

（4）长时间操作未给用户提示。

（5）提示窗口文字未采用行业术语。

（6）可输入区域和只读区域没有明显的区分标志。

（7）必填项与非必填项应加以区别。

（8）滚动条无效。

（9）键盘支持不好，如在可输入多行的字段中，不支持回车换行；或对相同字段，在不同界面支持不同的快捷方式。

（10）界面不能及时刷新，影响功能实现。

五级：其他错误。

（1）光标跳转设置不好，鼠标（光标）定位错误。

（2）一些建议性问题。

参考文献

《****》

四、附录

4．软件测试结束点的确定

在软件消亡之前，如果没有确定测试的结束点，那么软件测试就会永无休止，永远不可能结束。软件测试的结束点，要依据自己公司具体情况来制订，不能一概而论。一般来说测试结束点由以下几个条件决定：

1）基于"测试阶段"的原则

每个软件的测试一般都要经过单元测试、集成测试、系统测试这几个阶段，我们可以分别对单元测试、集成测试和系统测试制订详细的测试结束点。每个测试阶段符合结束标准后，再进行后面一个阶段的测试。例如，单元测试，我们要求测试结束点必须满足"核心代码100％经过 Code Review"、"功能覆盖率达到100％"、"代码行覆盖率不低于80％"、"不存在A、B类缺陷"、"所有发现缺陷至少60％都纳入缺陷追踪系统且各级缺陷修复率达到标准"

等标准。集成测试和系统测试的结束点都制订相关的结束标准,当然也是如此。

2）基于“测试用例”的原则

测试设计人员设计测试用例,并请项目组成员参与评审,测试用例一旦评审通过,后面测试时,就可以作为测试结束的一个参考标准。比如说在测试过程中,如果发现测试用例通过率太低,可以拒绝继续测试,待开发人员修复后再继续。在功能测试用例通过率达到100%、非功能性测试用例达到95%以上时,允许正常结束测试。但是使用该原则作为测试结束点时,把握好测试用例的质量非常关键。

3）基于“缺陷收敛趋势”的原则

软件测试的生命周期中随着测试时间的推移,测试发现的缺陷图线,首先成逐渐上升趋势,然后测试到一定阶段,缺陷又成下降趋势,直到发现的缺陷几乎为零或者很难发现缺陷为止。我们可以通过缺陷的趋势图线的走向,来定测试是否可以结束,这也是一个判定标准。

4）基于“缺陷修复率”的原则

在测试生命周期中我们将软件缺陷分成几个严重等级,它们分别是严重错误、主要错误、次要错误、一般错误、较小错误和测试建议6种。我们在确定测试结束点时,严重错误和主要错误的缺陷修复率必须达到100%,不允许存在功能性的错误;次要错误和一般错误的缺陷修复率必须达到85%以上,允许存在少量功能缺陷,后面版本解决;对于较小错误的缺陷修复率最好达到60%～70%以上;对于测试建议的问题,可以暂时不用修改。

5）基于“验收测试”的原则

很多公司都是做项目软件,如果要确定测试结束点,最好测试到一定阶段,达到或接近测试部门指定的标准后,再递交用户做验收测试。如果通过了用户的测试验收,就可以立即终止测试部门的测试;如果客户验收测试时,发现了部分缺陷,就可以针对性地修改缺陷后,验证通过后递交客户,相应测试也可以结束。

6）基于“覆盖率”的原则

对于测试“覆盖率”的原则,只要测试用例的“覆盖率”覆盖了客户提出全部的软件需求,包括行业隐性需求、功能需求和性能需求等,只要测试用例执行的覆盖率达到100%,基本上测试就可以结束。如“单元测试中语句覆盖率最低不能小于80%”、“测试用例执行覆盖率应达到100%”和“测试需求覆盖率应达到100%”都可以作为结束确定点。如果你不放心,非得要看看测试用例的执行效果,检查是否有用例被漏执行的情况,可以对常用的功能进行“抽样测试”和“随机测试”。对于覆盖率在单元测试、集成测试和系统测试,每个阶段都不能忽略。

7）基于“项目计划”的原则

大多数情况下,每个项目从开始就要编写开发和测试的进度表,相应地在测试计划中也会对应每个里程碑,对测试进度和测试结束点做一个限制,一般来说都要和项目组成员(开发,管理,测试,市场,销售人员)达成共识,团队集体同意后制订一个标准结束点。如果项目的某个环节延迟了,测试时间就相应缩短。大多数情况下是所有规定的测试内容和回归测试都已经运行完成,就可以作为一个结束点。很多不规范的软件公司,都是把项目计划作为一个测试结束点,但是如果把它作为一个结束点,测试风险较大,软件质量很难得到保证。

8）基于"缺陷度量"的原则

这个原则用的不是很多。我们可以对已经发现的缺陷,运用常用的缺陷分析技术和缺陷分析工具,用图表统计出来,方便查阅,分时间段对缺陷进行度量。我们也可以把"测试期缺陷密度"和"运行期缺陷密度"作为一个结束点。当然,最合适的测试结束的准则应该是"缺陷数控制在一个可以接受的范围内"。比如,一万行代码最多允许存在多少个什么严重等级的错误,会比较好量化、比较好实施,成为测试缺陷度量的主流。

9）基于"质量成本"的原则

一个软件往往从"质量、成本、进度"三方面取得平衡后就停止。至于这三方面哪一项占主要地位,就要看是被测软件的具体情况。比如,人命关天的航天航空软件,质量最重要,就算多花点钱、推迟一下进度,也要保证有较高质量以后才能终止测试,发布版本。如果是一般的常用软件,由于利益和市场的原因,哪怕有 Bug,也必须得先推出产品。一般来说,最主要的参考依据是"把找到缺陷耗费的代价和这个缺陷可能导致的损失做一个均衡"。具体操作的时候,可以根据公司实际情况来定义什么样的情况下算是"测试花费的代价最划算、最合理",同时保证公司利益最大化。如果找到 Bug 的成本比用户发现 Bug 的成本还高,也可以终止测试。

10）基于"测试行业经验"的原则

很多情况下,测试行业的一些经验,也可以为我们的测试提供借鉴。比如,测试人员对行业业务的熟悉程度,测试人员的工作能力,测试的工作效率等都会影响到整个测试计划的执行。如果一个测试团队中,每个人都没有项目行业经验数据积累,拿到一个新的项目时,自然是一头雾水,不知道从何处开始,测试质量自然不会很高。因此通过测试者的经验,对确认测试执行和结束点也会起到关键性的作用。

上述 10 条原则与前面的测试停止文档内容不矛盾,两者经常会结合在一起使用。它们也可以作为软件质量度量的参考标准。

6.3 缺陷管理

6.3.1 缺陷管理简介

缺陷（Defect/Bug）：是指软件中（程序及文档）不符合用户需求而存在的问题。在软件测试过程中,与缺陷类似的概念还有错误（Error/Mistake）、失效（Failure）、异常（Anomaly）等。

所有的人都会犯错误,因此由人设计的代码、系统和文档中都可能会引入缺陷。当存在缺陷的代码被执行时,系统就可能无法执行期望的指令（或者做了不应该执行的指令）,从而引起软件失效。虽然软件、系统和文档中的缺陷可能会引起失效,但并不是所有的缺陷都会这样。

软件测试是评估软件产品质量的一个重要手段,同时软件测试的一个重要目的是尽可能早和尽可能多地发现软件中存在的缺陷,并尽快将缺陷修复。尽早发现和修复缺陷是软件测试的基本原则之一,也是提高软件产品质量和降低成本的重要手段之一。因此,对软件测试中的重要输出——缺陷的管理就显得尤为重要。

测试经理、测试分析员和测试技术分析员都必须了解和掌握缺陷管理的过程。对于测试经理，主要需要关注软件缺陷管理过程，包括识别、跟踪和验证缺陷的活动。对于测试分析员和测试技术分析员，主要关注如何在测试过程中正确发现和记录缺陷以及后续的缺陷验证工作。

缺陷对评估和改进产品质量、测试效率、测试过程和开发过程等都有重要的意义。其主要目的和作用表现在：

- 为开发人员和其他人员提供问题反馈，在需要的时候可以鉴别、隔离和纠正这些缺陷。
- 为项目管理人员提供被测系统的质量信息，在需要的时候作为调整测试进度的依据。
- 为测试过程改进和开发过程改进提供有用的数据和信息。

6.3.2　缺陷的处理流程

1. 缺陷生存周期

和软件开发生存周期一样，缺陷同样具有生存周期。缺陷生存周期主要由 4 个阶段组成：发现、检查、修正和总结。对于缺陷生存周期的每个阶段，都包括记录、分类和确定影响三个活动。缺陷生存周期的 4 个阶段看起来是按照顺序进行的，但是缺陷可能会在这几个阶段中进行多次迭代。

（1）发现。缺陷的发现是整个缺陷生存周期的第一个阶段，它可以发生在软件开发生存周期的任何一个阶段。缺陷的识别可以由参与项目的任何利益相关者完成，例如系统人员、开发人员、测试人员、支持人员、用户等。

（2）检查。经过缺陷识别阶段后，需要对每个可能的缺陷进行检查。检查阶段主要是用来发现可能存在的其他问题以及相关的解决方案，解决方案包括"不采取任何行动"。

（3）修正。根据缺陷调查阶段中得到的结果和信息，就可以采取改正措施解决引起缺陷的错误。采取的行动可能是修复缺陷，也可能是针对开发过程和测试过程的改进建议，以避免在将来的项目中重复出现相似的缺陷。针对每个缺陷的修复，需要进行相关的回归测试和再测试，避免由于缺陷的修复而影响原有的功能。

（4）总结。在这个阶段，主要是记录一些支持数据信息，如缺陷关闭时间、文档更新完成时间等。另外，还需要将缺陷的状态进行分类，对以后的缺陷管理提供支持。

2. 缺陷处理流程

企业在实际测试进程中，主要根据缺陷在其生存周期的演化来规范缺陷处理流程。但由于缺陷的复杂程度不同，处理的过程也有很大差别。

图 6-1 是基本的缺陷处理流程，其中有发现缺陷，提交缺陷，接受缺陷、分配缺陷、打开缺陷、检查缺陷、修正缺陷、总结和关闭等阶段。每个阶段都要经历记录、分类和确定影响三项工作来确定下一步工作的走向。图只反映缺陷处理的常用环节，并不适用于所有的测试项目。

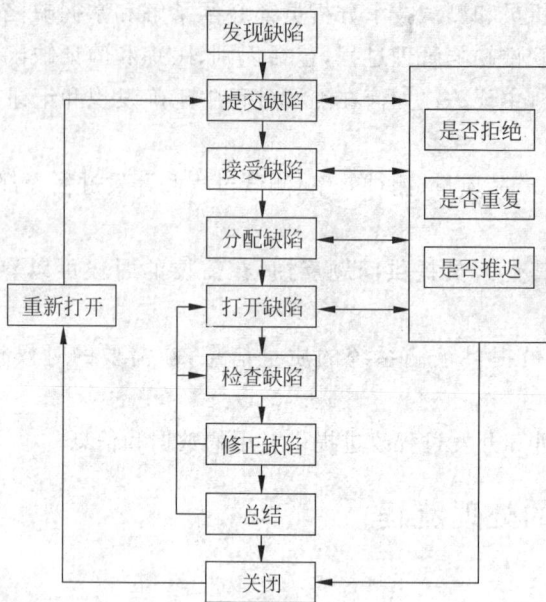

图 6-1　缺陷处理流程

6.3.3　缺陷的分类

1. 按缺陷状态分类

在缺陷生存周期中,缺陷有多种状态:新缺陷(New)、接受(Accepted)、打开(Open)、解决(Resolved)、已修改(Fixed)、结束(Closed)、重新打开(ReOpen)。一个缺陷由测试人员发现并提交,状态标记为新缺陷;开发人员接受缺陷,表示认可;开发人员解决该缺陷后,将缺陷状态改为解决,并发回测试人员进行回归测试;若测试人员确认缺陷已解决,再将缺陷状态标记为已修改;缺陷评审委员会对整个缺陷修复过程进行评审,评审通过后就将缺陷状态改为结束,否则重新发回给开发人员修改,标记缺陷状态为重新打开。

2. 按照缺陷的严重程度分类

缺陷的严重程度指的是假如缺陷没有修复时,软件缺陷对软件质量的破坏程度,即此软件缺陷的存在对软件功能特性和非功能特性产生的影响。缺陷的严重程度关注的是缺陷引发的问题对客户的影响程度。在给缺陷确定严重程度的时候,应该从软件最终用户的角度进行判断。一般而言,缺陷的影响越大,缺陷的严重程度越高。我们将缺陷的严重程度分为4个等级。

(1) 致命缺陷:产品在正常的运行环境下无法给用户提供服务,并且没有其他的工作方式可以补救;或者软件失效会造成人身伤害或危及人身安全。

(2) 严重缺陷:极大影响系统提供给用户的服务,或者严重影响系统基本功能的实现。

(3) 一般缺陷:系统功能需要增强或存在缺陷,但有相应的补救方法解决这个缺陷。

(4) 轻微缺陷:细小的问题,不需要补救方法或对功能进行增强;或者操作不方便,容易使用户误操作。

3．按照优先级分类

优先级是处理软件缺陷先后顺序的指标。确定缺陷的优先级更多地是站在软件开发和软件测试的角度来进行考虑。确定缺陷的优先级除了有从技术角度考虑,还要考虑修复缺陷的难度、存在的风险、缺陷发生的频率和对目标用户的影响。结合上述因素,我们把缺陷的优先级分为 3 个等级:

(1) 立即处理:优先级最高。用户的业务或工作过程受阻,或运行中的测试无法继续。该问题需要立即修复,或必要的话采取临时措施(如打补丁的方式)。

(2) 下次发布处理:在下次常规的产品发布或下次(内部)测试对象版本交付时实施修正。

(3) 必要时处理:优先级最低。在受影响的系统部件应当进行修订时进行修正。

4．按测试种类分类

按照测试的不同种类,可以将缺陷分为功能类缺陷、性能类缺陷、界面类缺陷、安全类缺陷等。一般来说,有一种测试方法就有一种对应的缺陷种类。

6.3.4　缺陷报告

提供准确、完整、简洁、一致的缺陷报告是体现软件测试的专业性、高质量的主要评价指标。软件测试工程师必须认识到书写软件缺陷报告是测试执行过程的一项重要任务,首先要理解缺陷报告读者的期望,遵照缺陷报告的写作准则,书写内容完备的软件缺陷报告。

1．缺陷报告的读者对象

在写软件缺陷报告之前,需要明白缺陷报告的直接读者是软件开发人员和质量管理人员,除此之外,来自市场和技术支持等部门的人也可能需要查看缺陷情况。每个阅读缺陷报告的人都需要理解缺陷针对的产品和使用的技术。另外,他们不是软件测试人员,可能对于具体软件测试的细节了解不多。

概括起来,缺陷报告的读者最希望获得的信息包括:
- 易于搜索软件测试报告的缺陷。
- 对报告的软件缺陷进行了必要的隔离,报告的缺陷信息更具体、准确。
- 软件开发人员希望获得缺陷的本质特征和复现步骤。
- 市场和技术支持等部门希望获得缺陷类型分布以及对市场和用户的影响程度。

软件测试人员的任务之一就是需要针对读者的上述要求,书写良好的软件缺陷报告。

2．缺陷报告的写作准则

书写清晰、完整的缺陷报告是对保证缺陷得到正确处理的最佳手段。它也减少了工程师以及其他质量保证人员的后续工作。

为了书写更优良的缺陷报告,需要遵守"5C"准则:
- Correct(准确):每个组成部分的描述准确,不会引起误解。

- Clear(清晰)：每个组成部分的描述清晰，易于理解。
- Concise(简洁)：只包含必不可少的信息，不包括任何多余的内容。
- Complete(完整)：包含复现该缺陷的完整步骤和其他本质信息。
- Consistent(一致)：按照一致的格式书写全部缺陷报告。

3. 缺陷报告的组织结构

尽管不同的软件测试项目对于缺陷报告的具体组成部分不尽相同，但是基本组织结构都是大同小异的。一个完整的软件缺陷报告通常由下列几部分组成：

- 缺陷的标题。
- 缺陷的基本信息。
- 测试的软件和硬件环境。
- 测试的软件版本。
- 缺陷的类型。
- 缺陷的严重程度。
- 缺陷的处理优先级。
- 复现缺陷的操作步骤。
- 缺陷的实际结果描述。
- 期望的正确结果描述。
- 注释文字和截取的缺陷图像。

对于具体测试项目而言，缺陷的基本信息通常是比较固定的，也是很容易描述的。实际书写软件缺陷报告容易出现问题的地方就是标题、操作步骤、实际结果、期望结果和注释部分。

6.3.5 常用的缺陷管理工具

缺陷管理属于测试管理范畴，缺陷管理工具也属于测试管理类工具，所以，测试管理工具一般都具有缺陷管理功能。当然，也有专门提供缺陷管理的工具。下面列举一些国内外比较知名的缺陷管理软件。

1. JIRA

JIRA 是集项目计划、任务分配、需求管理、错误跟踪于一体的商业软件。JIRA 创建的问题类型包括 New Feature、Bug、Task 和 Improvement 4 种，还可以自定义，所以它也是过程管理系统。JIRA 融合了项目管理、任务管理和缺陷管理，许多著名的开源项目都采用了JIRA。

JIRA 是目前比较流行的基于 Java 架构的管理系统，在开源领域，其认知度比其他的产品要高得多，而且易用性也好一些。同时，开源则是其另一特色，在用户购买其软件的同时，也就将源代码购置进来，方便做二次开发。

JIRA 功能全面，界面友好，安装简单，配置灵活，权限管理以及可扩展性方面都十分出色。

2. Mantis

Mantis 是一款开源的软件缺陷管理工具,是一个基于 PHP 技术的轻量级缺陷跟踪系统,以 Web 操作的形式提供项目管理及缺陷跟踪服务。相比于同类型的其他软件缺陷管理工具,Mantis 的功能虽不是很强大,却很实用,完全可以满足中小型项目的缺陷管理及跟踪。

3. Bugzilla

Bugzilla 属于产品缺陷跟踪系统中的一种,创始人是 Terry Weissman,最初是使用一种名为 TCL 的语言创建的,后用 Perl 语言实现,并作为 Open source 发布。

作为一个产品缺陷的记录及跟踪工具,Bugzilla 能够为你建立一个完善的 Bug 跟踪体系,包括报告 Bug、查询 Bug 记录并产生报表、处理解决、管理员系统初始化和设置 4 个部分。并具有如下特点:

(1) 基于 Web 方式,安装简单、运行方便快捷、管理安全。

(2) 有利于缺陷的清楚传达。本系统使用数据库进行管理,提供全面详尽的报告输入项,产生标准化的 Bug 报告。提供大量的分析选项和强大的查询匹配能力,能根据各种条件组合进行 Bug 统计。当错误在它的生命周期中变化时,开发人员、测试人员及管理人员将及时获得动态的变化信息,允许获取历史纪录,并在检查错误的状态时参考这一记录。

(3) 系统灵活,强大的可配置能力。Buzilla 工具可以对软件产品设定不同的模块,并针对不同的模块设定制订的开发人员和测试人员;这样可以实现提交报告时自动发给指定的责任人;并可设定不同的小组,权限也可划分。设定不同的用户对 Bug 记录的操作权限不同,可有效控制管理。允许设定不同的严重程度和优先级,可以在错误的生命期中管理错误,从最初的报告到最后的解决,确保了错误不会被忽略,同时可以使注意力集中在优先级和严重程度高的错误上。

(4) 自动发送 E-mail,通知相关人员。根据设定的不同责任人,自动发送最新的动态信息,有效地帮助测试人员和开发人员进行沟通。

4. Rational ClearQuest

Rational ClearQuest 是基于团队的缺陷和变更跟踪解决方案,它包含在 Rational Suite 中。它的强大之处和显著特点表现在以下几个方面:

(1) 支持数据库 MS ACCESS 和 SQL SERVER 6.5。

(2) 拥有可完全定制的界面和工作流程机制,能适用于任何开发过程。

(3) 可以更好地支持最常见的变更请求(包括缺陷和功能改进请求),并且便于对系统做进一步的定制,以便管理其他类型的变更。

(4) 提供了一个可靠的集中式系统,该系统与配置管理、自动测试、需求管理和过程指导等工具相集成,使项目中每个人都可以对所有变更发表意见,并了解其变化情况。

(5) 与 Rational 的软件管理工具 ClearCase 完全集成,让用户充分掌握变更需求情况。

(6) 能适应所需的任何过程、业务规则和命名约定。可以使用 ClearQuest 预先定义的过程、表单和相关规则,或者 ClearQuestDesigner 来定制——几乎系统的所有方面都可以定制,包括缺陷和变更请求的状态转移生命周期、数据库字段、用户界面布局、报表、图表和查询等。

(7) 强大报告和图表功能,使用户能直观、简便地使用图形工具定制所需的报告、查询和图表。用户可深入分析开发现状。

(8) 自动电子邮件通知、无须授权的 Web 登录以及对 Windows、UNIX 和 Web 的内在支持,ClearQuest 可以确保团队中的所有成员,都被纳入缺陷和变更请求的流程中。

5. TestDirector

TestDirector 是全球最大的软件测试工具提供商 Mercury Interactive 公司生产的企业级测试管理工具,也是业界第一个基于 Web 的测试管理系统,它可以在公司内部或外部进行全球范围内测试的管理。在一个整体的应用系统中集成了测试管理的各个部分,包括需求管理,测试计划,测试执行以及错误跟踪等功能。

6. QAMonitor

软件质量监控系统 QAMonitor,作为北京航空航天大学科技开发部的推广项目,是一个实时地记录和管理测试阶段信息的软件开发支持工具。它将信息在软件开发小组内,即在管理人员、开发人员、测试人员和其他相关人员之间方便地进行传递。这些信息包括所发现的软件问题的描述信息,软件问题处理的进度信息等。

使用 QAMonitor 来管理测试信息,便于对软件质量进行分析和评估,并指导软件质量保证工作。对于不同工作类型的人员,QAMonitor 都可以为他们产生相关的统计数据。QAMonitor 的功能主要如下:

(1) 管理项目组中用户的级别和权限。

(2) 报告软件缺陷的类别和严重程度;报告软件缺陷处理过程的进展状态。

(3) 支持电子邮件服务,方便地进行信息的传递。

(4) 查询和统计缺陷记录。

(5) 生成数据报表和统计图形。

该系统虽然使用起来很方便,但是存在以下问题:

(1) 使用的是 Excel 97,很容易损坏,即使可以修复也会丢失记录,所以一定要每天做备份。

(2) 使用过程中服务器端必须完全共享测试文件,可能引起病毒等问题。

(3) 必须安装客户端,现在的趋势应该是使用 Web 方式的。

(4) 客户端和其他的程序可能会有冲突。

(5) 无法自定义一些选项,流程过于僵化。

6.4 测试文档管理

6.4.1 软件测试文档标准

软件测试文档(Software Test Document)是整个测试活动中的重要文件,它描述和记录测试活动的全过程,为测试项目的组织、规划和管理提供一个架构。

在测试的前期和测试过程中都需要建立相应的测试文档,并根据需求的变更及时调整测试文档。

为统一测试文档的书写标准,IEEE/ANSI 制定了 829—1983 标准,我国也制定了《计算机软件测试文档编制规范》GB/T 9386—1988(修订版为 9386—2008)。

标准化的测试文件就如同一种通用的参照体系,可达到便于交流的目的。文件中所规定的内容可以作为对测试过程完备性的对照检查表,故采用这些文件将会提高测试过程的每个阶段的能见度,极大地提高测试工作的可管理性。

6.4.2　计算机软件测试文档编制规范(GB/T 9386—1988)

《计算机软件测试文档编制规范》(GB/T 9386—1988)是为软件管理人员、软件开发、测试和维护人员、软件质量保证人员、审核人员、客户及用户制定的。

本标准用于描述一组与软件测试实施方面有关的基本测试文档。本标准定义每一种基本文档的目的、格式和内容。尽管本标准所描述的文档侧重于动态测试内容,但是有些文档仍适合于其他种类的测试活动(例如测试计划可用于设计和代码评审)。

1. GB/T 9386—1988 的主要内容

GB/T 9386—1988 标准规定了各个测试文档的格式和内容。主要涉及测试计划、测试说明和测试报告等。

测试计划描述测试活动的范围、方法、资源和进度。它规定被测试的项、被测试的特征、应完成的测试任务、负责每项工作的人员以及与本计划有关的风险等。

测试说明包括三类文档:

(1) 测试设计说明:详细描述测试方法,并标识该测试设计和相关测试所覆盖的特征,还标识为完成测试和规定特征的通过准则所需要的测试用例和测试规程。

(2) 测试用例说明:将用于输入的实际值以及预期的输出形成文档。并标识在使用具体测试用例时对测试规程的约束。将测试用例与测试设计分开,可以使它们用于多个设计,并能在其他情况下重复使用。

(3) 测试规程说明:标识为实施相关测试设计而运行系统并执行规定测试用例所要求的所有步骤。测试规程与测试设计分开,特意明确要遵循的步骤,而不宜含有无关的细节。

测试报告包括 4 类文档:

(1) 测试项传递报告。

(2) 测试日志。

(3) 测试事件报告。

(4) 测试总结报告。

这些文档之间的关系以及同测试过程的对应关系如图 6-2 所示。

2. 引用标准

GB 8566《计算机软件开发规范》。

GB 8567《计算机软件产品开发文件编制指南》。

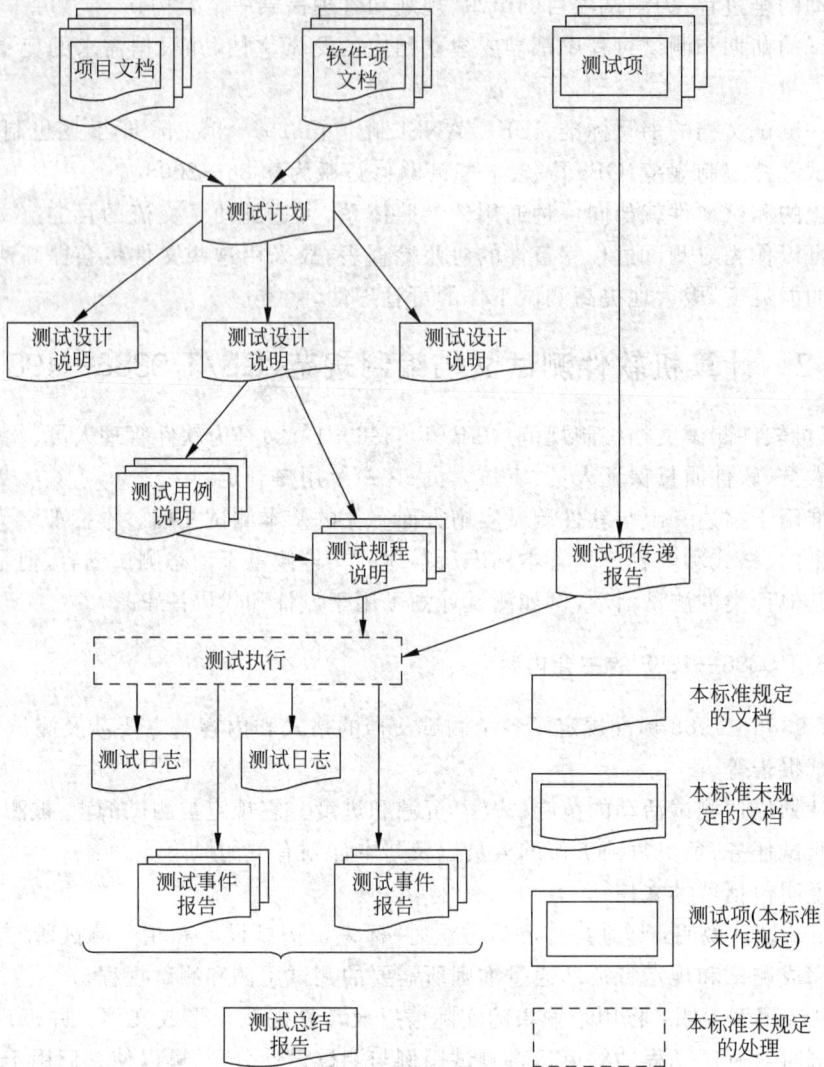

图 6-2 测试文档与测试过程的关系

GB/T 11457《软件工程术语》。

3. 术语定义

(1) 设计层(Design Level)：软件项的设计分解(如系统、子系统、程序或模块)。

(2) 通过准则(Pass Criteria)：判断一个软件项或软件特性的测试是否通过的判别依据。

(3) 软件特性(Software Feature)：软件项的显著特性(如功能、性能或可移植性等)。

(4) 软件项(Software Item)：源代码、目标代码、作业控制代码、控制数据或这些项的集合。

(5) 测试项(Test Item)：作为测试对象的软件项。

4．文档编制实施及使用指南

1）实施指南

在实施测试文件编制的初始阶段可先编写测试计划与测试报告文件。测试计划将为整个测试过程提供基础；测试报告将鼓励测试单位以良好的方式记录整个测试过程的情况。

经过一段时间的实践,积累了一定的经验之后再逐步引进其他文件。测试文件编制最终将形成一个相应于设计层的文件层次,即系统测试文件、子系统测试文件及模块测试文件等。在本单位所使用的特定的测试技术的文件编制可作为正文中所述的基本文件集的补充。

2）用法指南

在项目计划及单位标准中,应该指明在哪些测试活动中需要哪些测试文件,并可在文件中加入一些内容,使各个文件适应一个特定的测试项及一个特定的测试环境。

表 6-2 是在多种测试活动中所需的测试文件的实例,所需的文件数量将因单位而异。

表 6-2　测试文件编制实例

文件 活动	测试计划	测试设计说明	测试用例说明	测试规程说明	测试项传递报告	测试日志	测试事件报告	测试总结报告
验收	√	√	√	√	√	—	√	√
安装	√	√	—	√	—	—	√	√
系统	√	√	√	√	√	√	√	√
子系统	—	—	√	√	√	√	√	√
模块	—	√	√	—	—	√	—	√

6.4.3　测试文档类型

依据《计算机软件测试文档编制规范》(GB/T 9386—1988),测试文档共有 8 种,它们是：测试计划、测试设计说明、测试用例说明、测试规程说明、测试项传递报告、测试日志、测试事件报告和测试总结报告。对于每个文件而言,都包含若干章节,其内部各章应按指定的次序排列,补充的章节放在最后或放在"批准"一章的前面。

若某章节的部分或全部内容在另一个文件中,则应在相应的内容位置上列出所引用的材料。引用的材料必须附在该文件后,或交给文件的使用者。

6.5　测试过程管理

软件的测试过程一般分为测试计划、测试设计与开发、测试实施、测试评审和测试总结等阶段。对每个阶段的任务、输入和输出都有明确的规定,以便对整个测试过程进行质量控制和配置管理。

软件测试过程遵循 GB/T 18905.5《评价者用的过程》中定义的软件评价过程模型,是软件测试管理的精髓。GB/T 18905.5《评价者用的过程》描述的过程定义了分析各类软件产品的评价需求,规定、设计和实施评价,并对评价做出结论所需的各种活动。本节简要介绍国家标准 GB/T 18905.5《评价者用的过程》,并给出评价过程管理的内容和基本原则。

6.5.1 《评价者用的过程》GB/T 18905.5 简介

GB/T 18905—2002《软件工程产品评价》分为 6 个部分:

- 第 1 部分:概述。
- 第 2 部分:策划和管理。
- 第 3 部分:开发者用的过程。
- 第 4 部分:需方用的过程。
- 第 5 部分:评价者用的过程。
- 第 6 部分:评价模块的文档编制。

本部分为 GB/T 18905—2002 的第 5 部分,等同采用 ISO/IEC 14598—5:1999《信息技术软件产品评价第 5 部分:评价者用的过程》(英文版)。

本部分在有关各方需要理解、接受和信任评价结果时,为具体实施软件产品评价提供需求和建议。特别是,本部分用来实现 GB/T 16260 所描述的概念。

本部分描述的过程定义了分析各类软件产品的评价需求,规定、设计和实施评价,并对评价做出结论所需的各种活动。

假定要求的产品部件可以获得的话,评价过程可用来评价现有的产品,或评价正在开发的产品。对正在开发的产品,评价过程需要与软件开发过程同步,并且在交付产品部件时对其进行评价。

本部分可供下列人员使用:

- 提供软件评价服务的测试实验室的评价者。
- 策划产品的评价,包括通过独立测试服务部门实施评价的软件的供方。
- 需要从供方或测试服务部门得到评价信息的软件的需方。
- 评价产品或使用测试实验室提供的评价报告的软件的用户。
- 对软件产品定义新的认证模式时的认证机构。

6.5.2 评价与生存周期的关系

评价软件产品可以在任何生存周期过程的范围内进行。特别是,评价能在获取、供应、开发、运行或维护过程中出现。

在产品开发过程中可尽早决定是否执行软件产品的评价。如果在开发过程的开始阶段能定下这件事,就有可能把评价要执行的测量和测试放入软件开发的过程中。这样能确保产品最大可能地满足有关评价结果的所有需求,降低额外风险和未预料的成本。

当请求者也是产品的开发者时,及早与评价者联系讨论打算提交一个产品用于评价,会有助于开发者预见评价者可能提出的任何特殊要求(例如可能需要的特殊文档或证据)。

可能有某些(或全部)评价动作必须在现场实施,而不是在评价者所在地完成。在这种情况下,为保证结果是公正的,这些动作仍受评价者的控制。

对于大而复杂的软件项目开发者来说,在整个产品的开发期间,开发者与评价者不断密切合作是很有益的,这将减少评价过程的成本和时间。但这种合作应不降低评价者的公正性。

图 6-3 是评价的基本过程,这里可以把"评价"与"测试"等同理解。图中实线框内的是测试过程,虚线标注框中是相应过程中产生的信息流。软件测试过程中,输入有两个:请求者的输入和测试者的输入;输出也有两个:测试记录和经评审的测试报告。

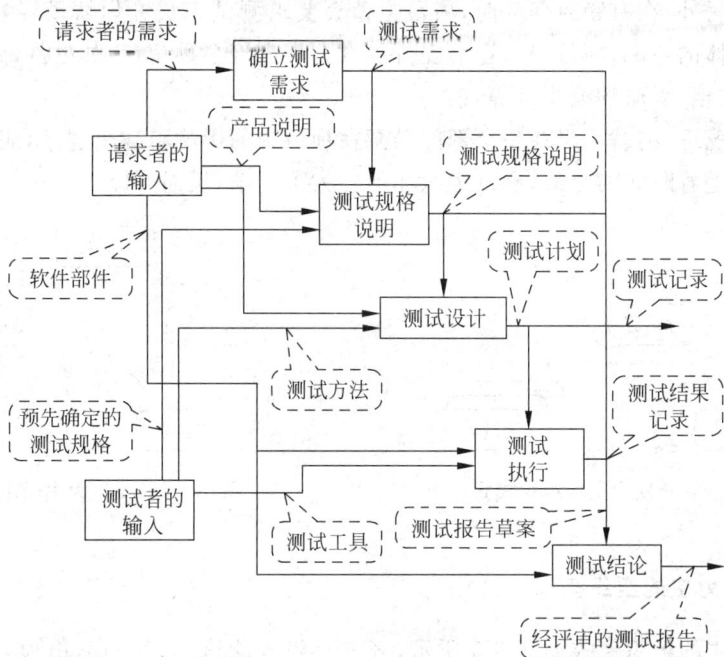

图 6-3　软件测试过程

6.6　软件测试组织及管理

一个软件企业的良性发展,必须关注组织、流程和人三者的关系。组织是流程成功实施的保障,好的组织结构能够有效地促进流程的实施;流程对于产品的成功起着关键的作用,一个适合于组织特点和产品特点的流程能够极大地提高产品开发的效率和产品质量。对于企业来说,人是最宝贵的财富,是技术的承载者。组织、流程和人是一个企业成功的必备要素,理想的情况下能够相互促进。

6.6.1　测试组织模型

测试组织模块主要有三种:以开发为主的组织模式、以项目为主的组织模式和测试独立的组织模式。

1. 以开发为主的组织模式

这种模式以开发为核心,测试是开发队伍中的一部分,测试人员向项目经理汇报。在这种组织中,开发人员除了负责设计的实现外,还需参与编写需求,也即某些开发人员承担着双重或多重的角色。项目经理统管整个项目,除了开发任务的管理,还要关注资源分配,人员调配等。通常,在开发公司的发展初期会有这种情况,图6-4是以开发为主的组织模式。

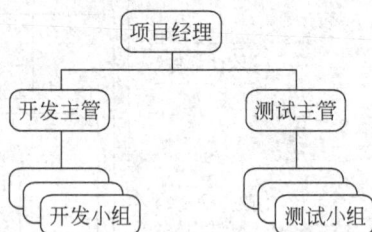

在这种组织模式中,测试人员向项目经理汇报项目的测试结果,开发人员向项目经理汇报进度与质量,出于自身任务和担任角色的考虑,两者不可能把最真实的项目质量情况反映给项目经理。另外,在有紧急任务时,项目主管会要求测试人员去做协助开发的调试工作。出于对项目整体的考虑,项目经理还会安排测试人员充当多种角色,如软件部门的配置管理员,软件帮助文档、手册的编写者等。

在这种情况下,测试小组在整个部门乃至在项目中的影响将越来越小,测试人员渴望转为开发人员。随着时间的流逝,测试组织非但壮大不起来,反而可能消失。

图 6-4　以开发为主的组织模式　　　　图 6-5　以项目为主的组织模式

2．以项目为主的组织模式

以项目为主的组织模式如图6-5所示,开发小组与测试小组并存,由项目经理领导,每个小组都有各自的主管。这种模式对于项目经理来说是有利的,项目经理不管你是什么专业方向,对他来说都是资源工具,是完成公司交给他这项任务必需的工具,他主要关注本项目的进度与质量。

这种模式资源稳定,整个项目团队凝聚力高,大家目标一致,有利于项目的成功。另外,测试团队地位提高了,有利于测试队伍的稳定。测试主管与开发主管是同级,隶属同一个项目经理管辖,这也意味着测试主管可以对资金与预算进行平等的竞争。

3．测试独立的组织模式

如图6-6所示,测试独立的组织模式中,项目经理、开发经理、测试经理并行,测试组织具有真正意义上的独立,具有权威的地位。当项目增加时,可以根据需要自由增加人力、技术的预算。向上级汇报时,除了可以如实汇报外,测试经理还可以根据产品的质量状态提出有建设性的意见或建议,管理部门会用完全开放的心态听取来自测试状态的报告。测试在研发系统中的影响力大,这是测试组织管理的最佳模式。

这种模式还有一个显著特点就是,测试人员对测试部门负责,一个人可以同时服务于多个项目。也就是说,对于项目来说,资源是不固定的,这对于技术平台化积累是很有效的。

6.6.2　测试团队管理

要做好测试工作,必须建立并维护一个高效的测试团队。测试专家指出,人的特点和与

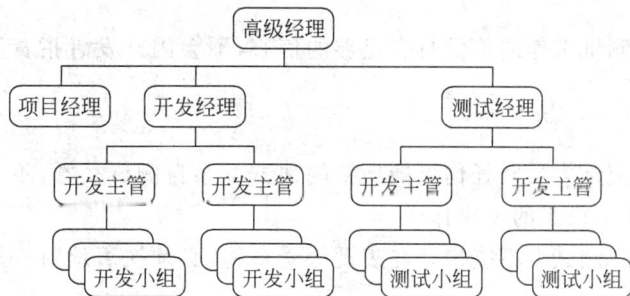

图 6-6 测试独立的组织模式

人相关的活动是软件开发改进中最具潜力的部分。换言之，人的因素比任何其他因素对工作效率的影响都大。

1. 测试人员的素质要求

人是测试工作中最有价值也是最重要的资源，没有一个合格的、积极的测试团队，测试就不可能实现。为高质高效地完成测试任务，好的测试者应具有如下能力。

测试人员的技术素质要求：

1）软件开发技术

做软件测试工作当然要一定程度地掌握所测试软件应用的开发技术。一方面，对开发技术比较了解能使测试人员更有效地发现程序中的 Bug，并进行有效地分析，以帮助开发人员更快地进行定位和修改；另一方面，很多测试工作本身需要编码技术，例如单元测试和集成测试，经常需要构造驱动和桩程序，如果测试人员开发技术水平很低，就根本无法胜任这些测试工作。另外，软件测试经常需要自主开发测试工具。

2）软件测试技术

软件测试本身就是一门学问，它是软件测试人员的"独门专业"。只有掌握了软件测试技术，测试工作才能更有效地实施和管理；只有掌握了软件测试技术，才能更早、更快、更有效地找出软件中的缺陷；只有掌握了软件测试技术，才能用更科学的方法验证软件是否满足用户需求，才能成为提高软件质量的重要手段之一。

测试人员除了要掌握和了解测试行业本身需要的测试技术以外，还要针对不同项目的需求掌握一些通用测试方法和技巧，而且要把自己的经验不断总结出来，共享技术与经验，以期使测试中心整体技术水平得以迅速提升。

3）软件工程方面能力

软件测试活动几乎贯穿软件开发全过程，那么就要求测试人员，尤其是测试负责人，要对软件工程有较深的认识。使软件测试工作既严格遵从项目计划，又符合软件开发和测试的流程规范。

4）行业知识

既然我们非常重视用户需求，并把软件质量的重点放在了用户满意的程度上，那么了解用户需求对于测试人员就显得尤为重要。

测试人员的非技术素质要求：

1）自信心

测试者必须对测试工作的价值具有足够的信心，不会因开发者指责测试结果没有意义而影响工作情绪。

2）怀疑精神

怀疑精神是指测试人员对任何可能出错的地方都亲自测试一番，不听信开发人员毫无意义的保证，坚持实事求是的工作作风。

怀疑不是敌意。测试者不能按外在表现接受事物，必须执著地对一切提出疑问直到被证实。

3）沟通能力

一名理想的测试者必须能够同测试涉及的所有人进行沟通，具有与技术开发者和客户、管理人员等非技术人员的交流能力。

测试人员在与其他人员交流的时候，要注意自己的辞令和行为方式，不要刻意夸大错误的严重性，也不要碍于面子替开发人员掩饰重大程序错误。

4）技术能力

测试团队需要许多领域的专家，诸如数据库、通信、网络、GUI 测试、测试工具、自动化测试脚本和相关业务领域的专家。因此，测试者必须拥有一项或多项技术专长。

5）自我督促

测试工作很容易使人变得懒散。只有那些具有自我督促能力的人才能够使自己每天正常地工作。

6）洞察力

一个好的测试者具有"测试是为了破坏"的观点、捕获用户观点的能力、强烈的质量追求和对细节的关注能力。应用高风险区的判断能力以便将有限的测试针对重点环节。

7）组织技能

每当执行一个软件项目的测试计划，几乎都会遇到至少会阻碍一些测试而必须要解决的缺陷。一个测试者应当能灵活地停止测试产品的一部分而开始测试其他部分。灵活，即能够快速地转到测试一个新产品上，甚至为了另一个优先级较高的产品而放下手头正在测试的产品。

8）学习能力

拥有对新技术的热情和宽广的知识面，而且能不断更新知识，快速地学习新技术。

9）计划能力

计划是一个动词。测试人员必须通过理解技术和产品及开发组织方式，从自己和其他人的错误中吸取经验以及在设计必须改变和出问题的时候迅速调整，使测试效果和效率最大化。

2. 测试人员的职责

1）测试经理的主要职责

测试经理是整个项目中最关心项目质量的人，他的主要工作就是找到项目中存在的不合理、不合格的部分，并要求项目其他成员按其给定的项目质量完成项目。他的主要职责如下：

- 独立编写测试计划。

- 独立编写测试用例。
- 协调测试团队内部的工作以及与开发团队之间的工作。
- 完成"执行测试"的工作。
- 掌握较深层次的测试方法、测试技术和较复杂的业务流程。
- 负责测试过程工具的研究、推广与维护,负责测试数据库维护工作。
- 负责编写《用户手册》、《操作手册》和相关培训教材。
- 负责项目的质量审查。

2) 测试工程师的主要职责

测试工程师是项目质量的保证,是最终进行项目测试的成员。他的主要职责如下:

- 在测试经理的安排和指导下,编写测试用例。
- 在测试经理的安排和指导下,完成"执行测试"的工作。
- 在测试经理的指导下,按测试计划进行测试工作。
- 按测试用例进行测试工作。
- 负责被分派项目的质量审计。
- 了解项目的基本流程,可以熟练地进行项目中各种流程的操作。

3. 测试团队制度建设

良好的制度可以规范测试团队的工作开展,同时也便于对团队成员进行业绩考评。相反,则很有可能导致人心涣散,滋长负面风气。建设良好的测试团队制度,可以考虑以下几个方面:

1) 汇报制度

团队成员汇报本周工作情况及下周工作计划、遇到的问题以及需要提供的帮助,培养团队成员的汇报及计划习惯。

2) 工作总结制度

成员每个阶段汇报上阶段的工作经验和教训,并在部门例会上交流、分享经验及教训,避免同样的问题重复出现。

3) 奖惩制度

对于贡献突出的成员予以奖励,对于业绩差的成员提出批评,有效地保持测试团队的工作热情。

4) 测试件审核制度

对测试件进行审核,去粗存精,鼓励测试人员使用并提出改进,保证提交到测试团队知识库的测试件的质量。

5) 会议制度

定期召开部门例会,讨论、解决工作中的问题,并提供部门内的学习平台。

6.7 软件配置管理

软件配置管理(Software Configuration Management,SCM),是软件工业化开发和工程化管理的基本手段;是为减少软件开发中出现混乱,使得软件开发过程有序化、可管理的现实、可靠的手段；是为保证软件配置项的完整性和正确性，在整个软件生命周期内应用配置管理的过程。通常包括配置标识、配置控制、配置状态记实、配置评价、软件发行管理和交付等。

SCM 是一种按规则实施的管理软件开发和维护过程以及其软件产品的方法。SCM 是一套用于在开发和维护的各个阶段管理各种程序中间产品的规则。

6.7.1　配置管理的基本术语

1. 配置控制委员会（Configuration Control Board，CCB）

配置控制委员会是指由技术和管理专家组成的，对配置及其管理具有决策权限和职责的小组。配置控制委员会由相关的管理和技术人员组成，实施软件技术状态控制。

可根据组织和任务建立多级 CCB 管理，上级 CCB 负责协调下级各部门 CCB 的关系，各级 CCB 将负责不同规模、不同领域、不同阶段、不同程度的软件配置控制。

2. 软件配置项（Software Configuration Item，SCI）

软件配置项是为了配置管理的目的而作为一个基本的独立单位被看待的软件成分，通常是软件配置中的一个元素。

它包括源代码、目标码、数据库及文档测试用例软件工具、可复用软件、外购软件、用户提供的软件等。

在多数的软件配置管理系统中，最基本的软件配置项是以磁盘文件的形式存放和管理的。

3. 构件

构件是一个特定的、可文档化的工作产品（文件）集，其中，这些工作产品是在生存周期过程中产生或使用的。构件是一个带有目录结构的文件集。

工作产品的定义是：一个由软件开发项目的功能、活动或任务所产生的任意有形的（软件）项。工作产品包括管理计划、测试计划、需求规约、设计文档、代码、会议记录、备忘录、进度和预算等。

一个构件可以是一个工作产品或是一组相关的工作产品，在配置管理活动中，这些工作产品被当作一个单一实体。

下面的工作产品均可作为被管理的构件：

- 管理计划（项目、进度、预算、质量保证、测试、SCMP 等）。
- 需求文档和测试文档。
- 用户、维护文档和手册。
- 测试文档、测试驱动器和测试数据。
- 支撑软件（包括编译器和操作系统）。
- 数据字典和各种引用。
- 源代码，包括外部得到的、可用的代码。
- 可执行程序，包括外部获取的构件。

- 链图和构造过程的其他产品。
- 产品发布说明,例如版本描述文档。
- 创建和运行产品所使用的数据库。
- 接口控制文档,在一个系统工程的配置管理(Configuration Mangement,CM)系统中可能不对这类构件进行单独维护。
- 任何支持产品开发和运行的项,其中有些项只有可运行的形式。

4. 软件配置(Software Configuration,SC)

软件配置是指若干个软件配置项在不同时期的组合、结构与关系定义,同时定义了由这些配置项所组成的更大的配置(模块、子系统、系统)。它是软件生存周期各阶段产生的各种形式和各个版本的文档、程序、数据及环境的集合。

5. 工作区

指开发人员在其本地工作站上用来存放自己的工作产品的地方(一般为本地机器上的一个磁盘目录)。

这里的开发人员特指要执行"检入"、"检出"等操作的工作人员。

6. 软件开发库

在软件生存周期的某个阶段,存放与该阶段软件开发工作有关的软件配置项、软件配置及其相关信息的配置库。

通常该类库是部署在软件开发任务的研发部门或者小组的。

7. 软件受控库

软件受控库是指软件生存周期某一阶段结束时,存放作为阶段产品而释放的、与软件开发工作有关的软件配置及其相关信息的软件配置库。

软件受控库是一个受控的软件配置项的集合,以便于软件开发、运行及维护。

8. 软件产品库

软件产品库是指在软件生成周期的组装与系统测试阶段结束后,存放最终产品而后交付给用户运行或在现场安装的软件配置及其相关信息的更高一级的软件受控库。

9. 基线

基线是配置演化过程中的状态标识,是配置在某一时刻的快照,反映了它所描述的系统或者其组成部分在某一时刻的状态;可以将配置的基线理解为配置的版本,是配置演化的里程碑,即软件生命周期内的阶段里程碑。

基线是一个或多个构件的集合,所包含的构件版本的内容和状态已通过技术上的复审,并在生存周期的某一步骤被接受。利用配置来定义基线的组成结构,而通过选取配置中每个构件的合适版本来组成基线。

所以基线是配置的相应组成构件某一时刻状态的快照,反应系统组成某一时刻的状态;

一个配置中每条基线是反映系统的不同状态、不同版本,反映配置演化的里程碑,即软件开发过程的阶段里程碑。

基线的组成结构和配置一致,但是基线在此结构的基础上定义了所包含的每一个构件的版本或子配置的子基线。

基线分为"普通基线"和"受控基线"两大类。

普通基线通常由项目小组内部控制,不受 CCB(配置控制委员会)控制就可以实施变更的基线。通常,普通基线是项目组内部为了更好地控制进度,在两个受控基线(里程碑)之间划分的一些更细的基线(里程碑)。

受控基线必须通过 CCB 的参与和审批才能实施变更的基线,即需要通过变更管理的流程才能改变的基线。

此外,还有产品基线,它作为产品发布的基线。

一般情况下,在开发库中,我们所创建的基线通常为普通基线。一旦我们要通过实施严格的"变更管理"来控制某条基线时,我们就把这条基线定义为"受控基线"。

基线提升是指由下级配置库向上级配置库提交已经经过评审确认的基线的过程。基线变更是指从某条基线状态为达到下一条基线状态所要进行的变更。

6.7.2　软件配置管理的关键活动

1. 配置项(Software Configuration Item,SCI)识别

配置项的识别是配置管理活动的基础,也是制订配置管理计划的重要内容。软件配置管理引入了"基线(Base Line)"的概念,根据基线的定义,软件开发流程中需要加以控制的配置项分为基线配置项和非基线配置项两类,例如,基线配置项可能包括所有的设计文档和源程序等;非基线配置项可能包括项目的各类计划和报告等。

所有配置项都应按照相关规定统一编号,按照相应的模板生成,并在文档中的规定章节(部分)记录对象的标识信息。在引入软件配置管理工具进行管理后,这些配置项都应以一定的目录结构保存在配置库中。

所有配置项的操作权限应由配置管理员严格管理,基本原则是:基线配置项向软件开发人员开放取得权限;非基线配置项向项目经理、配置控制委员会及相关人员开放。

2. 工作空间管理

开发人员应该把工作成果存放到由软件配置管理工具所管理的配置库中去,或直接在软件配置管理工具提供的环境下工作。所以,为了让每个开发人员和各个开发团队能更好地分工合作,同时又互不干扰,对工作空间的管理和维护也成了软件配置管理的一个重要活动。

一般来说,比较理想的情况是把整个配置库视为统一的工作空间,然后再根据需要把它划分为个人(私有)、团队(集成)和全组(公共)这三类工作空间(分支),从而更好地支持将来可能出现的并行开发的需求。

每个开发人员按照任务的要求,在不同的开发阶段,工作在不同的工作空间上,例如,对于私有开发空间而言,开发人员根据任务分工获得对相应配置项的操作许可之后,即在自己

的私有开发分支上工作,其所有工作成果体现为在该配置项的私有分支上的版本的推进,除该开发人员外,其他人员均无权操作该私有空间中的元素;而集成分支对应的是开发团队的公共空间,该开发团队拥有对该集成分支的读写权限,而其他成员只有只读权限,它的管理工作由系统集成员负责;至于公共工作空间,则是用于统一存放各个开发团队的阶段性工作成果,它提供全组统一的标准版本,并作为整个组织的知识库。

3. 版本控制

版本控制是软件配置管理的核心功能。所有置于配置库中的元素都应自动予以版本的标识,并保证版本命名的唯一性。版本在生成过程中,自动依照设定的使用模型自动分支、演进。除了系统自动记录的版本信息以外,为了配合软件开发流程的各个阶段,我们还需要定义、收集一些元数据(Metadata)来记录版本的辅助信息和规范开发流程,并为今后对软件过程的度量做好准备。当然,如果选用的工具支持的话,这些辅助数据将能直接统计出过程数据,从而方便我们软件过程改进(Software Process Improvement,SPI)活动的进行。

对于配置库中的各个基线控制项,应该根据其基线的位置和状态来设置相应的访问权限。一般来说,对于基线版本之前的各个版本都应处于被锁定的状态,如需要对它们进行变更,则应按照变更控制的流程来进行操作。

4. 变更控制

在对 SCI(软件配置项)的描述中,我们引入了基线的概念。从 IEEE 对于基线的定义中我们可以发现,基线是和变更控制紧密相连的。也就是说在对各个 SCI 做出了识别,并且利用工具对它们进行了版本管理之后,如何保证它们在复杂多变的开发过程中真正的处于受控的状态,并在任何情况下都能迅速地恢复到任一历史状态就成了软件配置管理的另一个重要任务。因此,变更控制就是通过结合人的规程和自动化工具,以提供一个变化控制的机制。

5. 状态报告

配置状态报告就是根据配置项操作数据库中的记录来向管理者报告软件开发活动的进展情况。这样的报告应该是定期进行的,并尽量通过 CASE 工具自动生成,用数据库中的客观数据来真实地反映各配置项的情况。

配置状态报告应根据报告着重反映当前基线配置项的状态,以作为对开发进度报告的参照。同时也能从中根据开发人员对配置项的操作记录来对开发团队的工作关系做一定的分析。

配置状态报告应该包括下列主要内容:
(1)配置库结构和相关说明。
(2)开发起始基线的构成。
(3)当前基线位置及状态。
(4)各基线配置项集成分支的情况。
(5)各私有开发分支类型的分布情况。
(6)关键元素的版本演进记录。

（7）其他应予以报告的事项。

6.配置审计

配置审计的主要作用是作为变更控制的补充手段，来确保某一变更需求已被切实实现。在某些情况下，它被作为正式的技术复审的一部分，但当软件配置管理是一个正式的活动时，该活动由 SQA 人员单独执行。

总之，软件配置管理的对象是软件研发活动中的全部开发资产。所有这一切都应作为配置项纳入管理计划统一进行管理，从而能够保证及时地对所有软件开发资源进行维护和集成。因此，软件配置管理的主要任务也就归结为以下几条：①制订项目的配置计划；②对配置项进行标识；③对配置项进行版本控制；④对配置项进行变更控制；⑤定期进行配置审计；⑥向相关人员报告配置的状态。

6.8　TestDirector 测试管理工具的运用

TestDirector 是 HP MI(HP Mercury Interactive)公司的一个测试管理工具，是业界第一个基于 Web 的测试管理系统，它可以在公司内部或外部进行全球范围内测试的管理。通过在一个整体的应用系统中集成了测试管理的各个部分，包括需求管理、测试计划、测试执行以及错误跟踪等功能，TestDirector 极大地加速了测试过程。

6.8.1　TestDirector 概述

1. TestDirector 功能介绍

1）需求管理

程序的需求驱动整个测试过程。TestDirector 的 Web 界面简化了这些需求管理过程，以此可以验证应用软件的每一个特性或功能是否正常。通过提供一个比较直观的机制将需求和测试用例、测试结果和报告的错误联系起来，从而确保能达到最高的测试覆盖率。

一般有两种方式可将需求和测试联系起来。其一，TestDirector 捕获并跟踪所有首次发生的应用需求。其二，由于 Web 应用是不断更新和变化的，需求管理允许测试人员加减或修改需求，并确定目前的应用需求已拥有了一定的测试覆盖率。它们帮助决定一个应用软件的哪些部分需要测试，哪些测试需要开发，完成的应用软件是否满足了用户的要求。

2）计划测试

测试计划的制订是测试过程中至关重要的环节。它为整个测试提供了一个结构框架。TestDirector 的 Test Plan Manager 在测试计划期间，为测试小组提供一个关键要点和 Web 界面来协调团队间的沟通。

Test Plan Manager 指导测试人员如何将应用需求转化为具体的测试计划。这种直观的结构能帮助用户定义如何测试应用软件，从而能组织起明确的任务和责任。

Test Plan Manager 还能进一步地帮助用户完善测试设计并以文件形式描述每一个测试步骤，包括对每一项测试的用户反应的顺序，检查点和预期的结果。TestDirector 还能为每一项测试连加附属文件，如 Word、Excel、HTML，用于更详尽地记录每次的测试计划。

3）安排和执行测试

一旦测试计划建立后，TestDirector 的测试实验室管理为测试日程制订提供一个基于 Web 的框架。它的 Smart Scheduler 根据测试计划中创立的指标对运行着的测试执行监控。

当网络上任何一台主机空闲，测试可以彻夜执行于其上。Smart Scheduler 能自动分辨是系统错误还是应用错误，然后将测试重新安排到网络上的其他机器。对于不断改变的 Web 应用，经常性地执行测试对于追查出错发生的环节和评估应用质量都是至关重要的。然而，这些测试的运行都要消耗测试资源和时间。使用 Graphic Designer 图表设计，用户可以很快地将测试分类以满足不同的测试目的，如功能性测试，负载测试，完整性测试等。它的拖动功能可简化设计和排列在多个机器上运行的测试，最终根据设定好的时间、路径或其他测试的成功与否，为序列测试制订执行日程。Smart Scheduler 能让你在更短的时间内，在更少的机器上完成更多的测试。

4）缺陷管理

当测试完成后，项目经理必须解读这些测试数据并将这些信息用于工作中。当发现错误时，他们还要指定相关人员及时纠正。

TestDirector 的出错管理直接贯穿作用于测试的全过程，以提供管理系统终端-终端的出错跟踪——从最初的问题发现到修改错误再到检验修改结果。由于同一项目组中的成员经常分布于不同的地方，TestDirector 基于浏览器的特征，使出错管理能让多个用户无论在何时何地都可以通过 Web 查询出错跟踪情况。利用出错管理，测试人员只需进入一个 URL，就可汇报和更新错误，过滤整理错误列表并做趋势分析。在进入一个出错案例前，测试人员还可以自动执行一次错误数据库的搜寻，确定是否已有类似的案例记录。这一查询功能可避免重复劳动。

5）图形化和报表输出

测试过程的最后一步是分析测试结果，确定应用软件是否已布属成功或是否需要再次的测试。

TestDirector 常规化的图表和报告可以在测试的任一环节帮助你对数据信息进行分析。TestDirector 还以标准的 HTML 或 Word 形式提供一种生成和发送正式测试报告的一种简单方式。测试分析数据还可以简便地输入到一种工业标准化的报告工具中，如 Excel、ReportSmith、CrystalReports 和其他类型的第三方工具。

2．使用测试管理工具的目的

使用测试管理工具对各方面的人员都有一定的好处。

- 组织级管理者的好处：清晰地掌握测试人员的工作情况（工作效率、工作进展）；清晰地掌握项目的进展情况；轻松地进行成本控制；客观、准确地进行测试人员的绩效考核。
- 项目经理的好处：清晰地掌握项目的进展情况；轻松地进行项目的需求控制。
- 开发人员的好处：清晰、快捷地了解自己开发程序的质量情况；及时地修改程序缺陷。
- 测试人员的好处：方便地管理测试用例；实时地进行测试计划管理；充分地利用测

试资源；全面地记录所有执行测试工作及结果；方便地管理自动测试；全面、客观地掌握软件质量。

- SQA 的好处：全面、客观地掌握软件质量；轻松地收集软件质量信息；轻松地进行软件质量监控。

使用测试管理工具的不利因素：

- 要学习新工具的使用。
- 由于测试人员的工作情况太直观地暴露给领导，会给测试人员带来一定的心理压力，并且可能会产生负面情绪。
- 在执行测试阶段由于可以将功能点的测试时间进行量化，会给测试人员带来巨大的工作压力。
- 对测试人员的测试水平要求提高了（例如自动测试、测试效率、测试用例的编写水平等）。

综上所述，使用测试管理工具的好处是显而易见的，只要我们能够很好地克服不利因素，就可以为我们在整个软件活动中带来很好的效果。

6.8.2 Testdirector 测试管理过程

根据 TestDirector 官方使用手册的描述，TestDirector 的测试管理包括如下 4 个阶段，如图 6-7 所示。

（1）需求定义（Specify Requirements）：分析应用程序并确定测试需求。

（2）测试计划（Plan Tests）：基于测试需求，建立测试计划。

（3）测试执行（Execute Tests）：创建测试集（Test Set）并执行测试。

（4）缺陷跟踪（Track Defects）：报告程序中产生的缺陷并跟踪缺陷修复的全过程。贯穿测试的每一个阶段，能够通过产生详细的报告和图标对数据进行分析。

1. 需求定义

需求定义阶段主要分析应用程序并确定测试需求，需求定义流程图如图 6-8 所示。

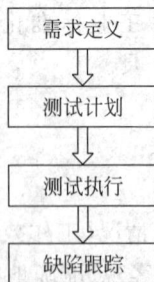

图 6-7 测试管理过程图   图 6-8 需求定义流程图

（1）定义测试范围（Define Testing Scope）：检查应用程序文档，并确定测试范围——测试目的、目标和策略。

（2）创建需求（Create Requirements）：创建需求树（Requirements Tree），并确定它涵

盖所有的测试需求。

（3）描述需求（Detail Requirements）：为"需求树"中的每一个需求主题建立了一个详细的目录，并描述每一个需求，给它分配一个优先级，如有必要的话，还可以加上附件。

（4）分析需求（Analyze Requirements）：产生报告和图表来帮助你分析测试需求，并检查需求以确保它们在你的测试范围内。

2．测试计划

测试计划阶段基于已定义的测试需求，创建相应的测试计划，测试计划流程图如图 6-9 所示。

（1）定义测试策略（Define Testing Strategy）：检查应用程序、系统环境和测试资源，并确认测试目标。

（2）定义测试主题（Define Test Subject）：将应用程序基于模块和功能进行划分，并对应到各个测试单元或主题，构建测试计划树（Test Plan Tree）。

（3）定义测试（Define Tests）：定义每个模块的测试类型，并为每一个测试添加基本的说明。

（4）创建需求覆盖（Create Requirements Coverage）：将每一个测试与测试需求进行连接。

（5）设计测试步骤（Design Test Steps）：对于每一个测试，先决定其要进行的测试类型（手动测试和自动测试），若准备进行手动测试，需要为其在测试计划树上添加相应的测试步骤（Test Steps）。测试步骤描述测试的详细操作、检查点和每个测试的预期结果。

（6）自动测试（Automate Tests）：对于要进行自动测试的部分，应该利用 MI、自己或第三方的测试工具来创建测试脚本。

（7）分析测试计划（Analyze Test Plan）：产生报告和图表来帮助分析测试计划数据，并检查所有测试以确保它们满足测试目标。

```
定义测试策略
    ↓
定义测试主题
    ↓
  定义测试
    ↓
创建需求覆盖
    ↓
设计测试步骤
    ↓
  自动测试
    ↓
分析测试计划
```

图 6-9　测试计划流程图

3．测试执行

测试执行阶段要创建测试集并执行测试，测试执行流程图如图 6-10 所示。

（1）创建测试集（Create Test Sets）：在工程中定义不同的测试组来达到各种不同的测试目标，他们可能包括，举个例子，在一个应用程序中测试一个新的应用版本或是一个特殊的功能，并确定每个测试集都包括了哪些测试。

（2）确定进度表（Schedule Runs）：为测试执行制订时间表，并为测试员分配任务。

（3）运行测试（Run Tests）：自动或手动执行每一个测试集。

（4）分析测试结果（Analyze Test Results）：查看测试结果并确保应用程序缺陷已经被发现。生成的报告和图表可以帮助分析这些结果。

4. 缺陷跟踪

缺陷跟踪阶段主要报告程序中产生的缺陷并跟踪缺陷修复的全过程,缺陷跟踪流程图 6-11 所示。

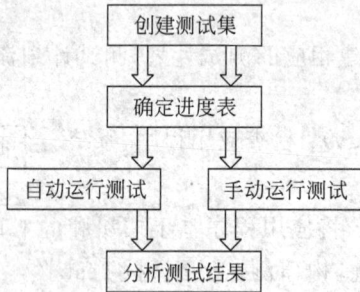

图 6-10　测试执行流程图　　　　图 6-11　缺陷跟踪流程图

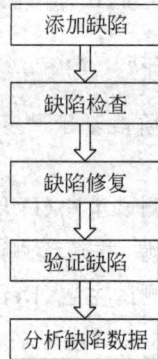

(1) 添加缺陷(Add Defects):报告程序测试中发现的新的缺陷。在测试过程中的任何阶段,质量保证人员、开发者、项目经理和最终用户都能添加缺陷。

(2) 缺陷检查(Review New Defects):检查新的缺陷,并确定哪些缺陷应该被修复。

(3) 缺陷修复(Repair Open Defects):修复那些决定要修复的缺陷。

(4) 验证缺陷(Test New Build):测试应用程序的新构建,重复上面的过程,直到缺陷被修复。

(5) 分析缺陷数据(Analyze Defect Data):产生报告和图表来帮助分析缺陷修复过程,并帮助决定什么时候发布该产品。

6.8.3　TestDirector 配置

1. 启动 TestDirector

打开 Web 浏览器并输入 TestDirector 所在的 URL(http://[Server name]/[virtual Directory name]/default. htm),TestDirector 的首页将被打开。默认的虚拟目录名称是 TDBIN。例如,在 IP 为 192.168.0.116 的机器上安装了 TestDirector 8.0,那么在浏览器地址栏中输入: http://192.168.0.116/TDBIN/default. html,就可以访问 TestDirector 的首页,如图 6-12 所示。

单击左侧的 TestDirector 链接,将进入 TestDirector 的登录界面,如图 6-13 所示。如果你是第一次运行 TestDirector,客户端相关软件将会被下载到你的计算机上,随后 TestDirector 会自动进行版本检查。若发现存在新的版本,它将会帮你下载,完成后将显示 TestDirector 的登录页面。选择域名称、项目名称、用户 ID 和密码就可以进入指定的测试项目。

图 6-12　TestDirector 8.0 首页

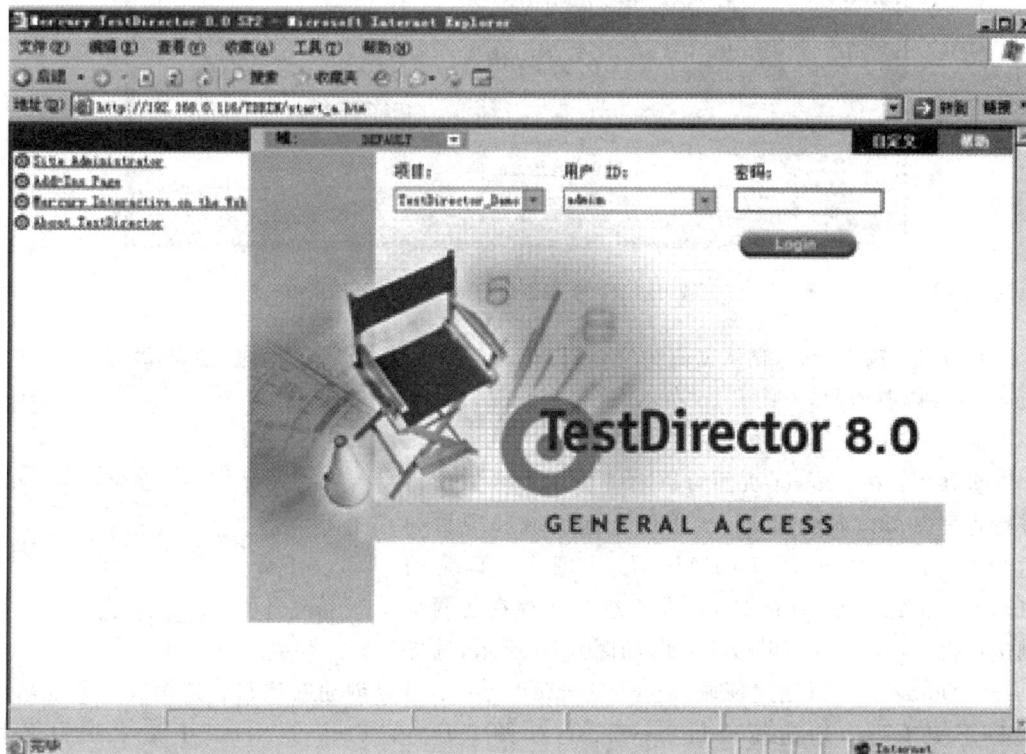

图 6-13　TestDirector 登录界面

2. TestDirector 站点配置

如果使用 TestDirector 管理测试项目,我们就需要先进行一些环境配置的工作,例如创建域、创建项目、创建新用户并设置权限等。下面我们就来学习这些内容。

1) 创建域和项目

步骤一：打开 TestDirector 首页，单击左侧 Site Administrator 链接，进入 Site Administrator 登录页面，如图 6-14 所示。

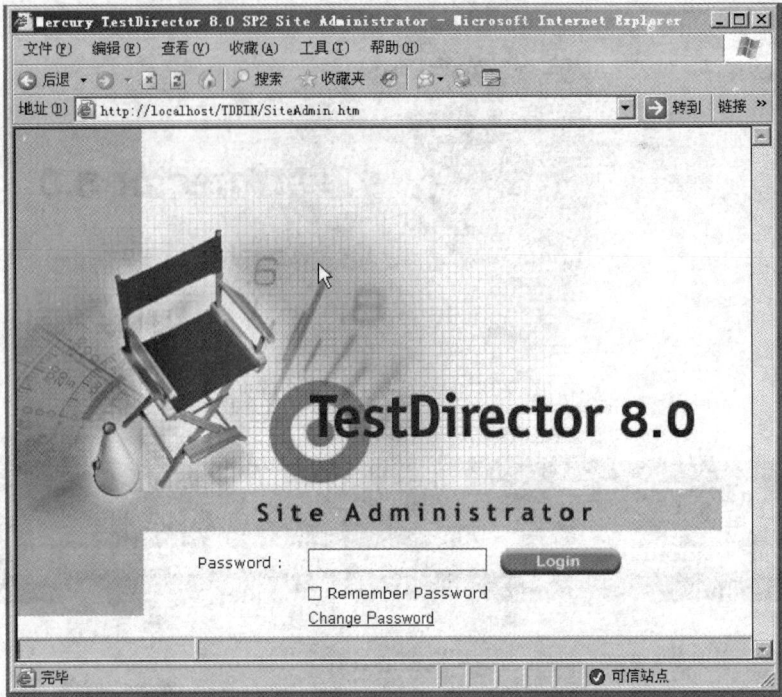

图 6-14　Site Administrator 登录页面

步骤二：输入密码，默认密码为空，可以单击 Change Password 修改密码，如图 6-15 所示，这个密码只针对这个页面。

步骤三：在 Project 页面可以对工作域和测试项目进行管理。可以看到，Project 页面左侧的域和项目的树形结构，其中顶层 DEFAULT 是域名，下级的 MyTest 和 TestDirector_Demo 是系统默认存在的两个测试项目。右击域名 DEFAULT，如图 6-16 所示，选择

图 6-15　change password

Create Domain，可以创建新域；选择 Create Project，可以创建新项目。这里我们要在默认域 DEFAULT 中创建新项目 NewTest，如图 6-17，在 Project Name 中输入项目名称 NewTest，选择数据库 MS Access，NewTest 创建好后如图 6-18 所示。

2) 用户操作

在 Site Administrator 页面中选择 Users 页面可以进行测试用户管理。我们在图 6-19 中可以看到，对于用户进行操作的菜单有 4 项，它们的功能如下：

New：新建一个用户。

Delete：删除指定用户。

Import：把本机 Windows 系统用户导入 TestDirector。

图 6-16 创建新项目

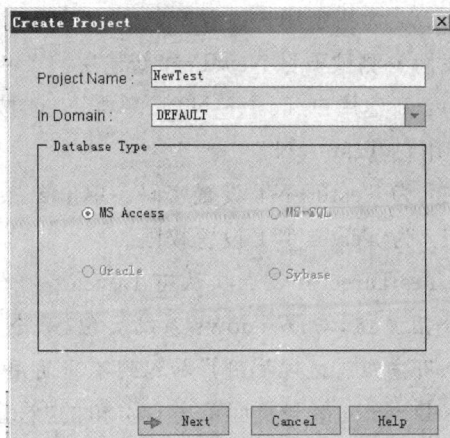

图 6-17 创建项目 NewTest

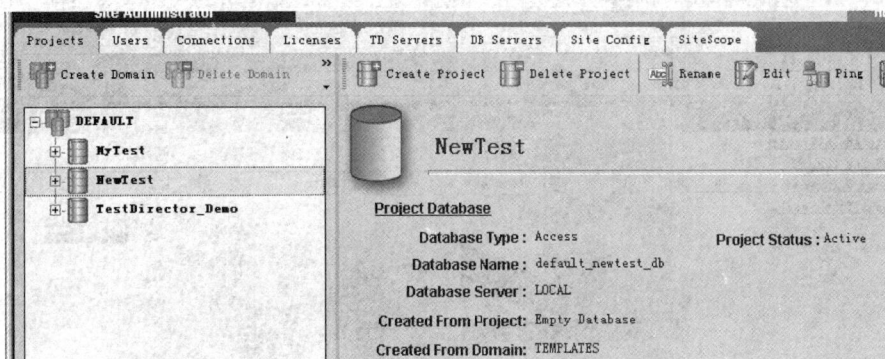

图 6-18 新项目 NewTest

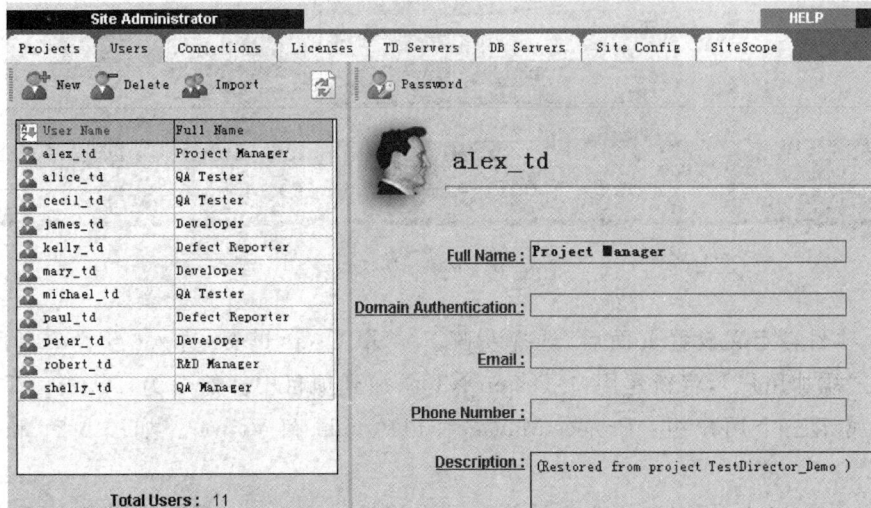

图 6-19 用户管理页面

Password：为指定用户设置密码。

下面我们为测试项目 NewTest 新建用户 Tester_NT，并进行相关设置。

步骤一：新建用户 Tester_NT。单击 New 按钮，在弹出页面上填入新用户信息，单击 OK 创建新用户 Tester_NT。

步骤二：为 Tester_NT 设置密码。单击 Password 按钮可以为 Tester_NT 设置密码。

步骤三：为 Tester_NT 设置权限。

注意：TestDirector 8.0 默认有 Developer、Project Manager、QATester、TDAdmin 和 Viewer 5 个用户组，与 Windows 系统类似，每个用户组有不同的权限，用户可以隶属于某一个或多个用户组。通过把用户加入到不同的用户组来设置用户的不同权限。

在 TestDirector 登录页面单击右上角的"自定义"按钮，项目名称选择 NewTest，用户 ID 为 admin 登录（默认密码为空），如图 6-20 所示。

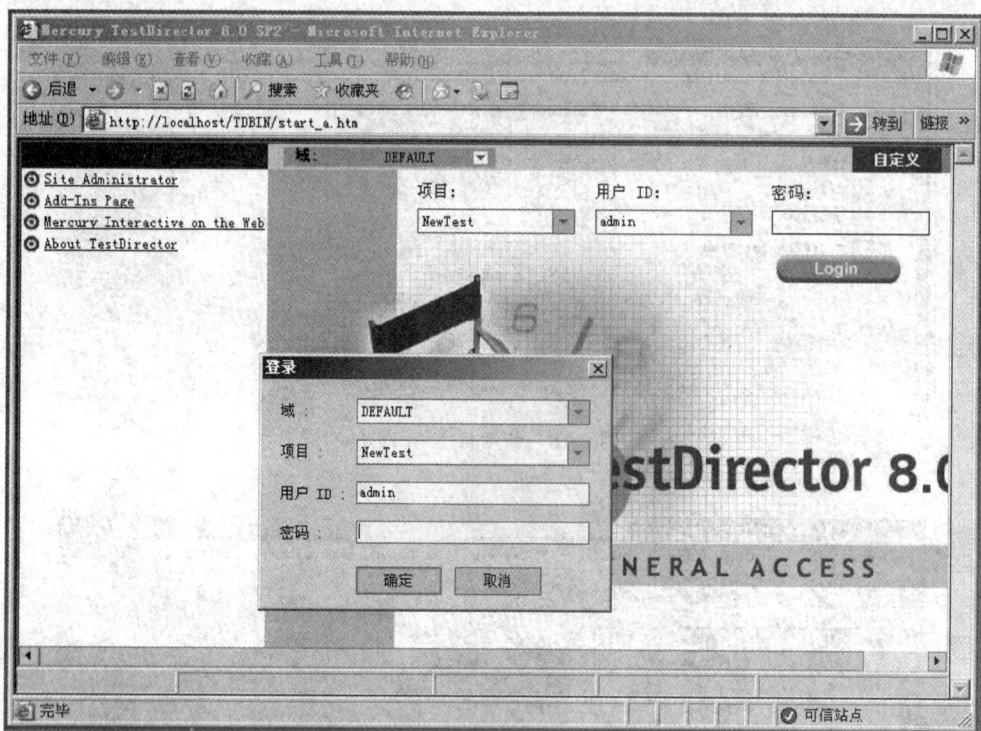

图 6-20 "自定义"登录

进入项目自定义设置页面后，选择左侧 Set Up Users 链接，进入"设置项目用户"页面。单击"添加用户"，将新建用户 Tester_NT 添加到项目中。然后为 Tester_NT 设置权限，使其属于三个用户组：Project Manager、TDAdmin 和 Viewer。如图 6-21 和图 6-22 所示。

TestDirector 中，用户和用户组的管理灵活、简单，关于用户管理的高级应用以及用户组的管理请参阅 TestDirector 的相关官方文档。

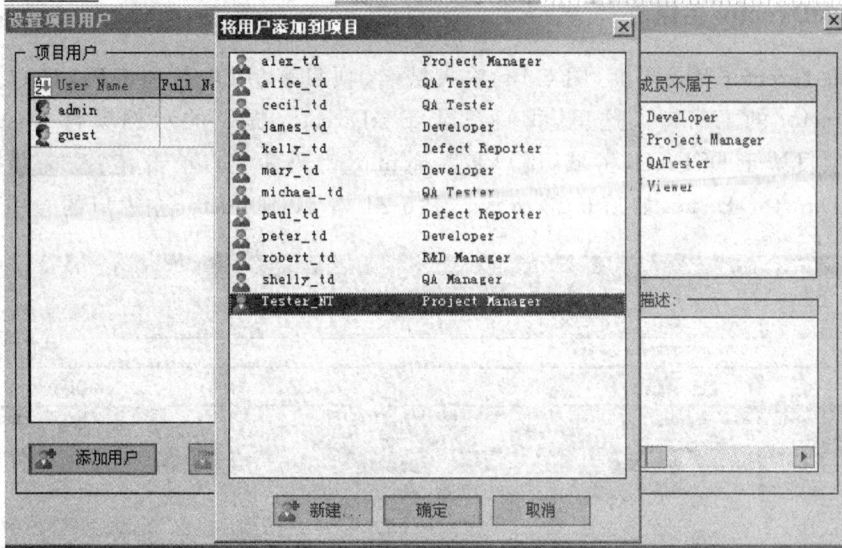

图 6-21 添加 Tester_NT 到项目 NewTest 中

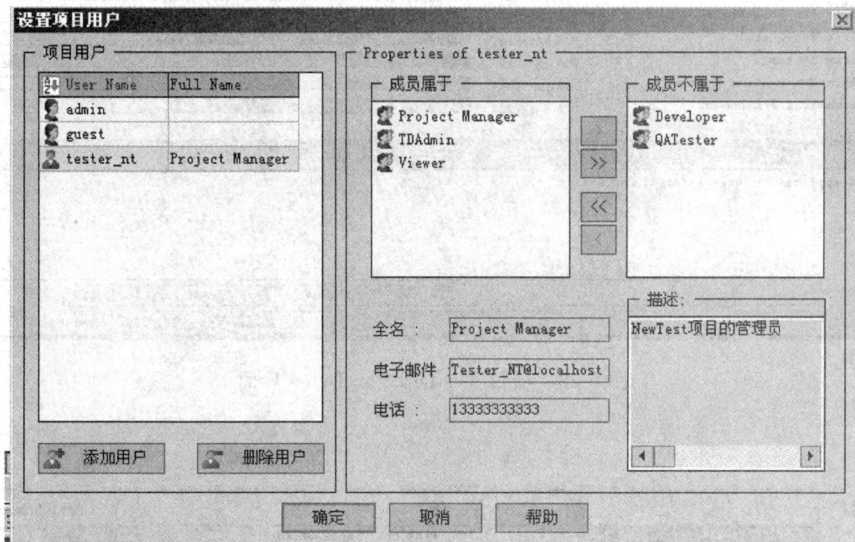

图 6-22 设置用户权限

6.8.4 使用 TestDirector 管理测试项目

TestDirector 8.0 提供了一个示例项目 TestDirector_Demo(航班订票系统测试项目)供用户学习 TestDirector 的基本工作流程和使用方法,下面我们就以 TestDirector_Demo 项目为例,结合 TestDirector 使用手册来描述 TestDirector 8.0 管理测试项目的基本过程。

1. TestDirector 主窗口

在 TestDirector 登录界面（图 6-13）输入域名、项目名、用户名和密码，我们就可以进入 TestDirector 的主窗口。这里，我们登录 TestDirector 提供的示例项目 TestDirector_Demo，该项目属于 DEFAULT 域，用户名为 admin，密码为空。单击 **Login** 按钮进入项目 TestDirector_Demo，如图 6-23 所示。图 6-24 是 TestDirector 主窗口的通用工具栏。

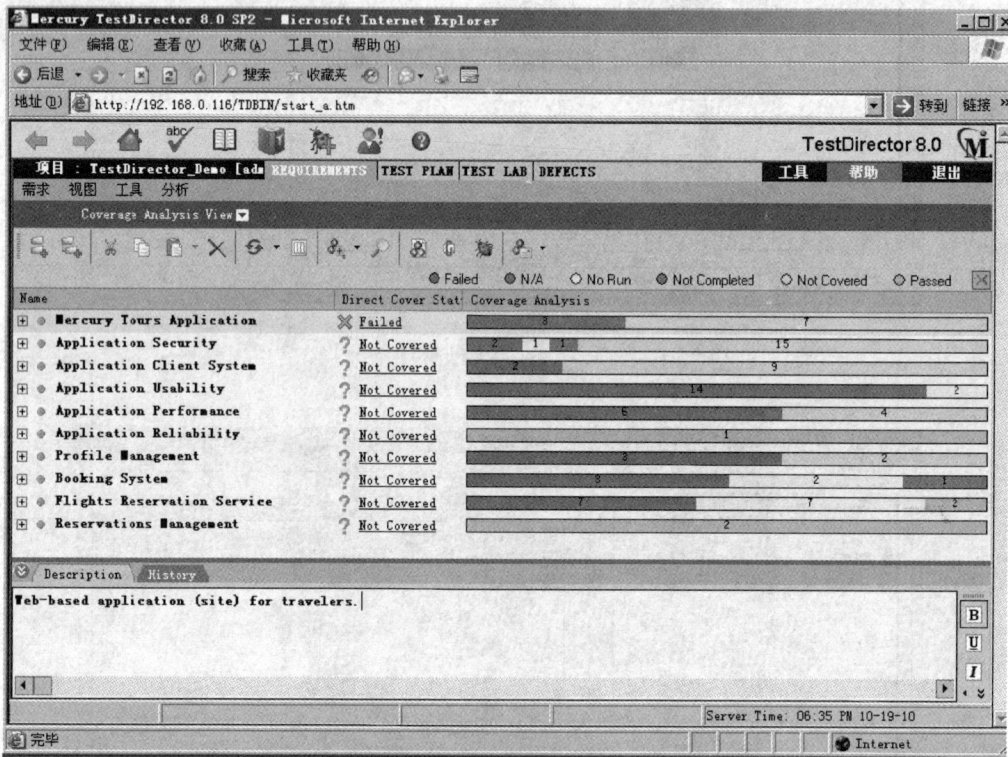

图 6-23　项目 TestDirector_Demo 界面

图 6-24　TestDirector 主窗口工具栏

2. 管理测试需求

TestDirector 对测试需求的管理流程是定义测试范围、创建需求、描述需求、分析需求。测试人员通过分析各种项目文档信息来确定测试范围（测试目标、对象和策略等），然后在 TestDirector 的需求管理模块（Requirements）中创建需求树并对每一项需求进行详细描述（优先级、类型、覆盖状态等），这些需求信息都可以用报表或图表的形式加以总结和分析。

1）定义测试范围

测试人员收集所有可以利用的文档信息来确定测试需求的范围。质量保证的管理人员用测试范围为应用程序的测试定义所有的测试需求。它们先定义测试主题，并将各个测试主题指派给测试组内的各个 QA 测试人员。然后每一个 QA 测试人员将自己所负责的测试主题记录到 TestDirector 工程上。

需求主题是通过创建需求树记录在需求模块里。需求树是以图表的方式形象地描述需求说明书，并显示不同级别需求的等级关系。

例如 TestDirector_Demo 项目中的航班订票系统，它能够让你去管理航班调动、旅客登记和机票销售。QA 管理人员可能会定义其主要的测试需求为登录操作、数据库操作、传真发送操作、安全性能力检查、图形和报表操作、UI 检查操作和帮助等，如图 6-25 所示。

对于每一个需求主题，QA 测试员均应该创建相应的详细测试需求列表。例如，Application Security 需求主题可能会被分解为如图 6-26 所示的需求，图中粗体字显示的是需求主题，下方列表为子需求。

2）在需求树中管理需求

测试项目的所有需求根据其相互关系构成若干需求树，需求树可以类比于 Windows 操作系统中的树形目录结构，在需求管理模块页面中，左侧显示需求树结构，右侧显示指定需求项的相关信息；另外，在操作方式上两者也是类似的。读者只要掌握需求模块中的菜单或工具按钮的用法，就能很快掌握管理需求树的方法。

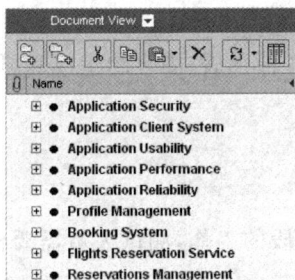

图 6-25　TestDirector_Demo 的需求主题

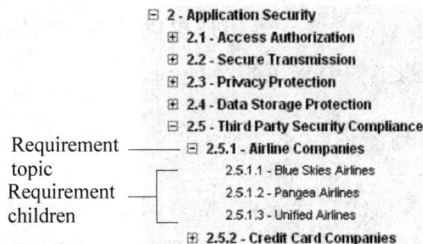

图 6-26　详细测试需求列表

3）描述需求

当需求被添加到需求树后，需要添加具体的描述信息，例如创建者、优先级、类型、产品、覆盖状态、被修改情况等。

4）分析需求

通过报表菜单可以对指定需求项生成形式多样的需求报表，选择菜单"分析"→"报告"→standard requirements report 生成需求报表如图 6-27 所示。

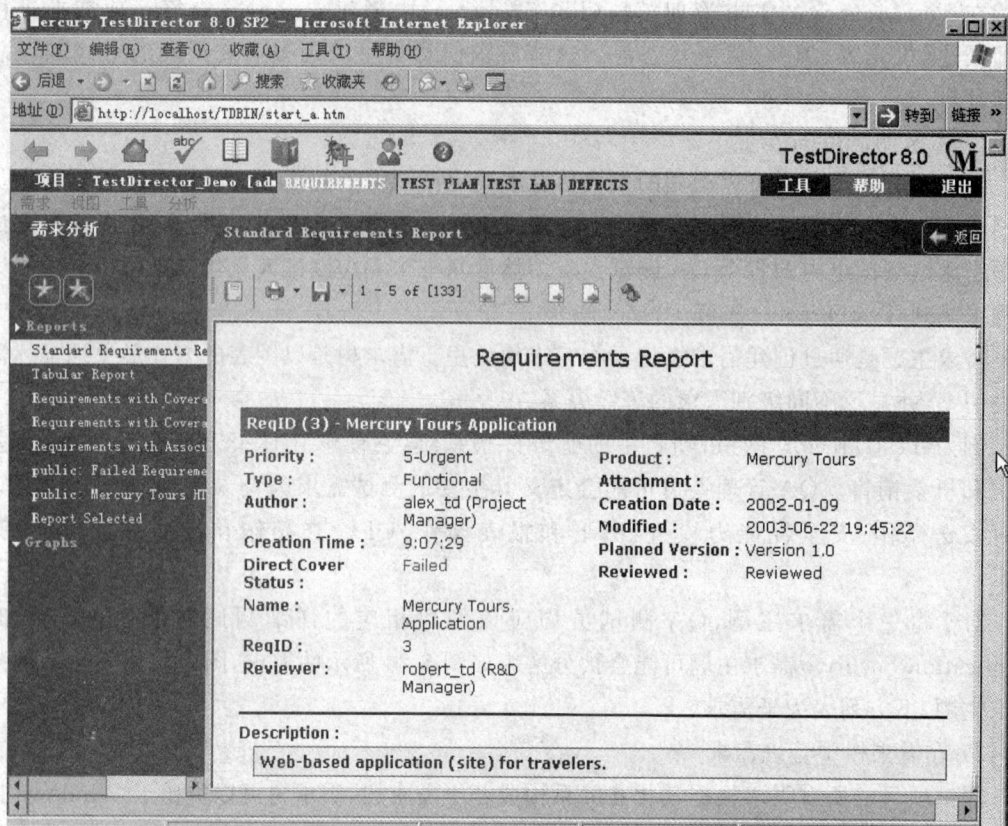

图 6-27　需求报表

　　通过图表菜单可以对指定需求项生成需求图表。选择菜单"分析"→"视图"→requirements Coverage 生成需求覆盖图表如图 6-28 所示。

　　TestDirector 8.0 为用户提供了专用的图表工具，支持各种报表、图表的生成和显示，为测试人员的工作带来了极大便利。

3. 计划测试

　　按照测试流程来说，计划测试主要进行测试分析设计阶段的工作，测试人员需要根据前面定制好的测试需求来设计具体的测试策略和步骤，为下一步的测试执行做好准备。TestDirector 为计划测试提供了一个基本管理流程：定义测试策略、定义测试主题、定义测试、创建需求覆盖、设计测试步骤、自动测试、分析测试计划。

　　1) 定义测试策略

　　针对测试需求树中的某一项需求，我们需求制订一个测试策略，一般从以下两个角度来考虑：

　　• 你应当怎样测试应用程序？

　　使用的测试技术：压力测试、安全测试、性能测试等。

　　缺陷的处理：缺陷严重程度、缺陷状态、缺陷管理权限等。

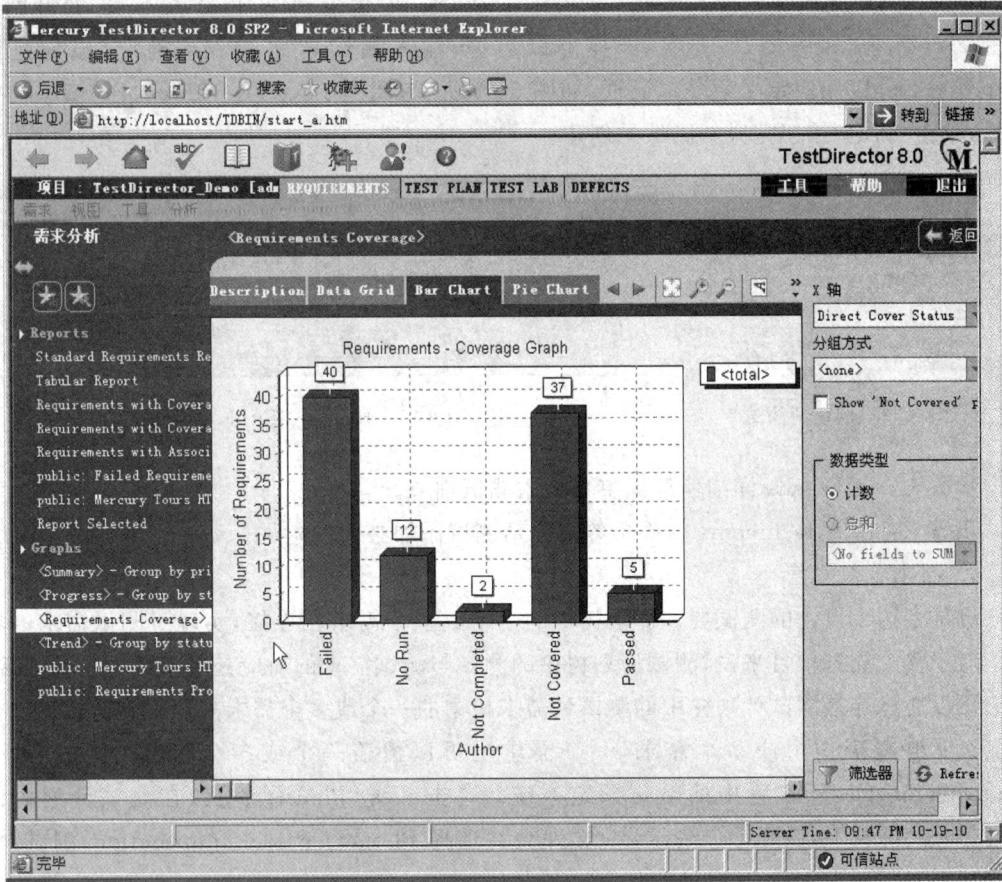

图 6-28 需求覆盖图表

- 你需要什么资源？

资源：人员、硬件等。

时间表：各项任务的完成时间和相互依存关系。

2）定义测试主题

根据被测程序功能的等级关系，可以将程序功能分解为各个主题，并建造相应的表现应用程序功能的测试计划树。测试计划树是测试计划的一种图形表现。它是根据测试主题组织的测试分级表，每一个主题包含对应被测程序模块需要进行的测试。

在测试计划工具栏上单击 New Folder 图按钮就可以在选定的测试主题下创建新的测试主题。测试主题反映在测试计划树中就是一个文件夹，测试人员在测试计划树上创建测试主题后可以在其中继续创建需要的测试。

3）定义测试

这里测试人员要为测试计划树上的测试主题设计测试，并且能够把测试与指定的缺陷关联。

添加测试到测试计划树的过程如下：

步骤一：在测试计划树上选定一个测试主题文件夹，单击 New Test ⊥ 按钮，打开创建新测试对话框，如图 6-29 所示，选择测试类型，输入测试名称，单击"确定"按钮进入 Required Fields 用户定义字段对话框，如图 6-30 所示，填入 Level、Reviewed、Priority 的属性值，单击"确定"按钮完成新测试的创建。

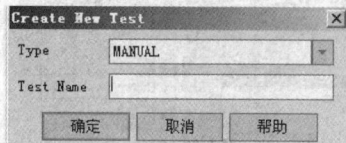

图 6-29　创建新测试

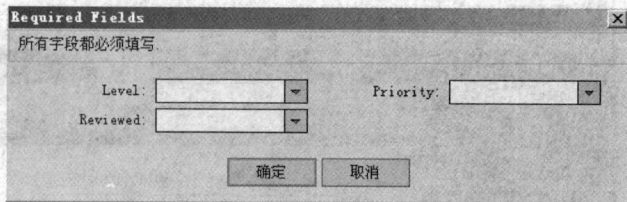

图 6-30　Required Fields 对话框

步骤二：在 Details 详细信息标签页填入测试细节。

步骤三：在 Attachments 附件标签页为新测试添加必要的附件。

4）创建需求覆盖

测试主题中设计的测试要和需求树上的一个或多个需求相连接，实现对测试需求的覆盖。对于整个测试项目来说，测试计划树中的测试与测试需求的对应是最基础的一种连接，我们可以通过连接测试计划树中的测试到需求树中的一个或多个需求来创建测试覆盖。一个测试能够覆盖一个或多个需求，一个需求也可以覆盖一个或多个测试。例如，对于 TestDirector_Demo 工程中的航班预定系统。单击 Test Plan 标签页，在测试计划树的 Profiling 文件夹下，展开 Registration 文件夹并选择 Phone(Contact Information)测试，如图 6-31 所示。

Phone(Contact Information)测试检查用户的联系电话是否为空。在需求范围标签页，我们可以看到该测试覆盖了如下三个需求主题：

- Mercury Tours Application\Profiling
- Application Usability\Correct Error Messages
- Profile Management\Registration\Customer Personal Information

创建需求覆盖有两种方式：连接需求到测试和连接测试到需求。下面我们通过给 Phone(Contact Information)测试添加需求 Profile Management\ Registration \Customer Identification Information 来演示创建需求覆盖的过程。

方式一：连接需求到测试。

步骤一：打开计划测试标签页，如图 6-32 所示，在测试计划树上选择 Phone(Contact Information)测试。它的具体位置在：Subject→Profiling→Registration→Phone(Contact Information)。

步骤二：进入"需求范围"标签页，单击工具栏"选择需求"按钮，在右边打开需求树窗口。在需求树中找到需要添加的需求：Profile Management\ Registration \Customer Identification Information。

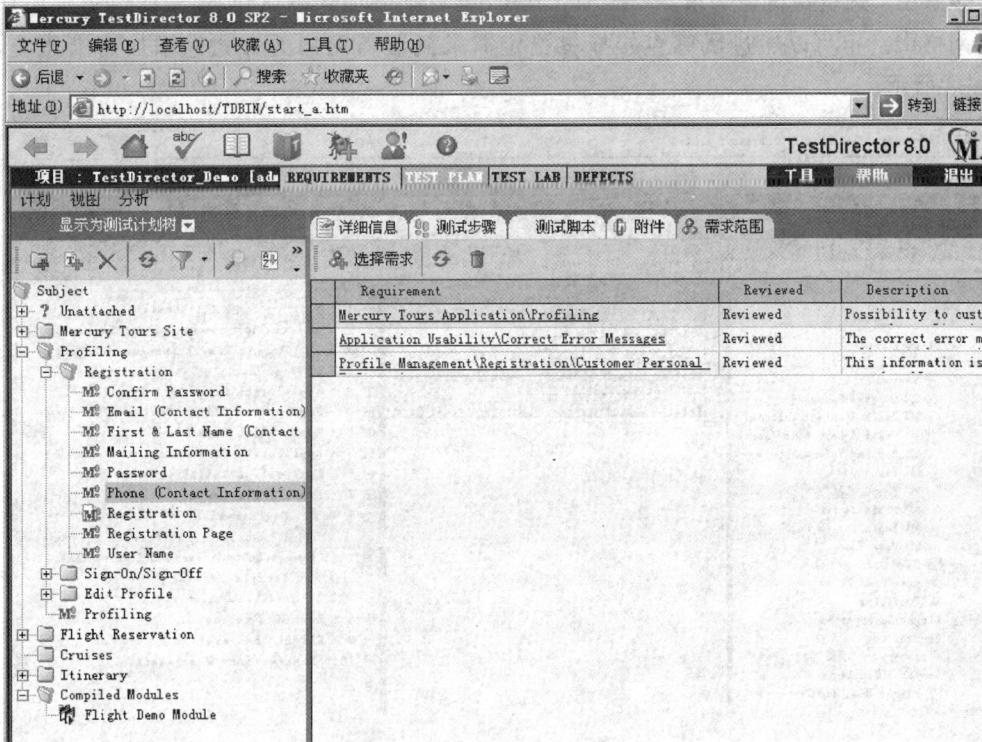

图 6-31 Phone 测试的需求范围

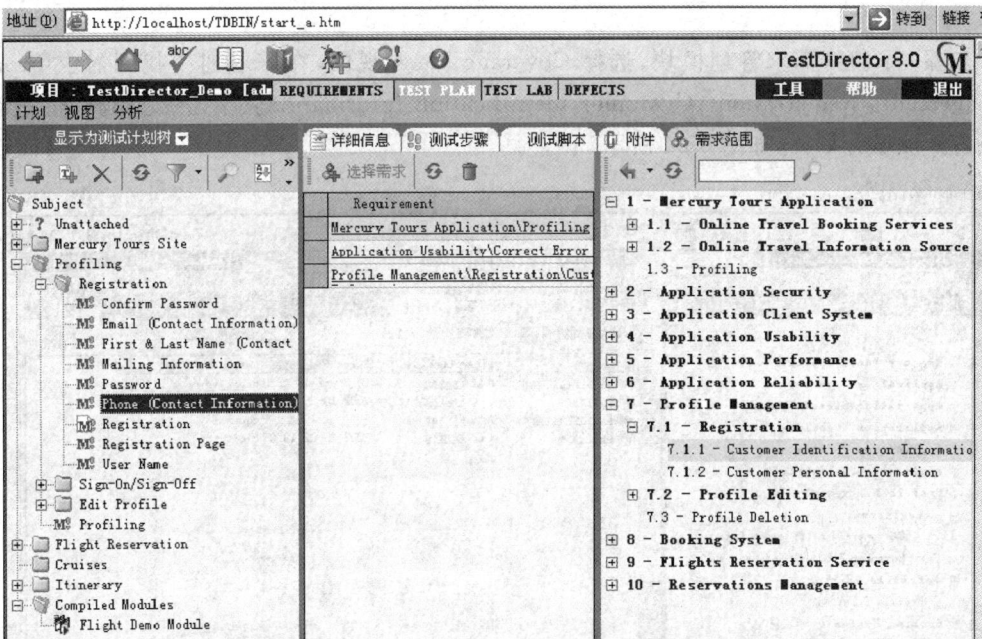

图 6-32 计划测试模块的需求范围标签页

步骤三：选定待覆盖需求，单击 Add to Coverage 添加到测试集 🔙 按钮将需求添加到覆盖网格中。也可以通过鼠标直接拖曳指定需求到覆盖网格的方式来添加需求覆盖，如图 6-33 所示。

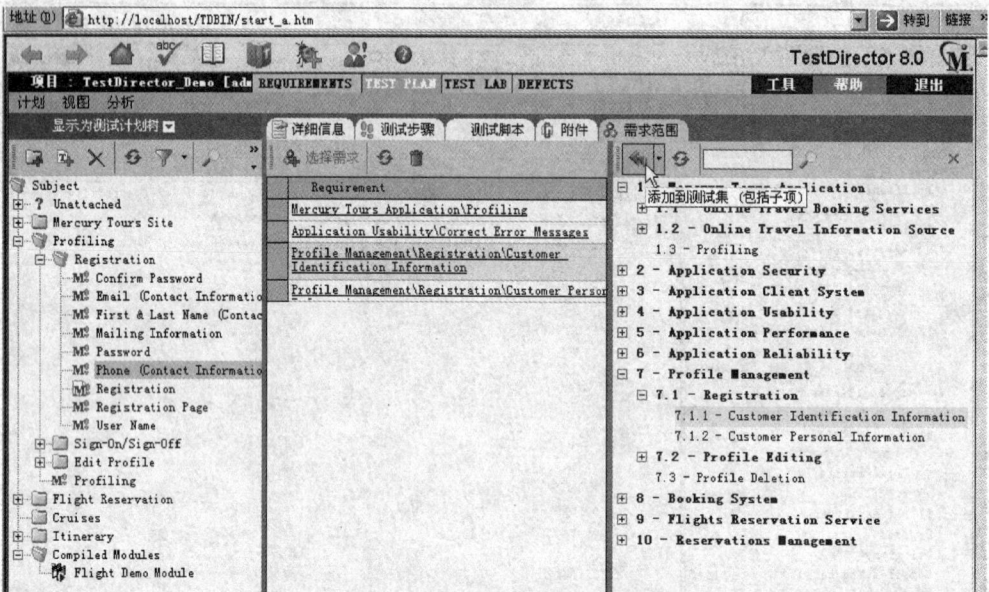

图 6-33　计划测试模块中创建需求覆盖

方式二：连接测试到需求。我们也可以用 TestDirector 的需求模块来连接测试和需求。

步骤一：打开需求管理模块，选择 Coverage View 视图，在需求树中找到需求 Profile Management\ Registration \Customer Identification Information。单击"选择测试"按钮，右侧打开测试计划树，如图 6-34 所示。

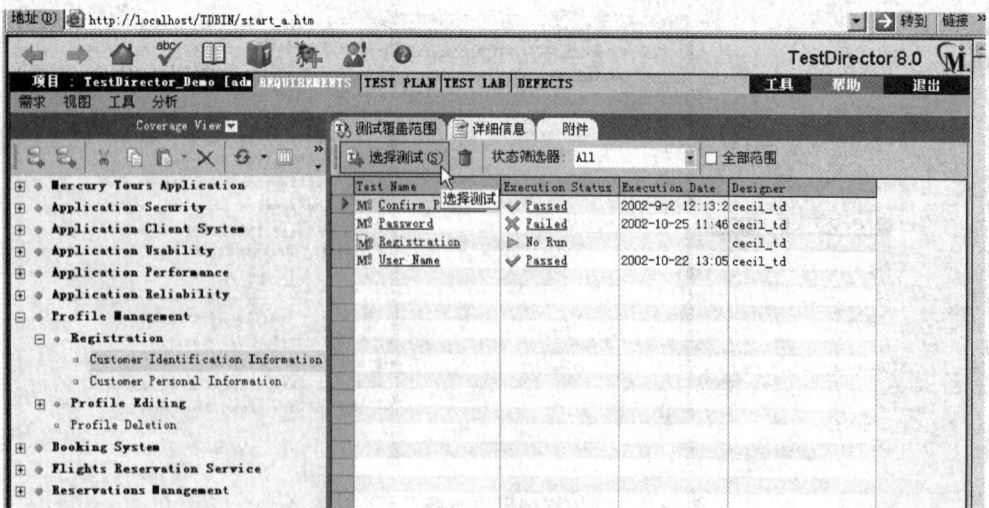

图 6-34　测试覆盖范围标签页

步骤二：在测试计划树中找到测试项 Subject\Profiling\Registration\Phone(Contact Information)，单击 Add to Coverage 按钮将指定测试项添加到需求网格，如图 6-35 所示。同样地，也可以采用鼠标直接拖拽测试项到覆盖网格的方式为需求项添加测试覆盖。

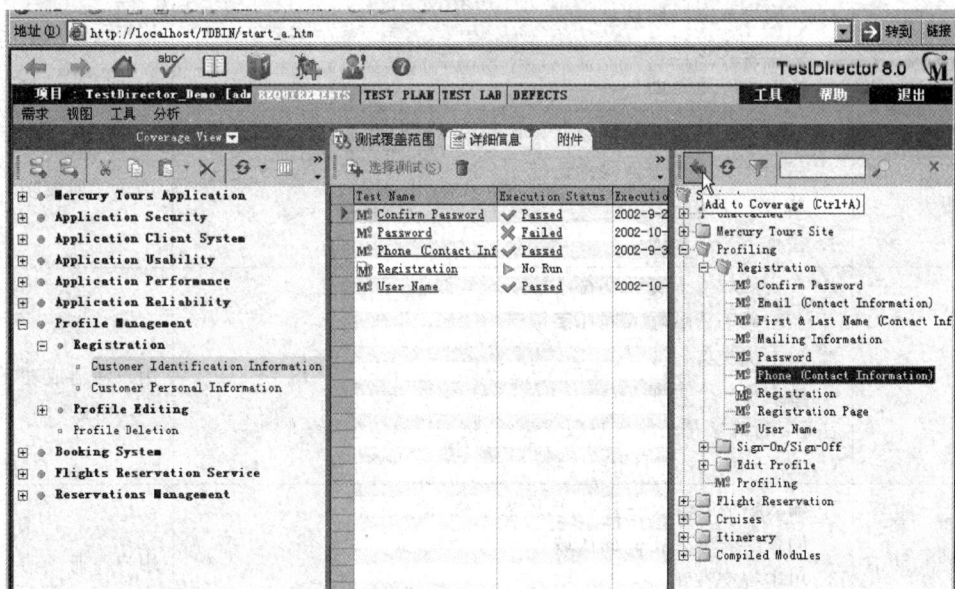

图 6-35　添加测试覆盖

5）设计测试步骤

测试计划树创建完成后，我们就应该为每一个测试定义步骤并定义基本的测试信息。测试步骤至少应该包括程序执行的动作、预期的输入、期望的输出和执行参数。

对于手动测试，只要完成创建步骤，就可以按照计划立刻开始执行。对于自动化测试，除了创建测试步骤，还需要使用相关测试工具创建自动化测试脚本。

选中测试计划树中的某项测试计划，在右侧的"测试步骤"标签页中单击"新建步骤"按钮 就可以进行测试步骤的设计。这里需要详细描述 Step Name 步骤名、Description 步骤描述、Expected Results 期望结果。

在航班订票系统测试计划树中的 Subject\Profiling\Registration\Password 测试项来进行用户注册过程中密码项的测试，表 6-3 是它的测试步骤。

表 6-3　Password 的测试步骤

步 骤 名 称	描　　　述	期 望 结 果
调用连接	调用连接参数：mercury tours url＝'http：//merc-tours/mtours/servlet/com. Mercurytours . servlet. WelcomeServlet'	
准备	执行测试步骤前运行这一步。 1. 单击注册按钮。 2. 完成有效联系。 3. 填写有效 User Name	

续表

步骤名称	描　　述	期望结果
步骤一： 有效值	1. 输入密码的条件：密码不为空，有效字符。 2. 正确完成密码确认。 3. 单击提交按钮。 4. 检查下一个页面	用户注册成功
步骤二： 长度最大	1. 检查密码域的有效最大输入长度。 2. 用同样长度检查密码确认域。 3. 单击提交按钮。 4. 检查下一个页面	用户注册成功
步骤三： 特殊字符	1. 在密码域输入特殊字符。 2. 在密码确认域输入同样字符。 3. 单击提交按钮。 4. 检查下一个页面。 注意：特殊字符是非字母数字字符，例如：~ ! @ ＃ $ ％ & *（）＋ － ＝ 〈〉| [ ] \ ＜＞？/	用户注册成功
步骤四： 密码中包含空格	1. 输入密码：输入一些字符，输入空格，输入字符。 2. 同样字符输入密码确认域。 3. 单击提交按钮。 4. 检查下一个页面	用户注册成功
步骤五： 空密码	1. 跳过密码域和密码确认域。 2. 单击提交按钮。 3. 检查下一个页面	给出密码不能为空的错误提示。用户注册失败
步骤六： 密码中只有空格	1. 只在密码域中输入空格。 2. 同样字符输入密码确认域。 3. 单击提交按钮。 4. 检查下一个页面	给出密码不能为空的错误提示。用户注册失败

6）自动测试

测试步骤设计完成后，我们就可以以这些步骤为模板来创建自动化测试。但并不是所有的测试都要使用自动化方式，一般来说，测试对应的需求覆盖越多，越不适合进行自动化测试。下面描述了几种不应该执行自动化测试的情况：

- 可用性测试——测试检查应用程序的易用性。
- 只执行一次的测试。
- 需要立即运行的测试。
- 基于用户对程序的理解和直觉。
- 不具有预定义结果的测试。

根据测试步骤生成自动化测试模板的过程如下：

步骤一：在测试计划树中选择 Subject\Profiling\Registration\Password 测试项，在右边的"测试步骤"标签页中选择"Create Script"生成脚本按钮 ，选择一个自动化测试类型。自动化测试类型如表 6-4 所示。

表 6-4 自动化测试类型

测 试 类 型	描 述
WR-AUTOMATED	测试将通过 WinRunner 执行
VAPI-TEST	测试将通过 Visual API 执行。TestDirector 的 API 执行工具,能够让你创建和运行 C Scripts
LR-SCENARIO	一个场景,将通过 LoadRunner 执行
QUICKTEST-TEST	一个测试,将通过 QuickTest Professional 或 Astra QuickTest 执行
ALT-TEST 和 ALT-SECNARIO	一个测试,将通过 Astra LoadTest 执行。Mercury Interactive 公司为 Web 应用程序的负载测试工具
QTSAP-TESTCASE	一个测试,将通过 QuickTest Professional for MySAP. com Windows Client 执行。Mercury Interactive 公司为 MySAP. com 应用程序的功能测试工具,适用于 Windows 95、Windows 98、Windows 2000 和 Windows NT
XRUNNER	一个测试,将通过 XRunner 执行。Mercury Interactive 公司为 X Windows 应用程序的自动化测试工具
VAPI-XP-TEST	一个测试,用 Visual API-XP 创建。TestDirector 开放测试架构 API 测试工具

注意:假如你没有从 TestDirector 插件页安装合适的插件,如下的测试类型是无效的:QUICKTEST-TEST、ALT-TEST、XRUNNER、QTSAP-TESTCASE。

步骤二:单击 Test Script 测试脚本标签页就可以看到生成的测试模板。

步骤三:单击 Launch 按钮就可以在指定的自动化测试工具上运行测试脚本。

7) 分析测试计划

测试计划完成后,测试人员主要通过生成 TestDirector 报告和图表来对测试计划进行分析,检查所以测试项以确保他们能够满足既定的测试目标。

4. 测试执行管理

执行测试是测试过程的核心。当应用程序不断地改变,需要对工程运行手动或自动测试来定位缺陷和评估质量。TestDirector 的 TEST LAB 模块可以对测试执行进度与质量进行管理,测试执行管理的一般流程是:创建测试集、制定测试运行表、执行手工测试(自动测试)、分析测试结果。

1) 创建测试集

TestDirector 通过创建测试集来组织测试执行,测试集就是测试的集合,有预先制订好的测试目标,包含测试项目中的若干个测试。根据测试目标的不同,测试集有不同的种类:

- 正常集(Sanity Set):最基本的级别,主要检查功能和稳定方面。它包括最基本的测试,如肯定性检查、应用程序整体功能确认等。例如,在航班订票系统中,能够测试系统是否可以打开、航班文本框中是否可以输入日期。
- 一般集(Normal Set):相较于正常集能够更深入地测试系统,包括肯定和否定两个方面的检查。
- 高级集(Advanced Set):强调测试深度和广度。这个集覆盖了整个应用程序,并测试应用程序的高级选项。当测试时间充足时可以运行这个测试集。
- 回归集(Regression Set):回归测试专用。一个回归集包括测试的正常集和被修改区域的深入测试。

- 功能集（Function Set）：测试应用程序的子系统。可以包括单个属性或一组属性。例如，在航班预订系统中，一个功能集能够测试所有涉及传真订单的活动，包括从菜单上选择传真命令、输入传真号码、复查和传送传真。

测试集的创建需要在 TEST LAB 标签页进行。

步骤一：新建测试集。单击工具栏中的"创建测试集" ![按钮]，打开新建测试集对话框，如图 6-36 所示。输入测试集名称和描述信息，单击 OK 按钮完成测试集创建。单击"测试集属性"标签页，如图 6-37 所示，这里可以设置测试集状态以及开启和关闭的日期，为测试集添加附件，设置测试失败事件规则等。

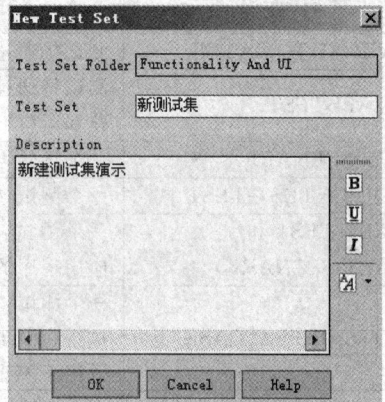

图 6-36　新建测试集

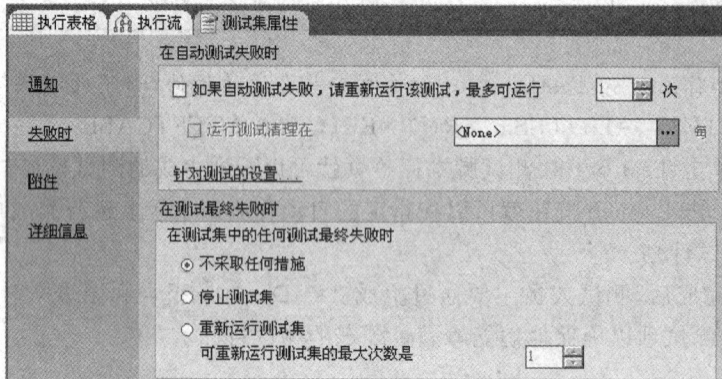

图 6-37　测试集属性

步骤二：往测试集中添加测试。在"执行表格"标签页或"执行流"标签页中单击工具栏中的"选择测试"按钮，打开右侧窗口面板显示测试计划树。从中选择一个文件夹或测试单击"添加测试到测试集"按钮，将选定测试添加到当前测试集中，如图 6-38 所示。这里也可以使用鼠标直接拖曳的方式添加测试。

2）制订测试运行流程

测试执行流程中，测试人员应该明确定义测试执行的指定日期和时间以及执行条件，执行条件依赖于测试执行流程中其他已定义测试的结果。通过设置条件，测试人员能够设置测试执行的顺序，提供了测试执行管理的效率。

例如：在 New Order 测试集中，测试人员能够定义 Test2 必须在 Test1 结束后执行；Test3 必须在 Test2 通过后执行等诸如此类的条件。

测试执行流程以图形的方式在 Execution Flow 行流标签页显示。

在测试执行流程图中，测试集以测试集图标 ![图标] 表现，测试以测试图标表现，由于测试工具的不同，不同的测试会由不同的图标表示。箭头虚线 --→ 表示该测试不具有条件。箭头实线 ——→ 标识一个条件，若箭头实线为蓝色，则表示条件状态设置为 Finished；假如箭头实

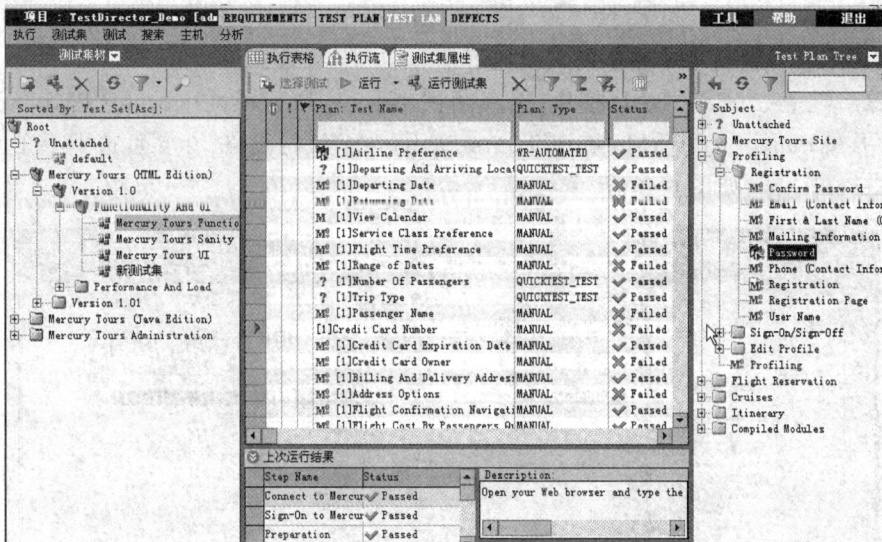

图 6-38　往测试集中添加测试

线为绿色，则表示条件状态设置为 Passed。图 6-39 是航班订票系统测试集 Mercury Tours Sanity 的测试执行流程图。

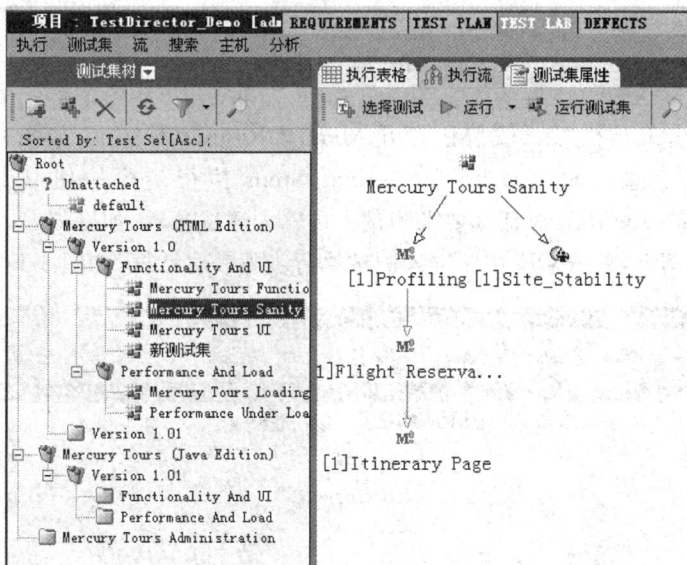

图 6-39　测试执行流程图

3）执行手工测试

执行手工测试需要测试人员按照计划测试期间定义的测试步骤执行测试，大致流程如下：

（1）按照测试步骤执行应用程序。

（2）比较实际结果与预期结果。

（3）标识每个步骤的通过或失败状态。

（4）对于失败的步骤，应说明应用程序的实际响应，根据预先定义的执行条件判定测试是否失败。

TestDirector 执行手工测试的步骤如下：

步骤一：进入 TEST LAB 模块，选择测试集 root\Mercury Tours（HTML Edition）\Version 1.0\Functionality\Mercury Tours Sanity，在"执行表格"标签页选中手工测试[1]Flight Reservation，如图 6-40 所示。

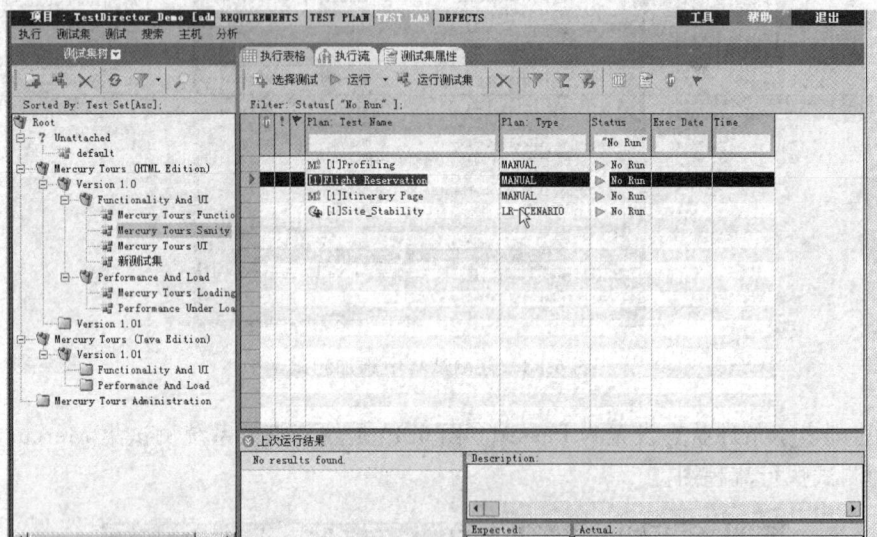

图 6-40　选中手工测试

步骤二：单击工具栏"运行"按钮打开 Manual Runner 对话框，如图 6-41 所示。Run Name、Tester 等信息编辑完成后，单击 Exec Steps 执行步骤按钮 ▷ 执行步骤，弹出 Parameters Values for Run 对话框要求测试人员输入测试参数，如图 6-42 所示。输入预先设计好的测试用例后，单击 OK 按钮进入测试执行步骤表对话框，如图 6-43 所示。

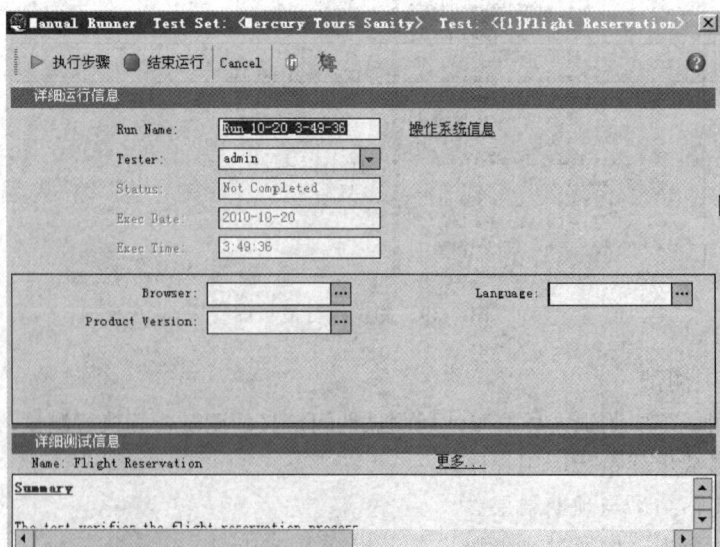

图 6-41　Manual Runner 对话框

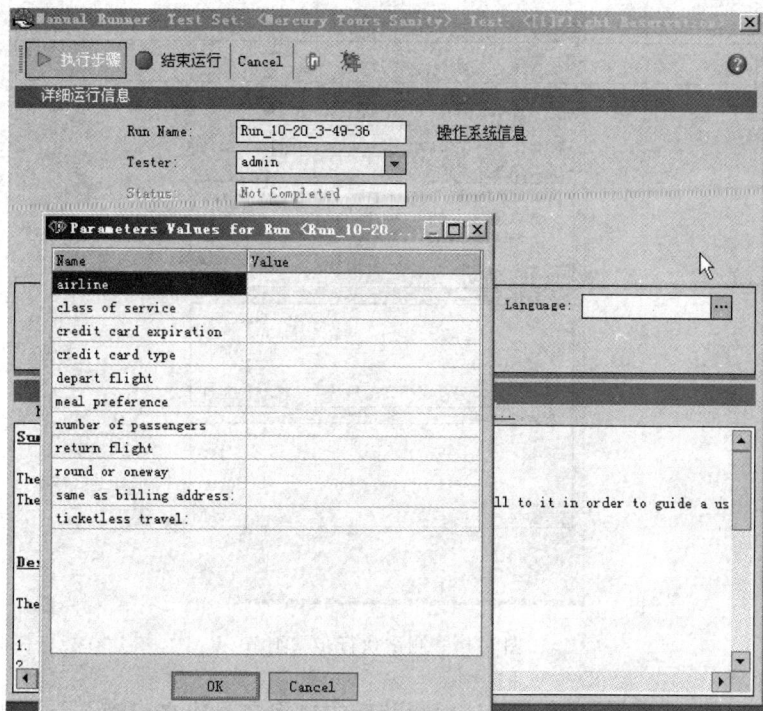

图 6-42 设置运行参数

图 6-43 测试执行步骤表

步骤三：在测试执行步骤表对话框中，测试人员可以根据实际测试结果标识每一个测试步骤的状态。单击图标 ▣ 可以打开测试执行步骤详细对话框，如图 6-44 所示，这里可以查看到更多的关于测试步骤的信息。单击 ⬅ 按钮可以重新回到测试执行步骤表。

如果实际结果与预期的结果相同，单击 ▨ 按钮。TestDirector 为这个步骤添加一个绿色的检查标志并改变步骤状态为 Passed(若想一次 Pass 所有的测试步骤，单击 ▨ 按钮箭头并选择"全部通过")。

假如实际结果与预期结果不一致，在图 6-44 中的 Actual Result 框输入实际结果并单击 ▨ 按钮。TestDirector 将添加一个红色的"×"到这个步骤，并改变这个步骤的状态为 Failed(若想一次 Fail 所有的测试步骤，单击 ▨ 按钮箭头，并选择"全部失败")。

若发现一个应用程序缺陷，则可单击 ♦ 按钮，弹出添加缺陷对话框，在弹出的对话框中

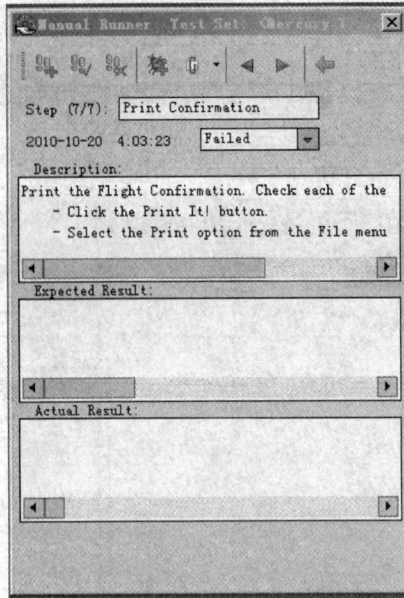

图 6-44　测试执行步骤细节

添加缺陷。TestDirector 会自动在测试运行和新的缺陷之间建立连接。添加缺陷的具体方法见后续章节。

测试步骤执行记录结束后，如图 6-45 所示，单击 ● 按钮返回 TEST LAB 模块，如图 6-46 所示，测试[1]Flight Reservation 被标记为 Failed。

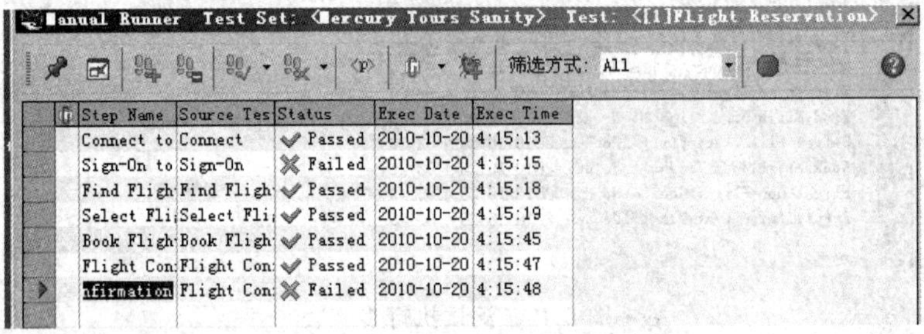

图 6-45　测试步骤执行完毕

4）执行自动测试

自动测试可以在安装了相应测试工具的本地计算机上或远程主机上自动运行，执行自动测试时，TestDirector 会自动打开所选定的测试工具，运行这个测试，并向 TestDirector 中输出测试结果。如果指定远程主机运行某个既包含自动测试又包含手动测试的测试集，当执行其中的手动测试时，TestDirector 会发送一封 E-mail 到指派的测试人员，告知测试运行的情况，被指派测试人员按要求在指定的主机上手动地运行这个测试。

执行自动测试先要选择测试项，然后单击工具栏上的 ▷ 运行 ▾ 运行测试按钮，弹出自动测试执行对话框，如图 6-47 所示。我们可以在图 6-47 中看到，Run on Host 项要求测试人员指定执行测试的主机，单击按钮 ▷ 运行 ▾ 就可以开始执行自动测试。

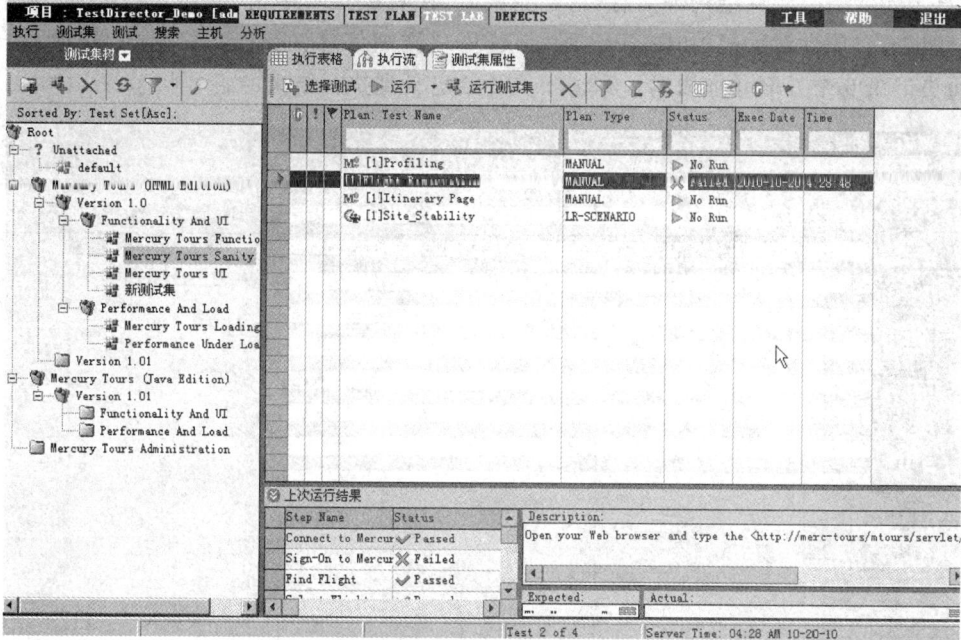

图 6-46　测试执行

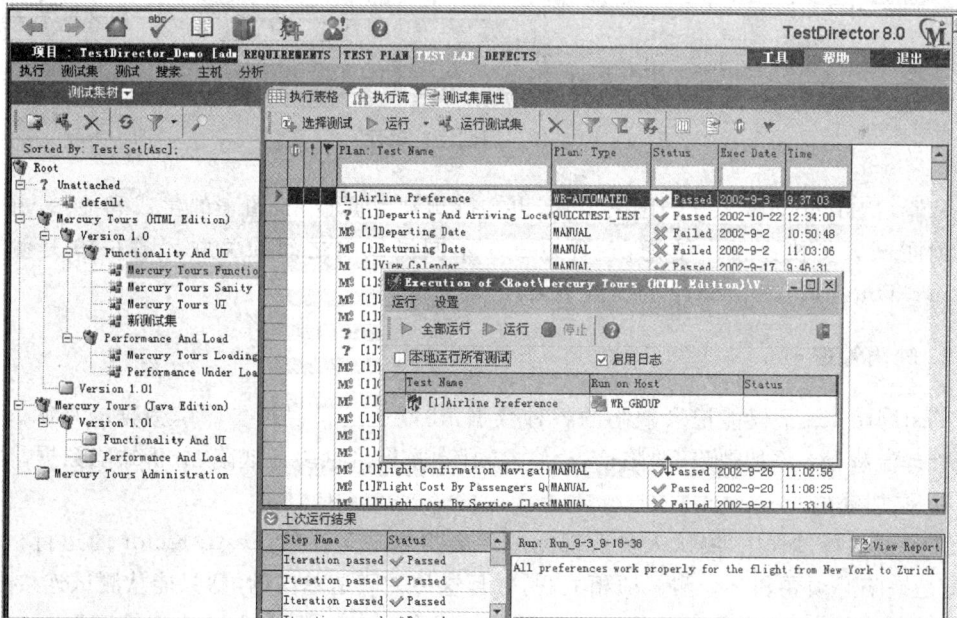

图 6-47　自动执行测试

5) 分析测试结果

执行测试后,TestDirector 会详细地给出测试及测试步骤的中间状态和结果。这些内容能够有效地帮助测试人员了解测试进程,完善测试计划和需求,提供测试效率。

TestDirector 提供了多种查看测试数据的途径。在 TEST LAB 的执行表标签页能提供测试步骤状态及测试结论等信息,选定测试后,在右键菜单单击"测试运行属性"菜单项,打开测试运行属性对话框,如图 6-48 所示,这里从详细信息、所有运行、附件、配置、运行时间、历史记录 6 个方面详细描述了测试项从开始定义到执行结束的各项状态。

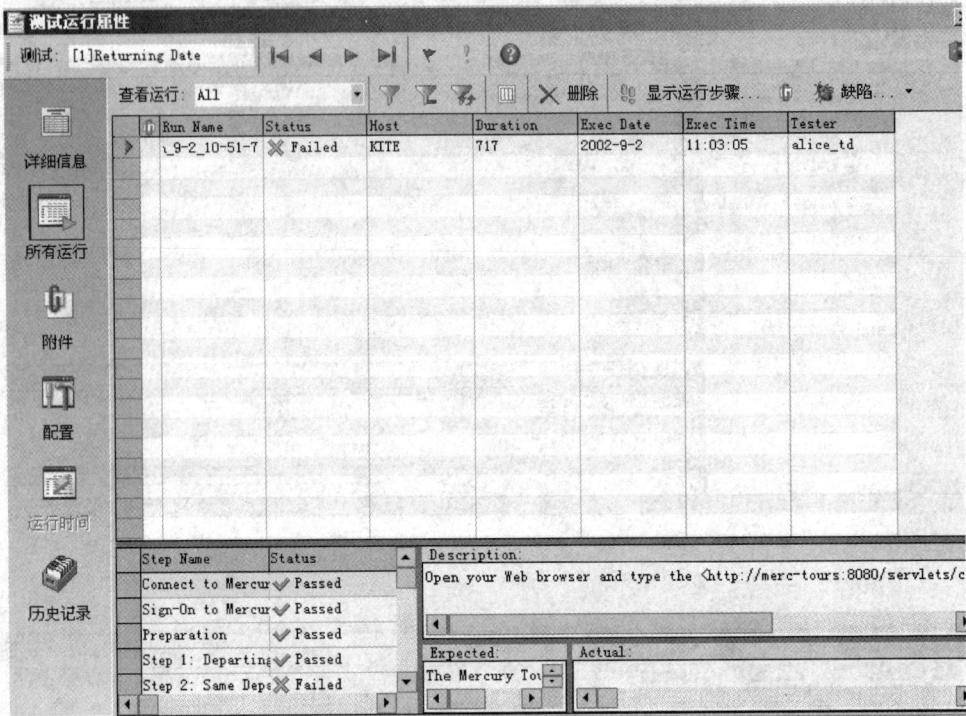

图 6-48　测试运行属性

另外,TestDirector 8.0 的图表工具,也支持测试数据报表、图表的生成和显示,并且能够帮助测试人员快速得出结论,直观地查看不同测试项之间的关联。图 6-49 是测试集 Mercury Tours Functionality 的测试结果。

5. 缺陷管理

TestDirector 不仅能记录缺陷的各种数据,还能通过错误报告跟踪数据的来源。它的缺陷管理流程是:添加缺陷、缺陷检查、修复缺陷、重构测试验证缺陷、分析缺陷数据。

1) 添加缺陷

在测试执行过程中,测试人员发现问题后会报告缺陷。从 TestDirector 的运行机制来说,就是缺陷必须要和某个测试项相关联,并且这种关联是单向的,即只能从测试连接缺陷,不能凭空地添加缺陷让它和某个测试相连接。具体方法见"3. 测试执行管理"中的内容。这里介绍缺陷添加的基本步骤。

步骤一:Defects 模块就是缺陷管理模块,以 Defect Grid 缺陷网格方式显示缺陷,如图 6-50 所示。在图 6-50 中我们可以看到缺陷的状态(Status)有 6 种:Close 关闭;Fixed 已修复;New 新建;Open 打开(新建后被开发人员接受);Reject 拒绝(新建后被开发人员拒绝);Reopen 重新打开。

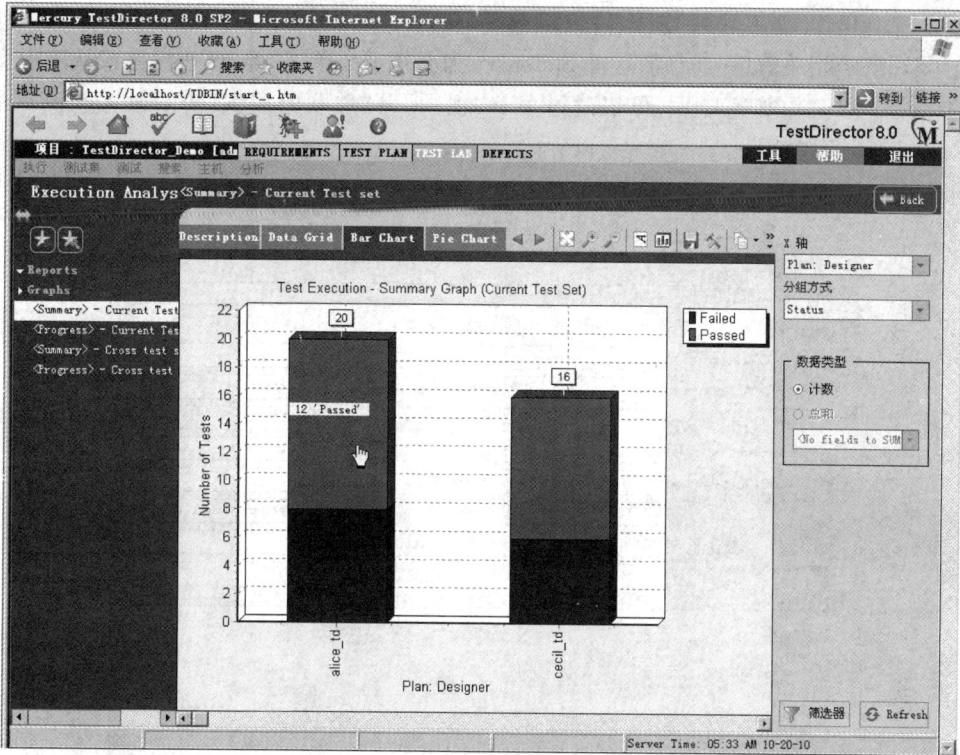

图 6-49 Mercury Tours Functionality 测试结果

图 6-50 缺陷管理模块

步骤二：单击"添加缺陷"按钮 <img>添加缺陷...</img>，打开 Add Defect 添加缺陷对话框，如图 6-51 所示。填写缺陷相关信息（红色信息框 Summary 为必填项），单击"确定"按钮完成缺陷提交。

步骤三：缺陷添加完毕后，可以通过菜单"视图"→"关联的测试"查看缺陷与测试的连接情况，如图 6-52 所示。

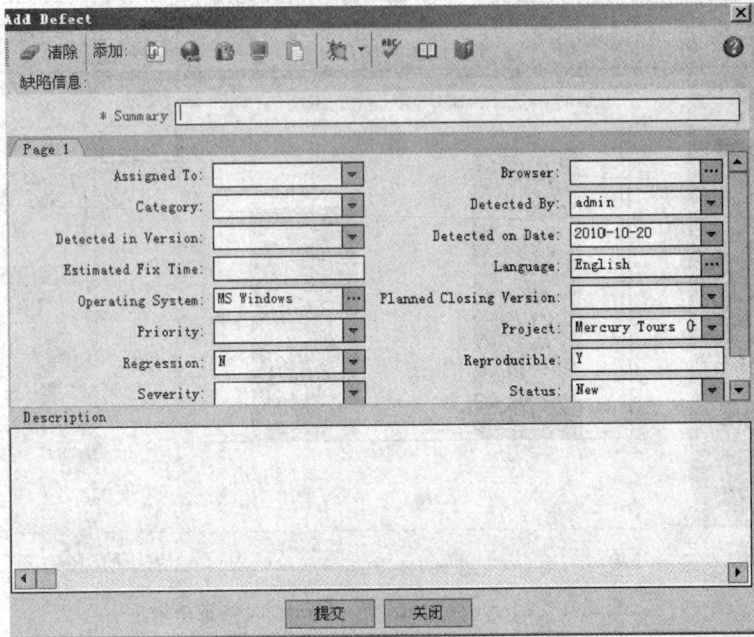

图 6-51　添加缺陷

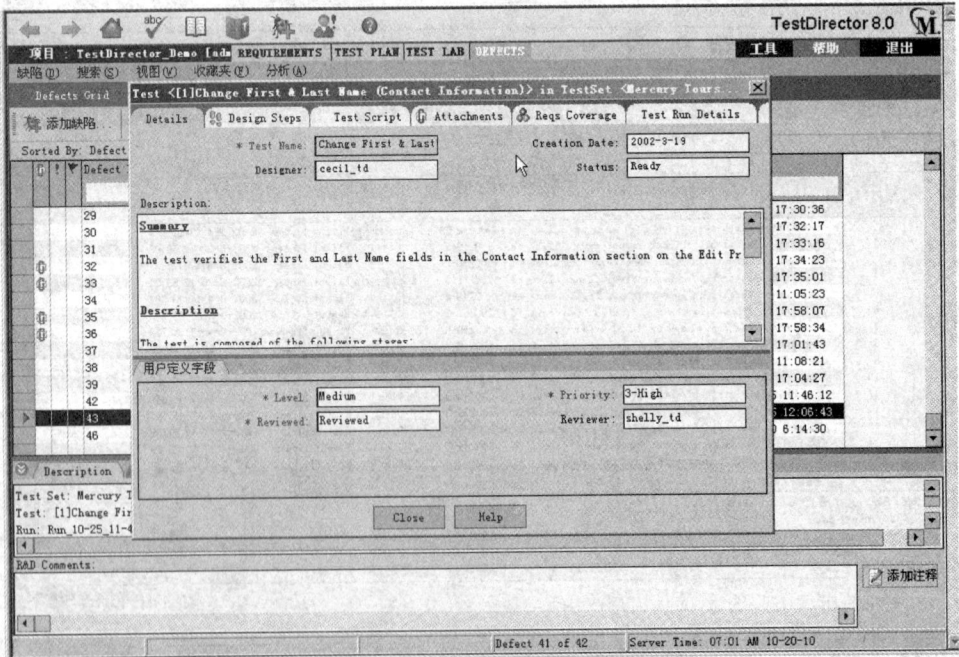

图 6-52　关联到测试

2）检查缺陷

由于测试项目中缺陷的数量比较多，被测软件存在相似功能模块以及测试人员的分布式工作模式等原因的存在，可能会导致缺陷之间出现相似定义或相同定义的情况。对于新添加的缺陷，测试人员都要进行缺陷检查，以确定缺陷是否已存在或有相似缺陷存在。

在添加缺陷时，输入缺陷基本信息后，单击工具栏上的 Matching Defects 查找类似缺陷按钮 ，如果有相似的缺陷，就会弹出图 6-53 所示的对话框。

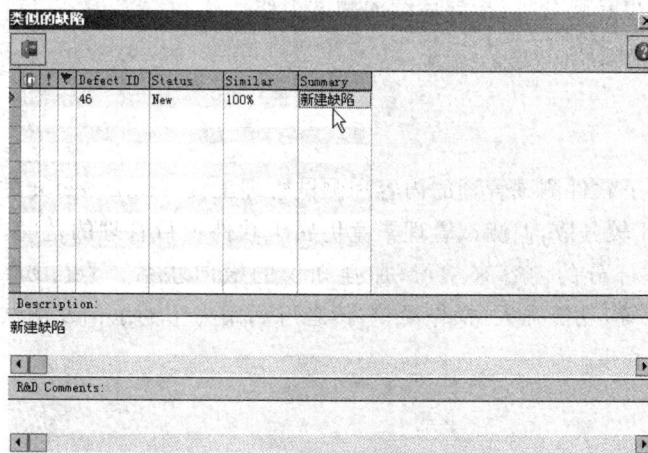

图 6-53　类似的缺陷

3）修复缺陷

缺陷由测试人员报告、项目经理或质量保证员确认后，将被指派给项目开发小组进行缺陷修复。开发人员完成修复缺陷后就可以在 TestDirector 的 Defects 模块修改对应缺陷的相关信息，并将缺陷的状态改为 Fixed(已修复)或 Rejected(拒绝)。

在 Defects 模块内选中缺陷后，单击 Defect Details 缺陷详细信息按钮 ，打开缺陷详细信息对话框，如图 6-54 所示，在这里可以对已修复缺陷信息进行修改。

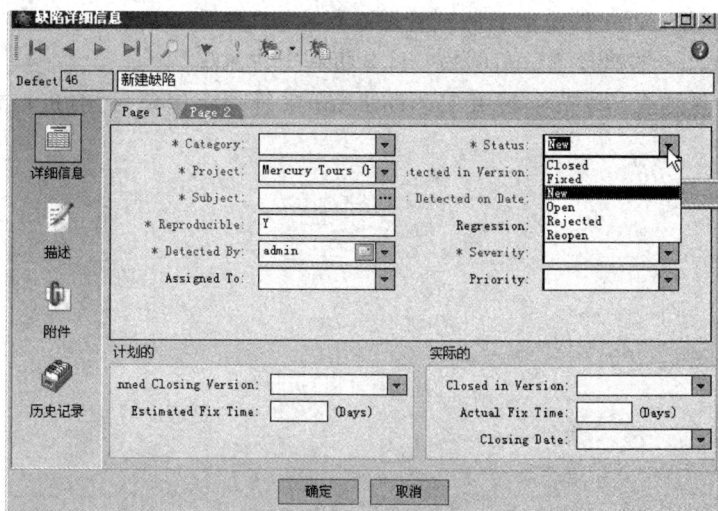

图 6-54　缺陷详细信息

4）验证缺陷

开发人员修复缺陷后，要重新指派给测试人员进行验证。也就是说，测试人员要验证 Fixed 状态的缺陷，如果验证通过，将缺陷的状态改为 Closed，关闭缺陷；否则，将缺陷的状态改为 Reopen，重新打开缺陷。

5）分析缺陷数据

TestDirector 的报表图表工具可以生成各种缺陷分析图表，测试人员使用 TestDirector 整理缺陷数据并做出趋势分析，指导后续的测试工作。

6.9　小结

本章主要介绍了软件测试管理的内容和测试管理工具 TestDirector 的应用。测试管理内容众多，知识点比较分散，但测试管理毕竟仍属于软件项目管理的范畴，读者可以结合软件工程中项目管理部分的内容来学习，加强知识的横向联系。TestDirector 是一个基于 Web 的测试管理系统，功能强大、操作简单，读者可利用书中的示例及测试管理实践来提高对于该软件的掌握程度。

习题

1. 为什么要对软件测试进行管理？内容是什么？
2. "测试计划在制订完毕后就必须严格执行，不能更改"。这种说法对吗？为什么？
3. 如何来制订测试停止的标准？
4. 在测试过程中发现软件缺陷应如何处理？
5. GB/T 9386—1988 标准规定的测试文档分几类？简述它们的内容。
6. 如何评价测试过程？
7. 什么样的组织结构能有利于测试工作的顺利展开？
8. 简述 TestDirector 的功能和测试管理流程。
9. TestDirector 能执行测试用例吗？试分析其工作流程。
10. 请描述总结 6.8.4 节中利用 TestDirector 来管理示例项目"航班订票系统测试项目"的过程。

第7章

单元测试实施

单元测试可以看作是编码工作的延续,由程序员来完成。经过了单元测试的代码才是已经完成的代码,提交产品代码时也要同时提交测试代码。测试部门可以做一定程度的审核。

作为一个程序员来说,每天都在做单元测试。写一个方法或函数,肯定要进行一定规模的运行调试,以检验该方法或函数的功能,有时还需要查看输出结果。这些工作属于单元测试的范畴。但这种测试是很不完整的,可能会遗留大量的互相影响的错误,当这些问题暴露出来后更是会出现难于调试、大幅度提高测试和维护成本等问题。可以说,进行充分的单元测试,是提高软件质量、降低开发成本的必由之路。对于程序员来说,养成对自己写的代码进行单元测试的习惯,不但可以提高代码质量,而且还能提高自己的编程水平。

要进行充分的单元测试,我们必须掌握系统化的测试理论,遵循工程化的测试流程,还要善于利用各种单元测试工具。

单元测试理论内容在前述章节中已详细介绍,本章主要描述几个典型单元测试工具的实际应用。

本章要点:

- 单元测试的对象、流程。
- 常用单元测试工具。
- PC-Lint 的应用。
- JUnit 应用。
- NUnit 应用。

7.1 单元测试解决方案

7.1.1 单元测试的对象

单元测试是对最小的可测试软件元素(单元)实施的测试,它所测试的内容包括单元的内部结构(如逻辑和数据流),以及单元的功能和可观测的单元行为。使用白盒测试方法测试单元的内部结构,使用黑盒测试方法测试单元的功能和可观测的行为。

不同的开发方式中,单元测试的对象是不同的。一般认为,结构化软件的单元测试以模块、函数和过程作为测试的最小单元;面向对象软件的单元测试以类作为最小单元,以方法作为测试重点。

单元测试的正确实施能够有效地保证局部代码质量,改良项目代码的整体结构,降低测试、维护和升级的成本,使开发过程适应需求变更,提升程序员的设计和编程能力。

7.1.2 单元测试的流程

1. 单元测试的人员

单元测试需要设计人员、编码人员和测试人员共同参与完成。

设计人员主要负责制订和维护单元测试计划,设计单元测试用例及单元测试过程,生成测试评估报告。设计测试需要的驱动程序和桩。根据单元测试发现的缺陷提出变更申请。

编码人员负责编写测试代码,如驱动模块和桩模块等,执行单元测试。

测试人员主要负责对测试过程及测试结果进行必要地监督和协助。

2. 单元测试的工作内容和流程

单元测试的工作分 5 个阶段:
- 制订单元测试计划。
- 设计单元测试。
- 实施单元测试。
- 执行单元测试。
- 评估单元测试。

具体内容如表 7-1 所示。

表 7-1 单元测试工作内容

活　　动	输　　入	输　　出	执　行　人　员
制订单元测试计划	设计模型 实施模型	单元测试计划	设计人员
设计单元测试	单元测试计划 设计模型 实施模型	单元测试用例 设计单元测试驱动模块 设计单元测试桩模块	设计人员
实施单元测试	单元测试用例	驱动模块和桩模块	编码人员
执行单元测试	实施模型 单元测试计划 单元测试用例 被测试单元 驱动模块和桩模块	测试结果	编码人员
评估单元测试	单元测试计划 测试结果	测试评估摘要	设计人员和测试人员

在单元测试工作过程中,设计人员负责开发设计模型和实施模型,并以此来制订单元测试计划,设计测试用例,设计驱动模块和桩模块;编码人员根据设计好的测试用例编写单元测试驱动模块和桩模块,并执行单元测试,生成测试日志,如果发现程序缺陷,就提出变更请求,更改相关内容;最后,设计人员和测试人员共同来评估单元测试,编制测试摘要和测试总结。

在这个流程中我们需要注意两点：

第一，编码人员在执行单元测试时主要采用交叉测试的方法，即编码人员相互测试对方的代码，这是因为编码人员比较容易发现别人代码中的缺陷。

第二，单元测试有静态和动态之分，单元测试过程要兼顾静态测试和动态测试。一般来讲，先进行人工静态检查，再执行动态执行跟踪。

人工静态检查主要是保证代码算法的逻辑正确性（尽量通过人工检查发现代码的逻辑错误）、清晰性、规范性、一致性、算法高效性，并尽可能地发现程序中没有发现的错误。

动态单元测试是通过设计测试用例、执行待测程序来跟踪比较实际结果与预期结果从而发现错误。经验表明，使用人工静态检查法能够有效地发现30%到70%的逻辑设计和编码错误。但是代码中仍会有大量的隐性错误无法通过视觉检查发现，必须通过跟踪调试法细心分析才能够捕捉到。所以，动态跟踪调试方法是单元测试的重点与难点。

7.1.3 自动化单元测试的构建

所谓测试，是一种产品质量保证的手段。按照需求规格说明书制造了一件产品，那么谁来确保这个产品符合了需求规格的要求呢？这就是测试。它会根据需求规格说明书设计一系列的场景和用例，来对产品进行测试，看看产品是不是真的符合产品需求规格说明书中所期望的需求。

要达到这个目标，其实并不十分容易，因为一个真正的系统，情况十分复杂，里面充满了数不清的分支、异常、边界条件，甚至运行环境，将这些东西组合起来，产生的需要测试的点将会是一个天文数字，在有限的时间内做完一个充分而可靠的测试，是不可能的。

为了将充分测试变得可能，一个比较好的途径就是分层测试。做运行测试或性能测试的时候，有一个前提，就是假设整个系统的集成运行已经没有问题了，在运行测试或性能测试时，将不再考虑"系统无法正常运行"这种场景。那么如何保证集成运行没问题呢？我们用集成测试来检验。但是在做集成测试的时候，我们同样要基于一个假定，就是各个模块的功能都能够如期正常工作。而这一点，又是通过模块自身的功能测试来完成的，这样一层层往下推，每个层次就假设它所依赖的层次没有问题，这样就可以减少很多场景以及由这些场景引出的额外的分支。将原先一个几何级数的测试用例分解成可以接受的若干层次的算术级数的用例，这样一来测试就变得有可能做好了。

而单元测试，正是这些测试的最低层次——保证每个函数、方法或者说最小功能模块正确性的一种测试。通过上面的描述，我们至少清楚了这样几件事情：

(1) 单元测试是一种测试，它不是代码的一部分。

(2) 单元测试是最低层级的测试，它只保证函数的可靠性，不保证其他。

(3) 单元测试应该能保证每一个函数的可靠性。

单元测试是一种测试，所以我们应该以一种测试的眼光去面对它——我们要测试正常情况，边界条件，要对它的测试目标——函数做黑盒测试、白盒测试，选择合适的测试数据，构建测试场景和测试环境。总之，一切测试应该做的事情，单元测试都不应该省略。

理论上来说，单元测试和其他测试一样，也是可以纯手工完成的，例如我们可以写一段函数的测试代码，然后输入我们的测试输入，观察测试输出，并跟期望值做比较。但是，单元测试有一点特殊性，就是在一个系统中，函数会非常多，变化也比软件的功能频繁得多。面对这么多的函数,这么频繁的变化,纯手工测试是不现实的。所以,我们必须要引入单元测试框架进行自动化测试。注意,这里的单元测试框架只是实现自动化测试的一个手段,对单元测试本身并不产生任何影响,没有单元测试框架,单元测试一样也是可以进行的,只是会痛苦很多。

引入单元测试框架的目的只是为了自动化单元测试,简化单元测试的步骤。所以,对于测试代码的编写,我们的重点应该是:①如何搭建测试环境、测试场景;②如何选择测试用例;③如何校验测试结果。对于测试代码本身,应该尽可能地简单,能不要使用技巧尽量不要使用,我们的目的在于测试,如果测试本身过于复杂,我们不能保证测试的正确性,测试这个工作就白做了。

另外,前面提到单元测试是对函数的测试,因此,测试必须是以函数为单位的。每个函数应该拥有自己单独的一个测试,但是在这个测试中,我们应该针对这个函数的各个方面,包括正常的、异常的、边界的等,进行完善的测试,这样我们才能保证这个函数的功能是如我们所愿的。但是单元测试不需要负责函数的组合工作情况,那应该是低层次功能测试的工作,而不是单元测试的工作。这个功能测试就是在假定所有函数都工作正常的基础之上,对这些函数组合形成的功能模块进行测试。这种测试视情况而定,可以使用单元测试框架,也可以使用其他自动化测试方法或者甚至是使用纯人工测试。

7.1.4　单元测试工具

单元测试工具类型很多,大致可分为静态分析类、动态执行类、覆盖率检测类等,也可以按照开发语言分类,例如:C/C++、Java、. NET 等。

单位测试由程序员来执行,它的对象是各种类型的程序代码,所以大家学习单元测试需要一定的程序设计知识。本章将介绍多个单元测试工具,它们分别是:

- 静态代码分析工具 PC-Lint。
- 动态测试工具 JUnit 和 NUnit,考虑到 XUnit 框架对单元测试的重要性,这里安排其中的两个测试工具。JUnit 针对 Java 代码,NUnit 针对. NET 代码。两者都是XUnit 测试框架中的工具,有很大的相似性,读者可结合自己情况进行阅读。

7.2　静态代码分析工具 PC-Lint

7.2.1　PC-Lint 简介

PC-Lint 是 GIMPEL SOFTWARE 公司开发的 C/C++软件代码静态分析工具,它的全称是 PC-Lint/FlexeLint for C/C++,它是一个历史悠久,功能强劲的静态代码分析工具。它的使用历史可以追溯到 30 多年以前。经过这么多年的发展,它不但能够监测出许多语法逻辑上的隐患,而且也能够有效地提高程序的空间利用率和运行效率。我们可以把它看作是一种更加严格的编译器。它除了可以检查出一般的语法错误外,还可以检查出那些虽然符合语法要求,但很可能是潜在的、不易发现的错误。

C 语言的灵活性带来了代码效率的提升,但相应带来了代码编写的随意性,另外 C 编译器不进行强制类型检查,也带来了代码编写的隐患。PC-Lint 识别并报告 C 语言中的编程陷阱和格式缺陷的发生。它进行程序的全局分析,能识别没有被适当检验的数组下标,报告未被初始化的变量,警告使用空指针、冗余的代码等。软件缺陷是软件项目开发成本和延误的主要因素。PC-Lint 能够帮你在程序动态测试之前发现编码错误。这样消除错误的成本更低。

　　PC-Lint 可以帮助我们自动查找代码中的可能存在的很多问题,包括变量值未初始化、数组访问越界、空指针访问、内存泄漏等问题。当我们对现有的程序进行重构或者增加新功能的时候,使用 PC-Lint 是一个很好的选择。因为它可以帮我们检查代码中可能潜在的问题,修正模糊或者不正确的设计。

　　PC-Lint 性价比高,使用简单,易于学习,并且能够方便地和软件开发测试流程相结合。它在全球拥有广泛的客户群,许多国外的大型专业软件公司,例如 Microsoft,都把它作为代码走查的第一道工序。对于小公司和个人开发者而言,PC-Lint 也是非常重要的。因为,小公司和个人处于对开发成本的考虑,往往不能拿出很多很全面的测试,这时候,PC-Lint 的强劲功能,可以很好地提高软件的质量。

　　PC-Lint 能够在 Windows、MS-DOS 和 OS/2 平台上使用,以二进制可执行文件的形式发布,而 FlexeLint 运行于其他平台,以源代码的形式发布。由于越来越多的用户要求能在非 PC 的平台上使用 PC-Lint,GIMPEL 公司采用了标准 C 源码包的方式发布了 FlexeLint,这样一来,FlexeLint 就可被用户方便地移植在各种平台上。

　　PC-Lint 的基本功能主要有以下几点:

- 数据检查技术可检测变量初始化和数据误用的问题。
- 全局数据流跟踪技术,可跨越函数和函数之间的界限进行数据处理流程的分析。
- 可对 100 个左右的库函数进行检查,这些检查还可以扩展到用户函数上。强化类型检查,并可进行设置检查级别选项。
- 函数变量和返回值的用户自定义语句检查。
- 找出没有用的宏,类型定义,类,成员变量/函数,声明等,涉及整个工程。
- 检查未初始化变量。
- 支持汽车工业软件可靠性协会标准(MISRA)。
- 其他特殊的扭曲测试。
- 可以选择编码规范标准,并随软件包提供了业界公认的系列编码规范文件。

　　使用 PC-Lint 在代码走读和单元测试之前进行检查,可以提前发现程序隐藏的错误,提高代码质量,节省测试时间。它还能够提供编码规则检查,规范软件人员的编码行为。

　　下面内容以 PC-Lint 8.0 为例来演示该软件的相关内容。

7.2.2　PC-Lint 的安装与设置

　　PC-Lint 的安装非常简单,以 PC-Lint 8.0 为例,运行安装程序将其释放到指定的安装目录即可,比如 C:\pclint。接下来我们需要运行 PC-Lint 的配置工具 config. exe(config. exe 在安装目录下)生成选项和检查配置文件。配置文件是代码检查的依据,PC-Lint 自带了一个标准配置文件 std. lnt,但是这个文件没有目录包含信息(头文件目录),通常对代码检查的时候都需要指定一些特殊的包含目录,所以要在标准配置的基础上生成针对某个项目代码检查的定制配置。配置过程是比较复杂的,下面就以 Microsoft Visual Studio . NET 2003 的开发环境为例,介绍 PC-Lint 配置 config. exe 的过程。

(1) 运行 C:\pclint\config. exe 出现如图 7-1 所示的界面,单击"下一步"按钮。

(2) PC-Lint 的命令行使用说明窗口,如图 7-2 所示,单击"下一步"按钮。

(3) 这里选择创建或是修改已存在的配置文件 STD. LNT,STD. LNT 是 PC-Lint 自带的标准配置文件。因为我们是第一次配置,所以选择上面的选项 Create a new STD. LNT,这样做不会修改已有配置文件 STD. LNT 的内容,而是创建一个新的 STD_x. LNT 文件,文件名中的 x 是从 a 到 z 的 26 个英文字符中的任意一个,一般是按顺序排列,从 a 开始。STD_x. LNT 文件的内容被初始化为 STD. LNT 内容的复制。如图 7-3 所示,使用默认的 PC-Lint 路径(新建的 STD_x. LNT 将被放在该目录下),然后单击"下一步"按钮。

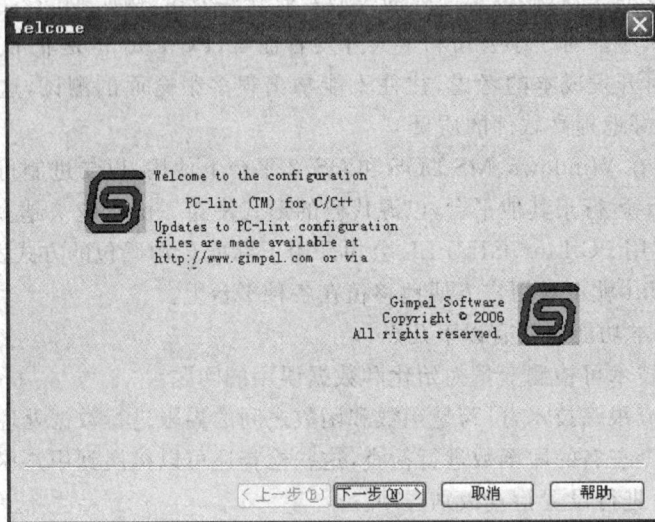

图 7-1　PC-Lint 配置欢迎界面

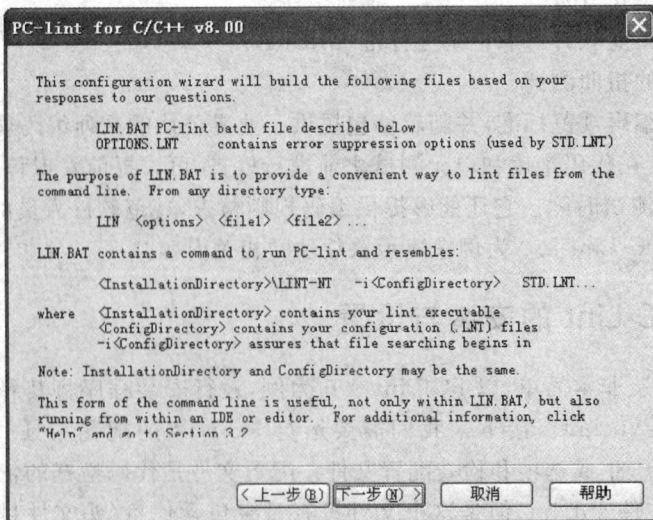

图 7-2　命令行使用说明

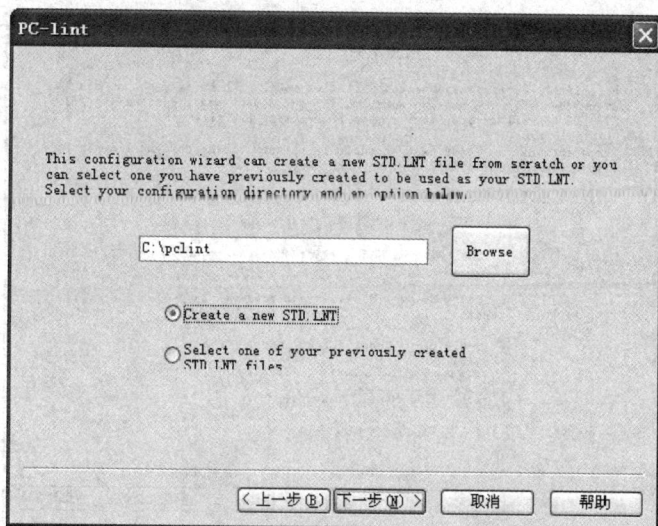

图 7-3　创建新的 STD_x.LNT 配置文件

（4）选择编译器，如图 7-4 所示，在下拉列表框中选择自己使用的编译器。如果没有自己使用的编译器，可选择通用编译器 Generic Compilers。这个选项会体现在 co-xxx.lnt 文件中，并存放在前面我们选择的配置路径（C：\pclint）下，在后面配置选项我们所选择的 ***.LNT 均会被存放到这个路径下。

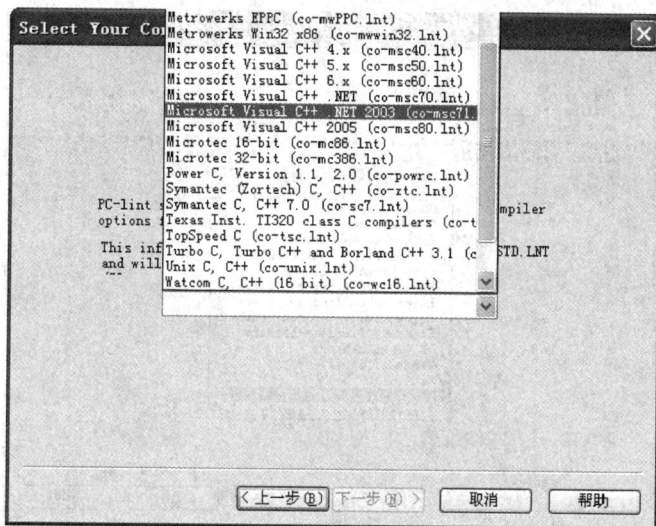

图 7-4　选择编译器类型

这里我们选择 Microsoft Visual C++.NET 2003 选项，单击"下一步"按钮。

（5）选择内存模型，可以根据自己程序区和数据区的实际大小选择，由于我们的开发环境是 32 位的 Windows，这里使用默认选项 32-bit Flat Model，如图 7-5 所示，单击"下一步"按钮。

（6）配置支持库，PC-Lint 对现在常用的在编译时使用的一些软件库都提供定制的配置

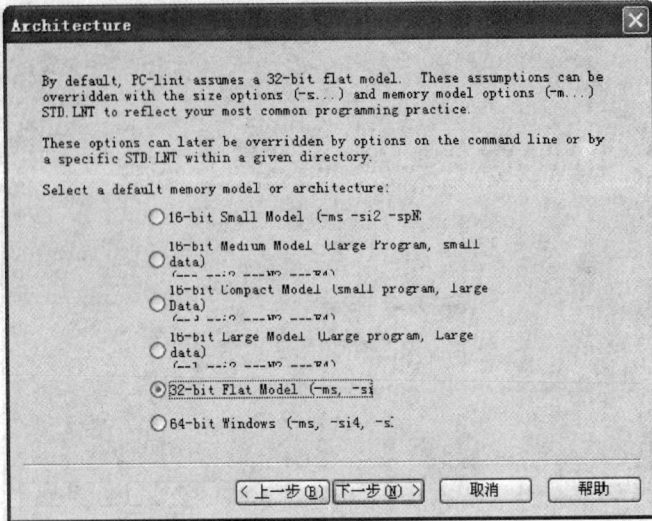

图 7-5　选择内存模型

信息,选择这些定制信息有助于开发人员将错误或信息的注意力集中在自己的代码中。各种库的配置文件名为 lib-xxx. LNT,配置向导会把选中库的 lnt 配置文件复制到配置路径下。这里我们选择了 4 项:Microsoft Foundation Class Library、Standard Template Library、Windows 32-bit 和 Windows NT,如图 7-6 所示,完成后单击"下一步"按钮。

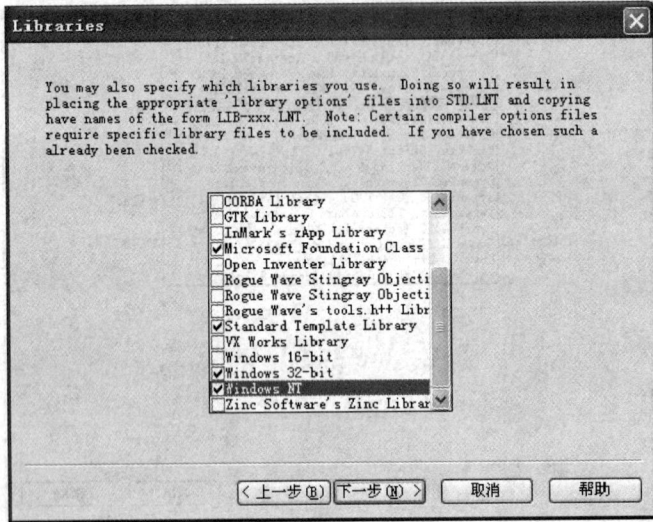

图 7-6 配置支持库

(7) 这是一个比较有意思的选项,就是让你选择是否支持为使用 C/C++编程提出过重要建议的作者的一些关于编程方面的个人意见。如果选择某作者的建议,那么他提出的编程建议方面的选项将被打开,作者建议的配置文件名为 AU-xxx. LNT,按照如图 7-7 所示进行选择,然后单击"下一步"按钮。

(8) 设置包含文件目录的方式。这里有两种选项:第一种选项是使用-i 选项协助我们

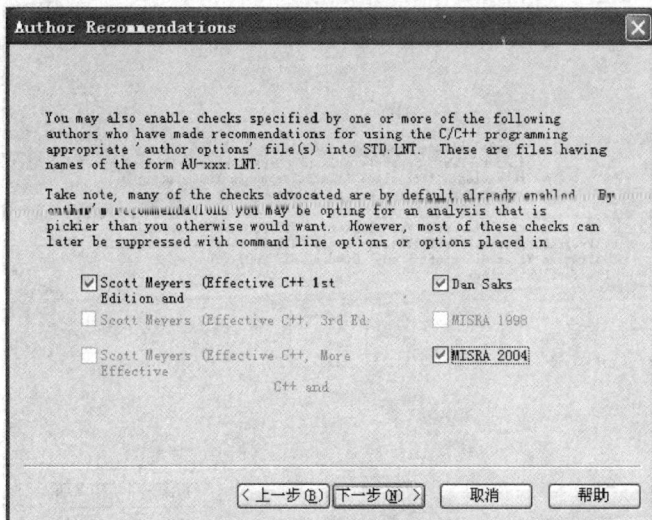

图 7-7　配置作者建议

设置,-i 选项体现在 STD.LNT 文件中,每个目录前以-i 引导,目录间以空格分隔,如果目录名中有长文件名或包含空格,使用时要加上双引号,如-I "C:\Program Files\Microsoft Visual Studio . NET 2003\Vc7\include"。第二种是跳过这一步,手动设置。建议选择第一种,如图 7-8 所示,单击"下一步"按钮出现图 7-9 页面,这里我们要输入包含文件所在的目录。在文本框中手动输入文件包含路径,用分号";"或用 Ctrl+Enter 换行来分割多个包含路径。也可以通过 Browse 按钮在目录树中直接选择。如果不输入包含文件目录,直接选择下一步,配置完成后也可以在 STD.LNT 文件中手工添加。填完后单击"下一步"按钮。

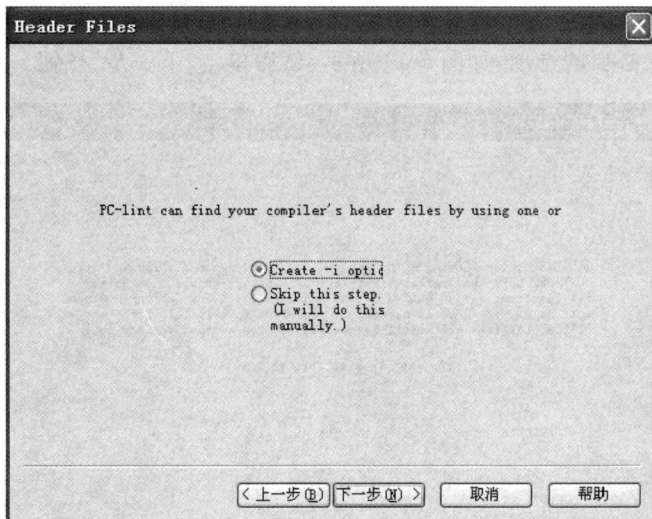

图 7-8　设置包含文件目录的方式

（9）出现提示对话框单击"确定"按钮后,会出现图 7-10 对话框,这里询问是否进行另一个编译环境的配置。如果选择"是",将会从图 7-4 所示页面开始进行新的配置。这里我们选择"否"。

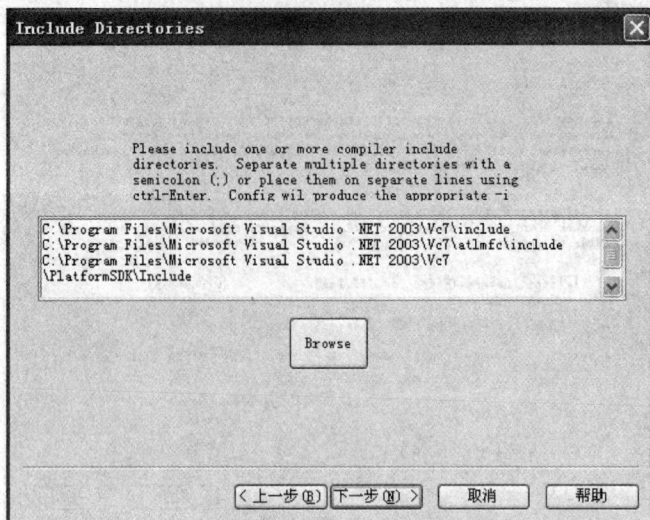

图 7-9　设置包含文件目录

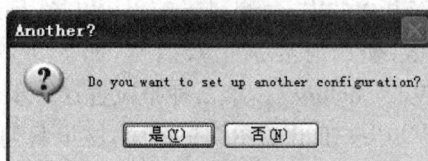

图 7-10　是否进行其他配置

（10）接下来将会准备产生一个控制全局编译信息显示情况的选项文件 OPTIONS. LNT。这里选择 No 选项，它的含义是先生成一个空的 OPTIONS. LNT 文件，以后的实际应用过程中再加入必要的选项，如图 7-11 所示，然后单击“下一步”按钮。

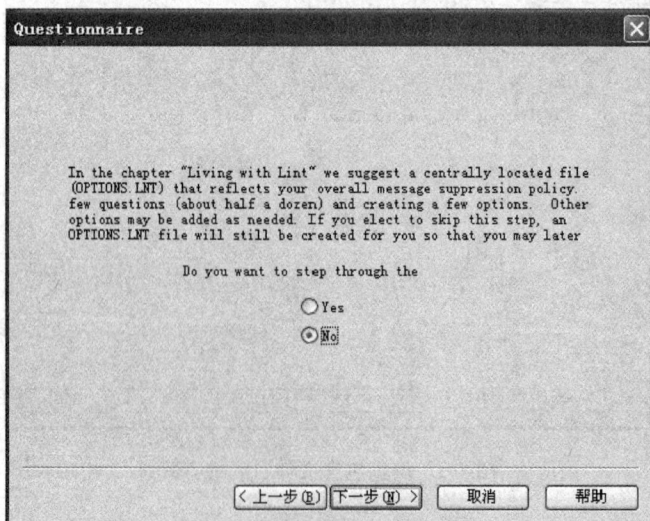

图 7-11　选项文件 OPTIONS. LNT

　　(11) 选择支持的集成开发环境。这里我们选择(env-vc7.lnt)Microsoft's Visual C++. NET 选项,如图 7-12 所示,单击"下一步"按钮。

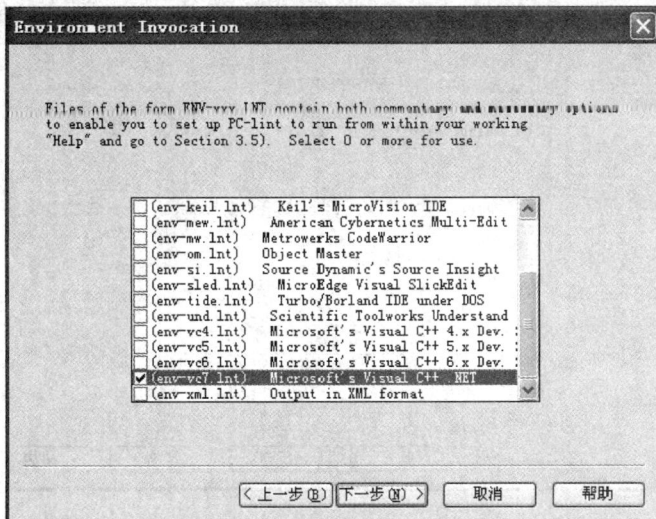

图 7-12　选择集成开发环境

　　(12) 这里,安装程序会生成一个 LIN.BAT 文件,该文件是运行 PC-Lint 的批处理文件。为了使该文件能在任何路径下运行,安装程序提供了两种方法。第一种方法是把 LIN. BAT 复制到任何一个 Path 目录下。第二种方法是生成一个 LSET.BAT 文件,在每次使用 PC-Lint 前先运行它来设置路径,或者把 LSET.BAT 文件的内容复制到 AUTOEXEC. BAT 文件中。图 7-13 中有三个选项,建议选择第一个选项 Copy LIN.BAT to one of my Path directory,即使用第一种方法。单击"下一步"按钮,在如图 7-14 页面下方输入框中输入安装目录路径 c:\pclint,批处理文件 LIN.BAT 将被复制到该目录下。

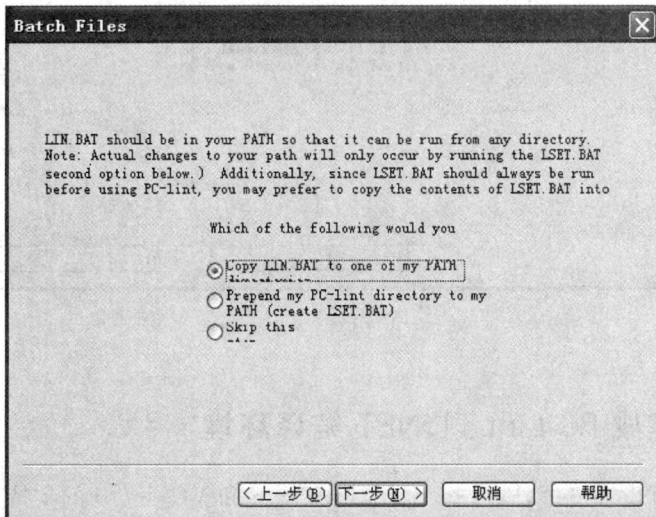

图 7-13　配置 LIN.BAT 文件

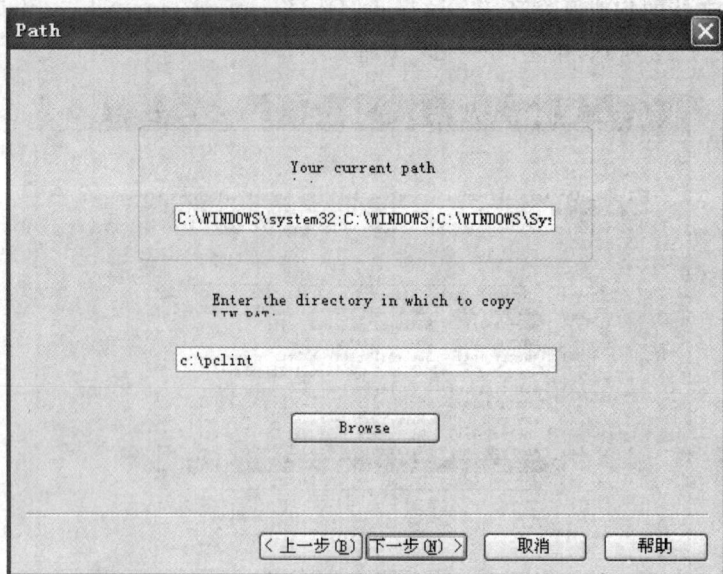

图 7-14　LIN.BAT 安装路径

（13）至此，出现图 7-15 页面，单击"完成"按钮，PC-Lint 配置完毕。

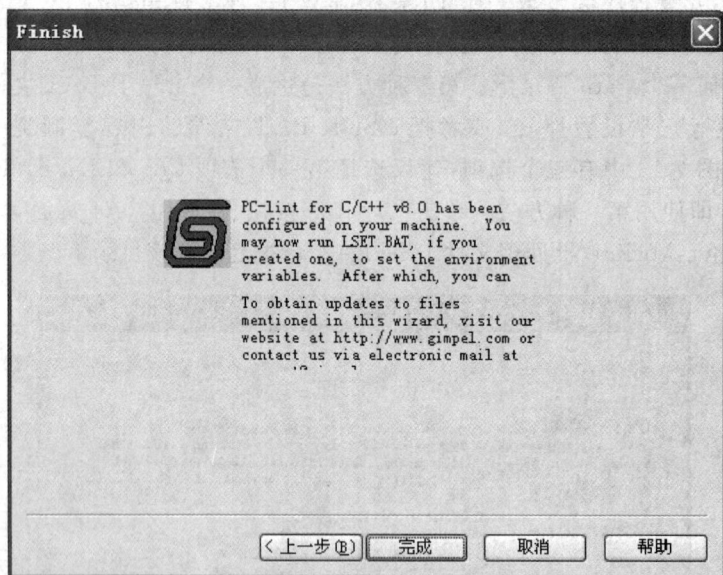

图 7-15　PC-Lint 配置完毕

7.2.3　集成 PC-Lint 到 .NET 编译环境

在所有集成开发环境中，PC-Lint 8.0 对 VC++ 6 和 VC++ 7.0 的支持是最完善的，甚至支持直接从 VC 的工程文件（VC 6 是 * . dsp，VC 7 是 * . vcproj）导出对应工程的 . LNT 文件，此文件包含了工程设置中的预编译宏，头文件包含路径，源文件名，无须人工编写工程的.LNT 文件。

下面是 PC-Lint 集成到 Microsoft Visual Studio .NET 2003 的设置说明，详细描述可参见 PC-Lint 自带文件"PC-Lint 安装目录\lnt\env-vc7.lnt"中的注释。

(1) 打开 Microsoft Visual Studio .NET 2003 环境，单击"工具"菜单，选择"外部工具"，打开外部工具对话框，单击"添加"按钮，增加"新工具"。接着输入如下参数，如图 7-16 所示。

- 标题：PC-Lint(Simple Check)。
- 命令：c:\pclint\lint-nt.exe。
- 参数：-i"c:\pclint" std.lnt env-vc7.lnt " $(ItemFileName)$(ItemExt)"。
- 初始目录：$(ItemDir)。

(2) 选中"使用输出窗口"，单击"确定"按钮完成设置，再次打开"工具"菜单将会看到新增加的菜单项 PC-Lint，如图 7-17 所示。

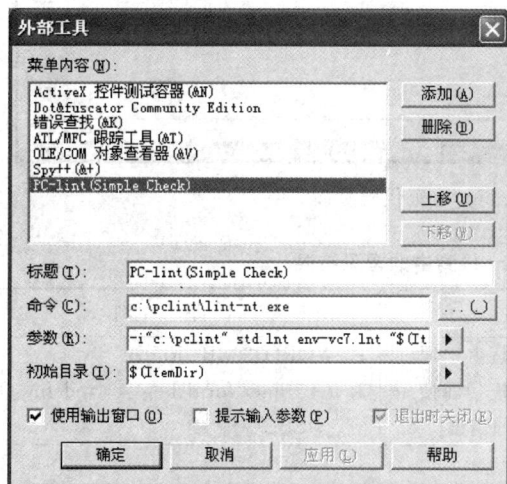

图 7-16　PC-Lint 集成设置　　　　　图 7-17　新增的 PC-Lint 菜单项

PC-Lint 与.NET 环境集成还有其他几种模式，例如，Project Creation 模式、Project Check 模式、Unit Check 模式等，它们应用于不同的状态，设置时需要指定不同的参数，具体参数设置情况参见文件"PC-Lint 安装目录\lnt\env-vc7.lnt"。

接下来，我们就可以使用 PC-Lint 在.NET 环境中对 C\C++代码进行检查分析。在.NET 环境打开系统自带的 C:\Program Files\Microsoft Visual Studio .NET 2003\Vc7\include\assert.h，单击工具菜单中的 PC-Lint 菜单项，结果中显示两项错误，错误类型为 error 752 和 error 750，如图 7-18 所示。

为了让大家能够理解检查结果，进而修改代码，下面列出 PC-Lint 检测中的常见错误以供参考。如表 7-1 所示，更加详细的信息请参考 PC-Lint 官方手册。读者可以自行寻找合适的 C 或 C++代码进行检查，并检索表 7-2 进行错误修正。

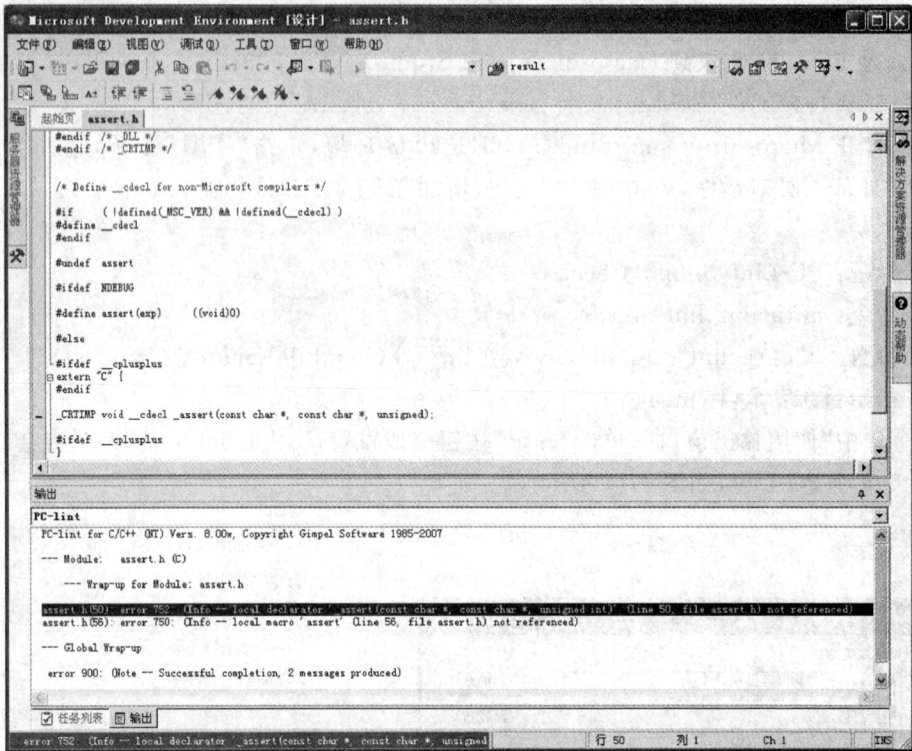

图 7-18　PC-Lint 检查代码页面

表 7-2　PC-Lint 检测中的常见错误

错 误 编 码	错 误 说 明	举　　例
10	字符串不是所希望的 token。一般是由于遇到了未知的 token。另外，在 ♯ define 语句前使用注释也会在 PC-Lint 7.5 中产生这种错误	1. WORD33 wRelRab； 2. / ＊ timer for debug ＊ / ♯ define TIME_DEBUG_
40	变量未声明	
506	固定的 Boolean 值	char c＝3； if(c＜300){}
525	缩排格式错误	

527	无法执行到的语句	if(a ＞ B)
		　　　return TRUE；
		else
		　　　return FALSE；
		return FALSE；

529	变量未引用	检查变量未引用的原因
530	使用未初始化的变量	
534	忽略函数返回值	
539	缩排格式错误	
545	对数组变量使用 &	char arr[100]，＊p； p＝&arr；

续表

错误编码	错误说明	举 例

603	指针未初始化	void print_str(const char * p);
		 …
		 char * sz;
		 print_str(sz);

605	指针能力增强	void write_str(char * lpsz);
		 …
		 write_str("string");

613	可能使用了空指针	
616	在 switch 语句中未使用 break;	
650	比较数值时,常量的范围超过了变量范围	if(ch == 0xFF)...
713	把有符号型数值赋给了无符号型数值	
715	变量未引用	
725	Indentation 错误	
734	在赋值时发生变量越界	int a, b, c; … c=a * b;
737	无符号型变/常量和有变量型变/常量存在于同一个表达式中	
744	在 switch 语句中没有 default	
752	本地声明的函数未被使用	
762	函数重复声明	
774	Boolean 表达式始终返回真/假	char c; if(c < 300)

7.3 利用 JUnit 进行单元测试

目前流行的动态单元测试工具是 XUnit 系列框架,它能支持不同的语言,例如,JUnit (Java)、CppUnit(C++)、Dunit(Delphi)、NUnit(. NET)、PhpUnit(PHP)等。Xunit 框架是 Erich Gamma 和 Kent Beck 编写的一系列测试规则,这些规则约定如何编写和运行可重复的测试。

JUnit 是 XUnit 系列框架中最早出现的,正是由于 JUnit 在测试 Java 代码时的优异表现,才使 Xunit 框架得以推广到了其他的编程语言中。本节重点介绍 JUnit 测试 Java 代码的语法细节和相关实例,下一节介绍 Nunit 的具体情况。由于 JUnit 和 NUnit 在语法结构上有很多相似的地方,读者可以根据自己的实际情况选取一种来学习。

7.3.1 JUnit 概要

JUnit 是一个开放源代码的 Java 测试框架,它是 XUnit 测试体系架构的一种实现。JUnit 主要用于 Java 代码单元测试,已经被多数 Java 程序员采用,并被证实是优秀的测试框架。Erich Gamma 和 Kent Beck 在设计 JUnit 单元测试框架时,设定了三个总体目标,第一个是简化测试的编写,这种简化包括测试框架的学习和实际测试单元的编写;第二个是使测试单元保持持久性;第三个则是可以利用既有的测试来编写相关的测试。

JUnit 包括以下四个特性:

(1) 使用断言(Assertion)方法判定期望值和实际值,返回 Boolean 值。

(2) 测试驱动设备使用共同的初始化变量或实例。

(3) 测试套件便于组织和运行测试。

(4) 测试界面有窗口模式和文本模型。

正是由于这些特性的存在,使得利用 JUnit 创建、运行和修改单元测试变得简单易行。JUnit 被认为最适合于 XP(极限编程)开发和 TDD(测试驱动开发)开发中。

7.3.2　JUnit 框架组成

JUnit 框架经历了多次版本升级,目前市场上主流的版本是 3.8 和 4.x,由于 JUnit 是开源框架,大家可以登录 www.junit.org 获取 JUnit 的相关版本。JUnit 是以 jar 文件的形式分发的,为了使用 JUnit 来为你的应用程序编写测试,我们需要把 JUnit 的 jar 文件添加到运行的 CLASSPATH 中去。

我们以 JUnit 3.8.1 为例来分析 JUnit 的框架组成。JUnit 3.8.1 整个框架的核心是:TestCase、TestSuite、TestRunner、Assert、TestResult、Test 和 TestListener,其中 TestListener 和 Test 是接口。

1. 用 TestCase 创建测试

TestCase 是测试用例类,它定义了可以用于运行多项测试的环境(或固定设备)。我们编写的测试类都必须要继承于 TestCase,它以 testXXX 方法的形式包含一个或多个测试,一个 TestCase 把具有公共行为的测试归入一组。

例如我们要编写一个测试类 TestClassA,类的声明如下:

```
import junit.framwork.TestCase;
public class TestClassA extends TestCase{
    public void testmethodA(){
    …
    }
    public void testmethodB(){
    …
    }
}
```

在这段代码中,TestClassA 是测试类,它要继承 TestCase 类,第一行的引用用来指定 TestCase 类在 JUnit 框架中的位置。testmethodA()和 testmethodB()是测试方法,一个测试类中可以由多个测试方法。

典型的 TestCase 包含两个主要部件:fixture(可翻译为"固定装置"或"配件",这里我们指按照固定顺序辅助测试方法执行的系统方法)和测试单元,fixture 指运行一个或多个测试所需的公用资源或数据集合。运行测试所需要的外部资源环境通常称做 testfixture。

TestCase 通过 setUp()和 tearDown()方法来自动创建和销毁 fixture，TestCase 会在每个测试运行之前调用 setUp()，并且在每个测试完成之后调用 tearDown()。

2. 用 TestRunner 运行测试

TestRunner 是运行测试程序类，它是用来启动测试的用户界面，BaseTestRunner 是所有 TestRunner 的超类。如果需要编写自己的 TestRunner，也可以继承这个类。

为了让运行测试尽可能地快捷，JUnit 提供了三种 TestRunner 运行器，它们分别是：testui.TestRunner，用于文本控制台；swingui.TestRunner 和 awtui.TestRunner 用于图形控制台，awtui.TestRunner 属于遗产代码，现在很少有人使用。

这些运行器可以执行测试并且可以提供结果统计信息，使用很简便，图 7-19 显示了实际运行中的 swingui.TestRunner。横跨屏幕的进度条就是 JUnit 著名的 green bar，Keep the bar green to keep the code clean 是 JUnit 的格言。

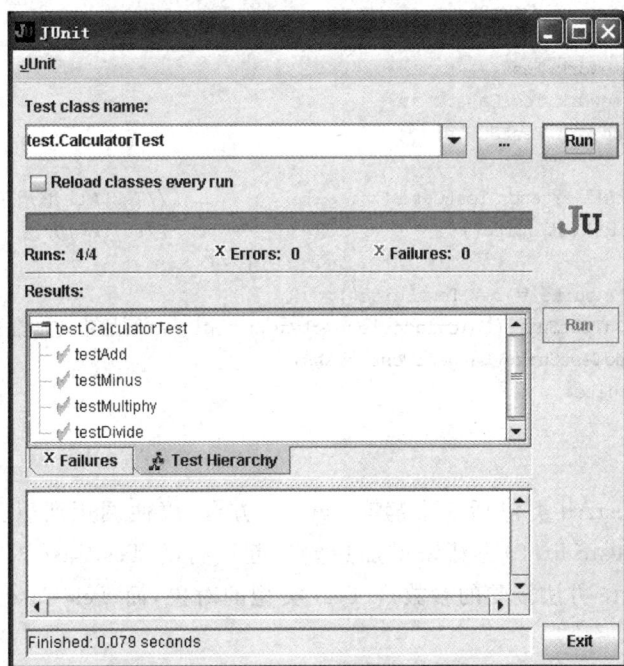

图 7-19　swingui.TestRunner 运行结果

如果测试失败，进度条就会呈红色，JUnit 测试者喜欢把通过测试称为 green-bar，把测试失败称做 red-bar。

3. 用 TestSuite 和 Test 组合测试

TestSuite 是测试集合类，一组测试。一个 TestSuite 是把多个相关测试归入一组的便捷方式。它的引用位置是：

import junit.framework.TestSuite；

一旦创建了一些测试实例 TestCase，下一步就是要让它们能作为一个集合一起运行，我们必须定义一个 TestSuite 并把需要一起运行的 TestCase 添加进去。我们使用一个静态的 suite()方法来完成这项任务,suite()方法就像 main()方法一样,JUnit 用它来执行 TestSuite 中的测试。在 suite()方法中,你将测试实例加到一个 TestSuite 对象中,并返回这个 TestSuite 对象。一个 TestSuite 对象可以运行一组测试。

如果我们没有为编写的测试类 TestCase 定义一个 TestSuite,那么 JUnit 就会自动提供一个默认的 TestSuite,它会扫描你的测试类,找出所有的以 test 开头的测试方法并且在内部为它们创建一个 TestCase 实例,要调用的方法名会传递给 TestCase 的构造函数,这样每个实例就有了一个唯一标识。

默认 TestSuite 还不能完全满足我们的需要,大多数情况下我们需要编写自己的 TestSuite。例如,我们可能需要组合多个 suite(),我们需要运行指定的某些测试等。

这是我们一般会写一个 TestAll 类来自定义 suite()方法。以下代码展示了一个典型的 TestAll 类。

代码:TestAll 类。

```java
import junit.framework.Test;
import junit.framework.TestCase;
import junit.framework.TestSuite;

public class TestAll extends TestCase {          //TestAll 继承于 TestCase
    public static Test suite(){                  //suite()方法

        TestSuite suite = new TestSuite();
        suite.addTestSuite(CalculatorTest.class);   //增加指定的测试
        suite.addTestSuite(LargestTest.class);
        return suite;
    }
}
```

通常情况下,TestAll 类包括一个静态 suite()方法,以便调用所以其他 test 或 suite。可以通过调用 addTestSuite()方法来增加想要一起运行的 TestCase 对象或 TestSuite 对象,因为 addTestSuite 方法接受的参数是 Test 类型的对象,而 TestCase 和 TestSuite 都实现了 Test 接口。

TestSuite 提供了一种 Composite 模式,即把对象组合(Composite)成树状结构来表示部分-整体层次关系。Composite 模式可以让客户一致地对待单个对象和对象的组合。JUnit 用 Test 接口来运行一个单独的测试,或者是多个测试的集合,这就是 Composite 模式的体现。给 TestSuite 增加一个对象时,实际上增加的是 Test,而不只是一个 TestCase。因为 TestSuite 和 TestCase 都实现了 Test 接口,所以既可以向 TestSuite 加入另一个 TestSuite,也可以加入一个 TestCase。如果是 TestCase,那么就会运行这个单独的测试;如果是 TestSuite,就会运行一组测试。

4. 用 TestResult 收集测试参数

TestResult 是测试结果类,所有的 TestSuite 都有一个对应的 TestResult。TestResult 负责收集 TestCase 的执行结果,并存储所有的测试细节。

如果测试失败,JUnit 会创建一个 TestFailure 对象,它会存储在 TestResult 当中。

TestRunner 使用 TestResult 来报告测试结果,如果 TestResult 集合中没有 TestFailure 对象,那么代码就是干净的,进度条就用绿色显示;否则 TestRunner 就报告失败,并输出失败测试的数目和它们的 stacktrace。

JUnit 测试中,失败(Failure)和错误(Error)是不一样的。失败(Failure)是可预期的,表示测试失败,可能发现了缺陷,修正代码就可以使测试正常通过。错误(Error)是测试时不可预料的,由意外问题引发的错误,它可能意味着支撑环境中的失败,而不是测试本身的失败。

几乎所有的 JUnit 类在内部都会用到 TestResult,我们在编写测试代码时不用直接和 TestResult 打交道。

5. 用 TestListener 观察测试结果

TestListener 接口帮助对象获取 TestResult 并创建有用的测试报告。TestResult 收集了关于测试的信息,TestRunner 通过实现 TestListener 接口来报告这些信息。

虽然 TestListener 接口是 JUnit 框架的重要部分,但是我们在编写测试代码时不必实现这个接口。

6. Assert

Assert 是断言类,它实现了动态测试最重要的内容:预期值和实际结果的比较。如表 7-3 所示,Assert 类有 8 个核心方法,我们用这些方法来进行测试结果的判断,详细信息请查看 JUnit 文档。以 assertEquals()方法为例,它能对各种数据进行比较,一般的形式为:assertEquals(message,expected,actual),如果 expected(期望值)与 actual(测试执行结果)相同,断言成立,测试成功;否则,抛出带有 message 的 AssertionFailedError 异常。

表 7-3 Assert 类的 8 个核心方法

方　　法	描　　述
assertTrue	断言条件为真。若不满足,方法抛出带有相应信息的 AssertionFailedError 异常
assertFalse	断言条件为假。若不满足,方法抛出带有相应信息的 AssertionFailedError 异常
assertEquals	断言两个对象相等。若不满足,方法抛出带有相应信息的 AssertionFailedError 异常
assertNotNull	断言对象不为 null。若不满足,方法抛出带有相应信息的 AssertionFailedError 异常
assertNull	断言对象为 null。若不满足,方法抛出带有相应信息的 AssertionFailedError 异常
assertSame	断言两个引用指向同一个对象。若不满足,方法抛出带有相应信息的 AssertionFailedError 异常
assertNotSame	断言两个引用指向不同的对象。若不满足,方法抛出带有相应信息的 AssertionFailedError 异常
fail	强制测试失败

这里我们介绍了 JUnit 框架的组成,核心类之间的关系可以简单总结成如下几句话:

- 我们重点关注测试类 TestCase,因为它是测试运行的主体对象,测试类都要继承 TestCase。
- 测试结果的判定由断言类 Assert 来实现,我们依据断言语句的执行结果来判断是否存在软件缺陷。

- TestSuite 和 Test 以 Composite 模式（树形结构）来组织测试类 TestCase。
- TestRunner 负责运行 TestSuite，它提供 3 种运行模式。
- TestResult 负责收集测试相关信息。
- TestListener 帮助对象获取 TestResult 并创建有用的测试报告。

图 7-20 是 JUnit 框架核心类的类图，表明了 JUnit 7 个核心类之间的关系。

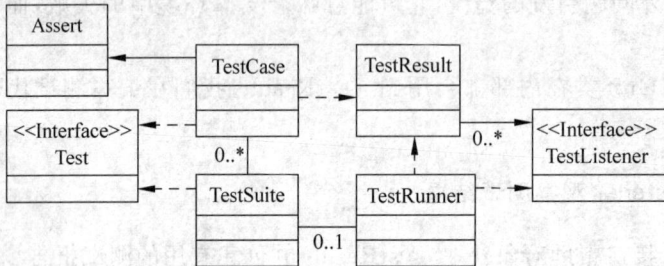

图 7-20　JUnit 框架的核心类类图

7.3.3　JUnit 的安装和运行

JUnit 框架是开发源代码的工具，大家可以到官方网站 www.junit.org 下载相关版本。JUnit 是以 jar 文件（junit.jar）的形式分发的。

JUnit 的安装步骤很简单。

第一步，我们可以从 www.junit.org 下载到 junit3.8.1.zip，将其解压缩至指定磁盘目录即可。这里我们直接解压缩至 C 盘根目录下，得到 junit3.8.1 文件夹。

第二步，为了使用 JUnit 为应用程序编写测试，我们需要把 junit.jar 文件添加到环境变量 CLASSPATH 中。

右击"我的电脑"，选择"属性"→"高级"→"环境变量"，在"Administrator 的用户变量"框中选中变量 CLASSPATH，单击"编辑"按钮，将 junit.jar 的路径 C:\junit3.8.1\junit.jar;添加进去，单击"确定"按钮，完成配置，如图 7-21 所示。

至此，安装完成，接下来我们可以用 JUnit 中自带的示例程序 MoneyTest 观察测试效果。

第三步，"开始"→"运行"，输入命令 cmd 打开字符命令行界面。输入命令：

```
cd c:\junit3.8.1
```

进入 JUnit 目录。接着，输入如下命令：

```
java - cp junit.jar; junit.swingui.TestRunner
```

打开 JUnit 的图形界面运行器，我们应该还记得上面讲的 JUnit 提供了 3 种运行方式，命令中的 junit.swingui.TestRunner 就是 TestRunner 的图形控制台。

第四步，在 JUnit 图形界面中取消 Reload classes everyrun 的选择，在 Test class name:编辑框中输入示例程序位置：junit.samples.money.MoneyTest，然后单击右侧的 Run 按

钮,出现 green bar 绿色状态条,如图 7-22 所示,说明代码测试通过。

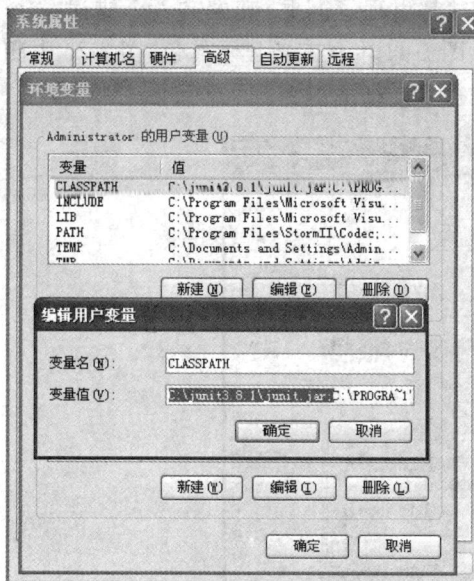

图 7-21　配置 CLASSPATH

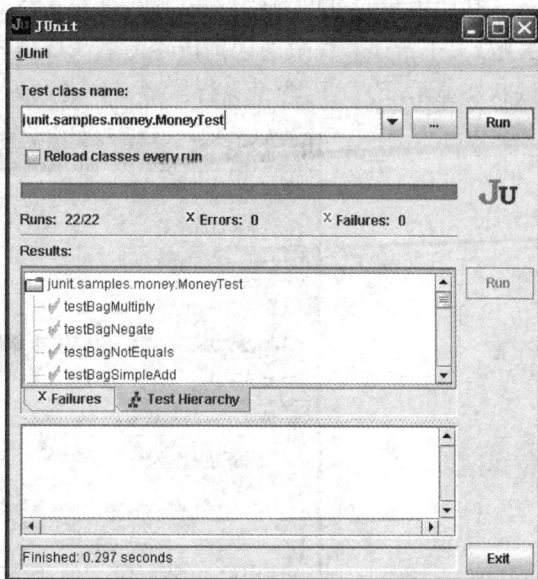

图 7-22　图形界面(swingui)运行 JUnit 附带测试例子

　　JUnit 框架还有一些自带的示例程序,读者可自行测试。

　　第五步,接下来我们再尝试使用 JUnit 的文本运行器 textui 运行该示例。使用命令行界面进入 JUnit 目录(C:\junit3.8.1)后,输入命令

java – cp junit.jar; junit.swingui.TestRunner junit.samples.money.MoneyTest

测试结果如图 7-23 所示。

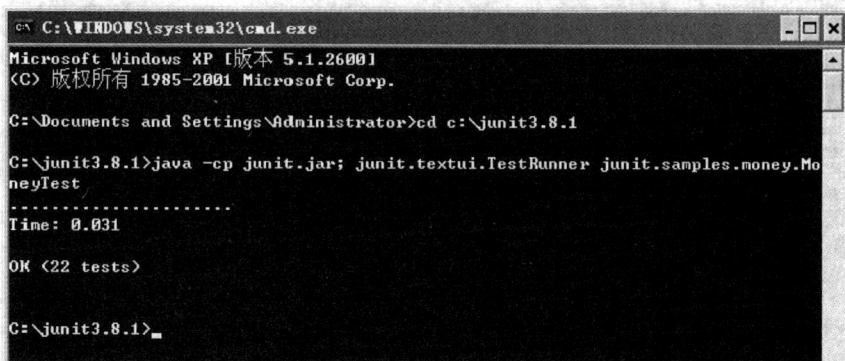

图 7-23　文本界面(textui)运行 JUnit 附带测试例子

　　请注意,在文本界面中,通过的测试用点来表示,本例中有 22 个测试,所以图 7-22 中有 22 个点,若某个测试有错误就用大写字母 E 表示,失败用大写字母 F 表示。

　　第六步,我们再看一下测试有错误的情况。这次还是使用上面的图形界面(swingui)和文本界面(textui)两种测试运行器。我们对另外一个示例程序进行测试,这里示例程序叫做 SimpleTest,位于 C:\junit3.8.1\junit\samples\目录内。测试步骤与第四步和第五步类

似,不同之处就是把测试对象换成了 SimpleTest,测试结果如图 7-24 和图 7-25 所示。

从图中我们可以看到,SimpleTest 中的 3 个测试都出现了问题,其中有 1 个错误,2 个失败(关于错误和失败的区别请参考 7.3.2 内容)。图 7-24 中状态条显示红色,图 7-25 中测试状态显示.F.E.F,两个运行器都对问题的原因进行了详细的解释。

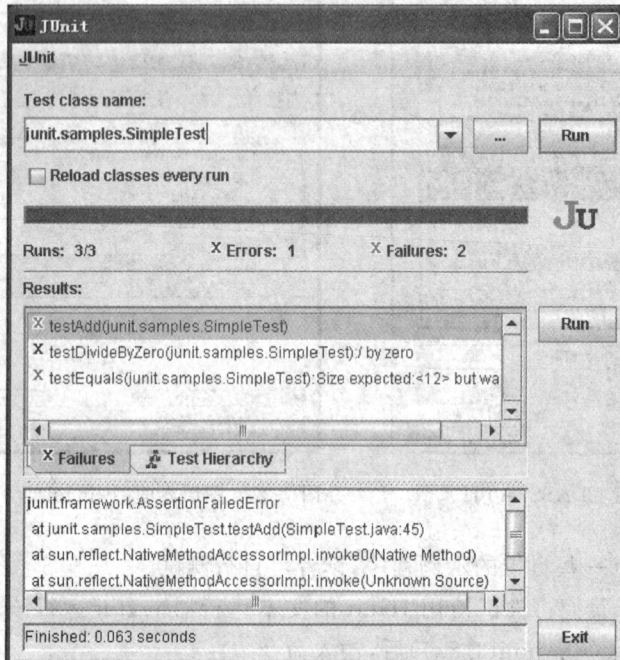

图 7-24　图形界面(swingui)测试 SimpleTest

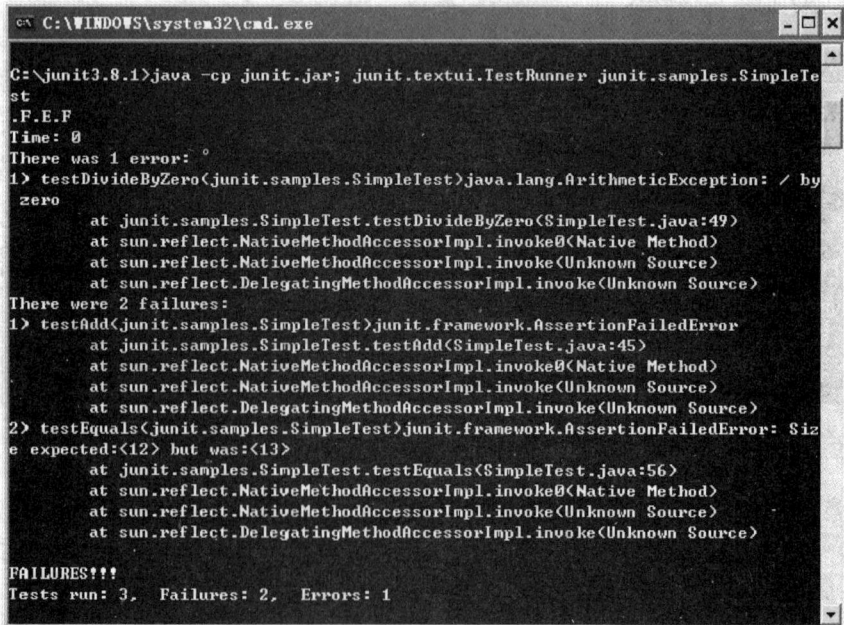

图 7-25　图形界面(swingui)测试 SimpleTest

经过上述步骤的测试,我们可以看到两种 TestRunner 报告了同样的结果,文本界面(textui)更容易执行,特别适合于执行批处理任务;而图形界面(swingui)的 TestRunner 可以提供更多的细节。

7.3.4 JUnit 实例

了解了 JUnit 的工作原理之后,下面我们用一个小例子来学习 JUnit 3.8.1 的基本语法。

【实例 7-1】 假设有一个 Calculator 类,它能实现两个整数之间的四则运算。Calculator 类中有 4 个方法:加法:add(int a,int b)、减法:minus(int a,int b)、乘法:multiphy(int a,int b) 和除法:divide(int a,int b)。

Calculator 类的代码文件 Calculator.java 内容如下。

代码:Calculator 类(Calculator.java)

```java
package test;
public class Calculator {
    public int add(int a,int b){
        return a + b;
    }
    public int minus(int a,int b){
        return a - b;
    }
        public int multiphy(int a,int b)  {
        return a * b;
    }
    public int divide(int a,int b) {
        return a / b;
    }
}
```

1. 常规的测试

怎样来证明 Calculator 类能够正常实现运算? 基本的思路是设计适当的测试用例,然后把 Calculator 类实例化,接着就以设计好的测试用例为参数调用具体方法,最后检验返回结果与预期值是否一致,如果一致就说明代码正确。

按照上述的思路,我们不使用 JUnit 框架也可以进行 Calculator 类的测试。我们在 Calculator 类中创建 main 函数测试 add()方法的代码如下:

```java
public class Calculator {
    …
    public static void main(String[] args){
        Calculator cal = new Calculator();          //类实例化
        int result = cal.add(1, 2);                 //运行被测方法 add 并取得执行结果
        if(3 == result){                            //预期值与调用结果的比较
            System.out.println(result);
        }
        else{
```

```
                System.out.println("failure!");
            }
        }
    }
```

这个测试非常简单,我们使用的测试用例是(1,2),首先,创建 Calculator 类的实例,把测试用例传递给它,然后用 if 语句来比较预期值 3 与实际执行结果 result 是否相等,如果相等就在控制台输出 result 的值;否则,输出字符串 failure!。

add()方法的功能非常简单,我们通过编译运行,肯定能得到正确结果。但是,如果我们改变 add()方法中的代码,使测试失败,你就必须仔细地寻找错误消息以确定错误原因。另外,我们还要考虑到这里的代码只是测试了 add()方法,如果把测试 Calculator 类的代码写完整的话,运行 main()方法势必会进行连续测试,容易造成混乱,一旦出现错误也不容易查找。当然,我们完全可以利用自己编码的技巧来解决这些问题,我们可以编写出足够智能的程序来解决上述测试混乱的问题。比如,构建新的测试类,使测试结构清晰;创建能动态显示测试结果的窗口,使测试工作可以控制;等等。做完这些工作后,我们会发现我们所有测试的程序仅仅是最简单的 Calculator 四则运算类,测试的效率是大家都不能接受的。显然,这样的测试不是我们想要的。

2. 使用 JUnit 框架来测试 Calculator 类

所有的单元测试框架都应当遵守 3 条规则:
- 每个单元测试的运行都必须独立于其他单元测试。
- 必须以单项测试为单位来检测和报告错误。
- 必须易于定义要运行的单元测试。

毫无疑问,JUnit 也能很好地遵守这 3 条规则。同时,JUnit 还有很多功能可以简化测试的编写和运行:
- 可供选择的 TestRunner 能以多种方式(命令行、awt 和 swing)显示测试结果。
- 每个单元测试独立运行。
- 标准的资源初始化和回收方法(setUp()和 tearDown())。
- 各种不同的 Assert 方法,让测试结果比较更加容易。
- 同流行工具(Ant、Maven 等)和流行 IDE(Eclipse、Jbuilder 等)整合。

下面,我们先给出用 JUnit 对 Calculator 类的 add()方法进行测试的代码。为了实现测试代码与源代码的分离,我们创建测试类 CalculatorTest,具体代码如下所示。

代码:testAdd()代码

```
1. import junit.framework.TestCase;
2. import junit.framework.Assert;
3. public class CalculatorTest extends TestCase{
4.     public void testAdd(){
5.         int expected = 3;          //期望值
6.         int a = 1,b = 2;           //测试用例      第一步:测试准备
7.         Calculator cal = new Calculator();
8.         int actual = cal.add(a, b);             //第二步:调用被测方法,运行测试
9.         Assert.assertEquals(expected, actual);    //第三步:检验测试结果,给出结论
```

```
10.     }
11. }
```

第 3 行声明 CalculatorTest 类继承于测试基类 TestCase,所有的测试类都继承于 TestCase。第 4 行定义了测试方法 testAdd(),按照 JUnit 语法的规定,测试方法的命名必须遵守 testXXX()这样的模式(即测试方法命名必须以 test 开头),并且还要求测试方法是公共方法(public),无返回值(void),无参数。也就是说,定义测试方法时要写成这样的模式:

```
public void testXXX(){ … }
```

第 5 行定义了测试期望值 expected,第 6 行定义了测试用例。第 7 行创建了 Calculator 类的实例(被测试的对象),开始测试工作。第 8 行调用被测试方法 add()并传递测试用例 (1,2)来执行测试。第 9 行开始检验测试结果,我们使用 assertEquals()方法来比较期望值和实际调用结果。

这里的 assertEquals()方法只使用了两个参数的形式:

```
assertEquals(expected,actual);
```

完整的 assertEquals()方法的形式是:

```
assertEquals(expected,actual,delta);
```

在大多数情况下,参数 delta 可以为 0,甚至不写出来,我们可以安全地忽略它。但是当执行不一定会精确的计算时(大多是浮点运算),delta 提供一个误差范围。只要实际值 (actual)在范围(expected-delta, expected-delta)之内,测试就算是通过了。

上述测试方法 testAdd()体现了测试过程标准的"三步走"过程:

1) 测试准备。

2) 运行测试。

3) 判断结果。

一般我们的测试方法都会按照这个模式来编码。和 testAdd()类似,testMinus()、testMultiphy()和 testDivide()也是"三步走"的过程。具体代码如下:

代码:CalculatorTest 类代码

```
package test;
import junit.framework.TestCase;
import junit.framework.Assert;
public class CalculatorTest extends TestCase
{
    //Junit 3.8 中,测试类必须从 TestCase 继承
    /*
     * 测试方法的命名规则:
     * 1、public; 2、void; 3、无参数; 4、名字必须以 test 开头
     */
    public void testAdd(){
        Calculator cal = new Calculator();
        int result = cal.add(1, 2);
        Assert.assertEquals(3, result);
```

```
    }
    public void testMinus(){
        Calculator cal = new Calculator();
        int result = cal.minus(1, 2);
        Assert.assertEquals(-1, result);
    }
    public void testMultiphy(){
        Calculator cal = new Calculator();
        int result = cal.multiphy(1,2);
        Assert.assertEquals(2, result);
    }
    public void testDivide(){
        Calculator cal = new Calculator();
        int result = cal.divide(1,2);
        Assert.assertEquals(0, result);
    }
}
```

现在,我们来运行测试类 CalculatorTest。假定我们把 Calculator.java 和 CalculatorTest.java 文件放入 C:\junit3.8.1\test 目录下(需要新建目录 test),那么首先需要编译类代码,生成 class 文件。打开命令行模式,进入 C:\junit3.8.1 目录,输入编译命令如下:

```
javac - cp junit.jar test \ * .java
```

生成 Calculator.class 和 CalculatorTest.class。

接下来使用 TestRunner 运行测试,命令如下:

```
java - cp junit.jar; junit.swingui.TestRunner test.CalculatorTest
```

测试结果如图 7-26 所示,注意,测试时要取消 Reload classes every run 选项。

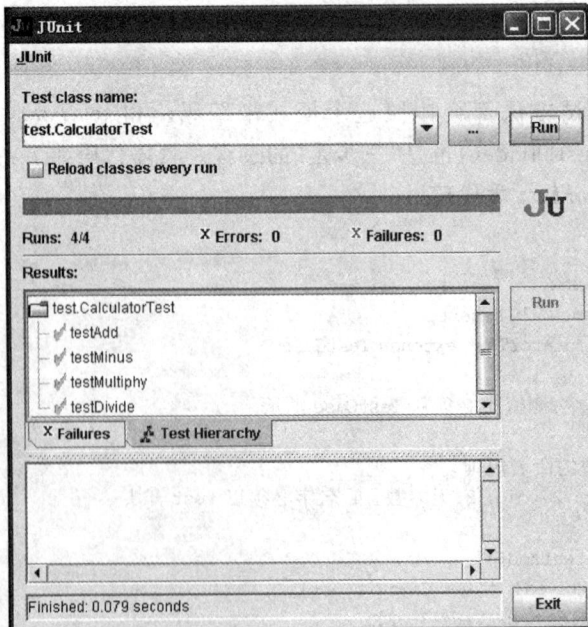

图 7-26　Calculator 类测试结果

3. setUp()和 tearDown()

前面提到 TestCase 包含两个主要部件：fixture 和测试单元。fixture 是指在执行一个或者多个测试方法时需要的一系列公共资源或者数据，例如测试环境，测试数据等。在编写单元测试的过程中，你会发现大部分的测试方法在进行真正的测试之前都需要做一定的铺垫，也就是"三步走"中的第一步"测试准备"。"测试准备"过程所占据的代码会随着测试的复杂程度的增加而递增，当多个测试方法都需要做同样的"准备"时，我们可以用JUnit专门提供的 fixture 来消除这些重复代码。

JUnit 把 setUp()和 tearDown()方法定义在 TestCase 类中，TestCase 通过 setUp()和 tearDown()方法来自动创建和销毁 fixture。

setUp()方法初始化所有测试的 Fixture(你甚至可以在 setUp()中建立网络连接)，将每个测试略有不同的地方在 testXXX()测试方法中进行配置。

tearDown()方法释放在 setUp()中分配的永久性资源，如数据库连接。

当测试执行时，TestCase 会在每个测试运行之前调用 setUp()，并且在每个测试完成之后调用 tearDown()。

这是我们还需要注意，将配置 Fixture 的代码放入测试类的构造方法中是不可取的。因为我们要求执行多个测试，并不希望某个测试的结果意外地影响其他测试的结果。通常若干个测试会使用相同的 Fixture，而每个测试又各有自己需要改变的地方。

在测试类 CalculatorTest 中我们可以看到，每个测试方法在执行之前都要执行实例化 Calculator 类的代码。我们可以考虑把这行代码放在 setUp()方法中实现。具体代码片段如下：

代码：增加 setUp()方法以后的 CalculatorTest 类代码片段。

```
…
public class CalculatorTest extends TestCase{
    private Calculator cal;
    public void setUp(){
        cal = new Calculator();
    }
    public void testAdd(){
        int result = cal.add(1, 2);
        Assert.assertEquals(3, result);
    }
…
}
```

我们先给 CalculatorTest 定义一个 Calculator 类型的私有变量 cal，然后在 setUp()方法中给 cal 分配资源，进行实例化。这样，测试方法中就没有了重复语句，更加简洁、高效。

去除重复代码有助于更快地编写更多的测试，需要注意的是不要试图通过在一个测试方法中测试多个操作来共享初始化代码，不要把多个测试塞进一个方法。这样导致的结果就是测试方法变得更复杂，难读也难懂。更糟的是，测试方法中的代码逻辑越多，测试失败的可能性就越大。并且很难定位究竟是什么地方出错了。当测试共享一个方法，一个失败的测试就可能会让 fixture 处于无法预期的状态，这样位于这个方法中的其他测试可能也无法运行。这样的话,我们获得的测试结果就是不完整的,甚至可能是误导性的。

所以,为了获得最好的测试结果,一个测试应该对应一个方法,初始化代码放在 setUp() 中实现。

为了能更好地看到 setUp() 和 tearDown() 方法在整个测试中的执行效果,我们把 CalculatorTest 类代码做一些改动。在每个方法(包括测试方法和 fixture 方法)中都加入一个输出语句,通过观察测试执行时运行器中的输出类确定各个方法的执行顺序。

我们在每个方法中都加入输出各自的方法名称的语句:

- 在 setUp()方法中加入语句:

```
System.out.println("SETUP");
```

- 在 tearDown()方法中加入语句:

```
System.out.println("TEARDOWN");
```

- 在 4 个测试方法 testAdd()、testMinus()、testMultiphy()和 testDivide()总分别加入语句:

```
System.out.println("testAdd");
System.out.println("testMinus");
System.out.println("testMultiphy");
System.out.println("testDivide");
```

代码:增加了输出语句的 CalculatorTest 类代码

```
package test;
import junit.framework.TestCase;
import junit.framework.Assert;
public class CalculatorTest extends TestCase
{
    private Calculator cal;
    public void setUp(){
        cal = new Calculator();
        System.out.println("SETUP");
    }
    public void tearDown(){
        System.out.println("TEARDOWN");
    }
    public void testAdd(){
        System.out.println("testAdd");
        int result = cal.add(1, 2);
        Assert.assertEquals(3, result);
    }
    public void testMinus(){
        System.out.println("testMinus");
        int result = cal.minus(1, 2);
        Assert.assertEquals(-1, result);
    }
    public void testMultiphy(){
        System.out.println("testMultiphy");
```

```
        int result = cal.multiphy(1,2);
        Assert.assertEquals(2, result);
    }
    public void testDivide(){
        System.out.println("testDivide");
        int result = cal.divide(1,2);
        Assert.assertEquals(0, result);
    }
}
```

编译运行测试类,测试通过并在屏幕上显示了输出语句,如图 7-27 所示。图中我们可以看到 SEPUP 和 TEARDOWN 都输出 4 次,并且分别位于测试方法的前后。由此,充分说明了 setUp()方法在每个测试方法运行前运行一次,tearDown()方法在每个测试方法运行结束后运行一次。

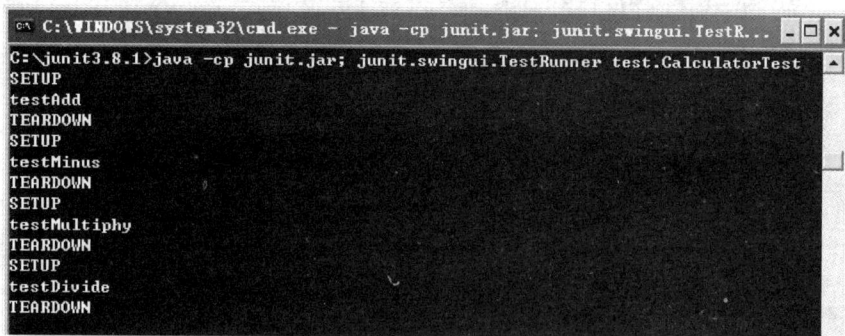

图 7-27　setUp()方法和 tearDown()方法的执行顺序

4. 异常处理

到目前为止,我们的测试都沿着正常的线索进行。如果被测试对象的行为不正常,或者测试方法编写有问题(测试方法也是程序,也有出错的可能),red bar 马上就会出现。本质上讲,我们编写的是诊断测试,它能监测应用程序的"健康程度"。

那么 Calculator 类有没有问题存在呢? 我们可以按照前面章节学习的测试用例设计方法为每个测试方法寻找合适的测试用例。Calculator 类的实现非常简单,加法、减法和乘法只需要一个测试用例测试正常情况就足够了;而除法应该考虑除数是否为零,这里需要设计两个测试用例。我们选取测试用例(1,2)和(1,0)对 Divide()方法进行测试。

按照一个测试对应一个方法的原则,这里应该编写两个测试方法 testDivide()和 testDivide2()。

testDivide2()方法来进行测试用例(1,0)的测试。接下来问题又出来了,测试"三步走"依次是:测试准备,测试运行和测试结果判断。当除数为 0,除法是不能进行的,没有计算结果,所以无法执行 Assert 断言。运行该 testDivide2()方法的话,测试失败,出现红条。运行结果如图 7-28 所示,测试失败,系统返回 ArithmeticException:/by zero 异常。

同样的问题还可能出现在应用程序连接数据库的过程中。如果数据库服务器正确配置,测试程序可能会测试你的数据库连接字符串是否合乎要求。当数据库关闭或无空闲连

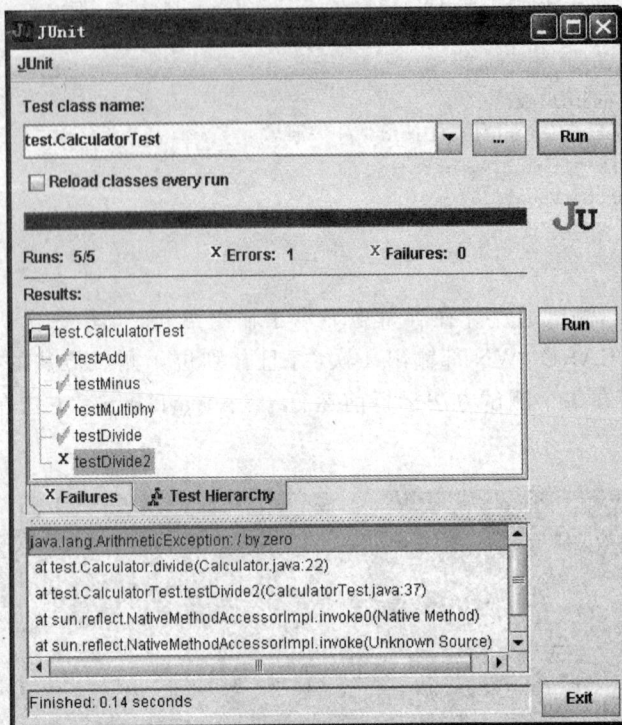

图 7-28 "除以零"测试失败，返回异常

接，即使程序配置正确也无法正常连接数据库，系统会抛出异常。

还比如访问空的堆栈等，这些情况下，程序会自动抛出异常，出现错误。出现这些问题的原因在于应用程序没有对异常情况进行处理，也就是说程序中缺少了对异常情况进行处理的代码。

测试程序的正常功能是必须做的，测试异常处理可能更重要。一个程序除了能正常的完成主要功能外，还应对错误有预防功能。测试完成后，一个应用程序不应显示任何"黑屏"或错误警告，而应详细的捕获、记录并解释所有的错误。

按照这种思路来看，Divide()方法显然是不完整的，它缺少了对"除以零"情况的处理，这也是执行测试用例(1,0)时出现错误的原因。接下来我们要修改 Divide()方法，为 Divide()增加对"除以零"情况的处理代码。

修改后的 Divide()方法。

```
public int divide( int a, int b) throws Exception {
        if(0 == b){
            throw new Exception("除数不能为零!");
        }
        return a / b;
    }
```

修改后的 Divide()方法增加了对除数 b 为零的判断，当 b 等于 0 时抛出异常。我们用抛出异常的方式来模拟异常条件。

```
throw new Exception("除数不能为零!");
```

为了使异常能够正常抛出,方法声明中增加 throws Exception 代码。

经过这样的修改,Divide()方法就显得更加完整,下面我们来讨论怎样对 Divide()方法进行测试。

修改后的 Divide()方法有两类输出,一类是正常除法结果,另一类是除数为零时抛出的异常。所以,我们要编写两个测试方法 testDivide()和 testDivide2()来分别测试这两种情况。

正常除法的测试方法 testDivide()前面已经编写完毕,那么对于"除以零"抛出的异常我们怎样来测试呢?原理是一样的,仍然是"三步走"的基本步骤,不过测试程序要增加捕获异常、判定异常的代码。

testDivide2()方法利用 try{}和 catch{}来检测和捕获 Divide()方法抛出的异常,然后再以适当的方式对异常进行判断,决定测试结果。异常情况的判断有多种方法,这里列举两种仅供参考。

方法 1:测试"除以零"情况的 testDivide2()方法的第一种代码

```
1. public void testDivide2(){
2.     try{
3.         cal.divide(1,0);
4.         Assert.fail();
5.     }
6.     catch(Exception ex){
7.         Assert.assertTrue(true);
8.     }
9. }
```

方法 1 比较简单,在 try 结构中调用被测 divide(1,0)方法,如果出现异常将被 catch 结构捕获。第 4 行引入 Assert 类中的 fail 方法,如果测试遇到了 fail()语句,测试将会失败,就像是断言失败一样。如果像我们设计的那样,divide 方法抛出了异常,那么 fail 语句将不会被执行到。这里加入 fail 语句能有效避免程序出现其他意外情况。第 7 行使用 assertTrue(true)方法表明这是期待的成功条件,如果程序捕获到了异常,那么测试就成功了。

方法 2:测试"除以零"情况的 testDivide2()方法的第二种代码

```
1. public void testDivide2(){
2.     Throwable tx = null;
3.     try{
4.         cal.divide(1,0);
5.         Assert.fail();
6.     }
7.     catch(Exception ex){
8.         tx = ex;
9.     }
10.    Assert.assertNotNull(tx);
11.    Assert.assertEquals(Exception.class,tx.getClass());
12.    Assert.assertEquals("除数不能为零!",tx.getMessage());
13. }
```

方法 2 相对于方法 1 增加了一些对异常进行实质性断言的语句。

在第 2 行我们定义了一个 Throwable 类型的变量 tx，Throwable 类是 Java 语言中所有错误或异常（Error、Exception 类等）的超类。只有当对象是此类（或其子类之一）的实例时，才能通过 Java 虚拟机或者 Java throw 语句抛出。类似地，只有此类或其子类之一才可以是 catch 子句中的参数类型。

第 8 行通过赋值的形式得到异常变量，为接下来的异常断言做准备。

第 10～12 行是连续的 3 个断言，它们从不同角度对变量 tx 进行断言。assertNotNull()方法来断言 tx 是否为空；第 11 行断言异常变量 tx 的类型是否是异常类型；第 12 行断言异常变量 tx 的字符串是否为指定字符串"除数不能为零！"。这 3 个断言不必都写出来，这里只是想给大家演示异常断言的多种形式。

增加对异常的断言能够更精确地认定测试状态，特别是在出现 red bar 时，有助于我们迅速找到问题所在。

5. 完整的 CalculatorTest 测试类

经过上述内容的讲解，我们学会了使用 JUnit 进行测试的基本方法。下面给出被测类 Calculator 和测试类 CalculatorTest 的完整代码。

完整的 Calculator 类代码

```
package test;
public class Calculator{
//数学运算
    //加法
    public int add(int a, int b){
        return a + b;
    }
    //减法
    public int minus(int a, int b){
        return a - b;
    }
    //乘法
    public int multiphy(int a, int b){
        return a * b;
    }
    //除法
    public int divide(int a, int b) throws Exception{
        if(0 == b){
            throw new Exception("除数不能为零!");
        }
        return a / b;
    }
}
```

完整的 CalculatorTest 类代码

```
package test;
import junit.framework.TestCase;
```

```java
import junit.framework.Assert;
public class CalculatorTest extends TestCase{
private Calculator cal;
    public void setUp(){
        cal = new Calculator();
        //System.out.println("SETUP");
    }
    public void tearDown(){
        //System.out.println("TEARDOWN");
    }
    public void testAdd(){
        //System.out.println("testAdd");
        int result = cal.add(1, 2);
        Assert.assertEquals(3, result);
    }
    public void testMinus(){
        //System.out.println("testMinus");
        int result = cal.minus(1, 2);
        Assert.assertEquals(-1, result);
    }
    public void testMultiphy(){
        //System.out.println("testMultiphy");
        int result = cal.multiphy(1,2);
        Assert.assertEquals(2, result);
    }
    public void testDivide(){
        int result = 0;
        try{
            result = cal.divide(1,2);
        }
        catch(Exception e){
            e.printStackTrace();
            Assert.fail();
        }
        Assert.assertEquals(0, result);
    }
    public void testDivide2(){
        Throwable tx = null;
        int result = 0;
        try{
            //Calculator cal = new Calculator();
            result = cal.divide(1,0);
            Assert.fail();
        }
        catch(Exception ex){
            tx = ex;
        }
        Assert.assertNotNull(tx);
        Assert.assertEquals(Exception.class,tx.getClass());
        Assert.assertEquals("除数不能为零!",tx.getMessage());
    }
}
```

7.3.5　从 Eclipse 中运行 JUnit 测试

在日常开发中,开发人员都使用 Java IDE 编写和测试代码,大多数的 Java IDE 把 JUnit 作为它们工具集的一部分,允许程序员在指定的环境中调用 JUnit。现在,开发人员能够在一个无缝的环境中调试、编辑、运行、测试一个类。

对于 Java IDE 的优劣这里不做评论,我们只讨论用 Eclipse 建立一个项目和运行测试的过程。

Eclipse 是著名的、开放源代码的、跨平台的集成开发环境(Integrated Development Environment,IDE),可以免费下载。最初主要用来进行 Java 语言开发,目前也有人通过插件使其作为其他计算机语言(如 C++ 和 Python)的开发工具。Eclipse 是基于 Java 的可扩展开发平台,它只是一个框架和一组服务,用于通过插件构建开发环境,但是众多插件的支持使得 Eclipse 拥有其他功能相对固定的 IDE 软件很难具有的灵活性。许多软件开发商都以 Eclipse 为框架开发自己的 IDE。

Eclipse 集成了 JUnit,只需要简单的设置就可以非常方便地编写、运行测试程序。这里,我们来演示一下用 Eclipse 创建、运行测试项目的步骤,测试项目总包含 Calculator 类和 CalculatorTest 类。

步骤一:创建测试项目。打开 Eclipse 应用程序,选择"文件"→"新建"→"Java 项目",打开"新建 Java 项目"窗口,如图 7-29 所示,在 Project name 编辑框中输入项目名称 TestProject,单击"下一步"按钮。

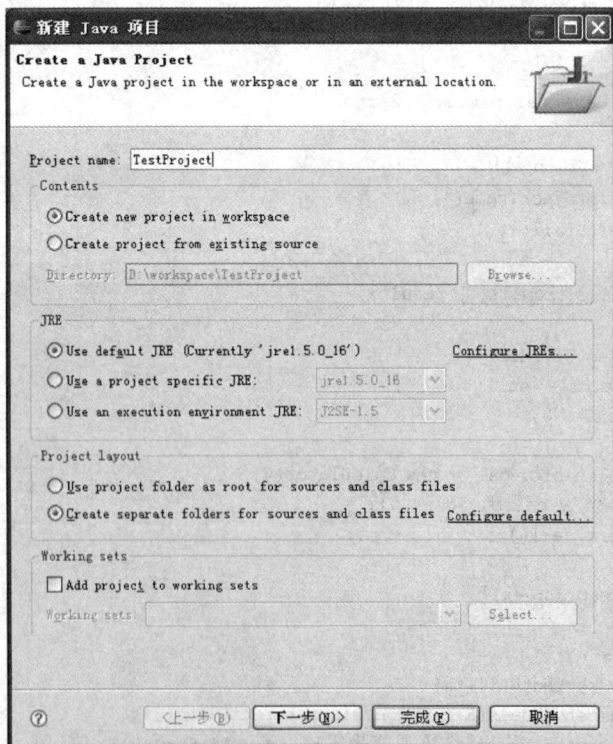

图 7-29　新建 Java 项目 TestProject

在接下来的"Java 设置"窗口中选择"库"页面，单击"添加库"按钮，如图 7-30 所示。

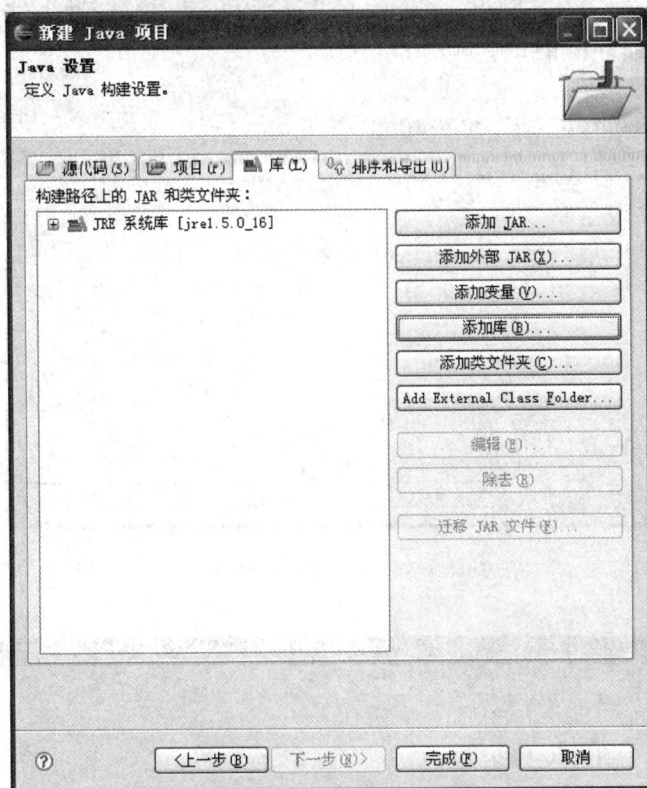

图 7-30　Java 项目设置

在"添加库"页面中选择 JUnit 选项，单击"下一步"按钮，如图 7-31 所示。然后在图 7-32 页面中选择 JUnit 的版本，这里我们选择 JUnit 3.8.1，单击"完成"按钮成功创建项目 TestProject。如图 7-33 所示，项目 TestProject 的文件目录中已经包含了 JUnit.jar 库文件，接下来就可以使用 JUnit 进行测试了。

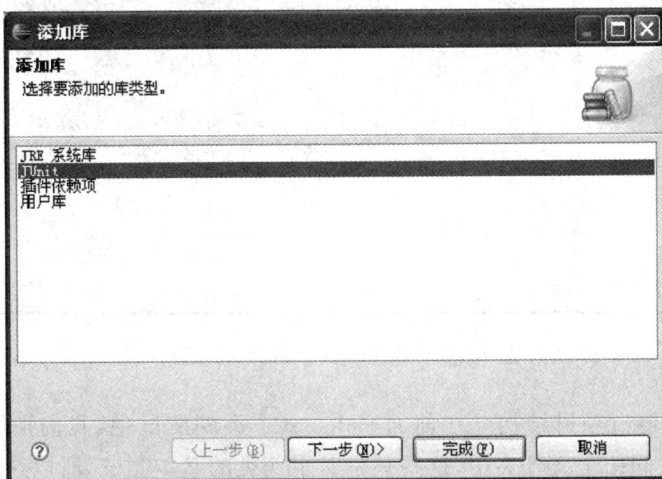

图 7-31　选择 JUnit 库

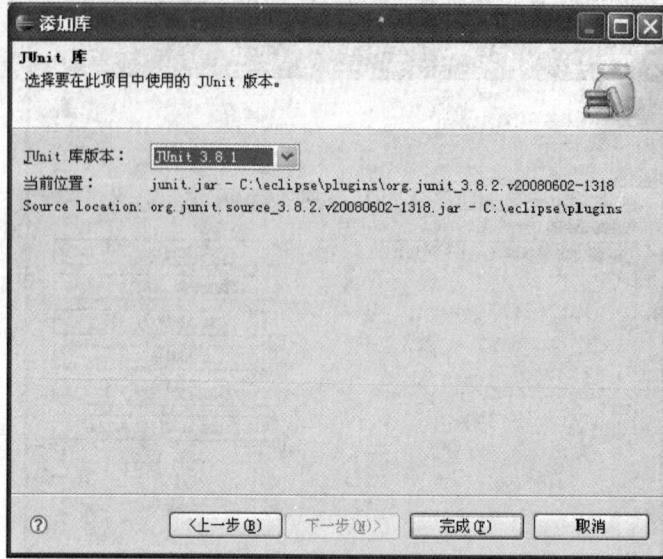

图 7-32　选择 JUnit 版本

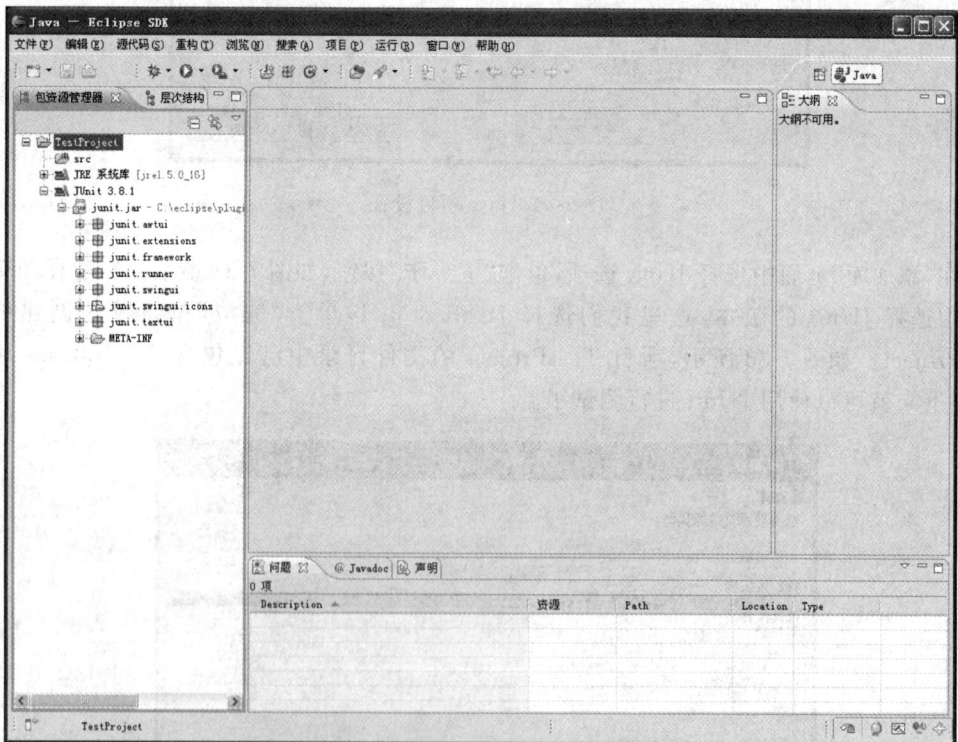

图 7-33　TestProject 项目创建成功

　　步骤二：建立测试项目结构。在前面 Calculator 类的测试中，我们把所有的被测试代码和源代码都放在同一个文件夹中，这些只是对示例类的基本测试，所以这种方法看起来很简单。在这里，我们将开始用真实的测试项目构建方法创建源代码库。

到目前为止,我们只有一个测试类 CalculatorTest,把它和源代码放置在一起不是什么大事。但是,经验告诉我们,随着测试类和源代码类的增多,把它们都放在同一个目录下会造成文件管理方面的麻烦,影响查找速度和发布管理。

当我们面对测试项目中的大量代码时,最好的做法是构建"两个文件夹,一个包"的项目层次结构。"两个文件夹"指的是用不同的源文件夹把被测源代码和测试代码分开放置;"一个包"是指把被测类和对应测试类放置在相同的包结构中。这样做既能实现源代码和测试代码的分离,又能不影响被测类和对应测试类之间的引用关系。

通过使用一个单独的测试目录,实现了被测代码和测试代码的分离,而且我们可以更容易地发布运行时的 jar 包,其中只包含被测源代码。同时,这样的做法也使自动运行所有测试变得简单了。

图 7-34 是项目 TestProject 的类层次结构,src 文件夹存放被测类源代码,testclass 文件夹存放测试类代码;在这两个文件夹中,我们创建了相同的三层包结构 TestBook. UnitTest. JUnit。在这种情况下,被测代码放在 TestProject\src\TestBook \UnitTest\JUnit,只为测试而编写的测试类则位于 TestProject \ testclass \ TestBook \UnitTest\JUnit。

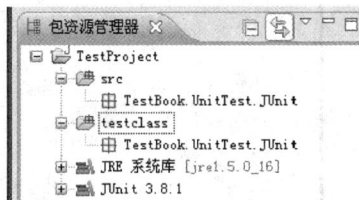

图 7-34　测试项目层次结构

步骤三:编写代码。选中包 TestBook. UnitTest. JUnit,在右键菜单中选择"新建"→"类",出现图 7-35 所示的"新建 Java 类"窗口,在"名称"一栏输入 Calculator,单击"完成"按钮。实现在 TestProject\src\TestBook\UnitTest\JUnit 中创建 Calculator 类,最后,编辑相应代码。

图 7-35　新建 Calculator 类

接着，使用同样的方式在 TestProject**testclass**\TestBook\UnitTest\JUni 结构中创建测试类 CalculatorTest 类，并编辑代码，如图 7-36 所示。

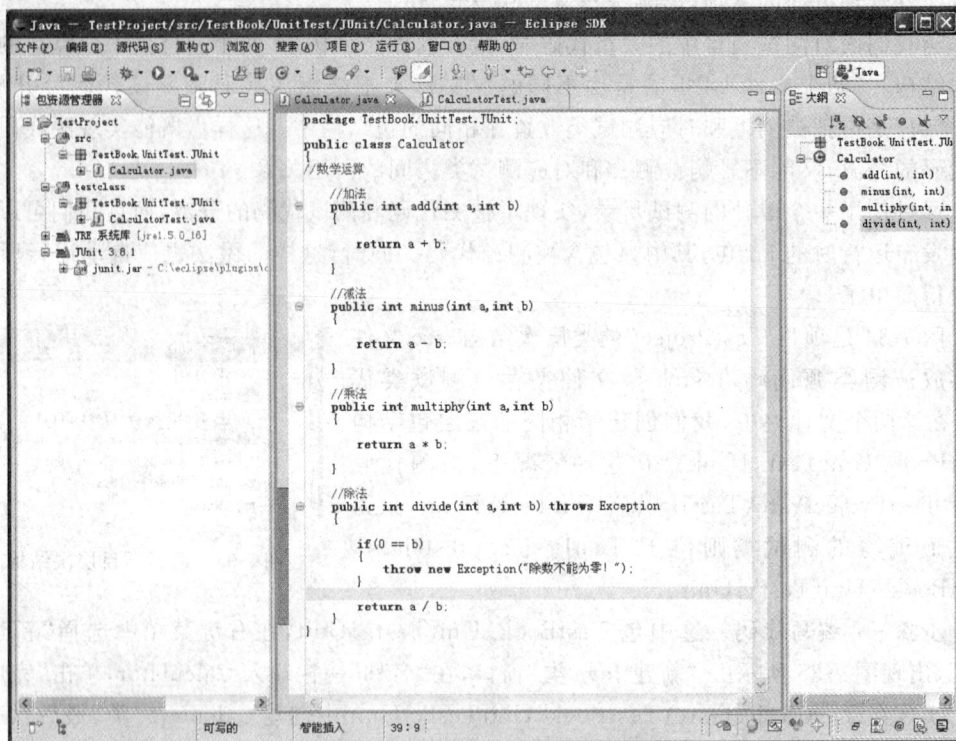

图 7-36　编写类代码

步骤四：运行测试。代码编辑完成后，接下来我们就要运行测试检验结果。由于 Eclipse 已经和 JUnit 无缝集成，所以测试运行的相关操作都可以通过 Eclipse 的相关菜单实现。打开 CalculatorTest 测试类，单击工具栏上的"运行"按钮旁边的下拉菜单 ◎▾，选择"运行方式"→"JUnit 测试"；或者选择菜单"运行"→"运行方式"→"JUnit 测试"。测试开始运行，运行完毕后在 Eclipse 的左侧栏中显示运行结果，如图 7-37 所示，出现绿条，测试成功。绿条下方还显示了每个测试方法的运行结果和运行时间。

如果出现红色进度条，则测试失败，在左下角故障跟踪框中会显示失败的详细信息。

至此，四则运算类 Calculator 的测试完整结束，我们通过这个例子向大家全面地展示了 JUnit 的基本使用方法。当然，JUnit 在测试方面的强大功能远不止这么简单，关于 JUnit 更加高级的应用请读者自行参考其他资料。

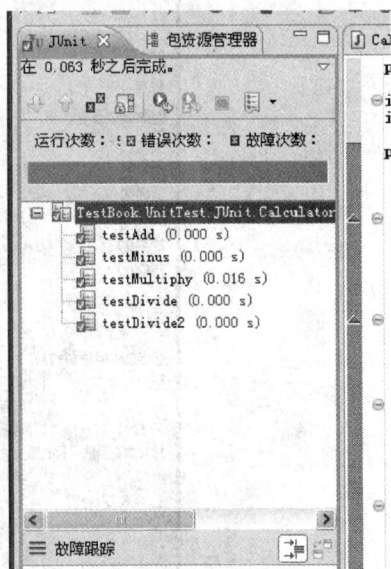

图 7-37　测试结果

7.3.6 用 Eclipse 插件辅助测试

开发软件时,我们的主要目标之一是尽早找到缺陷。很显然,越是了解如何编写更好的代码以及如何有效测试软件,就越能及早地捕捉到缺陷。我们也很想要一张能发现潜在缺陷的安全之网。

这里我们来讨论使用 Eclipse 插件在编码过程中进行一定程度的质量检验,帮助我们在构建软件或集成前发现潜在的缺陷。表 7-4 列出了几个典型的 Eclipse 插件的信息。

表 7-4 辅助测试的 Eclipse 插件

插件名称	用 途	下载 URL
CheckStyle	编码标准分析	http://eclipse-cs.sourceforge.net/update/
Coverlipse	测试代码覆盖率	http://coverlipse.sf.net/update
CPD	检查代码重复	http://pmd.sourceforge.net/eclipse/
JDepend	依赖项分析	http://andrei.gmxhome.de/eclipse/
Metrics	复杂度监控	http://metrics.sourceforge.net/update

1. 安装 Eclipse 插件

Eclipse 插件的安装方法大致有两种,一种是从插件下载网站下载安装包,直接把对应的文件复制到 Eclipse 的安装目录中;另一种是在 Eclipse 界面中安装。这里我们介绍第二种安装方法。

步骤一:启动 Eclipse,选择菜单项 Help→Software Updates→Find and Install,如图 7-38 所示。

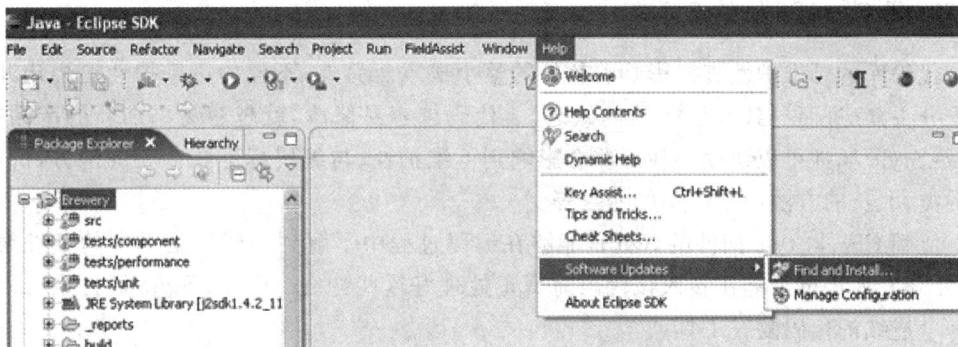

图 7-38 寻找并安装 Eclipse 插件

步骤二:选择 Search for new features to install 单选按钮,单击 Next 按钮。

步骤三:单击 New Remote Site,输入要安装的插件名和 URL(见图 7-39),单击 OK 按钮,然后单击 Finish 按钮来显示 Eclipse 更新管理器。

步骤四:在 Eclipse 更新管理器中,选择待

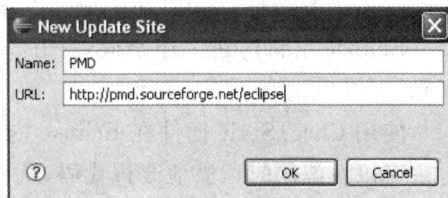

图 7-39 配置插件的下载站点

安装插件并单击 Next 按钮,如图 7-40 所示。安装完成后重启 Eclipse,新的插件即可使用。

按照上述步骤安装其他 Eclipse 插件,只需改变插件名和相应的下载位置即可。

下面我们分别描述这些插件的用法。

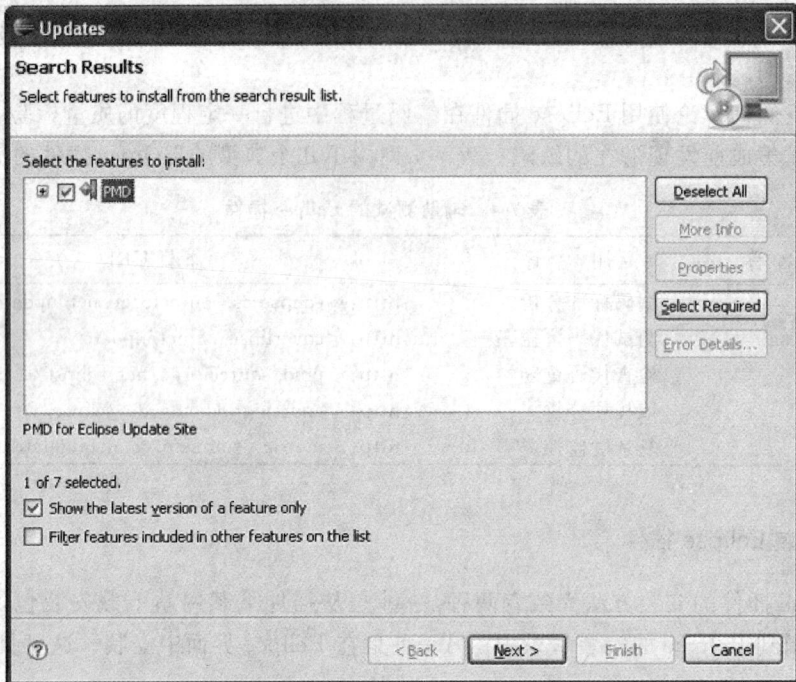

图 7-40 Eclipse 更新管理器

2. 用 CheckStyle 校正标准

代码库的可维护性直接影响着软件的整个成本。另外,不佳的可维护性还会让开发人员十分头痛(进而导致开发人员的缺乏)。代码越容易修改,就越容易添加新的产品特性。CheckStyle 插件可以协助寻找那些会影响到可维护性、与编码标准相冲突的地方,例如,过大的类、太长的方法和未使用的变量等。

使用 CheckStyle 插件的好处是能够在编码过程中了解到源代码上下文的各种编码冲突,让开发人员更可能在签入该代码前真正处理好这些冲突。CheckStyle 插件也可以被视为一个连续的代码复查工具。

CheckStyle 插件安装完成后需要做如下配置(见图 7-41):

在当前项目,打开项目属性对话框,找到 Checkstyle 页面,选择 CheckStyle active for this project 复选框,单击 OK 按钮。它的作用是在当前项目中进行代码检查。

Eclipse 重新构建工作空间,并在 Eclipse 控制台中列出已发现的编码冲突,如图 7-42 所示。

使用 CheckStyle 插件在 Eclipse 内嵌入编码标准检验是一种积极主动的方法,用这种方法可以在编码时积极地改进代码,从而在开发周期的早期发现源代码中潜在的缺陷。这么做还有更多的好处,如节省时间、减少失败,也因此会减少项目的成本。

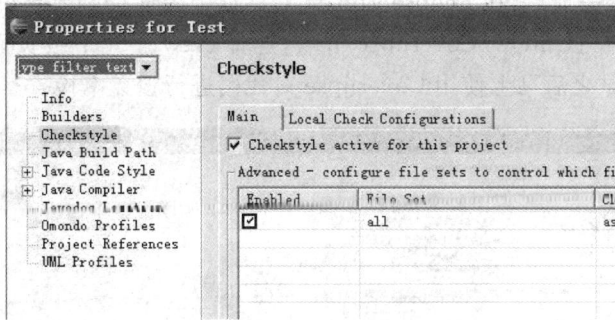

图 7-41　配置 CheckStyle 插件

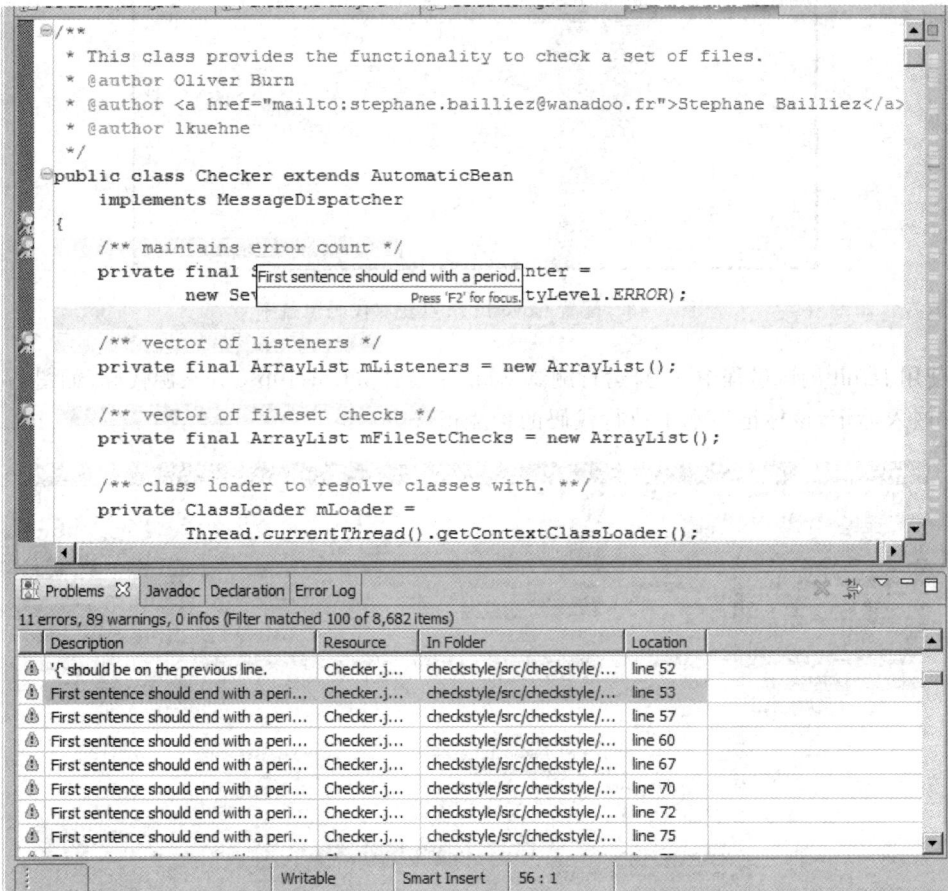

图 7-42　Eclipse 中 CheckStyle 的代码冲突列表

3. 用 Coverlipse 确认覆盖率

Coverlipse 是一个代码覆盖率工具，它能够把 JUnit 测试的代码覆盖直观化，它的独到之处就是与 Eclipse 开发平台无缝结合。Coverlipse 能够在一个 JUnit 运行之后马上显示覆盖结果并可把结果导成 XML 文件。

Coverlipse 安装完成后,在 Eclipse 的 Run 对话框中配置 Coverlipse,实现和 JUnit 的关联。在左侧栏中右击 JUnit w/Coverlipse 节点,选择 New 新建下级页面,如图 7-43 所示。在这里配置运行测试之后马上使用 Coverlipse 对代码进行覆盖率检查。

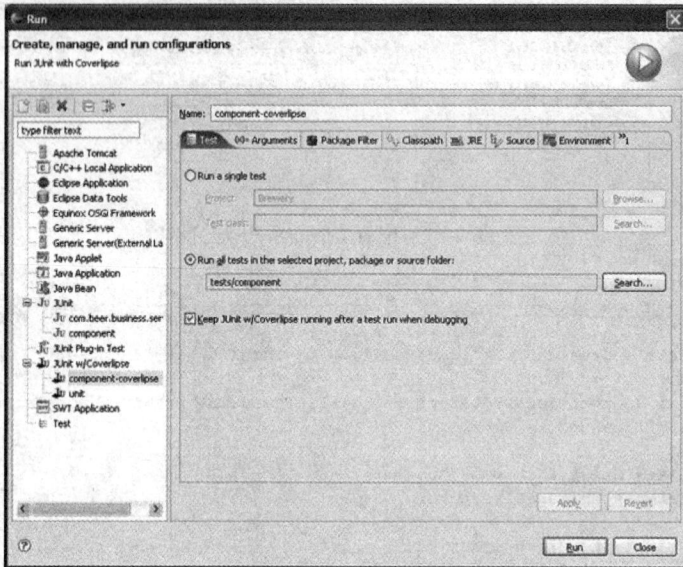

图 7-43　配置 Coverlipse 以获取代码覆盖率

使用 JUnit 测试过程中,一旦运行测试 Eclipse 会启动 Coverlipse 并在源代码(如图 7-44 所示)中嵌入标记,该标记显示了执行代码的覆盖情况。

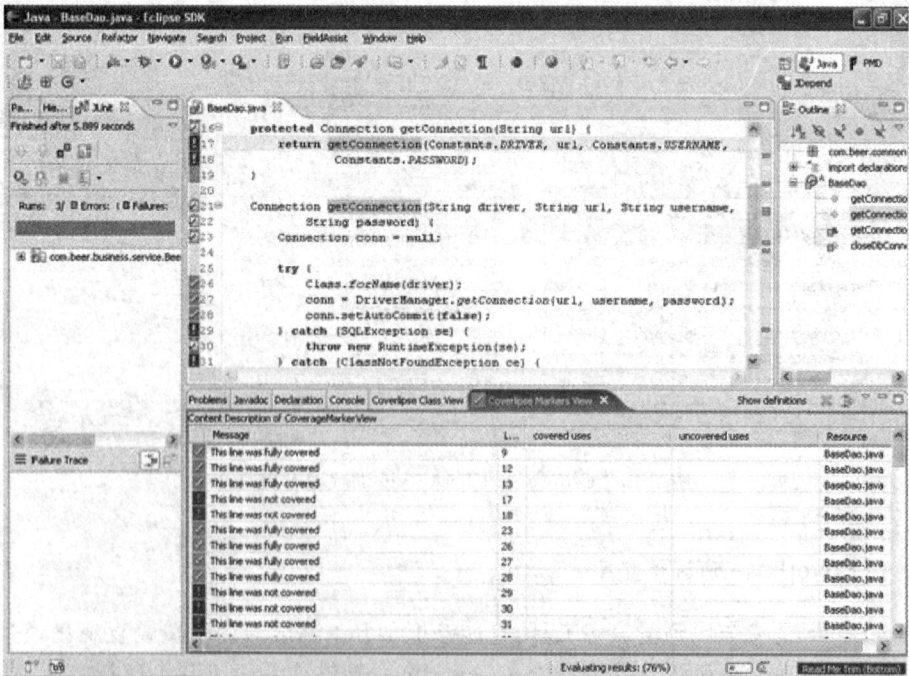

图 7-44　Coverlipse 生成的具有嵌入类标记的报告

正如我们看到的,使用 Coverlipse 插件可以更快地确定代码覆盖率。我们可以在集成测试前更好地进行单元测试,尽可能地提供代码覆盖率。

4. 用 CPD 捕捉代码重复

Eclipse 的 PMD 插件提供了一项叫做 CPD(或复制粘贴探测器)的功能,用于寻找重复的代码。为在 Eclipse 中使用这项便利的工具,需要安装具有 PMD 的 Eclipse 插件,该插件具有 CPD 功能。

为寻找重复的代码,请用右键单击一个 Eclipse 项目并选择 PMD→Find Suspect Cut and Paste,如图 7-45 所示。

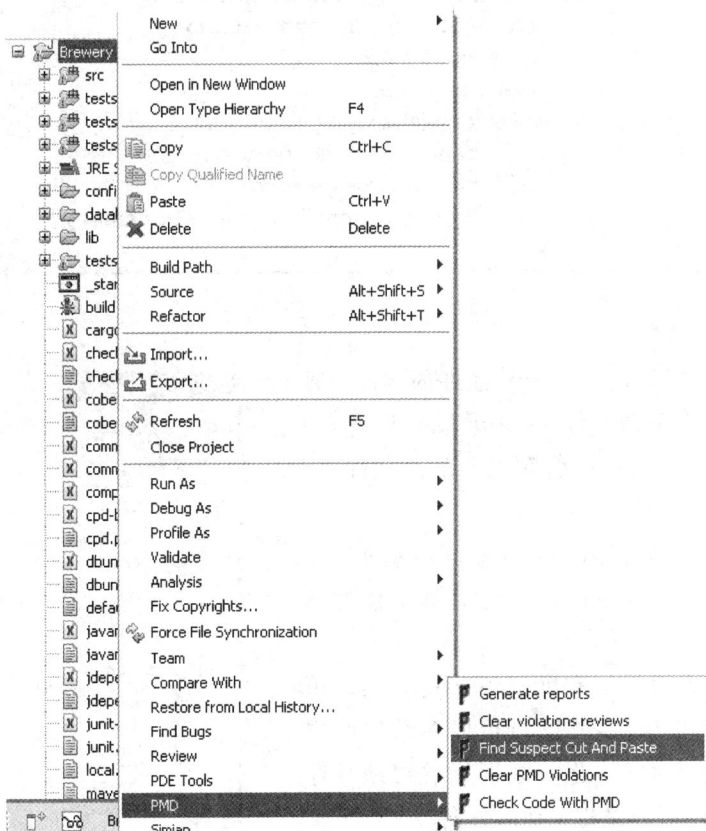

图 7-45 使用 CPD 插件进行复制粘贴检验

一旦运行了 CPD,Eclipse 根目录下就会创建出一个 report 文件夹,其中包含一个叫做 cpd.txt 的文件,文件中列示了所有重复的代码。图 7-46 是一个 cpd.txt 文件的例子。

靠人工来寻找重复的代码是一项挑战,但使用像 CPD 这样的插件却能在编码时轻松地发现重复的代码。

5. 使用 JDepend 进行依赖项检查

JDepend 是个可免费获取的开源工具,它能在编码时为包依赖项提供面向对象的度量值,以此指明代码库的弹性。换句话说,JDepend 可有效测量一个架构的健壮性。

图 7-46 cpd.txt 文件内容

图 7-47 演示了使用 JDepend 插件的方法：通过右击包含源代码的源文件夹，选择 Run JDepend Analysis。一定要选择一个含源代码的源文件夹；否则看不到此菜单项。

图 7-48 显示了运行 JDepend Analysis 时生成的报告。左边显示包，右边显示针对每个包的依赖项度量值。

JDepend 插件提供了有助于不断观察架构可维护性变化的大量信息，程序员可以在编码时看到这些数据。毫无疑问，这些数据能够帮助程序员时刻保持清醒，不会偏离正确的方向。

6．用 Metrics 测量复杂度

Metrics 插件可以进行许多有用的代码度量，包括圈复杂度度量，它用于测量方法中唯一路径的数目。

安装 Metrics 插件并重启 Eclipse 使之生效，然后进行如下配置：

图 7-47 使用 Run JDepend Analysis 分析代码

右击项目名并选择 Properties 菜单。在属性对话框的左侧栏中选择 Metrics 节点，选择 Enable Metrics 复选框并单击 OK 按钮，如图 7-49 所示。

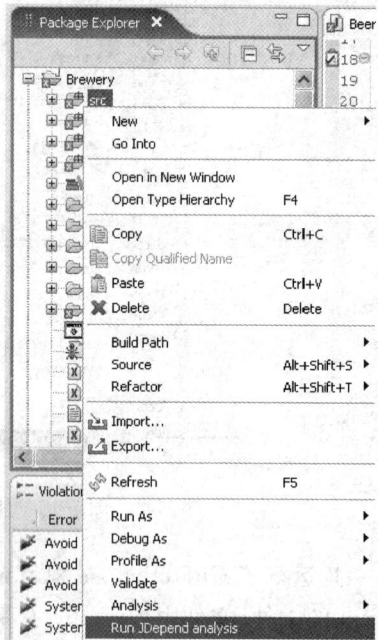

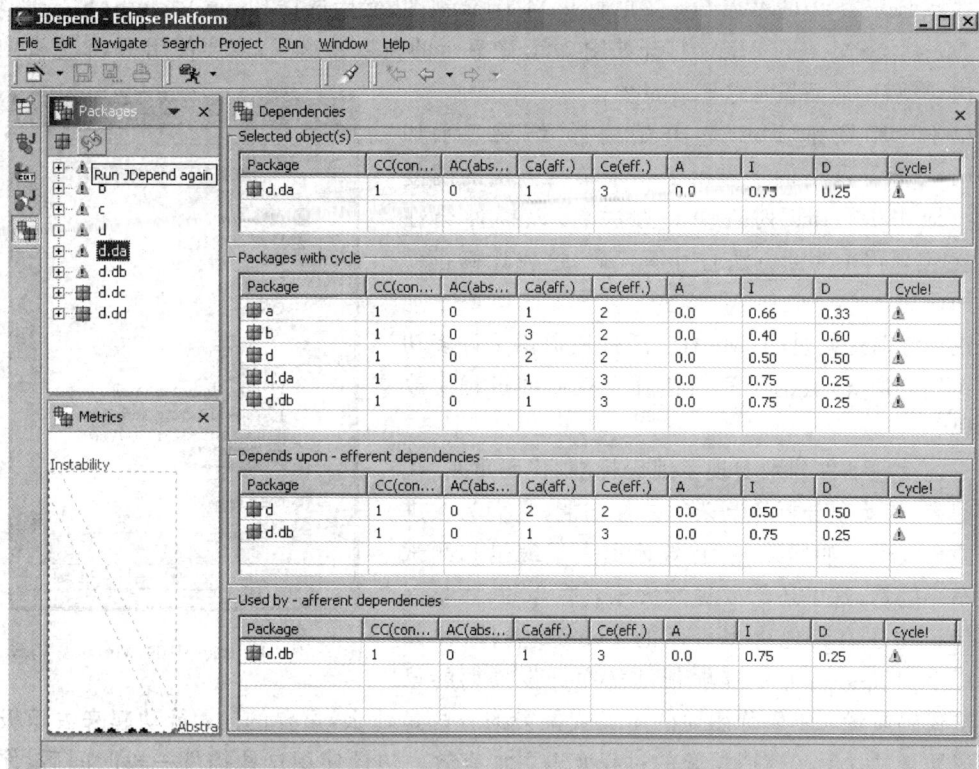

图 7-48 运行 JDepend Aalysis 时生成的分析报告

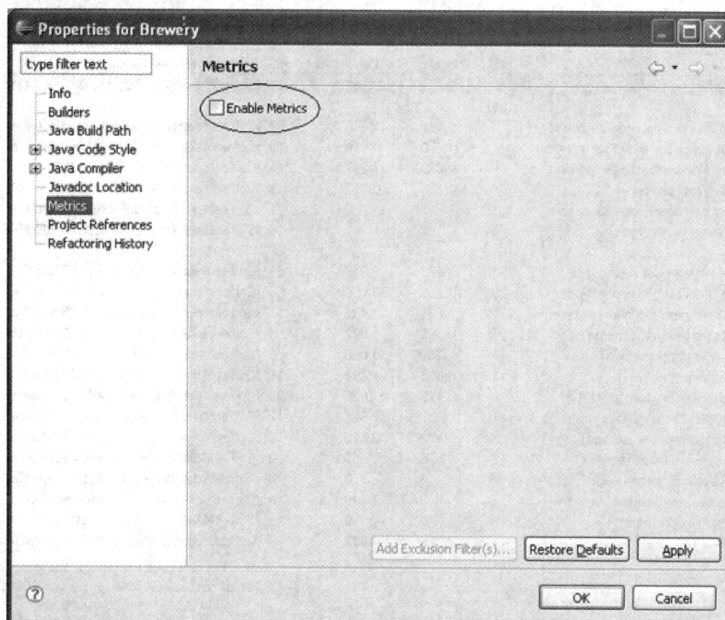

图 7-49 为项目配置 Metrics

选择 Eclipse 中的 Window 菜单打开 Metrics 视图,然后选择 Show View→Other 选项,选择 Metrics→Metrics View 打开如图 7-50 中显示的窗口。这里,需要使用 Java 透视图并重新构建项目,从而显示这些度量值。

单击 OK 按钮,Metrics 开始运行,结果显示如图 7-51 所示。这个例子显示了一个单独方法的圈复杂度。双击 Metrics 列表中的方法名,该插件会在 Eclipse 编辑器中为此方法打开源代码,这就让修正变得更加便捷。

正如之前提到过的,Metrics 插件还提供了许多功能强大的度量值,有助于我们在开发软件的过程中改进代码。

上述 5 种插件分别实现了编码标准、代码重复、代码覆盖率、依赖项分析和复杂度监控功能,它们为改进代码质量提供了便捷途径,有效地提高了编码和测试的效率。但是,这里还需要提醒大家:适合的,才是好的。请记住还有其他许多可用的 Eclipse 插件,比如 PMD、FindBugs 等,它们能够帮助您在开发周期的早期改进代码质量。不管你想要的工具或偏爱的方法是什么,重要的是:行动起来去积极改进代码质量并让手工代码检验的过程变得更加有效。估计使用这些插件一段时间后,你就再也离不开它们了。

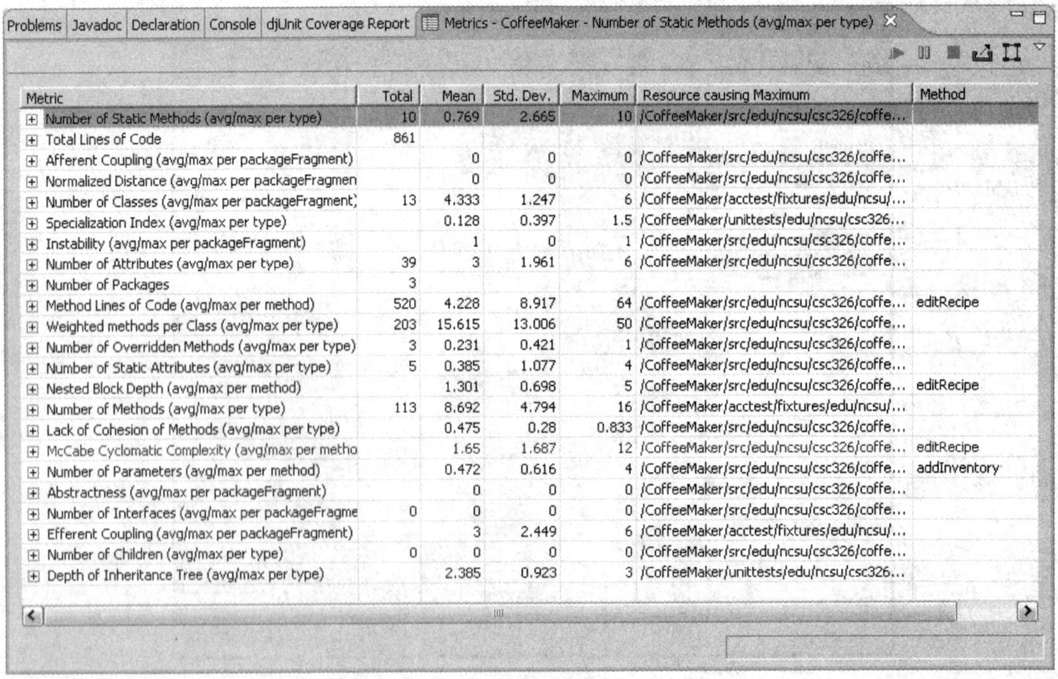

图 7-50　Eclipse 中的 Metrics View

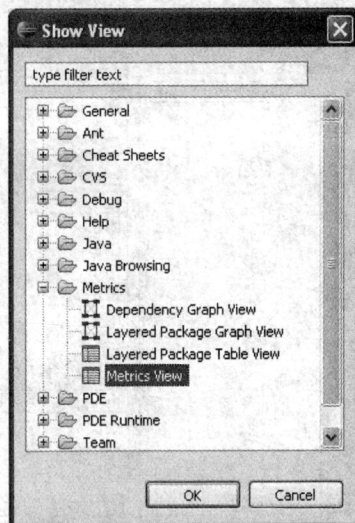

图 7-51　查看方法的圈复杂度

7.4 利用 NUnit 进行单元测试

NUnit 是一个 .NET 上的单元测试框架,它和 JUnit 一脉相承,都是 xUnit 的一员。最初,它是从 JUnit 发展而来,现在最新的版本是 2.5.8。

NUnit 由 James W. Newkirk,Alexei A. Vorontsov 和 Philip A. Craig 共同开发完成,开发过程中 Kent Beck 和 Erich Gamma 也提供了许多帮助。NUnit 是 xUnit 家族中的第 4 个主打产品(前三个分别是:JUnit、CppUnit 和 DUnit),它完全由 C♯语言编写,充分利用了 .NET 的特性,比如反射、客户属性等。最重要的一点是它适合于所有的 .NET 语言。

NUnit1.x 主要是移植于 JUnit 3.8,从 NUnit 2.0 版本开始,NUnit 进行了重写和重新设计,使用 Attributes(元数据)代替特定的方法和相应的基类。它的基本原理是通过 .NET 的反射机制,利用代码中的属性标识(Attribute)来辨识测试类和测试方法。

NUnit 3.0 是一个在计划中还没有发布的下一代 NUnit。我们把它叫做 NUnit 扩展测试平台,以区别于目前的 NUnit 框架。它将提供一个当前版本的一个超功能集,能够支持更多的测试运行器(包括 Web 运行器等)、分布式与并行测试运行方式、乱序测试以及事务式测试行为。

www.nunit.org 是 NUnit 的官方网站,大家可以在这里下载 NUnit 的各种版本。需要注意的是,NUnit 要和 .NET Framework 类库配合使用,NUnit 2.4.8 以前的版本支持 .NET Framework 1.1 和 .NET Framework 2.0 的两种安装包,大家在使用中要注意选择,如图 7-52 所示。

NUnit 2.4.8	
win .net 1.1	NUnit-2.4.8-net-1.1.msi
win .net 2.0	NUnit-2.4.8-net-2.0.msi
bin .net 1.1	NUnit-2.4.8-net-1.1.zip
bin .net 2.0	NUnit-2.4.8-net-2.0.zip
src	NUnit-2.4.8-src.zip
doc	NUnit-2.4.8-doc.zip
NUnit 2.4.7	
win .net 1.1	NUnit-2.4.7-net-1.1.msi
win .net 2.0	NUnit-2.4.7-net-2.0.msi
bin .net 1.1	NUnit-2.4.7-net-1.1.zip
bin .net 2.0	NUnit-2.4.7-net-2.0.zip
src	NUnit-2.4.7-src.zip
doc	NUnit-2.4.7-doc.zip

图 7-52 下载 Nunit

7.4.1 NUnit 测试的基本过程

在讲解 JUnit 测试的过程中,我们使用到了四则运算类 Calculator。这里,我们仍然用这个例子来向大家展现 NUnit 测试的基本语法。

由于 NUnit 适合于所有的 .NET 语言,我们选择最典型的 C♯编程环境。本例使用 Visual Studio .NET 2003(.NET Framework 1.1)和从 NUnit 官网下载的 NUnit-2.4.8-

net-1.1.msi 来进行单元测试的演示。

在测试之前,我们要下载 NUnit 的安装程序 NUnit-2.4.8-net-1.1.msi,这个版本的 NUnit 适合于在.NET 1.1 环境中使用。执行安装程序的过程很简单,这里就不再赘述。安装完成后,我们就可以在 Visual Studio 2003 环境中来创建测试项目了。

步骤一:用 Visual Studio 2003 新建一个 C#类库项目 NUnitOne,如图 7-53 所示。

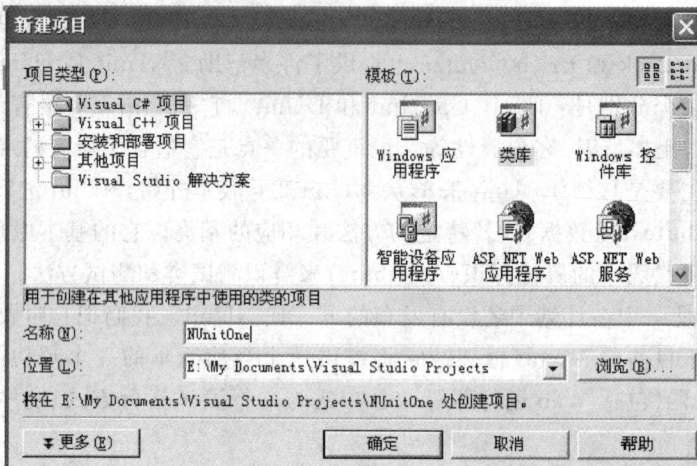

图 7-53　创建 C#新项目 NUnitOne

步骤二:为项目 NUnitOne 增加一个引用 nunit.framework.dll。

在解决方案窗口单击右键,在弹出的菜单中选择"添加引用",在弹出的窗口"添加引用"中选择.NET 页面中的组件 nunit.framework.dll,如图 7-54 所示。

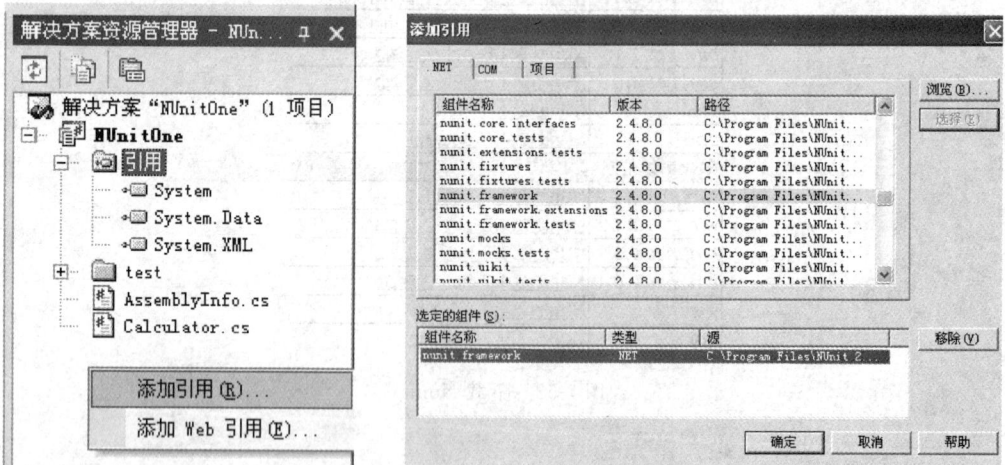

图 7-54　添加 nunit.framework.dll 引用

步骤三:为测试代码建立专用文件夹实现源代码与测试代码的隔离。

源代码类是 Calculator.cs,实现四则运算,测试代码类是 CalculatorTest.cs。在项目中新建文件夹 test,将 CalculatorTest.cs 放入其中,如图 7-55 所示。

步骤四：编写源代码类 Calculator.cs。

四则运算类 Calculator 的完整 C♯代码如下：

```csharp
using System;
namespace NUnitOne
{
    public class Calculator
    {
        public int Add( int a, int b)
        {
            return a + b;
        }
        public int Minus( int a, int b)
        {
            return a - b;
        }
        public int Multiply( int a, int b)
        {
            return a * b;
        }
        public int Divide( int a, int b)
        {
            return a / b;
        }
    }
}
```

图 7-55　测试项目结构

步骤五：编写测试代码类 CalculatorTest.cs。

这里仅给出一个对加法进行测试的方法 testAdd()，用来说明 NUnit 测试的基本要素，其他测试方法将在后续内容中逐步完善。

```csharp
using System;
using NUnit.Framework;
namespace NUnitOne.test
{
    /// <summary>
    /// 测试类
    /// </summary>
    [TestFixture]
    public class CalculatorTest
    {
        [Test]
        public void testAdd()
        {
            Calculator cal = new Calculator();
            int a = 3;
            int b = 2;
            int result = cal.Add(3,2);
            int expected = 5;
            Assert.AreEqual(expected,result);
        }
    }
```

}

注意：测试类代码中的加粗字体是 NUnit 测试特有的关键代码和属性标记。

- "using NUnit. Framework;"用来引用命名空间 NUnit. Framework。测试项目在引用框架的程序集 nunit. framework. dll 后，所有的 NUnit 属性都包含在 Nunit. Framework 命名空间里。

- [TestFixture]属性标记一个测试类，并且要求测试类必须是 public，否则 NUnit 看不到它的存在。

- [Test]属性标记一个测试方法。要求测试方法没有任何参数，没有返回值，并且必须为 public。NUnit 框架是通过属性标记[TestFixture]和[Test]来标记测试类和测试方法，它对测试类和测试方法的命名并没有限制。CalculatorTest(类名)和 TestAdd(方法名)并不是一定要这样写，你可以自由地命名你的名称，不过为了让代码可读性更好，请遵循一个命名规范，这个规范可以是公司定的也可以是网上主流的命名规则。

- Assert. AreEqual 是断言。Assert 是断言类，AreEqual 是断言方法。在测试框架中，断言是单元测试的核心，我们在测试中要对被测代码的调用结果进行断言。如果某个断言失败，方法的调用不会返回值，并且会报告一个错误。如果一个测试包含多个断言，那些紧跟失败断言的那些断言都不会执行，因此每个测试方法最好只有一个断言。NUnit. Framework. Assert 有 23 个重载方法，大部分的情况它都考虑到了。当然，也有例外情况。对于自定义对象的比较，通常需要自己编写高级断言来实现。

上面的代码中，"int expected ＝ 5;"是指我们期望被测程序执行的结果是 5。"int result＝cal. Add(3,2);"则通过执行 Calculator. Add()方法得到实际的值。Assert. AreEqual(expected,result)就是要比较被测方法执行结果与期望值是否相等，如果相等，那么测试通过；否则，提示错误，测试失败。

步骤六：生成 NUnitOne. dll 文件。

分别执行生成菜单中的"生成解决方案"和"生成 NUnitOne"，得到 NUnitOne. dll 文件。该文件在\NUnitOne\bin\Debug 文件夹中。

步骤七：运行 NUnit 测试。

运行 NUnit 软件，打开 File→Open Project，加载文件 NUnitOne. dll，如图 7-56 所示。

单击 Run 按钮启动测试，得到测试结果。界面中出现绿色进度条，表示测试成功，如图 7-57 所示。

这里也可以在 Visual Studio 中自动运行 NUnit-Gui，这样做的好处是可以跟踪到源代码调试。具体做法是这样的：在 Visual Studio 中的解决方案资源管理器侧栏中右击工程名 NUnitOne，在弹出菜单中选择"属性"，在显示对话框的左侧栏中选择"配置属性"→"调试"，在右侧启动操作栏中选择"调试模式"为"程序"，然后在启动应用程序栏中填入 NUnit 可执行程序的路径，如图 7-58 所示，单击"确定"按钮完成配置。之后，你就可以使用 Visual Studio 中的"调试"→"启动"来运行测试类了。

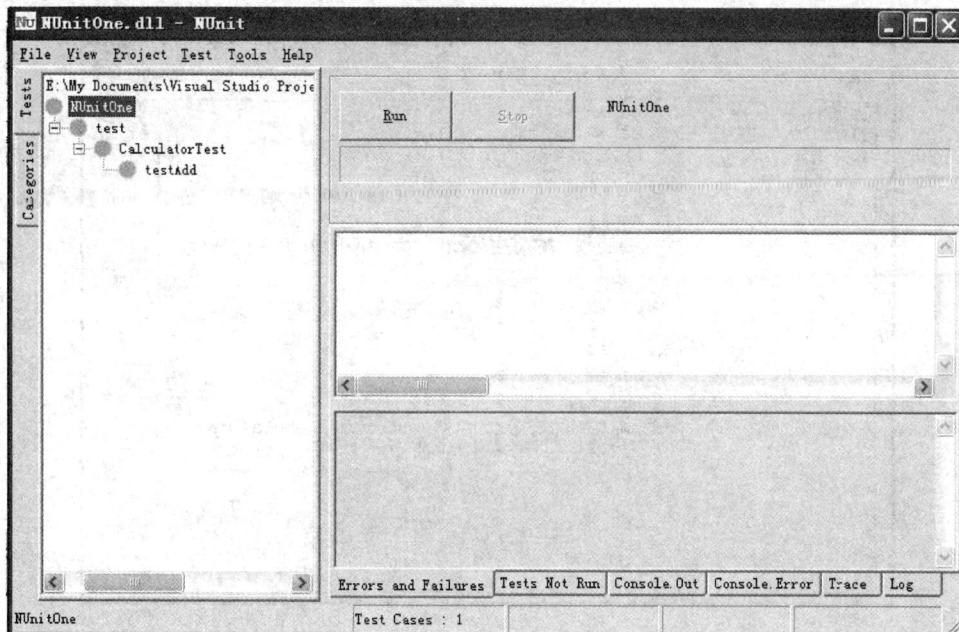

图 7-56　加载 NUnitOne.dll

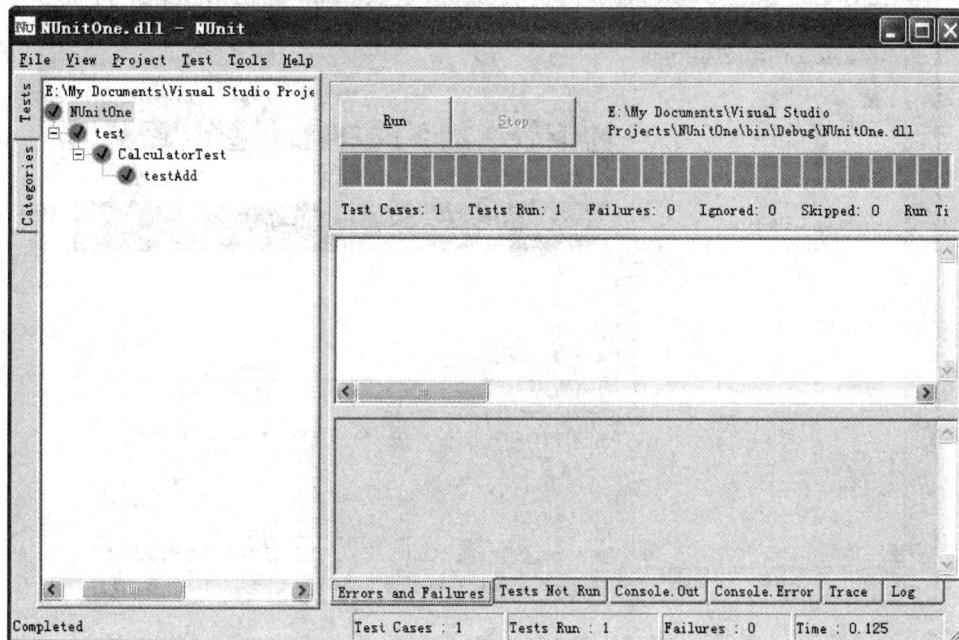

图 7-57　测试结果

7.4.2　NUnit 的布局

为了充分了解 NUnit 的功能,下面我们来看一下 NUnit 界面的布局和常见功能。

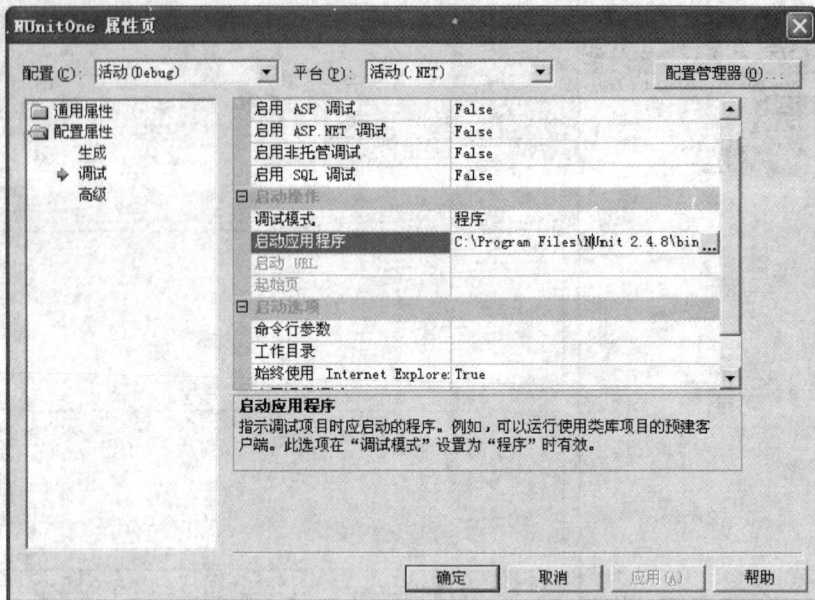

图 7-58   配置 NUnit 启动

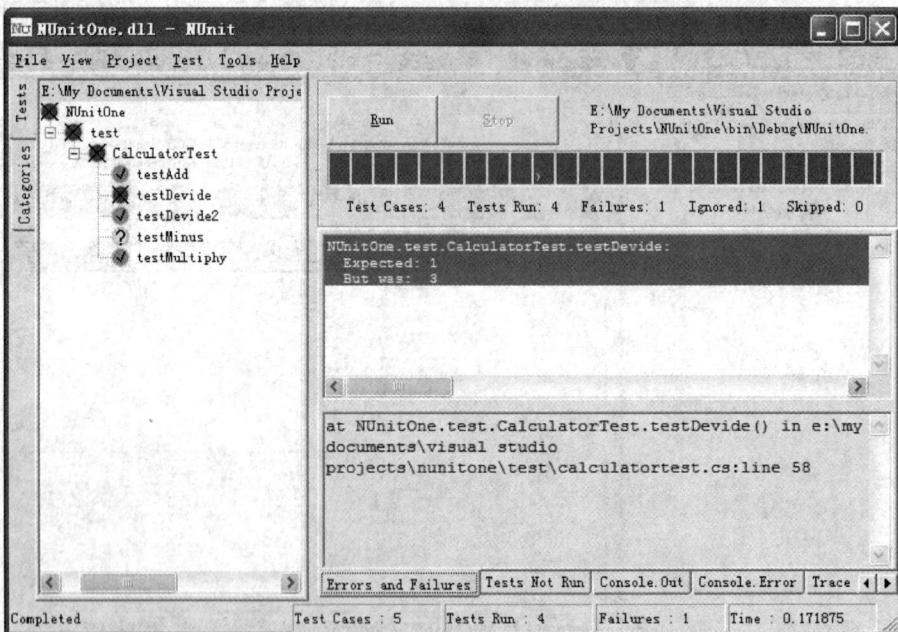

图 7-59   NUnit 布局

在图 7-59 中,左边面板显示了测试项目结构,测试运行时测试项目和测试方法前面会用不同颜色的图标来表示测试状态: ✖表示当前对象测试失败; ✔表示测试通过; ❓表示当前测试被忽略。右边面板的中间可以看到测试进度条,进度条的颜色反映测试项目执行的整体状态。进度条的颜色也是三种情况:

- 绿色：描述目前所执行的测试都通过。
- 黄色：意味某些测试忽略，但是没有失败。
- 红色：表示有失败。

两者配合共同来帮助测试者确定测试运行的具体情况。

界面最底部的状态条表示下面的状态：

- 状态：说明了现在运行测试的状态。当所有测试完成时，状态变为 Completed。运行测试中，状态是 Running：＜test-name＞（＜test-name＞是正在运行的测试名称）。
- Test Cases 说明加载的程序集中测试案例的总个数。这也是测试树里叶子节点的个数。
- Tests Run 已经完成的测试个数。
- Failures 到目前为止，所有测试中失败的个数。
- Time 显示运行测试时间（以秒计）。

File 主菜单有以下内容：

- New Project：允许你创建一个新工程。工程是一个测试程序集的集合。这种机制让你组织多个测试程序集，并把它们作为一个组对待。
- Open：加载一个新的测试程序集，或一个以前保存的 NUnit 工程文件。
- Close：关闭现在加载的测试程序集或现在加载的 NUnit 工程。
- Save：保存现在的 Nunit 工程到一个文件。如果工作单个程序集，本菜单项允许你创建一个新的 NUnit 工程，并把它保存在文件里。
- Save As：允许你将现有 NUnit 工程作为一个文件保存。
- Reload：强制重载现有测试程序集或 NUnit 工程。NUnit-Gui 自动监测现加载的测试程序集的变化。当程序集变化时，测试运行器重新加载测试程序集。当测试正运行时，现在加载的测试程序集不会重新加载。在测试运行之间测试程序集仅可以重新加载。要注意，如果测试程序集依赖另外一个程序集，测试运行器不会观察任何依赖的程序集。对测试运行器来说，强制一个重载使全部依赖的程序集变化可见。
- Recent Files：说明 5 个最近在 NUnit 中加载的测试程序集或 NUnit 工程（这个列表在 Windows 注册表，由每个用户维护，因此如果你共享你的 PC，你仅可以看到你的测试）。最近程序集的数量可以使用 Options 菜单项修改，可以访问 Tool 主菜单。
- Exit：退出。

现在看看右边，你已经熟悉 Run 按钮和进度条。这里还有一个紧跟 Run 按钮的 Stop 按钮：单击这个按钮会终止执行正运行的测试。进度条下面是一个文本窗口，在它下方有以下 6 个标签：

- Errors and Failures：窗口显示失败的测试。在我们的例子里，这个窗口显示失败的测试方法和具体位置。
- Tests Not Run：窗口显示没有得到执行的测试。
- Console.Out：窗口显示运行测试打印到 Console.Error 输出流的文本消息。
- Console.Error：窗口显示运行测试产生的错误消息。这些消息是应用程序代码使用 Console. Error 输出流可以输出的。
- Trace：跟踪自定义变量在测试运行时的变化。
- Log：测试日志。

7.4.3　断言机制

Assert 断言类在整个测试过程中起到关键作用，它提供了一系列的静态方法，让你可以用来验证被测程序执行结果与预期是否一样。如果断言失败，测试方法会报告错误，但没有返回值。

断言类的静态方法共有 9 大类方法，其中 Assert 类的静态方法有 6 大类，共 22 个方法。NUnit 还提供了一些专用的断言方式，例如，用于字符串比较的 StringAssert 类，有 4 个静态方法；用于集合比较的 CollectionAssert 类，有 13 个方法；用于文件比较的 FileAssert 类，有 6 个方法。

这里我们逐个解释这些静态断言方法的功能，详细的使用参数请参考官方网站提供的文档(http://www.nunit.org/index.php? p＝classicModel＆r＝2.4.8)。

1. 相等断言(Equality Asserts)

包含 AreEqual(expected,actual)和 AreNotEqual(expected,actual)两个方法，它们用来测试两个参数 expected 和 actual 的值是否相等或不等，与对象比较中使用的 Equals()方法类似。这两个方法被多次重载，支持各种数据类型的比较。

2. 一致性别断言(Identity Asserts)

包含 3 个方法。

AreSame()和 AreNotSame()方法，用来比较两个对象的引用是否相等或不等，类似于通过"Is"或"＝＝"比较两个对象。

Contains()方法，用来查看对象是否在集合中，集合类型应与 System. Collections. IList 兼容。

3. 条件断言(Condition Asserts)

包含 7 个方法。

IsFalse()和 IsTrue()方法，用来查看变量是否为 false 或 true，如果 IsFalse()查看的变量值是 false 则测试成功，如果是 true 则失败，IsTrue()与之相反。

IsNull()和 IsNotNull()方法，用来查看对象是否为空或不为空。

IsNaN()方法，用来判断指定的值是否不是数字。

IsEmpty()和 IsNotEmpty()方法，用来判断字符串或集合是否为空串或没有元素。

4. 比较断言(Comparisons Asserts)

包含 4 个方法。

Greater()和 GreaterOrEqual()方法，用来比较两个数值的大小，前者相当于大于号(＞)，后者相当于大于等于号(≥)。

Less()和 LessOrEqual()方法,用来比较两个数值的大小,前者相当于小于号(<),后者相当于小于等于号(≤)。

5. 类型断言(Type Asserts)

包含 4 个方法。

IsInstanceOfType()和 IsNotInstanceOfType()方法,用来判断对象是否兼容于指定类型。

IsAssignableFrom()和 IsNotAssignableFrom()方法,用来判断对象是否是指定类型的实例。

6. 公共方法(Utility Methods)

包含两个方法。

Fail()方法,直接让测试失败,用来抛出错误。

Ignore()方法,意为忽略,用来忽略后续代码的执行。

这两个方法的出现能让我们更好地控制测试过程。

7. 字符串断言类(StringAssert)

包含 5 个方法。

StringAssert 是 NUnit 提供的一个专用于字符串断言的静态类,该类主要包含 5 个方法:

Contains()方法,用来查看指定的第二个字符串中是否包含了第一个字符串。

StartsWith()和 EndsWith()方法,分别用来查看指定的第一个字符串是否位于第二个字符串的开头和结尾。

AreEqualIgnoringCase()方法,用来比较两个字符串是否相等。

IsMatch(string regexPattern, string actual)方法,用来检查正则表达式在输入字符串中是否能找到匹配项,即输入字符串是否匹配给定的正则表达式。如果找到匹配项,则返回 true,否则返回 false。

8. 集合断言类(CollectionAssert)

包含 13 个方法。

使用 CollectionAssert 类可比较对象集合,也可验证一个或多个集合的状态,主要方法有 13 个:

AllItemsAreInstancesOfType()方法,断言一个集合中的每一项都属于一个指定的类型。

AllItemsAreNotNull()方法,断言集合中的每一项非空。

AllItemsAreUnique()方法,断言集合中的每一项都是唯一的。

AreEqual()和 AreNotEqual()方法,断言两个集合中的每一个对应项的值是否相等。

AreEquivalent()和 AreNotEquivalent()方法,断言两个集合中的每一个对应项的值是否相等(但是第一个集合中的项的顺序可能与第二个集合中的项的顺序不匹配)。

Contains()和 DoesNotContain()方法,断言一个集合是否包含一个指定的项。

IsSubsetOf()和 IsNotSubsetOf()方法,断言一个集合是否是另一个集合的子集。

IsEmpty()和 IsNotEmpty()方法,断言集合是否为空。

9. 文件断言类(FileAssert)

包含两个方法。

FileAssert 类提供 AreEqual()和 AreNotEqual()两个方法类比较两个文件是否相等。文件可以作为 Stream、FileInfo 和文件路径(String)来进行操作。

7.4.4　NUnit 常用属性

.NET 的元数据体系是.NET Framework 的亮点之一。利用元数据可以对程序集、模块、类型、方法、成员等进行某种特性描述,而这些描述将作为元数据被编译到程序集中,并通过.NET 运行环境为其调用者所使用。这也即元数据扩展。属性(Attribute)的定义和使用是元数据扩展的主要内容。这包括对.NET 标准属性的使用和自定义属性。

NUnit 框架充分利用了自定义属性的特性和.NET 的反射机制。NUnit 在运行时利用反射机制运行已经被编译成程序集的测试(TestCase)中的函数。NUnit 框架中由一系列的函数来完成这项工作,这些函数只负责运行测试案例程序集中特定属性标记所标记的函数。如:InvokeSetUp()就负责运行标记有 SetUp 的函数;InvokeTestCase()负责运行标记有 Test 的函数,即测试方法;InvokeTearDown()负责运行标记有 TearDown 的函数。然后 NUnit 利用这几个 InvokeXXX()函数的调用先后来保证这些函数运行的先后顺序。

表 7-5 中列出了 NUnit 中常用的属性,下面我们来分别了解这些属性的含义和用途。

表 7-5　NUnit 常用属性

属　　性	用　　途
TestFixture	标识测试类
Test	标识测试用例(TestCase)
TestFixtureSetUp	标识测试类初始化函数
TestFixtureTearDown	标识测试类资源释放函数
SetUp	标识测试方法初始化函数
TearDown	标识测试方法资源释放函数
Ignore	标识忽略该测试方法
ExpectedException	标识该测试方法所期望抛出的异常
Explicit	标识测试方法是否需要显式执行
Category	标识测试方法的分类

1. TestFixture 标识测试类

此类必须为 public,否则 NUnit 看不到它的存在;并且对于其超类没有任何限制。此类必须有个默认的构造函数,否则 NUnit 不会构造;另外,NUnit 在运行时会多次构造测试类,因此构造函数不能有其他副作用。

例如:

```
using System;
using NUnit. Framework;
namespace NUnitOne. test
{
    [TestFixture]
    public class CalculatorTest
    {
        //…
    }
}
```

2．Test 标识测试方法

Test 属性标识测试类的某个方法是测试方法。对于测试方法，NUnit 明确要求：必须为 public、返回 void，并且不能带有参数。另外，NUnit 并不要求测试方法的名称必须以 test 开头，这一点和 JUnit 是不一样的。

testAdd 方法定义如下：

```
[Test]
public void testAdd()
{

    …

}
```

3．初始化和资源释放属性

NUnit 提供了一组辅助测试类和测试方法运行的属性标记。Setup 标识测试方法的初始化函数；TearDown 标识测试方法的资源释放函数；TestFixtureSetup 标识测试类的初始化函数；TestFixtureTearDown 标识测试类的资源释放函数。

下面我们通过 NUnitOne 中的代码来说明它们的用法。

项目 NUnitOne 中的测试类 CalculatorTest 代码片段如下：

```
[Test]
public void testAdd()
{
    Calculator cal = new Calculator();
    int a = 3;
    int b = 2;
    int result = cal. Add(3,2);
    int expected = 5;
    Assert. AreEqual(expected,result);
}
[Test]
public void testMinus()
{
    Calculator cal = new Calculator();
    int a = 3;
```

```
        int b = 2;
        int result = cal.Minus(3,2);
        int expected = 1;
        Assert.AreEqual(expected,result);
    }
```

上述是两个测试方法 testAdd() 和 testMinus() 的代码,可以看到,加粗显示类定义代码是两个测试方法中重复的部分,并且都是来完成正常测试方法执行之前的获取资源和初始化的工作。

我们可以提取重复代码放在一个独立的方法中,并用 SetUp 标识。该方法在每个测试方法执行之前都会执行一次。相对地,还有一个属性标识 TeatDown,它标识的方法会在每个测试方法完成之后执行一次。

这时又产生了新的问题:如果项目很大,每个测试方法都需要连接数据库,在每个方法执行的时候进行连接再释放,这样是不是太耗资源太慢了,能不能在一个单元测试类实例化的时候就运行一个指定的方法呢?

这是可以的。在 NUnit 中,我们使用 TestFixtureSetUp 和 TestFixtureTearDown 就可以实现这样的功能。TestFixtureSetUp 是指在这个测试类的整个生命周期中,它在所有的测试方法之前运行一次,而 TestFixtureTearDown 是在所有的测试方法都结束时运行。这里要注意的,TestFixtureSetUp 与类的构造函数是不一样的,它标识的方法迟于构造函数运行。

下面,对项目 NUnitOne 的测试代码进行修改,测试类 CalculatorTest 的源代码如下:

```
using System;
using NUnit.Framework;
namespace NUnitOne.test
{
    /// < summary >
    /// 测试类
    /// </ summary >
    [TestFixture]
    public class CalculatorTest
    {
        private Calculator cal;
        private int actual,expected;

        public CalculatorTest()
        {
            Console.WriteLine("执行构造函数");
        }

        [SetUp]
        public void InitMethods()
        {
            cal = new Calculator();
            Console.WriteLine("执行 SetUp 方法");
        }
        [TearDown]
```

```
        public void FinalizeMethods()
        {
            Console.WriteLine("执行 TearDown 方法");
        }
        [TestFixtureSetUp]
        public void InitClass()
        {
            Console.WriteLine("执行 TestFixtureSetUp 方法");
        }
        [TestFixtureTearDown]
        public void FinalizeClass()
        {
            Console.WriteLine("执行 TestFixtureTearDown 方法");
        }

        [Test]
        public void testAdd()
        {
            actual = cal.Add(3,2);
            expected = 5;
            Assert.AreEqual(expected,actual);
        }

        [Test]
        public void testMinus()
        {
            actual = cal.Minus(3,2);
            expected = 1;
            Assert.AreEqual(expected,actual);
        }

        [Test]
        public void testMultiphy()
        {
            actual = cal.Multiply(3,2);
            expected = 6;
            Assert.AreEqual(expected,actual);
        }

        [Test]
        public void testDivide()
        {
            actual = cal.Divide(3,2);
            expected = 1;
            Assert.AreEqual(expected,actual);
        }
    }
}
```

Setup、TearDown、TestFixtureSetup 和 TestFixtureTearDown 分别标识了 InitMethods()、FinalizeMethods()、InitClass()和 FinalizeClass()4 个方法；另外，本例中还定义了测试类的

初始化函数 CalculatorTest()。在 InitMethods()方法中执行了 cal 类的实例化操作,消除了每个测试方法中的重复。为了能看到这 4 个属性标识方法的执行顺序,在上述代码的 4 个对应方法中都加入了一些对应的打印语句,执行测试的结果如图 7-60 所示,和我们预期的执行结果是一致的。

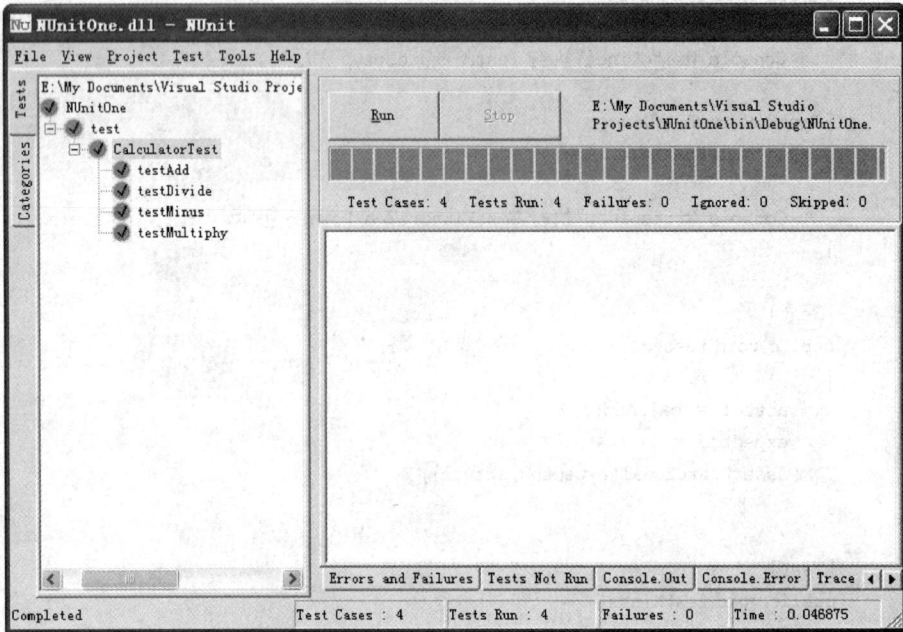

图 7-60   初始化/释放资源方法执行结果

4. ExpectedException 标识该测试方法期望抛出异常

ExpectedException 属性标识用来解决测试方法抛出异常的问题。例如,我们都知道的在 Calculator 类中除法运算不允许除数为零,在程序的处理过程中,遇到除数为零的情况就会自动抛出异常。那么对于这类问题的测试我们利用 ExpectedException 属性来完成。

例如,我们设计测试用例(3,0)对除法 Divide()进行除数为零情况的测试,具体测试方法 testDivide2()的代码如下。

```
[Test]
[ExpectedException(typeof(DivideByZeroException))]
public void testDivide2()
{
    Calculator cal = new Calculator();
    int result = cal.Divide(3,0);
}
```

测试方法名称为 testDivide2,当调用 cal.Divide(3,0)时,系统会自动抛出 System.DivideByZeroException 类型的异常。该方法的属性标识除了 Test 以外,还有 ExpectedException。如果没有 ExpectedException 属性的话,运行测试 NUnit 会提示失败,如图 7-61 所示。ExpectedException 可以在程序执行过程中捕获期望的异常类型,例如在本例中就是

DivideByZeroException。

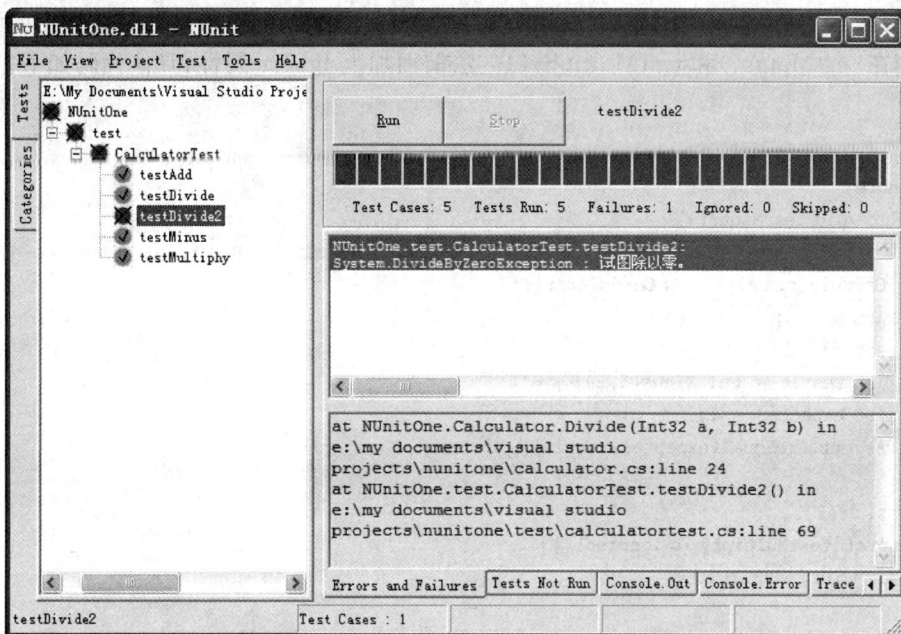

图 7-61 抛出 DivideByZeroException 异常的测试方法

ExpectedException 属性有两种重载方式,第一种参数是一个 Type,这个 Type 是期望异常的精确类型,本例中 ExpectedException 的参数 typeof(DivideByZeroException)就是这一种。第二种是一个期望的异常全名的字符串,如果在 testDivide2()方法中应用这种形式的话,ExpectedException 属性应该写成如下形式:

```
[ExpectedException("System.DivideByZeroException")]
```

在执行测试时,如果 testDivide2()方法抛出了指定的异常,那么测试通过;如果抛出一个不同的异常或没有抛出异常,测试就失败;如果抛出了一个由期望异常继承而来的异常,这也是成功的。

使用这个属性可以帮助我们检验程序边界条件(Boundary Conditions)。

5. Ignore 标识忽略测试方法

Ignore 属性标识的作用是临时忽略对应的测试方法或测试类。由于种种原因,有一些测试我们不想运行。当然,这些原因可能包括你认为这个测试还没有完成,这个测试正在重构之中,这个测试的需求不是太明确等。但我们为了保持程序结构,又不想破坏测试,否则就会出现红色进度条。使用 Ignore 属性既可以保持测试,又不运行它们。比起注释掉测试或重命名方法,Ignore 属性标识是一个比较好的机制,因为测试会和余下的代码一起编译,而且在运行时有一个不会运行测试的标记——黄色进度条,这样有效地保证了测试程序结构的完整性,避免了遗忘某些测试。

Ignore 属性在使用时也可以加上参数来说明忽略测试的原因,就像这样:

[Ignore("忽略原因字符串")],

需要注意的是，当某些测试方法或测试类被忽略时，NUnit 的测试进度条呈现黄色。例如，我们在 testMinus() 和 testMultiphy() 方法前面加上 Ignore 属性，具体代码如下。

```
…
[Test]
[Ignore]
public void testMinus()
{
    Calculator cal = new Calculator();
    int a = 3;
    int b = 2;
    int result = cal.Minus(3,2);
    int expected = 1;
    Assert.AreEqual(expected,result);
}
[Test]
[Ignore("testMultiphy is ignored!")]
public void testMultiphy()
{
    Calculator cal = new Calculator();
    int a = 3;
    int b = 2;
    int result = cal.Multiply(3,2);
    int expected = 6;
    Assert.AreEqual(expected,result);
}
…
```

testMinus() 方法添加了 Ignore 属性，而 testMultiphy() 方法添加的 Ignore 属性增加了参数"testMultiphy is ignored!"，运行测试的结果如图 7-62 所示，从图中可以看到，测试类 CalculatorTest 中包含 5 个测试，其中 3 个测试方法运行成功，两个测试方法被忽略，虽然没有方法出错，但进度条也没有显示绿色，而是显示黄色。这是在提醒程序员有些测试方法被忽略了。NUnit 界面右下侧的 Tests Not Run 对话框中显示了带有 Ignore 属性的两个没有运行的测试方法，其中的 NUnitOne. test. CalculatorTest. testMultiphy 下面显示了测试没有运行的原因，也就是我们在 Ignore 属性标识中加入的忽略原因字符串。

6. Explicit 标识测试方法是否需要显式执行

Explicit 属性与 Ignore 属性类似，都是用来忽略测试类或测试方法。两者之间主要有两点差异：

第一，标识对象灰色显示，进度条不会出现黄色。如果测试代码中存在 Explicit 属性，NUnit 界面中的 Explicit 属性标识的方法名会呈现灰色显示，测试项目执行时，Explicit 属性标识的方法没有被执行，进度条不会呈现黄色，而是根据其他测试方法执行的结果呈现绿色或红色。

例如，我们给 testDivide() 方法加上 Explicit 属性，为了清晰显示具体执行效果，应该删

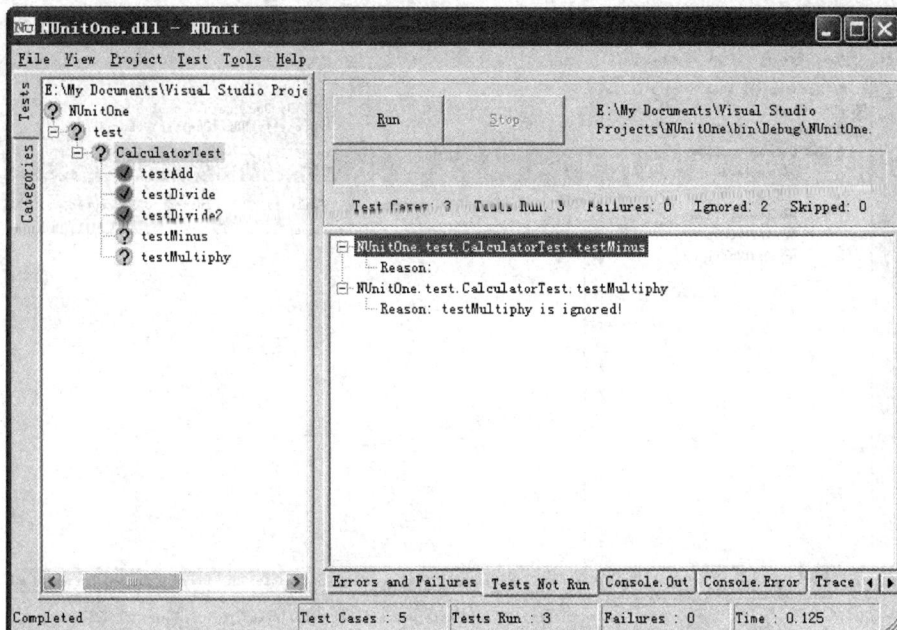

图 7-62　Ignore 属性标识的测试方法运行结果

除 testMinus()和 testMultiphy()方法前面加上的 Ignore 属性标识。具体代码如下：

```
[Test]
[Explicit]
public void testDivide()
{
    Calculator cal = new Calculator();
    int a = 3;
    int b = 2;
    int result = cal.Divide(3,2);
    int expected = 1;
    Assert.AreEqual(expected,result);
}
```

　　运行结果如图 7-63 所示，testDivide()方法名呈灰色显示，其他 4 个方法执行成功，进度条是绿色。大家还要注意的是，右侧栏中显示的 Test Case：4 Tests Run：4 Failure：0 Ignored：0 …这一行信息。可以看出 NUnit 没有把 testDivide()方法当成 CalculatorTest 类中的测试方法，就好像它不存在一样。

　　第二，可以显式执行。当我们单独选定 Explicit 属性标识的测试类或方法进行显式运行时，标识对象会运行，进度条呈现绿色或红色状态；Ignore 属性标识的类或方法是不能显式执行的。

　　在 NUnit 界面中，我们选中 testDivide()方法名，单击 Run 按钮，执行结果如图 7-64 所示，可以看到 testDivide()方法被显式地执行了。

　　Explicit 属性标识常用于多个测试方法或测试类相关联的测试情况，某些测试方法可能会延后执行，或者测试方法间要求不同的执行顺序。

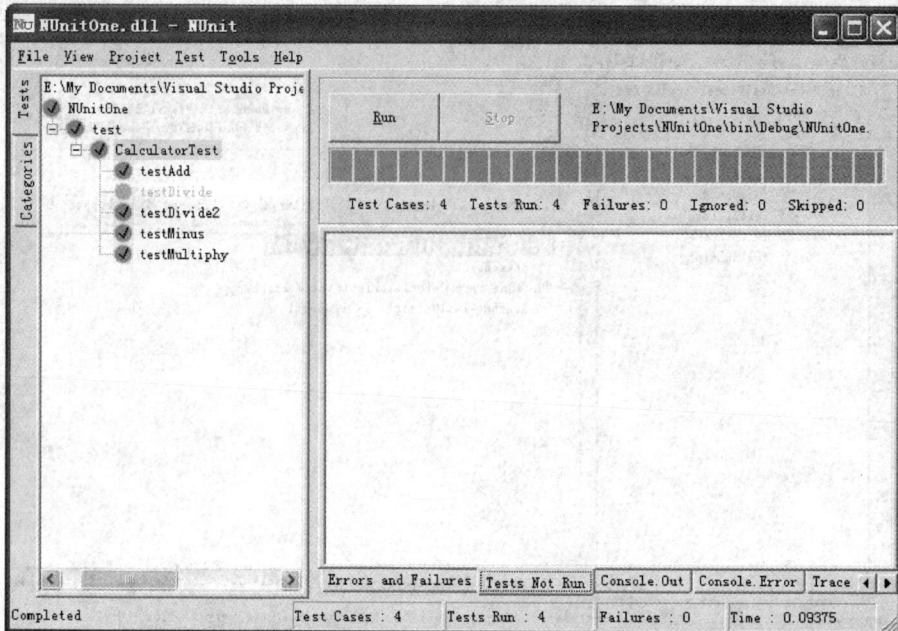

图 7-63　给 testDivide()方法增加 Explicit 属性运行结果

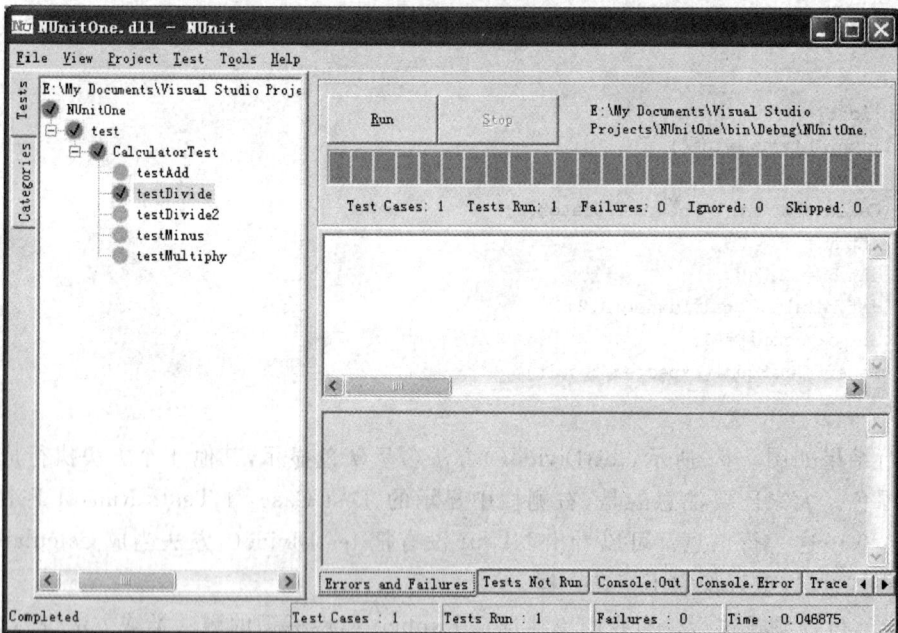

图 7-64　显式执行 testDivide()

7. Category 标识测试方法的分类

　　Categore 属性用来对标识的测试方法进行分类，我们可以为每个测试方法定义类别，让它们分类执行。Categore 属性带有一个类别名称参数 name，具体写法是：Categore("name")。

下面，我们把 CalculatorTest 测试类中的测试方法分成两类 One 和 Two，具体代码如下：

```
[TestFixture]
public class CalculatorTest
{
    [Test]
    [Category("One")]
    public void testAdd()
    {
        Calculator cal = new Calculator();
        int a = 3;
        int b = 2;
        int result = cal.Add(3,2);
        int expected = 5;
        Assert.AreEqual(expected,result);
    }
    [Test][Category("One")]
    public void testMinus()
    {
        …
    }
    [Test][Category("Two")]
    public void testMultiphy()
    {
        …
    }
    [Test][Category("Two")]
    public void testDivide()
    {
        …
    }
    [Test][Category("Two")]
    [ExpectedException(typeof(DivideByZeroException))]
    public void testDivide2()
    {
        Calculator cal = new Calculator();
        int result = cal.Divide(3,0);
    }
}
```

在代码中，我们把 testAdd() 和 testMinus() 方法归入 One 类，把 testMultiphy()、testDivide() 和 testDivide() 归入 Two 类。

打开 NUnit 界面加载 CalculatorTest 测试类后，在左边框上有两个页面标签，单击 Categories 标签，打开如图 7-65 页面。页面中的 Available Categories 编辑框中显示了当前可用的类别目录 One 和 Two，下面的 Selected Categories 编辑框显式被选中需要执行的类别。通过中间的 Add 和 Remove 按钮可以使类别目录在两个编辑框中切换。

图 7-66 中显示我们选中 One 类，单击 Add 按钮，把 One 类移至 Selected Categories 编辑框，单击 Run 按钮，进度条显示绿色，表明 One 类中的两个测试方法 testAdd() 和

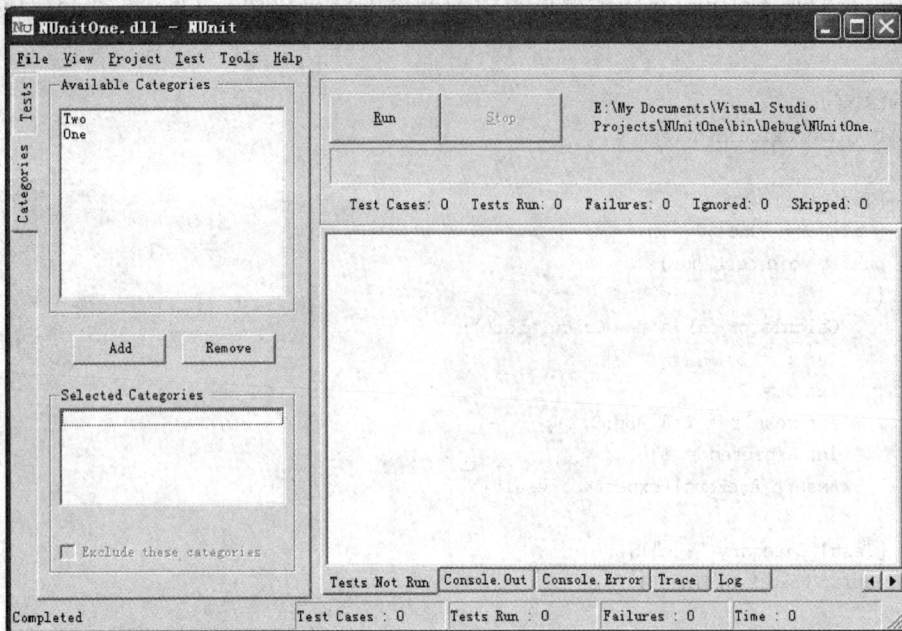

图 7-65　分类目录标签页

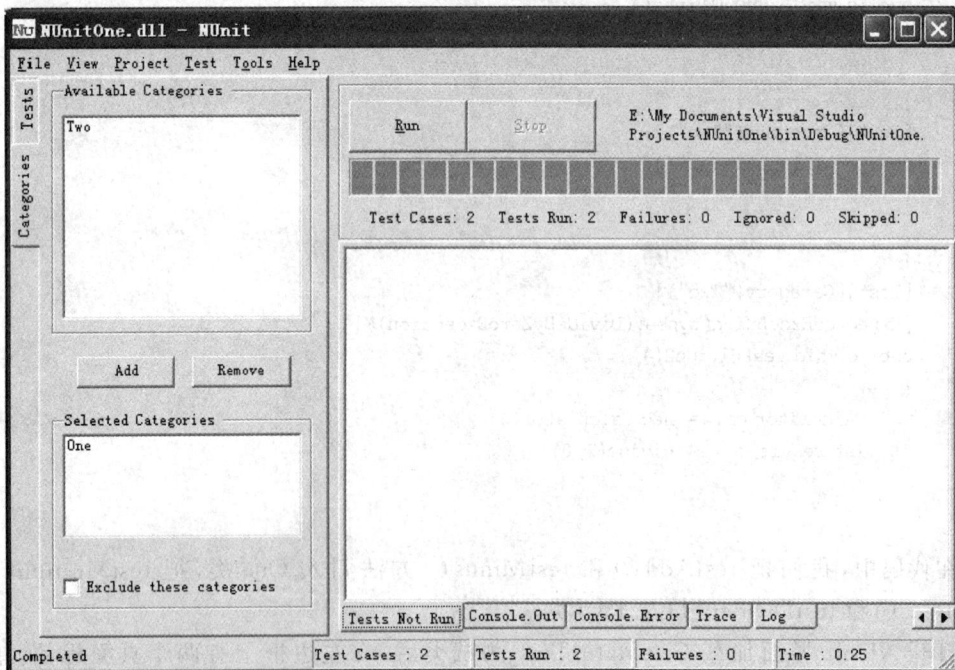

图 7-66　Categore 属性运行界面

testMinus()运行成功。

　　至此,我们详细介绍了 NUnit 10 个常见属性标识的用法,这些属性相互配合能够帮助大家实现各种测试需求,大家可以在实际使用过程中逐步熟悉和掌握。最后需要说明的是,当一个测试方法被添加多个属性标识的时候，可以把这些属性合并编写，例如：

```
[Test]
[Category("Two")]
[ExpectedException(typeof(DivideByZeroException))]
public void testDivide2()
{
    Calculator cal = new Calculator();
    int result = cal.Divide(3,0);
}
```

也可以写成：

```
[Test,Category("Two")]
[ExpectedException(typeof(DivideByZeroException))]
public void testDivide2()
{
    Calculator cal = new Calculator();
    int result = cal.Divide(3,0);
}
```

甚至可以把 3 个属性都写在一起，这里就不再赘述。

7.5　小结

　　本章从实际应用的角度出发，围绕单元测试方案，从对象、流程、构建的角度展开叙述，同时结合当前的实际情况介绍了比较典型的单元测试工具。PC-Lint 是 C/C++ 软件代码静态分析工具，XUnit 框架是动态单元测试工具。考虑到编程环境的差别，我们分别介绍了 Java 环境的 JUnit 和 .NET 环境的 NUnit。在动态单元测试的讲解过程中，我们结合实际应用需求，讲解了几个典型的能够改善代码质量的 Eclipse 插件的用法，使读者能够拓宽知识面，增强综合测试的能力。

习题

　　1. 如何构建自动化单元测试环境？

　　2. 请自行寻找合适的 C\C++ 程序，利用 PC-Link 进行代码分析检查。

　　3. 请为"三角形类型判断"问题编写相应代码，分别利用 JUnit 和 NUnit 完成代码的测试。

　　4. 请为"求第二天的日期"问题编写相应代码，分别利用 JUnit 和 NUnit 完成代码的测试。

　　5. 请在互联网查找 Eclipse 插件的资料，总结与测试相关的 Eclipse 插件的内容。

第8章
功能测试实施

本章主要介绍自动化功能测试的解决方案以及功能测试工具 WinRunner 的基本知识和实例应用。读者要通过测试案例的讲解，系统掌握功能测试的思路、方法与技术，培养测试实践能力。

本章要点：

- 自动化功能测试的实施。
- 使用 WinRunner 进行功能测试。

8.1 功能测试解决方案

8.1.1 功能测试概述

功能测试也叫黑盒测试或数据驱动测试，功能测试只需考虑各个程序模块的功能，不需要考虑模块的内部结构及代码。一般从软件产品的界面、架构出发，输入预先设计好的测试用例，在预期结果和实际结果之间进行评测，检查软件产品是否达到用户要求或设计的功能。功能测试（Functional Testing）也称为行为测试（Behavioral Testing），它根据产品特征、操作描述和用户方案来测试软件产品的特性和可操作行为，以确定它们是否满足设计需求。本地化软件的功能测试，用于验证应用程序或网站对目标用户能否正确工作。

功能测试可以手工测试，也可以进行自动化测试。在手工测试的过程中，避免不了重复执行同一个测试用例的情况。而这些重复执行的过程如果可以用自动执行工具代劳，可以避免测试人员反复执行同一用例时产生的疲劳感，导致用例执行不完整，也可以节约测试时间。所以利用测试工具实施自动化功能测试是提高测试效率的有效办法。因此，软件系统的功能测试应采取手工测试和自动测试相结合的方法，充分利用各自的长处，从而达到最佳的测试效果。

8.1.2 实施自动化功能测试

通过实施自动化的功能测试，可以极大提高测试速度和精度，从软件项目中得到更高的投资回报并且显著地降低风险。这里简要描述自动化功能测试的优势和挑战，为软件企业实施最佳测试自动化提供参考。

1．自动化功能测试准备

毫无疑问,严格的功能测试是成功开发应用的关键。开发人员,测试小组和管理人员都需要去考虑在不增加预算的基础上如何加速测试流程和提高测试的精确性和完备性。通过将功能测试的关键环节自动化,可以使测试变得更加全面和可靠。然而,功能测试的自动化会产生一些新的问题:

测试过程自动化的成本是多少？投资回报率(Return On Investment,ROI)是什么？

哪些应用/过程适合做自动化测试,哪些不合适？

是否需要新的培训,这将对当前的开发计划安排产生怎样的影响？

自动化测试的正确的方法论是什么？

自动化测试时涉及哪些情况？

当比较自动化测试产品时,哪些功能最重要？

在自动化功能测试开始之前,以上这些问题应该得到全面的调查和了解。

2．功能测试与单元测试

功能测试是指确保应用按期望运行,也就是按照用户的期望运行。功能测试以一种有效的方式捕获用户的需求,让用户和开发人员对业务过程满足需求充满信心,同时使得 QA (Quality Assurance)团队可以检验软件已发布就绪。

功能测试是单元测试的补充,但有很大不同。简而言之,单元测试说明了代码执行是否正确；功能测试说明了完成应用是否做正确的事情。单元测试往往是从代码开发人员的角度来看,而功能测试是从最终用户和业务过程角度来看。

3．手工功能测试的问题

时间过长。有限的资源和时间使得手工测试对于满足业务目标来说过于耗时。采用手工测试,测试和开发人员不得不详细计划每步测试过程,然后手工执行,再现问题,快速消耗了有价值的时间和资源。据不完全统计,90％的 IT 项目交付出现过延迟,手工测试是其中一个因素。

覆盖不完全。平台、操作系统、客户端设备、业务过程和数据集等的组合对于手工测试过程来说,工作量非常大,需要验证功能的测试用例数量非常巨大。所以当修改完成后手工回归测试花费的时间更长,以至于不能进行全面的回归测试。

风险更高。手工测试过程比计算机过程的错误和疏忽更多。人们会因大量重复测试而变得疲倦,没有足够多的时间测试所有应该测试的内容。

4．自动化测试的优势

快速执行。计算机在执行功能测试脚本的时候比人快得多,因此在有限的时间里能测试更多的内容。

提高测试覆盖。自动测试工具能够在多数流行的浏览器、操作系统上执行测试脚本,用自动化工具对不断变化的应用和环境做回归测试,要比手工测试容易得多。自动化工具的数据驱动表单功能,允许开发和测试团队操纵数据集,快速创建多种反复的测试,扩展了测试的覆盖范围。

提高测试精确度,尽早发现更多错误。自动化测试给开发人员提供了一种再现和记录软件缺陷的简易方法。这将确保数据集和业务过程功能的正确性,同时还能对开发过程起到加速作用。

提供规范化的过程。自动化测试鼓励测试过程规范化,以得到更高的一致性和更完整的文档记录。

提高测试的重用性。测试脚本一旦完成,开发人员就可以重复使用这些脚本,还可以将脚本添加到测试套件中,以适应应用的变化。这样也就没有必要为软件中的相同功能模块重新创建脚本。

5. 自动化测试的适用范围

一般来说,把自动化测试的工作集中在关键的业务过程和复杂应用是很有意义的。是否决定实行自动化测试应当充分考虑到投资回报,但在有些人工测试无法进行的情况下,即使花费较大,自动化测试也是值得采用的。另外,如果涉及重复性的工作,例如数据装载和系统配置等,自动化测试当然也会节约成本。

6. 自动化测试工具的选择

每个自动化测试解决方案都有自身的优势和劣势、独特的功能和市场定位。软件企业会根据自身项目需求去选择最适合的一种。一般来说,自动化测试工具都应当包含如下一些关键性能:

友好的交互界面。自动化测试工具应该提供灵活友好的可单击界面,能在测试时与应用组件进行交互——而不是呈现出一行行的脚本。测试者应该可以监控和编辑每一步的测试过程。这将使测试者能够快速掌握工具的用法,并帮助测试团队缩短测试周期。

集成的数据表。自动化功能测试的一个关键好处就是可以针对系统快速产生大量数据。还有一个重要的功能就是操作数据集,执行计算,并以最小的代价快速创建大量的重复测试和组合。我们应该寻找能够提供强大计算能力,并且集成电子数据表单的工具。

清晰明确的报告。如果测试结果不容易理解或解释,那么即使测试工具的性能再优越也没有什么意义。测试产品应当能够自动产生并显示所有测试运行方面的报告和简单易读的结果解释。报告应当提供的细节包括:什么地方发生了失败和使用了什么样的测试数据;为每一个测试步骤提供高亮或有差别的屏幕显示;提供每个检查点通过和失败的详细解释;当然,还应当在测试和开发团队之间共享报告。

7. 自动化测试成功的 5 个关键因素

测试的自动化能够带来诸多好处,但如何保证自动化测试的成功实施依然是软件企业要面对的难题。这里给出了实施自动化测试过程的 5 个关键因素:

1) 完善的测试计划

理解被测软件的目标是测试成功的基础,在测试执行前我们应力求编制一个全面的测试计划,以确保测试需求被正确地实施。测试工具不仅要具备管理测试用例的能力,还应具备管理测试需求的能力。

2）明确自动测试用例

自动执行测试计划安排的所有测试内容是不可能的,自动化功能测试应该集中在复杂应用和紧迫的业务过程上。许多测试项目中的自动化测试只占总测试用例的 60%,而余下的 40% 为手工测试。

3）功能强大的自动化工具

测试工具极大简化了设计测试数据和脚本的过程,这使得我们可以更多地关注测试效率和测试覆盖率。使用测试工具,测试者创建测试甚至可以不必编写任何脚本,测试工具应能自动捕获目标程序的业务过程,并允许使用者管理测试流程。

4）提高测试覆盖率的数据驱动测试

数据驱动测试是以数据来控制自动化测试的流程和动作的测试,这些数据是独立于脚本的,它来源于一个预定义的数据集(或数据池),txt 文件、Excel 文件或 XML 文件都可以。测试人员只需维护好数据文件即可,减少了很多修改脚本的麻烦。数据驱动测试技术在自动化测试领域有着非常重要的地位,我们可以通过它来实现更加高效和准确的测试运行。

当你通过数据来驱动一个测试脚本时,脚本将使用变量作为应用的关键输入。通过使用变量,脚本能够使用来自外部的数据代替应用测试中的文字值。数据驱动测试使用来自数据池的数据作为测试的输入。一个数据池是相关数据记录的集合,在脚本回放时数据池能够为测试脚本提供实际的测试数据。

5）设定测试标准

自动化测试过程中需要给测试指定明确的"通过或失败"标准。这包括了应用的前端,中间层,或后端数据库的验证。

实现功能测试的自动化,使得企业可以将工作重点放在改进自动业务过程方面,同时,开发团队和 QA 团队可以增加测试过程的速度和精确度。整个软件企业可以获得更高的投资回报,而且大大降低了风险。

8.1.3　网站功能测试

网站有别于一般的应用软件,在进行网站的功能测试时应着重从以下方面来考虑。

(1) 页面链接检查:每一个链接是否都有对应的页面,并且页面之间切换是否正确。

(2) 相关性检查:删除/增加一项会不会对其他项产生影响,如果产生影响,这些影响是否都正确。

(3) 检查按钮的功能是否正确:如 update、cancel、delete、save 等功能是否正确。

(4) 字符串长度检查:输入超出需求所说明的字符串长度的内容,看系统是否检查字符串长度,会不会出错。

(5) 字符类型检查:在应该输入指定类型的内容的地方输入其他类型的内容(如在应该输入整型的地方输入其他字符类型),看系统是否检查字符类型,是否报错。

(6) 标点符号检查:输入内容包括各种标点符号,特别是空格、各种引号、回车键。看系统处理是否正确。

(7) 中文字符处理:在可以输入中文的系统输入中文,看是否出现乱码或出错。

(8) 检查带出信息的完整性:在查看信息和 update 信息时,查看所填写的信息是不是全部带出,带出信息和添加的是否一致。

（9）信息重复：在一些需要命名，且名字应该唯一的信息输入重复的名字或 ID，看系统有没有处理，是否报错，重名包括是否区分大小写以及在输入内容的前后输入空格，系统是否做出正确处理。

（10）检查删除功能：在一些可以一次删除多个信息的地方，不选择任何信息，按 delete，看系统如何处理，是否出错；然后选择一个和多个信息，进行删除，看是否正确处理。

（11）检查添加和修改是否一致：检查添加和修改信息的要求是否一致，例如添加要求必填的项，修改也应该必填；添加规定为整型的项，修改也必须为整型。

（12）检查修改重名：修改时把不能重名的项改为已存在的内容，看是否处理，报错。同时，也要注意，会不会报和自己重名的错。

（13）重复提交表单：一条已经成功提交的记录，back 后再提交，看看系统是否做了处理。

（14）检查多次使用 back 键的情况：在有 back 的地方，back，回到原来页面，再 back，重复多次，看是否出错。

（15）search 检查：在有 search 功能的地方输入系统存在和不存在的内容，看 search 结果是否正确。如果可以输入多个 search 条件，可以同时添加合理和不合理的条件，看系统处理是否正确。

（16）输入信息位置：注意在光标停留的地方输入信息时，光标和所输入的信息是否跳到别的地方。

（17）上传下载文件检查：上传下载文件的功能是否实现，上传文件是否能打开。对上传文件的格式有何规定，系统是否有解释信息，并检查系统是否能够做到。

（18）必填项检查：应该填写的项没有填写时系统是否都做了处理，对必填项是否有提示信息，如在必填项前加"＊"。

（19）快捷键检查：是否支持常用快捷键，如 Ctrl＋C、Ctrl＋V、Backspace 等，对一些不允许输入信息的字段，如选人，选日期对快捷方式是否也做了限制。

（20）回车键检查：在输入结束后直接按回车键，看系统处理如何，是否报错。

8.2　使用 WinRunner 进行功能测试

8.2.1　WinRunner 简介

Mercury Interactive 公司的 WinRunner 是一种企业级的功能测试工具，用于检测应用程序是否能够达到预期的功能及正常运行。通过自动录制、检测和回放用户的应用操作，WinRunner 能够有效地帮助测试人员对复杂的企业级应用的不同发布版本进行测试，提高测试人员的工作效率和质量，确保跨平台的、复杂的企业级应用无故障发布及长期稳定运行。

WinRunner 的最大特点是能快速、批量地完成针对功能点的测试，十分利于进行回归测试。此外，WinRunner 支持程序风格的测试脚本，高水平的测试人员可通过对脚本编程建立流程复杂、功能强大的测试，且能实现对测试脚本的重用。针对大多数编程语言和 Windows 技术，WinRunner 提供了较好的集成、支持环境，因而适合于基于 Windows 平台应用程序的功能测试。

这里以 WinRunner 8.2 为例来讲解 WinRunner 的测试过程。

1. WinRunner 测试流程

WinRunner 的测试过程主要包括如下 6 个步骤：

（1）创建 GUI Map 文件：WinRunner 可以通过 GUI Map 文件来识别被测试应用程序中的 GUI 对象。

（2）创建测试脚本：通过录制、编程或两者结合的方式创建测试脚本。WinRunner 的测试文件是由测试脚本语言 TSL（Test Script Language）组成的文本文件。创建过程中，可以通过插入验证点的方式检查被测应用程序的响应。

（3）调试测试：用调试（Debug）模式运行测试脚本以确保它们可以平稳地运行。

（4）执行测试：用验证（Verify）模式运行测试脚本来测试应用程序。当 WinRunner 在运行中碰到验证点时，它会将被测应用程序中的当前数据和以前捕捉的期望数据进行比较，如果发现了任何不匹配，WinRunner 将会把目前的情况捕捉下来作为真实的结果。

（5）查看测试结果：确定测试脚本的成功或是失败。在每次测试脚本运行结束之后，WinRunner 会将结果显示在报告中。它描述了所有在运行中碰到的重要的事件，例如验证点、错误信息、系统信息或用户信息。如果发现在运行中有任何不匹配的验证点，测试结果窗口中就会显示期望的和实际的结果。

（6）提交缺陷：测试执行完成后，WinRunner 会以报表的形式总结与缺陷相关的各种信息，我们可以直接从测试结果窗口中提取缺陷的相关信息。

2. WinRunner 测试模式

在创建测试脚本的过程中，WinRunner 可以让用户以录制的方式快速建立自动测试脚本。在录制时，用户还是与平时一样操作应用程序，WinRunner 会将用户的动作录制下来，例如按下鼠标左键、键盘输入等，并以 TSL 产生测试脚本。

录制前，用户要先选择录像的模式，WinRunner 提供了两种录制模式：上下文相关（Context Sensitive）模式和模拟（Analog）模式。

1）上下文相关模式（Context Sensitive mode）

上下文相关模式以 GUI 对象为基础，WinRunner 会根据用户在被测软件上的操作识别用户点选的对象（窗口、菜单、按钮等）以及执行的操作（单击、移动、选取等），并生成 TSL 脚本来描述这些内容。录制过程中，WinRunner 会忽略这些对象在屏幕上的物理位置。

当我们以上下文相关模式进行录制时，WinRunner 会对选取的每个对象做唯一描述并写入 GUI Map 文件中。GUI Map 文件和测试脚本是分开保存维护的，当软件用户界面发生变化时，只需更新 GUI Map。这样一来，上下文相关模式的测试脚本就非常容易被重复使用。

例如，以上下文相关模式录制在被测软件窗口中单击 OK 按钮的动作，WinRunner 会把给按钮信息写入对应的 GUI Map 文件，并产生如下的 TSL：

```
Button_press("OK");
```

当我们去执行这段 TSL 代码时,WinRunner 会模拟一个用户来进行操作,WinRunner 从 GUI Map 文件中读取 OK 按钮的描述,并在被测软件中查找符合这些描述的对象,然后单击。即使 OK 按钮的位置发生变化,也不影响测试的执行。

2) 模拟模式(Analog mode)

模拟模式记录鼠标单击、键盘输入和鼠标在二维平面上(x 轴和 y 轴)的精确运动轨迹。执行测试时,WR 让鼠标根据轨迹运动。这种模式对于那些需要追踪鼠标运动的测试非常有用,例如画图软件。

例如,以模拟模式录制在被测软件窗口中单击 OK 按钮的动作,WinRunner 会生成以下的 TSL:

```
move_locator_track(1);                 //鼠标移动
mtype("<T110><kLeft>-");               //按下鼠标左键
mtype("<kLeft>+");                     //放开鼠标左键
```

执行该段代码时,WinRunner 会以屏幕的决定坐标为基准控制鼠标移动,单击并松开 OK 按钮。所以当 OK 按钮的位置发生变化时,执行模拟模式录制的测试脚本将会执行失败。

表 8-1 是上述两种录制模式的比较,如果被测程序包含一般的 GUI 对象,也包含绘图区域,那么就需要我们在测试时随时切换录制模式。

表 8-1　录制模式比较

录 制 模 式	上下文相关模式	模 拟 模 式
录制内容	GUI 对象和相关输入输出	鼠标单击、鼠标移动、键盘输入
录制特征	忽略对象位置	以屏幕绝对坐标定位操作
代码重用	测试脚本可以重用	不能重用

3. 启动 WinRunner

正确安装注册 WinRunner 产品后,单击 WinRunner 图标启动 WinRunner 8.2 程序。这时,WinRunner 的记录/执行引擎开始运行,相应的图标 █ 出现在 Windows 任务栏上,该引擎用于建立和维护 WinRunner 和被测软件之间的连接。WinRunner 首先出现如图 8-1 的插件管理窗口 WinRunner Add-in Manager,这里显示目前可以使用的插件。在接下来的测试过程中我们没有用到任何插件,所以这里不做任何勾选,直接单击 OK 按钮进入 WinRunner 测试程序主界面,如图 8-2 所示。

现在我们就可以开始测试了。关于 WinRunner 的各种功能菜单这里就不再详细介绍,我们会在下面的讲解中解释它们的作用。

4. 示例软件 Flight Reservation

Flight Reservation 是 WinRunner 自带的航班预订软件,主要用来让用户学习 WinRunner 的各项功能。该软件有两个版本 Flight 4A 和 Flight 4B,Flight 4A 是正常的软件,Flight 4B 有一些故意加入的错误。在 WinRunner 教学中两个版本用来互相比较。登录该软件可以使用任意用户名(长度至少 4 个字符),密码为:Mercury。

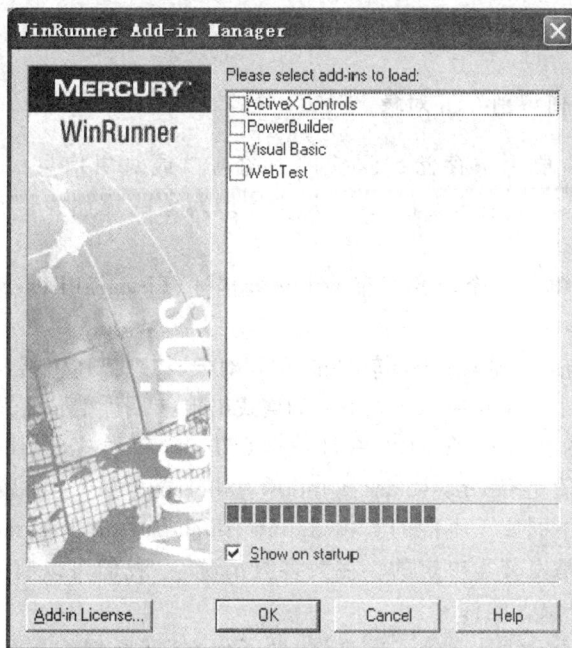

图 8-1 WinRunner 插件管理

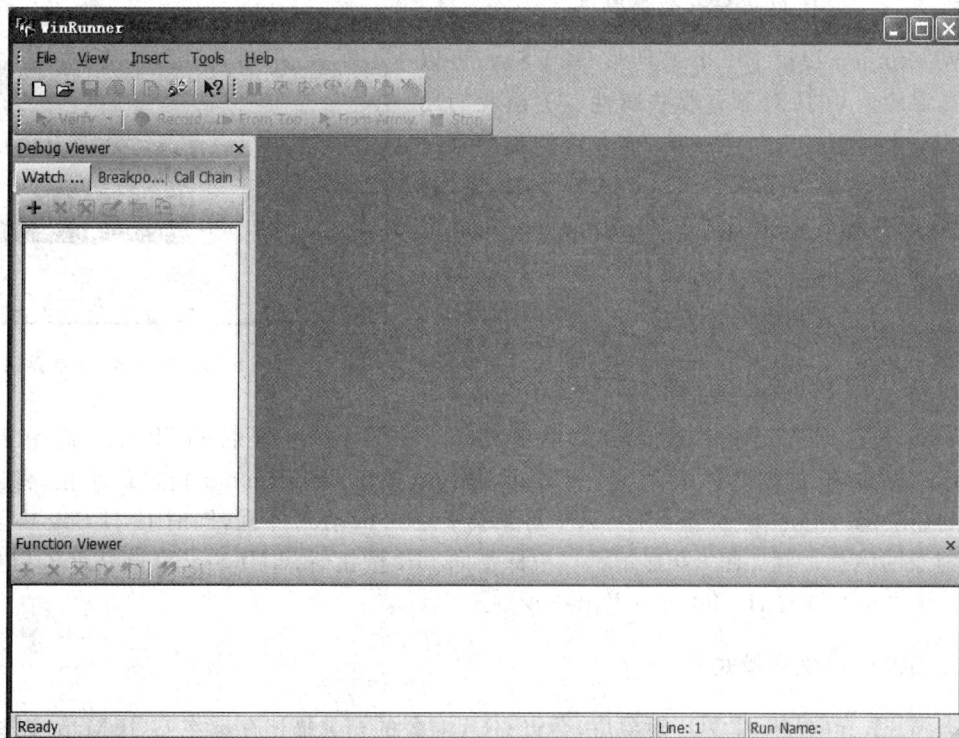

图 8-2 WinRunner 测试程序主界面

8.2.2 GUI Map

1. WinRunner 如何识别 GUI 对象

GUI Map 文件主要用来存储被测软件中的窗口或对象信息。当运行测试脚本时，WinRunner 就利用 GUI Map 来定位对象，从中读取对象的描述并且在被测应用程序中寻找具有相同属性的对象。

GUI Map 文件中的每一个对象都有一个物理描述(Physical Description)和一个逻辑名称(Logical Name)。

WinRunner 使用物理描述识别被测软件的 GUI 对象，物理描述包括：物理属性清单和属性值。这些属性-值的配对在 GUI Map 中以下面的格式出现：{属性1：值1，属性2：值2，……}。例如，对于 Open 窗口的描述包含两个属性：类(Class)和卷标(Label)。类的属性值是Window，卷标的属性值是 Open：{class：window，label：open}。类的属性标识对象的类型，每个对象根据功能的不同属于不同的类：window、push button、list、radio button、menu 等。

对象的逻辑名称是由其类决定的。在大多数情况下，我们可以将逻辑名称看成是它的卷标，也就是显示在对象上的标签。

通俗地讲，GUI Map 就是记录了你是谁，做了什么，即所谓的类和卷标，逻辑名就是物理描述的简称，就是卷标，一般就是指做了什么。

2. 用 GUI Spy 查看 GUI 对象属性

WinRunner 提供了一个工具叫 GUI Spy，可以用来查看某个 GUI 对象有哪些属性。下面我们用 GUI Spy 来查看 Flight Reservation 示例程序登录窗口的 GUI 对象。

执行"开始"→"程序"→WinRunner→Sample Application→Flight 4A 打开示例程序的登录窗口，如图 8-3 所示。Flight Reservation 主界面如图 8-4 所示。

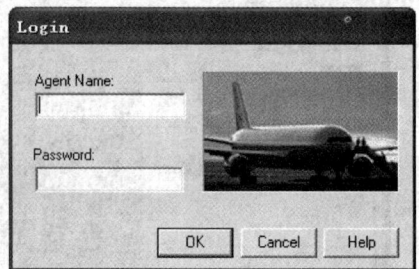

图 8-3　Flight Reservation 登录界面

执行"开始"→"程序"→ WinRunner → WinRunner，打开 WinRunner，单击菜单项 Tools→GUI Spy 开启 GUI Spy，选中 Hide WinRunner 选项，如图 8-5 所示。接下来，单击 Spy 按钮，WinRunner 窗口最小化，将鼠标移动到登录窗口上，被鼠标指到的 GUI 对象会有一个闪动的外框，同时 GUI Spy 中显示GUI 对象的属性。例如图 8-6 显示了当鼠标指向 OK 按钮时，GUI Spy 窗口显示了相关的属性。单击组合键 Ctrl+F3 可以退出查看模式。

3. GUI Map 文件模式

当 WinRunner 识别 GUI 对象后，会将 GUI 对象的相关描述存储在 GUI Map 文件中。GUI Map 文件的扩展名是. gui，WinRunner 提供了两种 GUI Map 文件模式：Global GUI Map file 和 GUI Map file per test。这两种模式可以在 General Options 对话框(从 Tools 菜单项中打开)中进行选择，如图 8-7 所示。

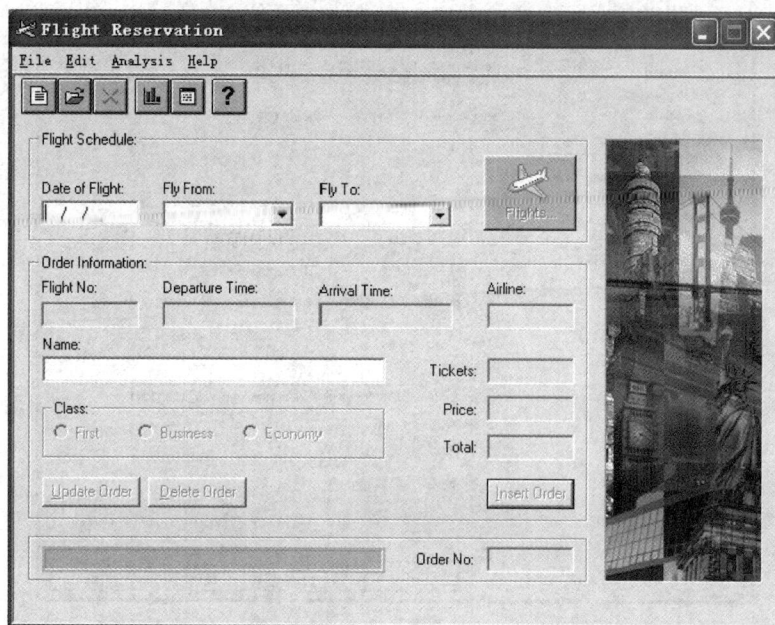

图 8-4 Flight Reservation 主界面

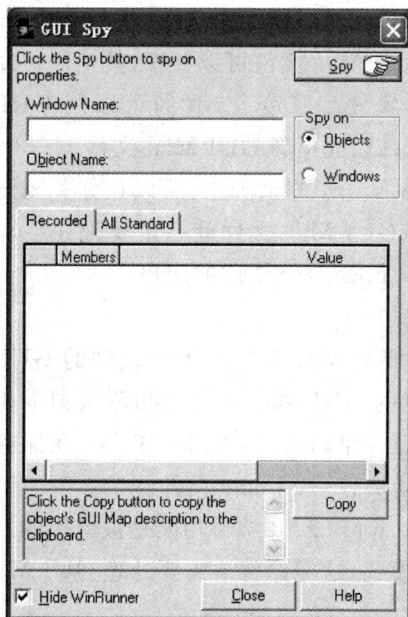

图 8-5 GUI Spy 对话框

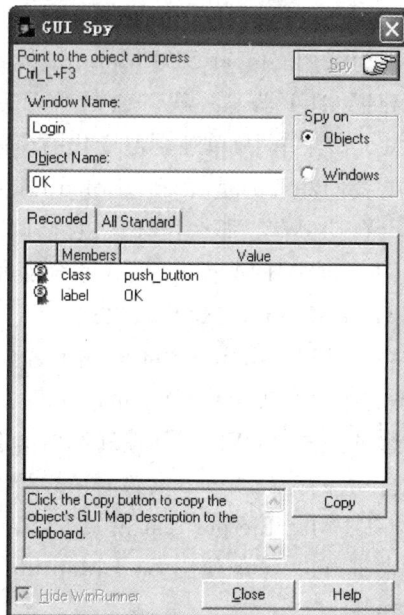

图 8-6 OK 按钮的属性

1) Global GUI Map file 模式

WR 最有效率的用法是把测试分组。一组中的测试任务都测试同一窗体上的 GUI 对象。这样这些任务就可以共享 GUI Map file。当 GUI 发生变化,只需要修改一个 GUI Map file,就可以让同组中的任务都正常工作。

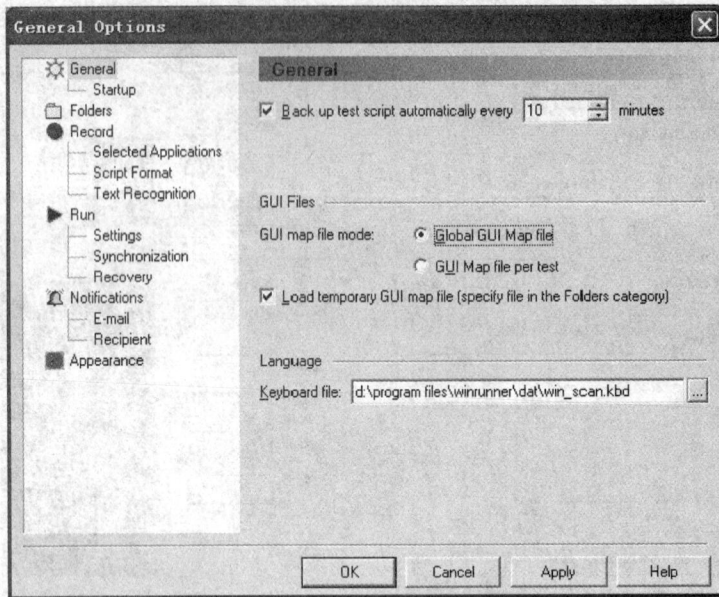

图 8-7 General Options 对话框

WR 有几种学习被测软件 GUI 对象的方法。通常使用 RapidTest Script wizard 在录制脚本前一次性地学习所有的 GUI 对象。这些 GUI 对象的物理描述保存在 GUI map 文件里。因为采用 Global GUI Map file 模式，所以 GUI Map 文件可以共享，其他用户就不需要再单独把 GUI 学习一次。如果学习后 GUI 对象发生了变化，我们可以用 GUI Map Editor(Tools 菜单中)单独学习变化的窗体或对象，并以此更新 GUI Map 文件。

需要我们注意的是，由于 Global GUI Map file 独立于测试脚本，所以在你关闭测试时系统不会自动保存。那么，我们一旦修改了 Global GUI Map 文件就一定要记住手动保存文件。Global GUI Map file 模式适合已经熟悉了 WinRunner 使用的用户。

2) GUI Map file per test 模式

在 GUI Map file per test 模式下，测试者不需要教 WR 去学习被测软件的 GUI 对象了，也不需要保存或加载 GUI map 文件。因为这里的 GUI Map 文件是和测试脚本相关联的。在这种模式下，WR 在创建新测试时会自动创建一个新的 GUI Map 文件；在保存测试的时候自动保存 GUI map 文件；在打开测试时自动加载 GUI map 文件。

在 GUI Map file per test 模式下，RapidTest Script wizard 学习功能是被禁用的。对于初学者来讲，可以考虑使用 GUI Map file per test 模式，这样你就不需要处理 GUI Map file 的相关动作。

4. 使用 RapidTest Script wizard 学习 GUI 对象

RapidTest Script wizard 只能在 Global GUI Map file 模式下工作，它能识别指定窗口中所有的 GUI 对象。下面我们利用 RapidTest Script wizard 来学习示例软件 Flight Reservation 的 GUI 对象。

步骤一：打开并登录 Flight Reservation。示例软件登录时，用户名为任意长度超过 4

的英文字符串，密码是 mercury。

步骤二：打开 WinRunner，通过 File→New 菜单新建测试。

步骤三：单击 Insert→RapidTest Script wizard 菜单项打开 RapidTest Script wizard 欢迎窗口，单击 Next 按钮进入下一个页面，这里要指定学习的应用程序，如图 8-8 所示。

步骤四：在图 8-8 中单击 ☞ 按钮，然后点选 Flight Reservation 软件的任意位置即可。Window Name 中会出现 Flight Reservation 的窗口名称，如图 8-9 所示。单击 Next 按钮进行下一步。

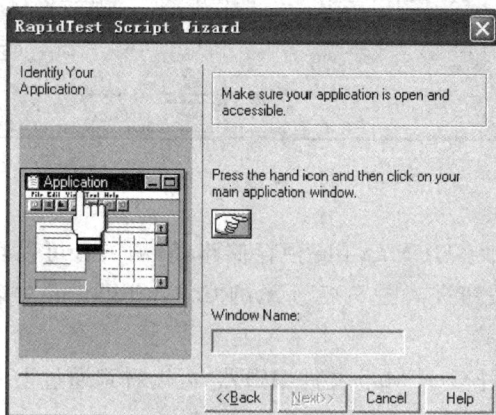
图 8-8　指定学习对象

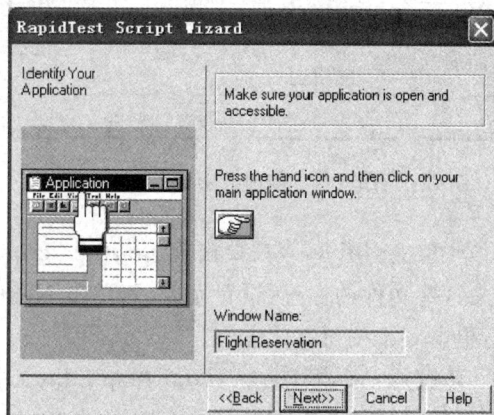
图 8-9　学习对象被识别

步骤五：在如图 8-10 页面，取消所有复选框，单击 Next 按钮进入下一步。如图 8-11 所示，这里主要告诉 WinRunner 哪些 GUI 对象会开启一个新窗口，默认值是"…"和"＞＞"。接受默认值，单击 Next 按钮进入下一步。如图 8-12 所示，设定 Learning Flow 为 Express，RapidTest Script wizard 提供了两种学习模式：Express 和 Comprehensive，这里选择 Express 模式。

步骤六：单击图 8-12 中的 Learn 按钮开始识别 Flight Reservation 中所有的 GUI 对象，包括下拉菜单、开启的新窗口等。该过程可能会进行较长的时间，并且被测软件的子窗口越多，识别所消耗的时间就越长。识别完毕后，会出现如图 8-13 所示的窗口，选中 No 单选按钮，单击 Next 按钮进入下一步操作。

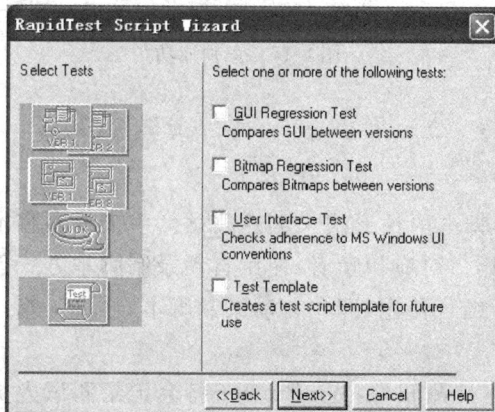
图 8-10　选择测试类型

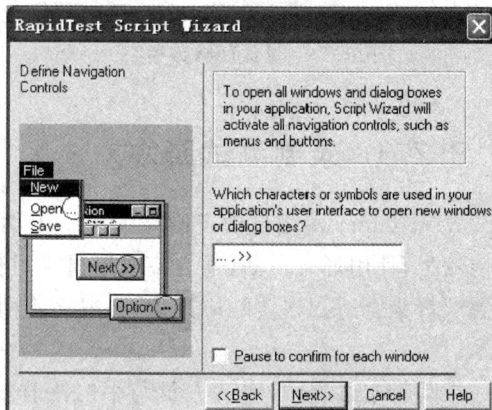
图 8-11　接受 Navigation Controls 默认值

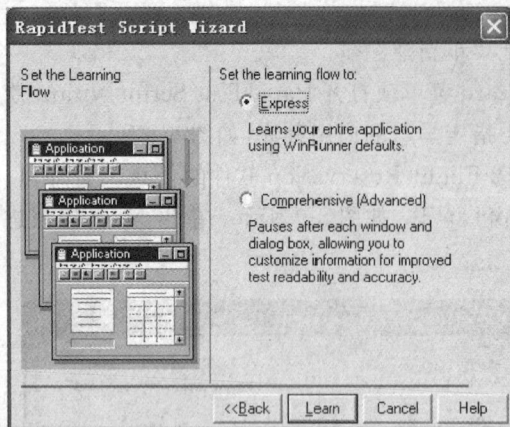

图 8-12　设置学习流程

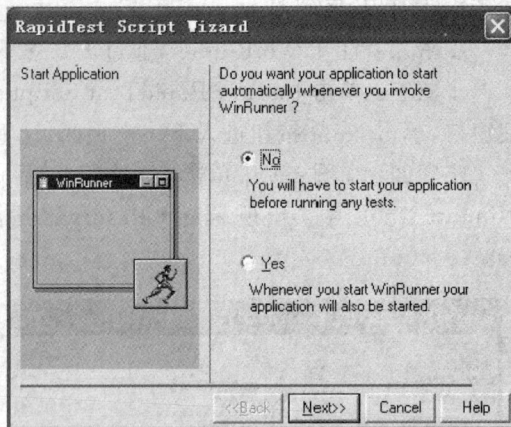

图 8-13　设置是否自动执行

步骤七：图 8-14 窗口出现 Startup script 和 GUI Map file 预存储路径，测试者可以自定义这些文件的位置，设置完成后，单击 Next 按钮进入图 8-15 所示的 Congratulation 对话框，单击 OK 按钮完成学习。

步骤八：单击 Tools→GUI Map Editor，打开 GUI Map 文件编辑器，可以看到通过上述学习得到的 Global GUI Map File 的内容，如图 8-16 所示。

图 8-14　设置存储路径

图 8-15　识别成功

8.2.3　录制测试脚本

WinRunner 使用自动录制脚本和手工编写脚本两种形式来创建测试。手工编写脚本功能较强，使用形式灵活，适合高级测试人员使用。对应初学者，使用自动录制脚本方式创建测试较为合适。在实际应用中，一般会将两者结合使用，即先自动录制脚本，再手工修改脚本。

录制脚本过程中，测试人员与平时一样操作被测软件，WinRunner 将会记录测试人员的所有动作，并生成 TSL 测试脚本。

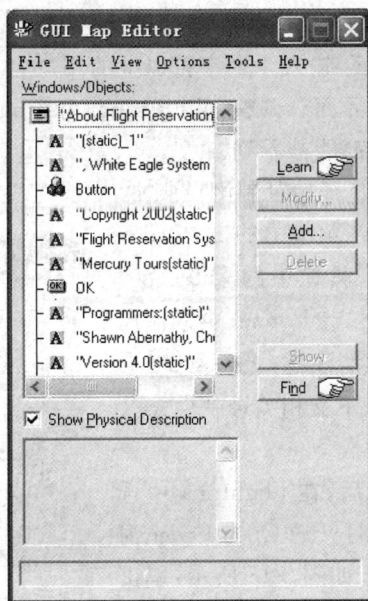

图 8-16　GUI Map Editor 窗口

本节以示例软件 Flight Reservation 为例来说明自动录制测试脚本的相关内容。

1. 录制上下文相关(Context Sensitive)模式的测试脚本

这里我们用上下文相关模式来录制示例软件打开 3 号订单功能的测试脚本,步骤如下。

步骤一:创建测试工程 example_1。

运行 WinRunner,单击 File→New,创建一个新的测试。选择 File→Save As Test,给测试工程命名为 example_1。

需要注意的是 WinRunner 是以目录的形式管理测试工程,新创建的测试工程 example_1 实际上就是一个文件夹,脚本文件保存在其中,如图 8-17 所示。

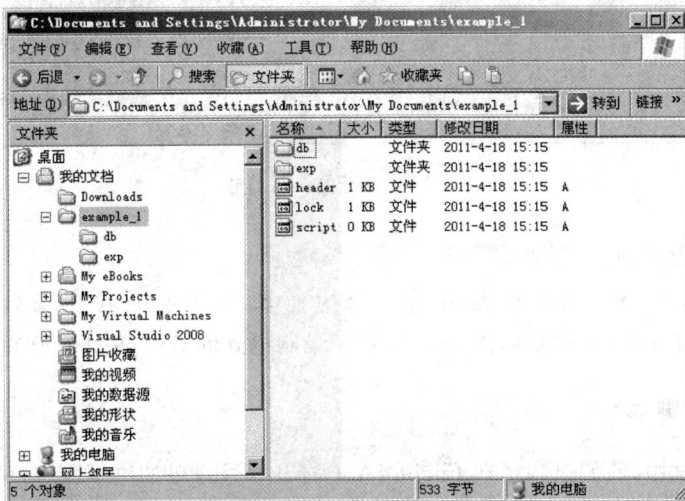

图 8-17　新建测试工程 example_1

步骤二：运行并登录 Flight 4A。

打开 Flight 4A 的登录界面,输入 4 个字符以上的用户名,这里我们输入 admin,密码为 mercury,单击 OK 按钮进入主界面。调整 WinRunner 和 Flight 4A 的窗口大小和位置,尽可能地使这两个窗口中的内容都能被看到。

步骤三：以上下文相关模式开始录制测试脚本。

在 WinRunner 中选择 Test 菜单中的 Record→Context Sensitive 或直接单击工具栏中的 ● Record 按钮进入录制模式,从现在开始 WinRunner 会录制所有鼠标的单击和键盘的输入。请注意,● Record 会变成 ● Record,表示已经进入上下文相关录制模式。

步骤四：打开 3 号订单。

进入上下文相关录制模式后,在 Flight 4A 中选择 File→Open Order 菜单项,在打开的 Open Order 窗口中 Order No. 编辑框中输入 3,如图 8-18 所示,单击 OK 按钮,在主页面中打开 3 号订单,如图 8-19 所示。

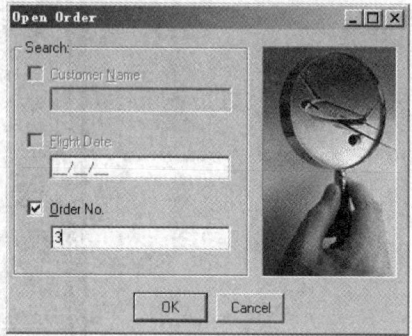

图 8-18　Open Order 窗口

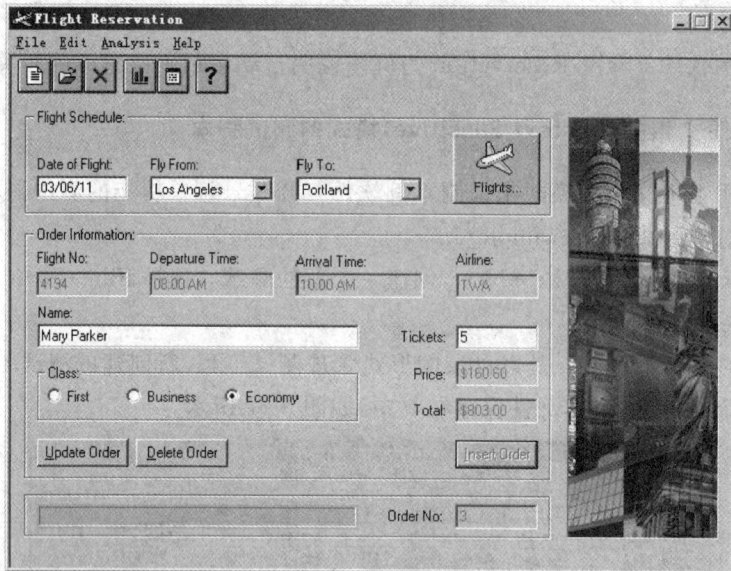

图 8-19　打开的 3 号订单

步骤五：停止录制,保存脚本。

录制结束,返回 WinRunner,选择 Test → Stop Recording,或者在工具栏中直接单击 ■ Stop 按钮停止录制测试脚本,图 8-20 显示了录制得到的脚本,单击按钮保存录制的脚本。

2. 了解测试脚本

在上面的测试中,我们录制了在 Flight 4A 中打开 3 号订单的测试脚本,得到的脚本如下：

```
# Flight Reservation
```

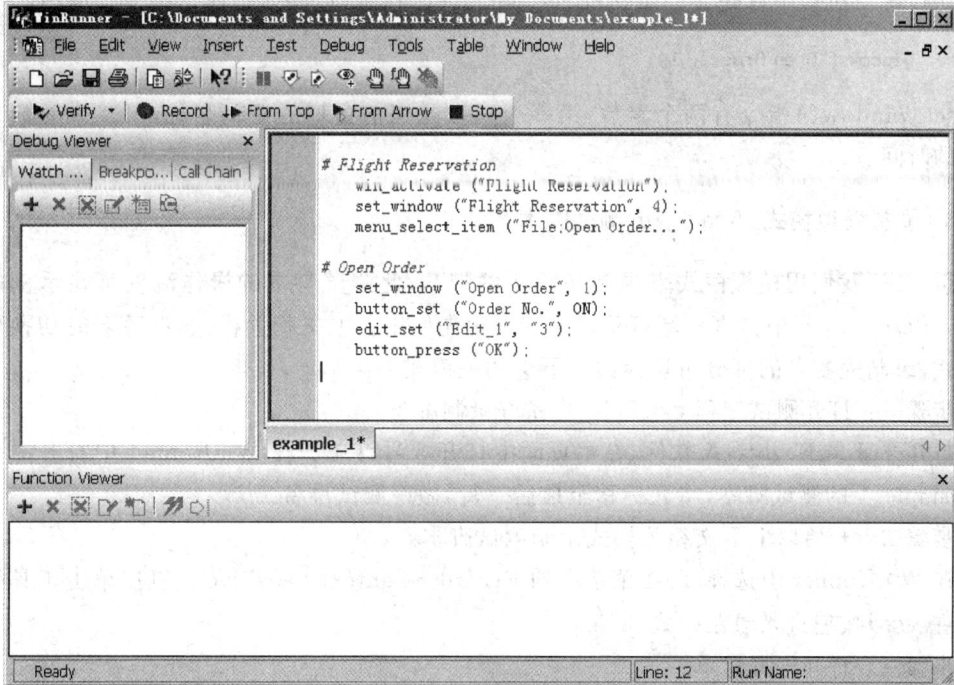

图 8-20 录制结束

```
win_activate ("Flight Reservation");
set_window ("Flight Reservation", 4);
menu_select_item ("File;Open Order...");

#  Open Order
set_window ("Open Order", 1);
button_set ("Order No.", ON);
edit_set ("Edit_1", "3");
button_press ("OK");
```

WinRunner 产生的 TSL 脚本描述了选择 GUI 对象以及互动的方式，脚本的详细说明如下：

WinRunner 会对单击的 GUI 对象自动命名，通常是以该 GUI 对象上的文字作为它的名称，这个名称称为逻辑名称。例如上述代码中的

```
button_set ("Order No.", ON);
```

和

```
edit_set ("Edit_1", "3");
```

Order No. 就是这个 Order No. 复选框的逻辑名称，Edit_1 是订单编辑框的逻辑名称。

如果录制过程中进行了窗口切换操作，WinRunner 会自动在测试脚本中添加注释。例如，当我们选择 Open Order 菜单项打开 Open Order 对话框时，WinRunner 自动加入注释：

```
#  Open Order
```

切换窗口过程中首先会产生一行 set_window()指令,后面才是操作指令。例如:

set_window ("Open Order", 1);

set_window()指令有两个参数,第一个参数是当前窗口的逻辑名称,第二个参数表示等待的时间。

3. 录制模拟模式(Analog)的测试脚本

接下来,我们用模拟模式来录制一段测试脚本,此测试脚本的操作流程是在示例软件 Flight Reservation 中传真一笔订单。录制过程先使用上下文相关模式,在签名时切换成模拟模式,录制完签名的部分再切换回上下文相关模式。

步骤一:打开测试工程 example_1,做好录制准备。

打开并登录 Flight 4A 软件,在主页面中打开 3 号订单。在 WinRunner 中打开测试工程 example_1 的测试脚本,将光标移至最后一行,做好测试准备。

步骤二:开始以上下文相关模式录制测试脚本。

在 WinRunner 中选择 Test 菜单中的 Record→Context Sensitive 或直接单击工具栏中的 ● Record 按钮进入录制模式。

步骤三:打开传真订单。

在 Flight 4A 中选择 File→Fax Order,打开 Fax Order No.3 窗口。在 Fax Number 中输入(415)555-1234,勾选 Send Signature with order 选项,如图 8-21 所示。

步骤四:使用模拟模式录制签名。

切换到 WinRunner 窗口,按下 F2 键或单击工具栏上的 ● Record 按钮,录制模式将从上下文相关模式切换到模拟模式,并且 ● Record 会变成 ● Record。将鼠标移至 Agent Signature 空白区域开始签名,注意 WinRunner 如何录制签名的动作。

步骤五:切换至上下文相关模式录制传真订单脚本。

签名完成后,如图 8-21 所示,再次按下 F2 键或单击工具栏上的 ● Record 按钮,录制模式从模拟模式切换回上下文相关模式,并且 ● Record 会变成 ● Record。单击 Fax Order No.3 窗口中的 Send 按钮,Flight 4A 会仿真地将订单传真出去。

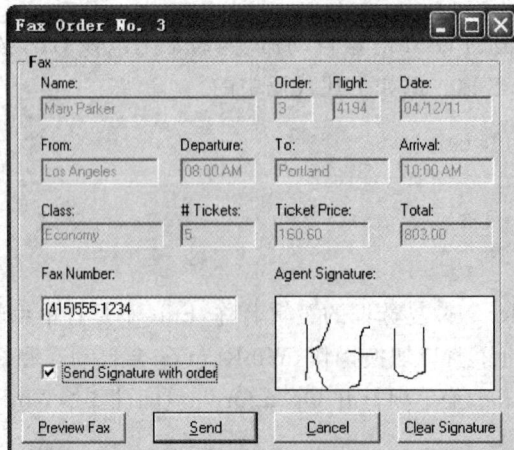

图 8-21　传真订单

步骤六：停止录制，保存脚本。

返回 WinRunner，选择 Test→Stop Recording，或者在工具栏中直接单击 ■ Stop 按钮停止录制，保存测试脚本。

测试脚本录制过程中的注意事项：

（1）录制前要尽量关闭不相关的应用程序和窗口。

（2）在模拟录制模式下，应尽量避免录制鼠标拖曳的动作。例如要卷动窗口时，应以单击方式卷动窗口，尽量不要拖拽 scroll bar。

（3）当使用 Global GUI Map file 模式录制测试脚本时，被录制的新 GUI 对象会被 WinRunner 存入 temporary GUI Map file 中，测试结束时记得保存 Global GUI Map file。

（4）在录制过程中，可以利用 F2 键切换录制模式。

4．执行测试脚本

录制完成后，WinRunner 生成了测试脚本，下面我们就可以通过执行测试脚本分析测试结果了。WinRunner 提供了三种测试脚本执行模式：Verify、Debug 和 Update。它们适用于不同的方面，基本用法如下：

- Verify：执行测试以检查应用程序功能。
- Debug：检查测试脚本执行是否流畅，调试测试脚本错误。
- Update：更新检查点的预期值。

下面我们给出执行测试脚本的步骤。

步骤一：用 WinRunner 打开测试工程 example_1，打开示例软件 Flight 4A。

步骤二：使用 Verify 模式执行测试脚本。

在 WinRunner 工具栏上选择 ▶ Verify ▼ 模式，选择 Test 菜单中的 Run From Top 选项或直接单击工具栏上的 ⬇▶ From Top 按钮，Run Test 窗口开启。

在 Run Test 对话框的 Test Run Name 编辑框输入目录名，默认是 res1，WinRunner 会将测试脚本执行的结果存储在 Test Run Name 目录下。单击 OK 按钮开始执行测试，如图 8-22 所示。

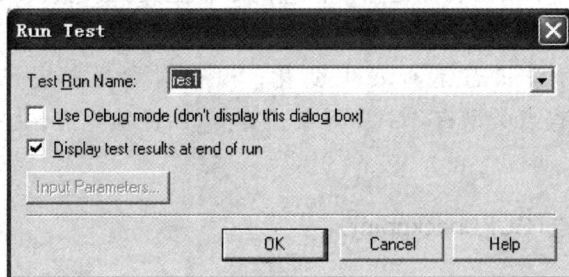

图 8-22 Run Test 对话框

步骤三：显示测试执行结果。

当测试执行完毕后，WinRunner 会开启 Test Results 窗口，显示测试执行结果，如图 8-23 所示。

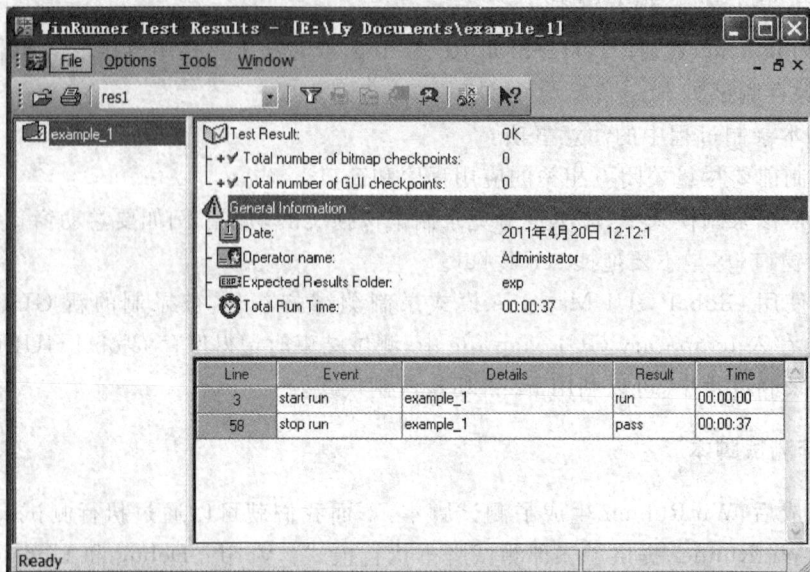

图 8-23　测试结果窗口

5. 分析测试结果

测试脚本运行结束后,WinRunner 将自动弹出一个结果显示窗口,如图 8-23 所示。该窗口中显示了测试结果和与测试脚本相关的各种信息,测试人员能从中了解测试脚本执行的状态和结果。

8.2.4　检查点

就像单元测试一样,功能测试过程中也需要验证某些控件的值与预期结果是否相同。WinRunner 使用检查点(Checkpoint)来检查指定控件的值与预期值是否一致。

通过检查点的设置以及对各点处输出信息的编程定义,我们可以在脚本运行结果单中查看各项测试内容是否都已通过。在功能测试中,检查点可以用在以下两个方面:检查应用程序经过修改后对象状态是否发生变化;检查对象数据是否和预期数据一致。WinRunner 提供的检查点类型有:GUI 对象检查点、图像检查点、文字检查点和数据库检查点。

1. GUI 对象检查点(GUI Checkpoint)

在程序运行过程中,当输入条件发生变化时,一些相应 GUI 对象的状态也会发生变化,如编辑框的内容、单选按钮被选中、菜单项或按钮的禁用等,这些都是靠开发人员编程实现的。但在软件交付开发人员修改时,对某一模块的改动可能会引起另一模块错误的产生。针对这种情况,在需要考察的对象上设置检查点,软件改正后重新测试时,只要运行先前测试中录制的脚本,就可以发现是否有上述情况发生。

对同一对象,我们可以考察它的多个属性,这在脚本录制过程中设置 GUI Checkpoint

时相应设定。脚本回放后,结果列表里就可以显示对象各个属性值的变化情况。

接下来,我们将对开启订单窗口建立 GUI 检查点。

步骤一:启动 WinRunner 和 Flight 4A。

步骤二:以上下文相关模式录制测试脚本。

在 WinRunner 中新建测试工程 example_2,选择 Test 菜单中的 Record→Context Sensitive 或直接单击工具栏中的 ● Record 按钮进入上下文相关录制模式。

步骤三:开启 Open Order 窗口。

在 Flight 4A 中选择 File 菜单的 Open Order 选项,开启 Open Order 窗口。在 Open Order 窗口中选中 Order No. 的复选框,并在编辑框中输入数字 4。

步骤四:为 Order No. 的编辑框建立检查点。

回到 WinRunner 窗口中,单击菜单项 Insert→GUI Checkpoint→For Object/Window,这时整个窗口进入闪动状态,用鼠标左键在 Order No. 的编辑框上连击两下,Check GUI 窗口开启并显示被选取 GUI 对象的状态,如图 8-24 所示。选择 Range 属性,弹出图 8-25 所示的对话框,要求在其中输入被检查 GUI 对象的值的范围,这里我们分别 3 和 5,单击 OK 按钮回到 Check GUI 窗口。属性设置完毕后,直接单击 OK 按钮退出 Check GUI 窗口。接下来,WinRunner 会在测试脚本中插入 obj_check_gui 检查点。

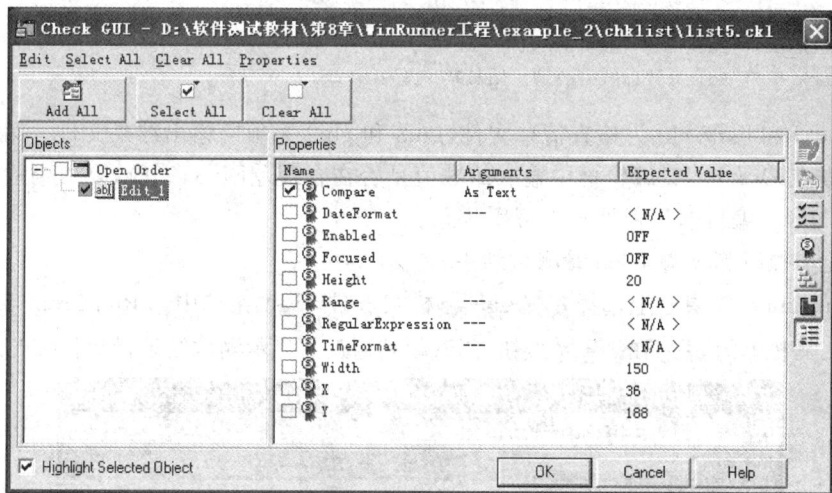

图 8-24　设置检查点属性

这里需要注意的是:如果以单击的方式选择 GUI 对象,Check GUI 窗口不会打开,并且 WinRunner 会直接把 State 属性当成检查点要检查的属性在测试脚本中插入检查点。

步骤五:在 Customer Name 的编辑框建立第二个检查点。

接下来,为在 Open Order 窗口 Customer Name 的不可用状态的编辑框建立第二个 GUI 检查点,与步骤四不同的是,打开 Check GUI 窗口后,要勾选其中的 Enabled 属性,它的预期值都是 OFF。

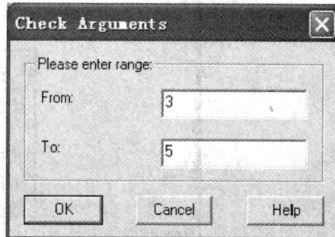

图 8-25　Check Arguments 对话框

步骤六：开启订单，停止录制。

在 Open Order 窗口中单击 OK 按钮开启 4 号订单，返回 WinRunner 窗口，选择 Test→
Stop Recording，或者在工具栏中直接单击 ■ Stop 按钮停止录制，保存测试脚本。

脚本录制完毕，测试脚本清单如下：

```
# Flight Reservation
    win_activate ("Flight Reservation");
    set_window ("Flight Reservation", 2);
    menu_select_item ("File;Open Order...");

# Open Order
    set_window ("Open Order", 2);
    button_set ("Order No.", ON);
    set_window ("Open Order", 4);
    edit_set ("Edit_1", "4");
    obj_check_gui("Edit_1", "list8.ckl", "gui8", 2);
    obj_check_gui("Edit", "list9.ckl", "gui9", 16);
    win_activate ("Open Order");
    set_window ("Open Order", 4);
    button_press ("OK");
```

插入 GUI 检查点的代码是：

```
obj_check_gui("Edit_1", "list8.ckl", "gui8", 2);
obj_check_gui("Edit", "list9.ckl", "gui9", 16);
```

其中 list8.ckl 和 list9.ckl 为检查清单文件，gui8 和 gui9 为预期输出结果文件。第一个检查
点主要检查在 Order No.编辑框中输入的数值是否在合理范围[3,5]内，第二个检查点检查
Customer Name 编辑框是否处于不可用状态。

步骤七：执行测试脚本，查看测试结果。

在 WinRunner 工具栏上选择 ⮕ Verify ⯆ 模式，选择 Test 菜单中的 Run From Top 选项或
直接单击工具栏上的 ⬇⯈ From Top 按钮，测试顺利通过并显示测试结果，如图 8-26 所示。

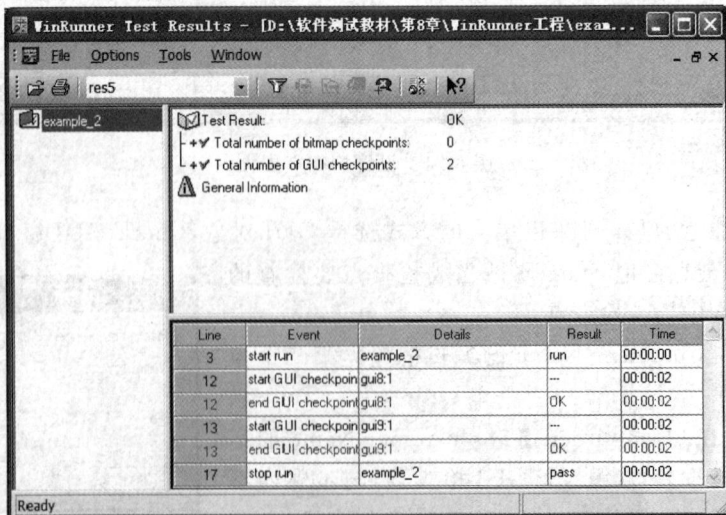

图 8-26　测试结果

WinRunner 测试出现错误的时候是什么状态呢？

下面我们通过修改上述第一个 GUI 检查点的 Range 属性来观察一下检查点发现错误的过程。

在 WinRunner 中单击菜单项 Insert→Edit GUI Checklist，打开 Open Checklist 对话框，如图 8-27 所示，选择 list8.ckl，单击 OK 按钮。

在弹出的 Edit GUI Checklist 窗口中双击 Range 属性的参数 3..5 打开 Range 属性编辑框，我们把 Range 属性的参数修改为 1 和 3，如图 8-28 所示，单击 OK 按钮关闭 Edit GUI Checklist 窗口。

图 8-27　Open Checklist 对话框　　　　　　　图 8-28　Range 属性编辑框

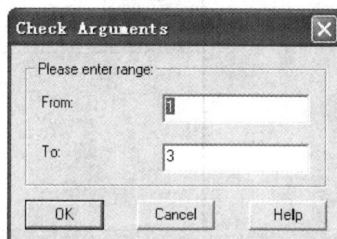

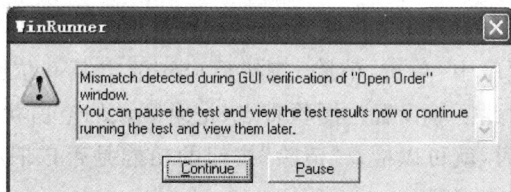

图 8-29　测试报错

重新执行测试脚本，测试报错，弹出如图 8-29 所示的报错对话框，单击 Continue 按钮完成测试，测试结果如图 8-30 所示。

在图 8-30 的测试结果窗口中，我们可以看到，gui8 出错，gui9 测试成功，gui8 的出错原因是由于我们在 Order No. 编辑框中输入的数值 4 超出了给定的数值范围[1,3]。

2. 图像检查点（Bitmap Checkpoint）

应用程序可能包含位图区，比方说图形或图表，设置位图检查点（Bitmap Checkpoint）就能够以像素为单位逐一对前后两个版本中的位图进行比较，得出是否一致的结果。

位图检查点通过比较捕获位图图像的像素来检查应用程序中的位图。创建位图检查点时 WinRunner 会捕获一个位图图像作为预期结果，并在测试脚本中产生 obj_check_bitmap 声明，当捕获的是一个区域或窗体时，产生 win_check_bitmap 声明。我们如果在一个新的版本中运行测试，WinRunner 就会将预期结果的位图和应用程序中的实际位图相比较，两

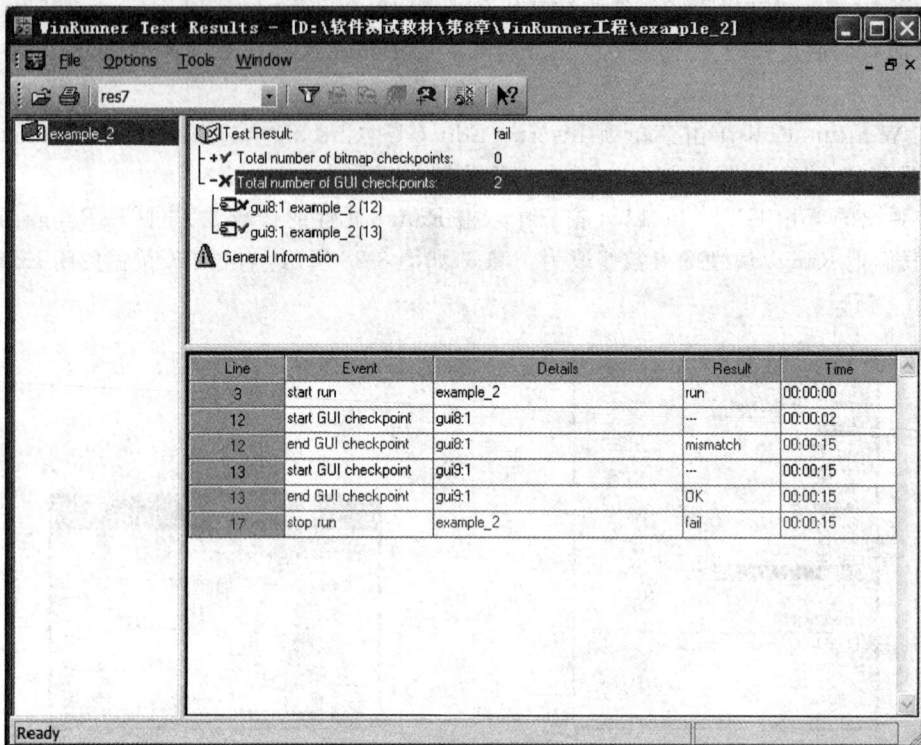

图 8-30　测试结果

张图不同的话,在测试结果窗口中可以查看到不同的图片。

例如,在一个应用程序中,单击"清除"按钮后应该清空某一位图区域。我们录制脚本时,在单击"清除"按钮对此区域设置位图检查点(记录区域的空白状态),将来利用这一脚本测试新版本的应用程序时,就可以检查"清除"按钮的功能是否依旧有效。如果位图区域无法被清空,检查结果中就会报错。

下面我们将使用位图检查点来测试传真订单(Fax Order)窗口中的签名功能。

步骤一:启动 WinRunner 和 Flight 4A。

步骤二:新建测试工程,以上下文相关模式开始录制。

在 WinRunner 中新建测试工程 example_3,选择 Test 菜单中的 Record→Context Sensitive 或直接单击工具栏中的 ● Record 按钮进入上下文相关录制模式。

步骤三:打开 6 号订单。

在 Flight 4A 中选择菜单项 File→Open Order,打开 Open Order 窗口,勾选 Order No. 复选框,并在其下的编辑框中输入 6,单击 OK 按钮在主窗口打开 6 号订单,如图 8-31 所示。

步骤四:打开传真表单。

在 Flight 4A 中选择 File→Fax Order 菜单项,打开 Fax Order 窗口,在 Fax Number 编辑框中输入(415)555-1234。调整 Fax Order 窗口到合适的位置,为下面的模拟模式录制做好准备。

步骤五:切换到模拟模式录制签名。

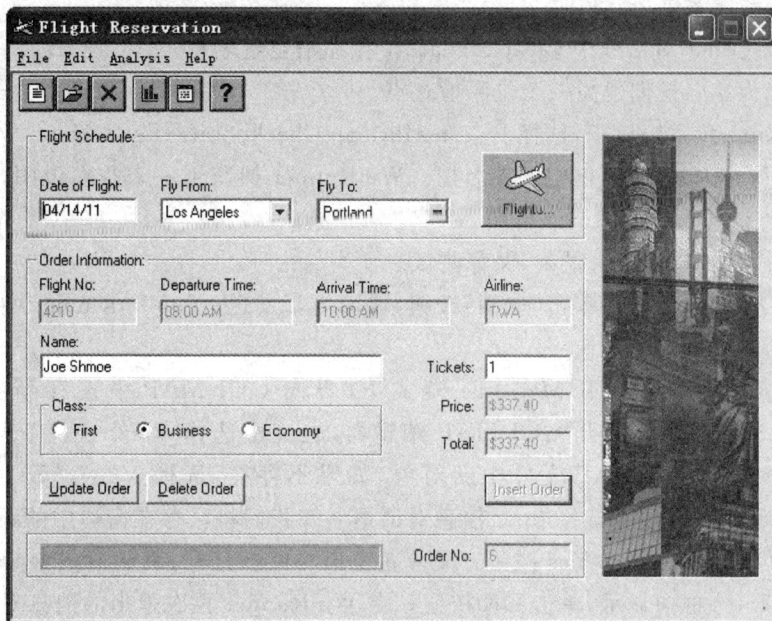

图 8-31　6 号订单

单击 F2 键或再次单击 Record 按钮,转换到模拟模式下。注意 Record 按钮上的 Rec 变为红色,说明现在工作在模拟模式下。使用鼠标在代理签名文本框中签名,如图 8-32 所示。

图 8-32　传真订单签名

步骤六:变回上下文相关模式,针对签名插入位图检查点。

再次按下 F2 键或单击工具栏上的 Record 按钮,录制模式从模拟模式切换回上下文相关模式,并且 Record 会变成 Record 。选择 Insert→Bitmap Checkpoint→For Object/Window,用手形指针双击 Fax Order 对话框中的签名框。WinRunner 捕获一个带有签名的位图,并在测试脚本中插入了一个检查点,可以在脚本中看到一个 obj_check_bitmap 的声明。

步骤七：清空签名。

单击 Fax Order 对话框中 Clear Signature 按钮清空签名框。

步骤八：为签名框创建另一个位图检查点。

在 WinRunner 主窗口中，选择 Insert→Bitmap Checkpoint→For Object/Window，用手形指针双击 Fax Order 对话框中的签名框。WinRunner 捕获了一个空白位图，并在测试脚本中插入一个 obj_check_bitmap 声明。

步骤八：取消传真，停止录制，保存测试。

在 Fax Order 对话框中单击"取消"按钮，取消传真发送；在 WinRunner 中结束测试脚本录制，保存测试工程 example_2。

如果工作在 Global GUI Map File 模式下，要向 GUI MAP 中保存新对象。选择 Tools→GUI Map Editor 打开 GUI MAP 编辑器，在其中选择 View→GUI Files，注意到 L0 <Temporary>GUI MAP 文件中新对象（如果不存在，选择 View→Expand Objects Tree）。选择 File→Save，WinRunner 信息对话框通知我们将已存在窗口中的新对象添加到 flight4a.GUI 文件中。单击 Yes 按钮。又一新窗口对话框打开，确认 flight4a.GUI 文件在 Loaded GUI Files 框中显示，单击 OK 按钮。在 WinRunner 再次弹出的消息对话框中确认 flight4a.GUI 文件改变。选择 File→Exit，关闭 GUI MAP 编辑器。

步骤九：执行测试脚本，查看预期结果。

执行测试脚本，测试结果如图 8-33 所示。在位图检查点列表中，双击选中的位图检查点可以查看对应的位图捕获事件，如图 8-34 所示。

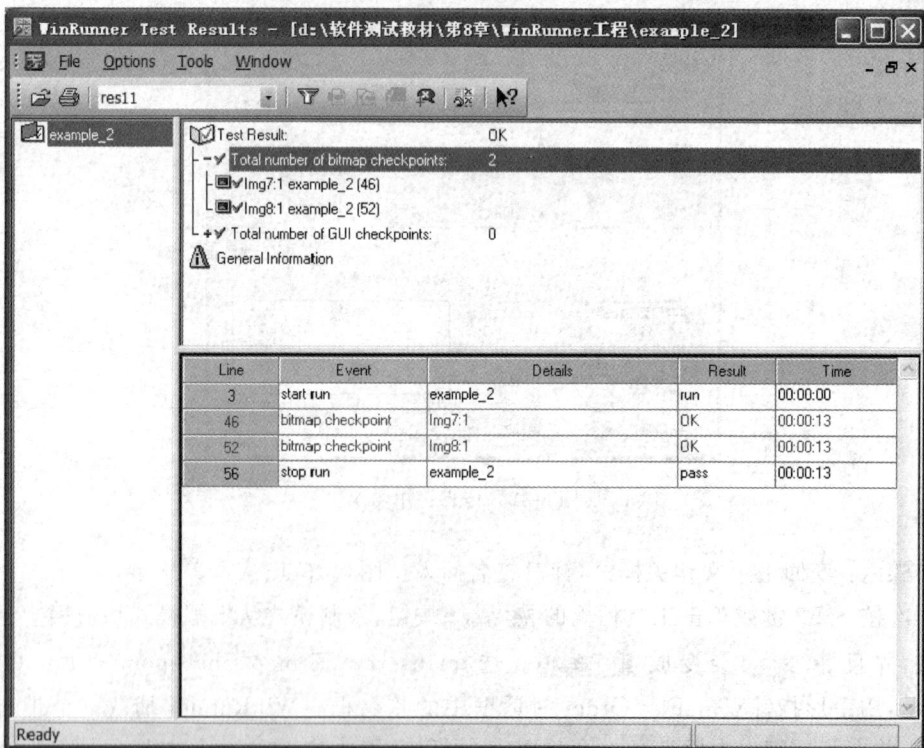

图 8-33　测试结果

步骤十：在新版本 Flight 4B 中运行测试。

关闭 Flight 4A，启动 Flight 4B 并登录（登录密码为 mercury），将 Flight 4B 和 WinRunner 重新排放，使它们在桌面上同时可见。在 WinRunner 中打开测试工程 example_2，其测试运行处于 Verify 模式。

单击工具栏中的 ↓► From Top 按钮，或选择 Test→Run from Top 菜单项从头开始执行测试脚本。如果在位图检查点有不匹配的情况出现，在 WinRunner 消息对话框单击 Continue 按钮，如图 8-35 所示。

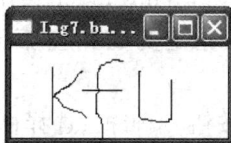

图 8-34　第一个位图检查点内容　　　　　　图 8-35　检查点发现错误

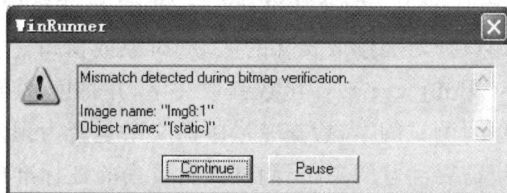

当测试运行结束后，测试结果自动显示在测试结果窗口中。由于在版本 4B 中单击清空签名按钮时，并没有清空签名，所以测试失败。双击红色的位图检查点事件，查看到预期结果和实际检测结果及不匹配的位图，如图 8-36 所示。

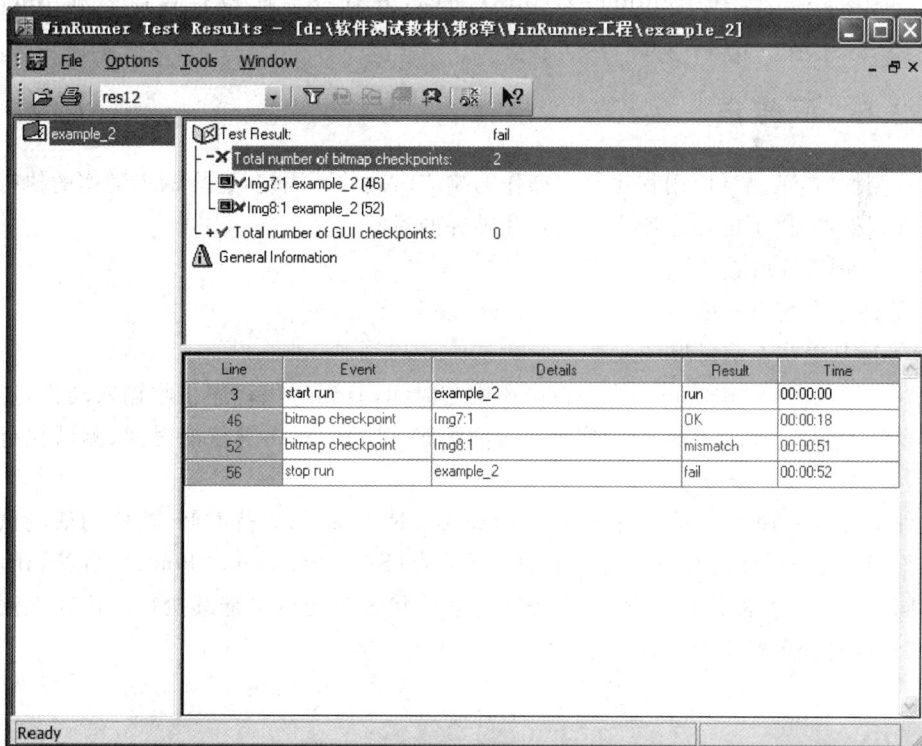

图 8-36　Flight 4B 测试结果

3. 文字检查点(Text Checkpoint)

使用 WinRunner 提供的文本检查点功能,可以读取图像和非标准 GUI 对象上的文字,然后通过手动撰写测试脚本来检查文字是否正确。

使用文本检查点能够实现如下功能:

- 验证某个值是否在一定范围内。
- 计算数值是否正确。
- 当某个指定的文字出现在画面上时,就执行某些动作。

当用户针对要读取文字的区域、对象或窗口建立文本检查点时,WinRunner 会用 win_get_text 或 obj_get_text 函数读取文字,并将读取到的文字存储到指定变量中,然后测试人员手动编写测试脚本,检查变量中的文字是否为预期文字。

这里需要注意的是,当测试人员要去验证标准的 GUI 对象(按钮、编辑框、选择框等)上的文字时,应该使用 GUI 检查点,这样做的话就不用再去手动添加测试脚本了。

4. 数据库检查点(Database Checkpoint)

通过为用户创建的查询设置数据库检查点(Database Checkpoint),可以对返回数据库表中的一些诸如表行列数、主键、数据内容做检查。创建数据库检查点有 3 种方式:Default Check、Custom Check 和 Runtime Record Check,并且数据库检查点需要和 Microsoft Query(Office 中的一个组件)配合使用。

8.2.5　同步点

执行测试时,被测试应用程序每次操作的响应时间并不固定,这样输入动作的执行经常需要等待。例如,以下的动作通常会花费几秒钟的时间:

- 从数据库读取数据。
- 等待一个窗口开启。
- 等待某个状态信息出现。

遇到这种情况,WinRunner 会等待一段固定时间,直到应用程序接收输入动作,这个等待时间默认为 10s。如果应用程序响应的时间超过 WinRunner 等待的时间,测试执行就可能失败。

这种情况有两种方式来解决,一种是增加 WinRunner 的等待时间,这样的话测试执行会变得很慢;另一种就是在测试脚本中输入同步点(Synchronization Point),当 WinRunner 执行到同步点时会暂停执行,等待应用程序的某些状态改变后再继续执行。这种方法灵活方便,在测试过程中经常被用到。

8.3　小结

本章主要讲解了自动化功能测试的基本内容,功能测试的一般解决方案和网站功能测试方案。功能测试工具本章选取了目前流行的 Mercury Interactive 公司的 WinRunner 8.0,本章重点介绍了这两个工具的基本用法和具体操作案例。

习题

1. 简述 WinRunner 进行功能测试的流程。
2. 请总结 WinRunner 和 QuickTest Professional 的区别和联系。
3. 简述 QuickTest Professional 进行功能测试的流程。
4. 请读者自行寻找合适的小型软件或网站,利用 WinRunner 和 QuickTest Professional 实施自动化功能测试并分析测试结果。

第9章

性能测试实施

本章主要介绍性能测试的基本知识，给出性能测试的具体实施方案。本章首先介绍了性能测试的内容、实施步骤和策略以及全面性能测试模型的概念；其次讲解了著名性能测试工具 LoadRunner 的主要功能、操作过程和测试实践。

本章要点：

- 性能测试内容。
- 性能测试步骤。
- 全面性能测试模型。
- 应用 LoadRunner 实施性能测试。

9.1 性能测试概述

随着应用软件用户负载的增加和愈来愈复杂的应用环境，用户的响应速度、系统的安全运行等性能问题逐渐成为软件系统必须考虑的指标之一。性能测试通常使用自动化测试工具完成，自动化测试工具能模拟多种正常、峰值以及异常负载条件来对系统的各项性能指标进行测试，检测软件是否达到用户提出的性能指标，及时发现软件系统中存在的瓶颈，最终起到优化系统的目的。

9.1.1 性能测试内容

性能测试在软件的质量保证中起着重要的作用，它包括的测试内容丰富多样。中国软件评测中心将性能测试概括为 3 个方面：客户端性能测试、网络性能测试和服务器端性能测试。

1. 客户端性能测试

客户端性能测试的目的是考察客户端应用的性能，测试的入口是客户端。它主要包括并发性能测试、疲劳强度测试、大数据量测试和速度测试等，其中并发性能测试是重点。

1) 并发性能测试

并发性能测试的过程是一个负载测试和压力测试的过程，即逐渐增加负载，直到系统的瓶颈或者不能接收的性能点，通过综合分析交易执行指标和资源监控指标来确定系统并发性能的过程。负载测试（Load Testing）是确定在各种工作负载下系统的性能，目标是测试当负载逐渐增加时,系统组成部分的相应输出项,如通过量、响应时间、CPU 负载、内存使用等来决定系统的性能。负载测试是一个分析软件应用程序和支撑架构、模拟真实环境的使用,从而来确定能够接收的性能过程。压力测试(Stress Testing)是通过确定一个系统的瓶颈或者不能接收的性能点,来获得系统能提供的最大服务级别的测试。

并发性能测试的目的主要体现在 3 个方面:以真实的业务为依据,选择有代表性的、关键的业务操作设计测试案例,以评价系统的当前性能;当扩展应用程序的功能或者新的应用程序将要被部署时,负载测试会帮助确定系统是否还能够处理期望的用户负载,以预测系统的未来性能;通过模拟成百上千个用户,重复执行和运行测试,可以确认性能瓶颈并优化和调整应用,目的在于寻找到瓶颈问题。

当一家企业自己组织力量或委托软件公司代为开发一套应用系统的时候,尤其是以后在生产环境中实际使用起来,用户往往会产生疑问,这套系统能不能承受大量的并发用户同时访问?这类问题最常见于采用联机事务处理(On-Line Transaction Processing,OLTP)方式数据库应用、Web 浏览和视频点播等系统。这种问题的解决要借助于科学的软件测试手段和先进的测试工具。

举例:电信计费软件。

众所周知,每月 20 日左右是市话交费的高峰期,全市几千个收费网点同时启动。收费过程一般分为两步,首先要根据用户提出的电话号码查询出其当月产生费用,然后收取现金并将此用户修改为已交费状态。一个用户看起来简单的两个步骤,但当成百上千的终端,同时执行这样的操作时,情况就大不一样了,如此众多的交易同时发生,对应用程序本身、操作系统、中心数据库服务器、中间件服务器、网络设备的承受力都是一个严峻的考验。决策者不可能在发生问题后才考虑系统的承受力,预见软件的并发承受力,这是在软件测试阶段就应该解决的问题。

目前,大多数公司企业需要支持成百上千名用户,各类应用环境以及由不同供应商提供的元件组装起来的复杂产品,难以预知的用户负载和愈来愈复杂的应用程序,使公司担忧会发生投放性能差、用户遭受反应慢、系统失灵等问题,其结果就是导致公司收益的损失。

如何模拟实际情况呢?找若干台电脑和同样数目的操作人员在同一时刻进行操作,然后拿秒表记录下反应时间?这样的手工作坊式的测试方法不切实际,且无法捕捉程序内部的变化情况,这样就需要压力测试工具的辅助。

测试的基本策略是自动负载测试,通过在一台或几台 PC 上模拟成百或上千的虚拟用户同时执行业务的情景,对应用程序进行测试,同时记录下每一事务处理的时间、中间件服务器峰值数据、数据库状态等。通过可重复的、真实的测试能够彻底地度量应用的可扩展性和性能,确定问题所在以及优化系统性能。预先知道了系统的承受力,就为最终用户规划整个运行环境的配置提供了有力的依据。

2) 并发性能测试前的准备工作

(1) 测试环境:配置测试环境是测试实施的一个重要阶段,测试环境的适合与否会严重影响测试结果的真实性和正确性。测试环境包括硬件环境和软件环境,硬件环境指测试必需的服务器、客户端、网络连接设备以及打印机/扫描仪等辅助硬件设备所构成的环境;软件环境指被测软件运行时的操作系统、数据库及其他应用软件构成的环境。

一个充分准备好的测试环境有 3 个优点:一个稳定、可重复的测试环境,能够保证测试结果的正确；保证达到测试执行的技术需求；保证得到正确的、可重复的以及易理解的测试结果。

(2) 测试工具：并发性能测试是在客户端执行的黑盒测试，一般不采用手工方式，而是利用工具采用自动化方式进行。目前，成熟的并发性能测试工具有很多，选择的依据主要是测试需求和性能价格比。著名的并发性能测试工具有 QALoad、LoadRunner、Benchmark Factory 和 Webstress 等。这些测试工具都是自动化负载测试工具，通过可重复的、真实的测试，能够彻底地度量应用的可扩展性和性能，可以在整个开发生命周期跨越多种平台自动执行测试任务，可以模拟成百上千的用户并发执行关键业务而完成对应用程序的测试。

(3) 测试数据：在初始的测试环境中需要输入一些适当的测试数据，目的是识别数据状态并且验证用于测试的测试案例，在正式的测试开始以前对测试案例进行调试，将正式测试开始时的错误降到最低。在测试进行到关键过程环节时，非常有必要进行数据状态的备份。制造初始数据意味着将合适的数据存储下来，需要的时候恢复它，初始数据提供了一个基线用来评估测试执行的结果。

在测试正式执行时，还需要准备业务测试数据，比如测试并发查询业务，那么要求对应的数据库和表中有相当的数据量以及数据的种类，这些数据应能覆盖全部业务。

模拟真实环境测试，有些软件，特别是面向大众的商品化软件，在测试时常常需要考察在真实环境中的表现，如测试杀毒软件的扫描速度时，硬盘上布置的不同类型文件的比例要尽量接近真实环境，这样测试出来的数据才有实际意义。

3) 并发性能测试的种类与指标

并发性能测试的种类取决于并发性能测试工具监控的对象，以 QALoad 自动化负载测试工具为例。软件针对各种测试目标提供了 DB2、DCOM、ODBC、ORACLE、NETLoad、Corba、QARun、SAP、SQLServer、Sybase、Telnet、TUXEDO、UNIFACE、WinSock、WWW、JavaScript 等不同的监控对象，支持 Windows 和 UNIX 测试环境。

最关键的仍然是测试过程中对监控对象的灵活应用，例如目前三层结构的运行模式广泛使用，对中间件的并发性能测试作为问题被提到议事日程上来，许多系统都采用了国产中间件，选择 JavaScript 监控对象，手工编写脚本，可以达到测试目的。

采用自动化负载测试工具执行的并发性能测试，基本遵循的测试过程有：测试需求与测试内容，测试案例制订，测试环境准备，测试脚本录制、编写与调试，脚本分配、回放配置与加载策略，测试执行跟踪，结果分析与定位问题所在，测试报告与测试评估。

并发性能测试监控的对象不同，测试的主要指标也不相同，主要的测试指标包括交易处理性能指标和 UNIX 资源监控。其中，交易处理性能指标包括交易结果、每分钟交易数、交易响应时间(Min：最小服务器响应时间；Mean：平均服务器响应时间；Max：最大服务器响应时间；StdDev：事务处理服务器响应的偏差，值越大，偏差越大；Median：中值响应时间；90%：90%事务处理的服务器响应时间)、虚拟并发用户数。

应用实例："新华社多媒体数据库 V 1.0"性能测试

中国软件评测中心(CSTC)根据新华社技术局提出的《多媒体数据库(一期)性能测试需求》和 GB/T 17544《软件包质量要求和测试》的国家标准，使用工业标准级负载测试工具对新华社使用的"新华社多媒体数据库 V 1.0"进行了性能测试。

性能测试的目的是模拟多用户并发访问新华社多媒体数据库，执行关键检索业务，分析系统性能。

性能测试的重点是针对系统并发压力负载较大的主要检索业务,进行并发测试和疲劳测试,系统采用 B/S 运行模式。并发测试设计了特定时间段内分别在中文库、英文库、图片库中进行单检索词、多检索词以及变检索式、混合检索业务等并发测试案例。疲劳测试案例为在中文库中并发用户数 200,进行测试周期约 8h 的单检索词检索。在进行并发和疲劳测试的同时,监测的测试指标包括交易处理性能以及 UNIX(Linux)、Oracle、Apache 资源等。

测试结论:在新华社机房测试环境和内网测试环境中,100MB 带宽情况下,针对规定的各并发测试案例,系统能够承受并发用户数为 200 的负载压力,最大交易数/分钟达到 78.73,运行基本稳定,但随着负载压力增大,系统性能有所衰减。

系统能够承受 200 并发用户数持续周期约 8h 的疲劳压力,基本能够稳定运行。

通过对系统 UNIX(Linux)、Oracle 和 Apache 资源的监控,系统资源能够满足上述并发和疲劳性能需求,且系统硬件资源尚有较大利用余地。

当并发用户数超过 200 时,监控到 HTTP 500、Connect 和超时错误,且 Web 服务器报内存溢出错误,系统应进一步提高性能,以支持更大并发用户数。

建议进一步优化软件系统,充分利用硬件资源,缩短交易响应时间。

4) 疲劳强度与大数据量测试

疲劳测试是采用系统稳定运行情况下能够支持的最大并发用户数,持续执行一段时间业务,通过综合分析交易执行指标和资源监控指标来确定系统处理最大工作量强度性能的过程。

疲劳强度测试可以采用工具自动化的方式进行测试,也可以手工编写程序测试,其中后者占的比例较大。

一般情况下以服务器能够正常稳定响应请求的最大并发用户数进行一定时间的疲劳测试,获取交易执行指标数据和系统资源监控数据。如出现错误导致测试不能成功执行,则及时调整测试指标,例如降低用户数、缩短测试周期等。还有一种情况的疲劳测试是对当前系统性能的评估,用系统正常业务情况下并发用户数为基础,进行一定时间的疲劳测试。

大数据量测试可以分为两种类型:针对某些系统存储、传输、统计、查询等业务进行大数据量的独立数据量测试;与压力性能测试、负载性能测试、疲劳性能测试相结合的综合数据量测试方案。大数据量测试的关键是测试数据的准备,可以依靠工具准备测试数据。

速度测试目前主要是针对关键有速度要求的业务进行手工测速度,可以在多次测试的基础上求平均值,可以和工具测得的响应时间等指标做对比分析。

2. 应用在网络上性能的测试

应用在网络上性能的测试重点是利用成熟先进的自动化技术进行网络应用性能监控、网络应用性能分析和网络预测。

1) 网络应用性能分析

网络应用性能分析的目的是准确展示网络带宽、延迟、负载和 TCP 端口的变化是如何影响用户的响应时间的。利用网络应用性能分析工具,例如 Application Expert,能够发现应用的瓶颈,我们可知应用在网络上运行时在每个阶段发生的应用行为,在应用线程级分析应用的问题。可以解决多种问题:客户端是否对数据库服务器运行了不必要的请求?当服务器从客户端接受了一个查询,应用服务器是否花费了不可接受的时间联系数据库服务器?在投产前预测应用的响应时间;利用 Application Expert 调整应用在广域网上的性能;Application Expert 能够让你快速、容易地仿真应用性能,根据最终用户在不同网络配置环境下的响应时间,用户可以根据自己的条件决定应用投产的网络环境。

2) 网络应用性能监控

在系统试运行之后,需要及时准确地了解网络上正在发生什么事情:什么应用在运行,如何运行;多少 PC 正在访问 LAN 或 WAN;哪些应用程序导致系统瓶颈或资源竞争。这时网络应用性能监控以及网络资源管理对系统的正常稳定运行是非常关键的。利用网络应用性能监控工具,可以达到事半功倍的效果,在这方面我们可以提供的工具是 Network Vantage。通俗地讲,它主要用来分析关键应用程序的性能,定位问题的根源是在客户端、服务器、应用程序还是网络。在大多数情况下用户较关心的问题还有哪些应用程序占用大量带宽,哪些用户产生了最大的网络流量,这个工具同样能满足要求。

3) 网络预测

考虑到系统未来发展的扩展性,预测网络流量的变化、网络结构的变化对用户系统的影响非常重要。根据规划数据进行预测并及时提供网络性能预测数据。我们利用网络预测分析容量规划工具 PREDICTOR 可以做到:设置服务水平、完成日网络容量规划、离线测试网络、网络失效和容量极限分析、完成日常故障诊断、预测网络设备迁移和网络设备升级对整个网络的影响。

从网络管理软件获取网络拓扑结构、从现有的流量监控软件获取流量信息(若没有这类软件可人工生成流量数据),这样可以得到现有网络的基本结构。在基本结构的基础上,可以根据网络结构的变化、网络流量的变化生成报告和图表,说明这些变化是如何影响网络性能的。PREDICTOR 提供如下信息:根据预测的结果帮助用户及时升级网络,避免因关键设备超过利用阈值导致系统性能下降;哪个网络设备需要升级,这样可减少网络延迟、避免网络瓶颈;根据预测的结果避免不必要的网络升级。

3. 应用在服务器上性能的测试

对于应用在服务器上性能的测试,可以采用工具监控,也可以使用系统本身的监控命令。实施测试的目的是实现服务器设备、服务器操作系统、数据库系统、应用在服务器上性能的全面监控,表 9-1 给出了 UNIX 环境中部分资源监控指标的情况。

表 9-1 UNIX 资源监控指标和描述

监控指标	描述
平均负载	系统正常状态下,最后 60s 同步进程的平均个数
冲突率	在以太网上监测到的每秒冲突数
进程/线程交换率	进程和线程之间每秒交换次数
CPU 利用率	CPU 占用率(%)
磁盘交换率	磁盘交换速率
接收包错误率	接收以太网数据包时每秒错误数
包输入率	每秒输入的以太网数据包数目
中断速率	CPU 每秒处理的中断数

监控指标	描述
输出包错误率	发送以太网数据包时每秒错误数
包输入率	每秒输出的以太网数据包数目
读入内存页速率	物理内存中每秒读入内存页的数目
写出内存页速率	每秒从物理内存中写到页义件中的内存页数目或者从物理内存中删掉的内存页数目
内存页交换速率	每秒写入内存页和从物理内存中读出页的个数
进程入交换率	交换区输入的进程数目
进程出交换率	交换区输出的进程数目
系统 CPU 利用率	系统的 CPU 占用率(%)
用户 CPU 利用率	用户模式下的 CPU 占用率(%)
磁盘阻塞	磁盘每秒阻塞的字节数

9.1.2　性能测试过程

1. 性能测试步骤

虽然性能测试面对不同的工程和项目,所选用的度量、评估方法也有不同之处,但仍然有一些通用的步骤可以帮助我们完成一个性能测试项目。大致步骤有 7 个。

1) 制定目标和分析系统

性能测试项目首先要求我们要明确测试的目标,尽快掌握系统构成,这样才能确定测试范围,清晰测试技术类型。一般来讲,测试的目标由系统的需求决定,而需求又分为:客户需求和期望、实际业务需求和系统需求。测试人员要制订一个满足各项需求的测试目标,为后面的测试工作提供方向指引。

分析被测试系统我们可以从以下几个方面入手:系统类别、系统构成和系统功能。了解这些内容的本质其实是帮助我们明确测试的范围,选择适当的测试方法来进行测试。

系统类别。搞清楚系统类别是我们掌握什么样的测试技术的前提,掌握相应技术做性能测试才可能成功。例如,系统类别是 B/S(Browse/Server)结构,那么测试人员就要掌握服务器技术、脚本技术、网页制作技术、数据库技术等。如果是一个 C/S(Client/Server)结构,可能要了解操作系统类型、API 接口、COM 等内容。所以明确系统类别对于我们来说很重要,B/S? C/S? Windows? Linux? Apache? IIS? ……

系统构成。硬件设置、操作系统设置是性能测试的制约条件,一般性能测试都是利用测试工具模仿大量的实际用户操作,系统在超负荷情形下运作。在不同系统构成条件下进行性能测试,会得到不同的结果。

系统功能。系统功能指系统提供的不同子系统,办公管理系统中的公文子系统,会议子系统等,系统功能是性能测试中要模拟的环节,了解这些是必要的。

2) 选择测试度量的方法

完成第一步后,测试人员将会对系统有清晰的认识。接下来我们将把精力放在软件度量上,收集系统相关的数据。究竟什么才是对的? 谁来进行测试过程监督? 发现问题后怎么处理? ……,这些问题都要在这里进行解决。制订测试度量的目的就是要对测试的过程、结果、问题等各个方面进行全方位的监督。测试度量方法的好与坏将决定后期测试过程甚至测试结果的质量。

3）学习相关的技术和工具

性能测试主要通过自动化测试工具来进行，测试执行过程中自动化工具要模拟大量用户操作，对系统增加负载。因此，测试人员需要熟练掌握自动化工具的用法才能进行性能测试。

由于各种性能测试工具还存在一定的差异性，开展性能测试需要对各种性能测试工具进行评估，只有经过工具评估，才能选择符合现有软件架构的性能测试工具。确定测试工具后，需要组织测试人员进行工具的学习，培训相关技术。

4）制订评估标准

任何测试的目的都是要确保软件符合预先规定的目标和要求，性能测试也不例外，所以必须制订一套标准。通常性能测试有 4 种模型技术可用于评估：

- 线性投射：用大量过去的、扩展的或者将来可能发生的数据组成散布图，利用这个图表不断和系统的当前状况对比。
- 分析模型：用排队论公式和算法预测响应时间，利用描述工作量的数据和系统本质关联起来。
- 模仿：模仿实际用户的使用方法测试系统。
- 基准：定义测试和你最初的测试作为标准，利用它和所有后来进行的测试结果进行对比。

5）设计测试用例

设计测试用例是在了解软件业务流程的基础上进行的，设计测试用例的原则是以最小的代价获取尽可能多的测试信息，设计测试用例的目标是一次尽可能地包含多个测试要素。这些测试用例必须是测试工具可以实现的，不同的测试场景将测试不同的功能。由于性能测试要求在一定负载下实现，所以，尽可能把性能测试用例设计得复杂，才有可能发现软件的性能瓶颈。

6）运行测试用例

性能测试要求动态测试环境，单一的测试条件下进行性能测试得到的测试结果是不全面的。所以在运行测试用例时，需要在不同的测试环境、不同的机器配置上运行。

7）分析测试结果

运行测试用例后，收集相关信息，进行数据统计分析，找到性能瓶颈。通过排除误差和其他因素，让测试结果体现接近真实情况。不同的体系结构分析测试结果的方法也不同，BS 结构我们会分析网络带宽、流量对用户操作响应的影响，而 CS 结构我们可能会更关心系统整体配置对用户操作的影响。

2. 性能测试的误区

下面我们给出一个性能测试小案例：

某公司 OA(Office Automation)产品的新版本即将发布。为了解系统的性能，决定安排测试工程师小刘执行性能测试任务。小刘做法如下：

(1) 找到一台 PC，CPU 主频 1GB，内存 512MB……

（2）在找到的 PC 上搭建了测试环境：安装了 Oracle 9i、Weblogic 等系统软件。

（3）在自己的工作机上安装了 LoadRunner 9.5。

（4）录制了登录、发布公告等功能。

（5）开始设置 30、50、100、500 不同的并发用户数目进行并发。

（6）最后得出结论：系统只能运行 80 个左右的并发用户……

上面的做法存在很多不合理的地方，例如测试内容太少、测试服务器配置太低等。现实工作中，尽管性能测试以其在测试中独特的地位越来越为软件测试人员、开发人员和用户所重视，但是不管是测试人员还是开发人员，仍然在认识上存在这样或者那样的误区。

误区 1：提高一下硬件配置就可以提高性能了，因此性能测试不重要。

这是以前系统规模不大时期留下来的认识。DOS 时代以及后来 Windows 操作系统流行的初期，软件规模一般较小，而硬件的更新却是日新月异，软件性能一般不是突出问题，因为只要升级一下硬件，很容易就解决了性能问题。

现在随着软件规模的扩大，提高硬件配置只是解决性能问题的一个基本手段。因为如果软件自身存在性能问题，再多的资源可能也不够用，例如内存泄漏问题，随着时间的增加，内存终究会被耗尽，最后导致系统崩溃。

因此，如果用户对软件的性能要求较高，这将意味着不但要从硬件方面来提供性能，还要从数据库、Web 服务器、操作系统配置等方面入手来提高性能，同时开发的软件系统本身也要进行优化，以便全面提高性能。

误区 2：性能测试在所有其他测试完成后，测试一下看看就可以了。

这是目前特别普遍的一种现象，例如前面的小刘，这种现象主要是没有意识到性能测试的重要性。这种做法最严重的后果是如果性能问题是由软件系统本身产生的，可能会无法根治性能问题。例如架构设计方面的失误，可能意味着软件系统将被废掉。

当然这并不意味所有的性能测试都要尽早进行，性能测试的启动时间要由软件特点来决定。

误区 3：性能测试独立于功能测试。

功能测试可以发现性能问题，性能测试也能发现功能问题。性能测试和功能测试是紧密联系在一起的，原因之一是很多性能问题是由软件自身功能缺陷引起的。如果应用系统功能不完善或者代码运行效率低下，通常会带来一些性能问题。功能测试通常要先于性能测试执行或者同步进行，软件功能完善可以保证性能测试进行得更加顺利。

误区 4：性能测试就是用户并发测试。

仍然有很多人（尤其是开发人员和部分项目实施人员）一提到性能测试，就会联想到并发用户测试，进而认为性能测试就是"测试一下多用户的并发情况"。严格地讲，性能测试是以用户并发测试为主的测试。实际性能测试还包含强度测试、大数据量测试等许多内容。

误区 5：在开发环境下进行一下性能测试就可以了。

很多时候，在软件开发完成后会进行性能测试，看一看软件的性能。实际上大多数的开发环境因为硬件条件比较差，所以反映不了过多的性能问题。

因此性能测试要尽量在高配置的用户投产环境下进行。但是有两种可以例外的情况：一种是为了发现某些功能方面的问题，例如，为了发现并发算法的一些缺陷；另一种就是有非常好的硬件资源或者实验室作为开发环境。

误区 6：系统存在"瓶颈"，不可以使用。

系统发现了"瓶颈"，的确是很让人担心的一件事情。不过不要紧，很多的"瓶颈"可以不必去理会。发现"瓶颈"的目的主要是为了掌握系统特性，为改善和扩展系统提供依据。因此在性能方面给系统留有 30％左右的扩展空间就可以了。

例如，1000 个用户并发时发现了系统"瓶颈"，而客户的最大并发用户数量在 500 左右，这样的性能问题完全没有必要处理，要是 550 或者 600 个并发用户出现性能问题就应该认真地调整系统性能了。

误区 7：不切实际的性能指标。

这种现象主要归结于对软件应用需求的不了解。很多时候，尤其是用户会提出很多不切实际的性能指标，例如，针对 500 个用户使用的 OA 系统，可能有的用户负责人会提出要满足 100 个甚至 500 个用户并发的性能目标，而实际并发数量不会高于 50。这种情况只有和用户进行沟通才可以解决。

上面列举的都是日常性能测试工作中相关人员常犯的错误，这些观点只在极其特殊的情况下才正确。希望读者了解这些常见的性能测试误区后，能在以后的工作中避免类似的情况。

9.1.3　全面性能测试模型

性能测试的很多内容都是关联的，所以我们可以把性能测试的内容组织在一起统一进行。这样做的好处是可以按照由浅入深的层次对系统进行测试，减少不必要的工作量，节约测试成本。这就是"全面性能测试模型"提出的原因。

"全面性能测试模型"提出的主要依据是：一种类型的性能测试可以在某些条件下转化成为另一种类型的性能测试，并且它们的实施方式是类似的。例如，对一个网站进行测试，模拟 10～50 个用户就是常规的性能测试。当用户增加到 1000 乃至上万时就可能变成压力/负载测试。

1. 性能测试的类别

"全面性能测试模型"把常见的性能测试分为 8 个类别，然后结合测试工具把性能测试用例归纳为 5 类来进行设计。下面首先介绍这 8 个性能测试类别的主要内容：

1) 预期指标的性能测试

系统在需求分析和设计阶段都会提出一些性能指标，完成和这些指标相关的测试是性能测试的首要工作。本模型把针对预先确定的一些性能指标而进行的测试称为预期指标的性能测试。

这些指标主要指诸如"系统可以支持 1000 个并发用户"、"系统响应时间不得长于 10s"等这些在产品说明书等文档中规定得十分明确的内容。对这种预先承诺的性能要求，测试小组应该首先进行测试验证。

2) 独立业务性能测试

独立业务实际是指一些与核心业务模块对应的业务，这些模块通常具有功能比较复杂、使用比较频繁、属于核心业务等特点。这类特殊的、功能比较独立的业务模块始终都是性能测试的重点。因此，不但要测试这类模块和性能相关的一些算法，还要测试这类模块对并发用户的响应情况。

核心业务模块在需求设计阶段就可以确定,在集成或系统测试阶段开始单独测试其性能。如果是系统类软件或特殊应用领域的软件,通常从单元测试阶段就开始进行测试,并在后继的集成测试、系统测试、验收测试中进一步进行,以保证核心业务模块的性能稳定。

3) 组合业务性能测试

通常所有的用户不会只使用一个或几个核心业务模块,一个应用系统的每个功能模块都可能被使用到。所以性能测试既要模拟多用户的"相同"操作(这里的"相同"指很多用户使用同一功能),又要模拟多用户的"不同"操作(这里的"不同"指很多用户同时对一个或多个模块的不同功能进行操作),对多项业务进行组合性能测试。组合业务测试是最接近用户实际使用情况的测试,也是性能测试的核心内容。通常按照用户的实际使用人数比例来模拟各个模板的组合并发情况。

由于组合业务测试是最能反映用户使用情况的测试,因而组合测试往往和服务器(操作系统、Web 服务器、数据库服务器)性能测试结合起来进行。在通过工具模拟用户操作的同时,还通过测试工具的监控功能采集服务器的计数器信息,进而全面分析系统的瓶颈,为改进系统提供有利的依据。

4) 疲劳强度性能测试

疲劳强度测试是指在系统稳定运行的情况下,以一定的负载压力来长时间运行系统的测试。其主要目的是确定系统长时间处理较大业务量时的性能。通过疲劳强度测试基本可以判断系统运行一段时间后是否稳定。

5) 大数据量性能测试

大数据量测试通常是针对某些系统存储、传输、统计查询等业务进行大数据量的测试。主要测试运行时数据量较大或历史数据量较大时的性能情况,这类测试一般都是针对某些特殊的核心业务或一些日常比较常用的组合业务的测试。

因为大数据量测试一般在投产环境下进行,所以把它独立出来并和疲劳强度测试放在一起,在整个性能测试的后期进行。大数据量测试可以理解为特定条件下的核心业务或组合业务测试。

6) 网络性能测试

网络性能测试主要是为了准确展示带宽、延迟、负载和端口的变化是如何影响用户响应时间的。在实际的软件项目中,主要是测试应用系统的用户数目与网络带宽的关系。网络性能测试一般有专门的工具,本书不加详述。网络测试的任务通常由系统集成人员来完成。

7) 服务器性能测试(操作系统、Web 服务器、数据库服务器)

服务器性能测试主要是对数据库、Web 服务器、操作系统的测试,目的是通过性能测试找出各种服务器的"瓶颈",为系统扩展、优化提供相关的依据。

8) 一些特殊测试

主要是指配置测试、内存泄漏测试等一些特殊的 Web 性能测试。这类性能测试或者与前面的测试结合起来进行,或者在一些特殊的情况下独立进行,我们重点讨论前一种情况。后一种情况由于投入较大往往通过特殊的工具进行,可以不纳入性能测试的范畴。

2. 全面性能测试模型内容

"全面性能测试模型"是在以上性能测试分类和总结的基础上提出来的,它主要包含

3个方面的内容：

1）性能测试策略。

2）性能测试用例。

3）模型的使用方法。

本部分内容讨论如何在工作中使用"全面性能测试模型"。

1）性能测试策略

这是整个性能测试模型的基础，软件类型决定着性能测试的策略，同时用户对待软件性能的态度也影响性能测试策略的制订。我们需要结合软件类型和用户特点来讨论性能测试策略制订的基本原则和方法。

性能测试策略一般从需求设计阶段就开始讨论如何制订了，它决定着性能测试工作将要投入多少资源、什么时间开始实施等后继工作的安排。其制订的主要依据是"软件自身特点"和"用户对性能的关注程度"两个因素，其中软件的自身特点起决定作用。

软件按照用途的不同可以分为两大类：系统类软件和应用类软件。系统类软件通常对性能要求比较高，因此性能测试应该尽早介入。应用类软件分为特殊类应用和一般类应用，特殊类应用主要指银行、电信、电力、保险、医疗、安全等领域类的软件，这类软件使用比较频繁，用户较多，一般也要较早进行性能测试；一般类应用主要指一些普通应用，例如，办公自动化软件、MIS 系统等。一般应用类软件多根据实际情况来制订性能测试策略，例如 OA 系统，既可以早开始，也可以最后进行性能测试，这类软件受用户因素影响比较大。

按对性能重视程度的不同一般可以将用户分为 4 类，即高度重视、中等重视、一般重视、不重视。这么划分主要是为了说明用户对性能测试的影响。实际上，用户不关注性能并不意味着测试人员就可以忽略性能测试，但是如果用户特别关注系统性能，那么测试人员也要特别重视性能测试工作。表 9-2 列出了性能测试策略制订的基本原则。

注意：这里的用户是广义范围的用户，包括所有和产品有利害关系的群体。因而不单单指最终使用产品的用户，这些用户既可以是提出需求的产品经理，也可以是公司的董事会成员，甚至是项目的研发人员。

表 9-2　性能测试策略制订原则

软件类别 / 用户重视程度	系统类软件	应用类软件	
		一般类应用	特殊类应用
高度重视	从设计阶段就开始针对系统架构、数据库设计等方面进行规划，从根源来提高性能。系统类软件一般从单元测试阶段开始进行性能测试实施工作，主要是测试一些和性能相关的算法或模块	设计阶段开始进行一些规划工作，主要在系统测试阶段开始进行性能测试实施	从设计阶段就开始针对系统架构、数据库设计等方面进行规划，从根源来提高性能。特殊应用类软件一般从单元测试阶段开始进行性能测试实施工作，主要是测试一些和性能相关的算法或模块
中等重视/一般重视		可以在系统测试阶段的功能测试结束后进行性能测试	
不重视		可以在软件发布前进行性能测试，提交测试报告即可	

从表 9-2 中可以看出：①"系统类软件"、"特殊应用类软件"应该从设计阶段开始进行性能测试；②制订性能测试策略的主要依据是软件的特点，用户对待系统性能的态度影响

性能测试策略,但不起决定作用。

软件的特点决定性能测试策略的另外一个重要原因是"一般应用类软件"本身对性能要求不高,发生性能问题的概率较小。因此可以通过提高硬件配置来改善运行环境,进而提高性能。不过这也不是普遍适用的原则。例如,一个几千用户使用的 OA 系统,仍然要高度重视性能,不管客户对待系统性能是什么态度。

虽然从硬件方面解决性能问题往往更容易做到,同时还可以降低开发成本,但是也不能要求用户进行过大的硬件投入,否则会降低"客户满意度"。调整性能最好的办法还是软硬件相结合。

"用户对待系统性能的态度影响性能测试策略,但不起决定作用"的根本原因是,产品最终是要交付给用户使用的,而不是做出来给用户欣赏的。因此,不管用户是否重视性能测试,甚至根本不关心,对于性能要求较高的软件产品也应按照表 9-2 的策略来执行性能测试。只是如果用户特别重视产品性能,意味着测试团队可能要进行更多的成本投入。

性能测试策略是后期性能测试工作的基础,决定着性能测试工作的投入。因此,要充分意识到这一工作的重要性,认识到只有做好了前期的"路线"制订工作,才可以走对后面的"道路"。

2) 性能测试用例

这是整个性能测试模型的核心部分,其主要思想就是结合测试工具,把以上性能测试的 8 项内容进一步归纳,形成 5 类测试用例:

- 预期指标的性能测试用例

所谓预期或预定性能指标,就是指一些十分明确的、在系统需求设计阶段预先提出的、期望系统达到的,或者向用户保证的性能指标,这些指标是性能测试的首要任务。针对每个指标都要编写一个或多个测试用例来验证系统是否达到要求,如果达不到目标,则需根据测试结果来改进系统的性能。

预期指标的用例设计比较简单,主要参考需求和设计文档,把里面十分明确的性能要求提取出来即可。指标中通常以单用户为主,如果涉及并发用户内容,则归并到并发用户测试用例中进行设计,遇到其他内容亦可采用同样的方法处理。

- 并发用户的性能测试用例

这里的用户并发测试融合了前面提到的"独立业务性能测试"和"组合业务性能测试"两类内容,主要是为了使性能测试按照一定的层次来开展。独立业务性能测试实际上就是核心业务模块的某一业务的并发性能测试,可以理解为"单元性能测试";组合业务的性能测试是一个或多个模块的多项业务同时进行并发性能测试,可以理解为"集成性能测试"。"单元性能测试"和"集成性能测试"两者紧密相连,由于这两部分内容都是以并发用户测试为主,因此把这两类测试合并起来统称为"用户并发性能测试"。

用户并发性能测试要求选择具有代表性的、关键的业务来设计测试用例,以便更有效地评测系统性能。当编写具体的测试用例设计文档时,一般不会像功能测试那样进行明确地分类,其基本的编写思想是按照系统的体系结构进行编写的。很多时候,"独立业务"和"组合业务"是混合在一起进行设计的。

单一模块本身就存在"独立业务"和"组合业务",所以性能测试用例的设计应该面向"模块",而不是具体的业务。在性能测试用例设计模型中,用户并发测试实际就是关于"独立核心模块并发"和"组合模块并发"的性能测试。

用户并发性能测试的详细分类如图 9-1 所示。

```
                    ┌─────────────────────┐
                    │   用户并发性能测试    │
                    └──────────┬──────────┘
            ┌──────────────────┴──────────────────┐
  ┌─────────────────────┐            ┌─────────────────────┐
  │ 独立核心模块并发性能测试 │          │ 组合模块并发性能测试   │
  └─────────────────────┘            └─────────────────────┘
```

同一模块完全一样的功能并发，各个用户对系统产生完全一样的影响	同一模块完全一样的操作并发，各个用户对系统的影响可能不同	同一模块相同/不同的功能或操作并发，各个用户对系统的影响不同	不同核心业务模块的用户进行并发，模块之间存在一定的耦合	具有耦合关系的多个"核心模块组"进行并发，每组模块内部都存在耦合关系	基于用户场景的并发，选择与场景相关的模块，每个模块模拟一定数量的用户进行并发

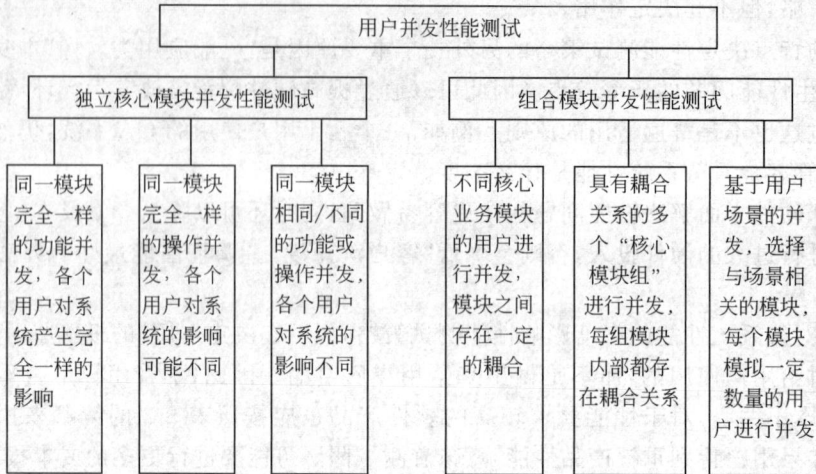

图 9-1　用户并发性能测试的分类示意图

独立核心模块(以下简称"核心模块")并发性能测试的重点是测试一些系统重要模块独立运行的情况,因此可以将其理解为"单元性能测试"。只有这些决定系统性能的"核心单元"性能稳定,后面的性能测试才有意义。核心模块并发性能测试是整个性能测试工作的基础。

组合模块并发性能测试是最能反映用户实际使用情况的测试,是在前面各个核心模块运行良好的基础上,把系统的一些具有耦合关系的模块组合起来的测试,因此可以理解成"集成性能测试"。组合模块用户并发性能测试最重要的是模拟实际用户比较常见的场景,只有这样才可以真实地反映用户使用系统的情况,进而发现系统的"瓶颈"和其他一些性能问题。

- 疲劳强度和大数据量的性能测试用例

疲劳强度测试属于用户并发测试的延续,因此测试内容仍然是"核心模块用户并发"与"组合模块用户并发"。在实际工作中,一般通过工具模拟用户的一些核心或典型的业务,然后长时间地运行系统,以检测系统是否稳定。

大数据量测试主要是针对那些对数据库有特殊要求的系统而进行的测试,例如电信业务系统的手机短信业务。由于有的用户关机或不在服务区,每秒钟需要有大量的短信息保存,同时在用户联机后还要及时发送,因此对数据库性能有极高的要求,需要进行专门测试。编写本类用例前,应对需求设计文档进行仔细分析,提出测试点。

大数据量测试分为 3 种:

- 实时大数据量测试:模拟用户工作时的实时大数据量,主要目的是测试用户较多或某些业务产生较大数据量时,系统能否稳定地运行。
- 极限状态下的测试:主要是测试系统使用一段时间后,即系统累积一定量的数据后,能否正常地运行业务。
- 前面两种的结合:测试系统已经累积较大数据量时,一些运行时产生较大数据量的模块能否稳定地工作。

- 服务器性能测试用例

网络性能测试的用例设计主要有以下两类:

- 基于硬件的测试:主要通过各种专用软件工具、仪器等来测试整个系统的网络运行环境,一般由专门的系统集成人员来负责,不在本书的研究范围之内。

■ 基于应用系统的测试：在实际的软件项目中，主要测试用户数目与网络带宽的关系。通过测试工具准确展示带宽、延迟、负载和端口的变化是如何影响用户响应时间的。例如，可以分别测试不同带宽条件下系统的响应时间。

- 网络性能测试用例

服务器性能测试主要有两种类型：

■ 高级服务器性能测试：主要指在特定的硬件条件下，由数据库、Web 服务器、操作系统相应领域的专家进行的性能测试。例如，数据库服务器由专门的 DBA (Database Administrator)来进行测试和调优。这类测试一般不由测试工程师来完成，所以不在本书的研究范围之内。

■ 初级服务器性能测试：主要指在业务系统工作或进行前面其他种类性能测试的时候，监控服务器的一些计数器信息。通过这些计数器对服务器进行综合性能分析，找出系统"瓶颈"，为调优或提高性能提供依据。

在具体的测试设计中，性能测试用例往往和测试工具结合起来，把服务器、网络性能测试的用例设计与前三种类型结合起来。例如 LoadRunner 就可以在进行压力测试的同时，完成服务器性能测试和网络性能测试的数据采集工作。因此，服务器和网络的性能测试用例只进行总体设计就可以了。

3）模型的使用方法

"全面性能测试模型"是针对性能测试而提出的一种方法，主要是为了比较全面地开展性能测试，使性能测试更容易组织和开展。本模型包含了测试策略制订的通用方法和测试用例设计的通用方案。其中测试用例的设计覆盖了应用软件、服务器、操作系统等多方面内容，按照由浅入深的层次对性能测试进行合理地组织。

"全面性能测试模型"是一种从很多性能测试项目抽象出来的方法论，主要用来指导测试，一般不适合具体的性能测试项目，因为任何一个项目都会有它的特定背景。要想通过"全面性能测试模型"做好性能测试工作，首先要制订好性能测试策略，同时还要按照一些基本指导原则来使用"性能测试用例模型"的内容。这些原则主要包括如下内容：

- 测试策略遵从最低成本原则。

全面性能测试本身是一种高投入的测试，而很多公司在测试上的投入都比较低；性能测试同时又是全部测试工作的一部分，很多项目只能进行一些重要的性能测试内容。这就决定了测试负责人制订性能测试策略时在资源投入方面一定要遵从最低成本化原则。最低成本的衡量标准主要指"投入的测试成本能否使系统满足预先确定的性能目标"。只要经过反复的"测试——系统调优——测试"后，系统符合性能需求并有一定的扩展空间，就可以认为性能测试工作是成功的。反之，如果系统经过测试后不能满足性能需求或满足性能需求后仍须继续投入资源进行测试，则可以认为是不合理的。

- 策略为中心原则。

本原则不但对性能测试工作有效，对其他类型的测试工作同样具有指导意义。测试策略不但决定了测试用例设计的主要内容，还决定着实施测试工作时如何根据项目的实际情况进行处理。例如，当项目时间比较紧张时，就可以按照测试用例的优先级只执行一部分性能测试用例。因此，性能测试策略应该贯穿整个性能测试的全过程。

- 适当裁剪原则。

裁剪原则主要是针对性能用例设计而言的。性能测试用例设计模型主要是针对电信、银行等特殊领域的应用而提出的,包含的测试内容比较全面,而这类项目的性能测试一般周期较长、投入较大。一些银行项目的性能测试周期可能会超过一年。要想性能测试用例设计模型在大多数测试项目中适用,就必须对测试用例模型包含的内容进行合理地裁剪。这样做主要是为了适合特定项目的测试需求,进而节约测试成本。

裁减的主要依据是性能测试策略。根据策略制订方法制订出测试策略,然后从"5 类性能测试用例"中选择适当的类别来编写测试用例。例如有些要求不高的静态门户网站,用户没有提出性能方面的要求,可以只测试用户并发情况作为系统性能的参考。

- 完善模型原则。

本模型只是作者工作经验的总结,由于性能测试任务都有自己的项目背景,因而需要对模型内容进行不断地调整、补充、完善,使之适合更多的性能测试工作。具体来说,不断完善就是要在工作中不断总结经验,形成自己的"全面性能测试模型"。只有"自己的"测试模型,才是最符合需要的模型。

- 模型具体化原则。

模型具体化是指把模型运用到具体的项目中去,这是前面所有指导原则的终极目标。如果只记住模型的条条框框,生搬硬套框架来设计测试,只能得到适得其反的结果。要想使模型在性能测试工作中发挥作用,只有根据实际项目的特点制订合理的性能测试策略、编写适当的性能测试用例,并在测试实施中灵活地执行测试方案才是上策。

综合上面的分析可以看出,要想真正做好性能测试工作,最有效的办法就是在掌握基本理论和方法后,在工作中不断地探索和总结,形成自己的"全面性能测试模型"。

9.2　使用 LoadRunner 进行性能测试

9.2.1　LoadRunner 简介

1. LoadRunner 的介绍

Mercury LoadRunner 是一种预测系统行为和性能的负载测试工具。通过以模拟成千上万用户实施并发负载和实时性能监测的方式来查找问题,LoadRunner 能够对整个企业架构进行测试。通过使用 LoadRunner,企业能最大限度地缩短测试时间,优化性能和加速应用系统的发布周期。

LoadRunner 是一种适用于各种体系架构的自动负载测试工具,它能预测系统行为并优化系统性能。LoadRunner 的测试对象是整个企业的系统,它通过模拟实际用户的操作行为和实行实时性能监测,来帮助你更快地查找和发现问题。此外,LoadRunner 能支持大多数协议和技术,为你的特殊环境提供特殊的解决方案。

本节将以 LoadRunner 9.5 为例来讲解 LoadRunner 的基本特征和用法。

2. LoadRunner 组件

LoadRunner 包含以下组件:

- Virtual User Generator 录制最终用户业务流程并创建自动化性能测试脚本,即 Vuser 脚本。

- Controller 组织、驱动、管理并监控负载测试。
- Load Generator 通过运行 Vuser 产生负载。
- Analysis 用于查看、剖析和比较性能结果。
- Launcher 使你可以通过单个访问点访问所有 LoadRunner 组件。

3. LoadRunner 术语

- 场景：场景文件根据性能要求定义每次测试期间发生的事件。
- Vuser：虚拟用户。在场景中 LoadRunner 用虚拟用户（Vuser）代替真实用户。

Vuser 模仿真实用户的操作来访问应用系统。一个场景可以包含数十、数百乃至数千个 Vuser。

- Vuser 脚本：描述 Vuser 在场景中执行的操作。
- 事务：要评测服务器性能，需要定义事务。事务代表要评测的终端用户业务流程。

4. 负载测试的流程

负载测试一般包括 5 个阶段：规划、创建脚本、定义场景、执行场景和分析结果。

（1）规划负载测试：定义性能测试要求，例如并发用户数量、典型业务流程和要求的响应时间。

（2）创建 Vuser 脚本：在自动化脚本中录制最终用户活动。

（3）定义场景：使用 LoadRunner Controller 设置负载测试环境。

（4）运行场景：使用 LoadRunner Controller 驱动、管理并监控负载测试。

（5）分析结果：使用 LoadRunner Analysis 创建图和报告并评估性能。

5. 示例程序 HP Web Tours

HP Web Tours 应用程序是一个基于 Web 的旅行社系统。HP Web Tours 用户可以连接到 Web 服务器，搜索航班，预订机票并查看航班路线。

首先，让我们按照以下步骤简单熟悉一下示例程序。

步骤一：启动 Web 服务器。

LoadRunner 安装完成后，选择"开始"→LoadRunner→Samples→Web→"启动 Web 服务器"，启动示例程序自带的 Web 服务器。

步骤二：打开并登录 HP Web Tours 示例程序。

选择"开始"→LoadRunner→Samples→Web→HP Web Tours，浏览器将打开 HP Web Tours 的主页，如图 9-2 所示。在 HP Web Tours 的主页中输入用户名 jojo，密码 bean，单击 Login 按钮登录。

注意：确保 LoadRunner 安装在默认的计算机目录下。如果 LoadRunner 没有安装在默认目录下，将无法打开 HP Web Tours 应用程序。

步骤三：预订机票。

在左窗格中单击 Flights（航班）按钮，打开 Find Flight 查找航班页面，将 Arrival city（目的地）更改为 San Francisco（洛杉矶），单击 Continue（继续）弹出订票、付款等窗口，如图 9-3（a）～（d）所示。预订完成后，在左窗格中单击 Sign Off（注销）退出。

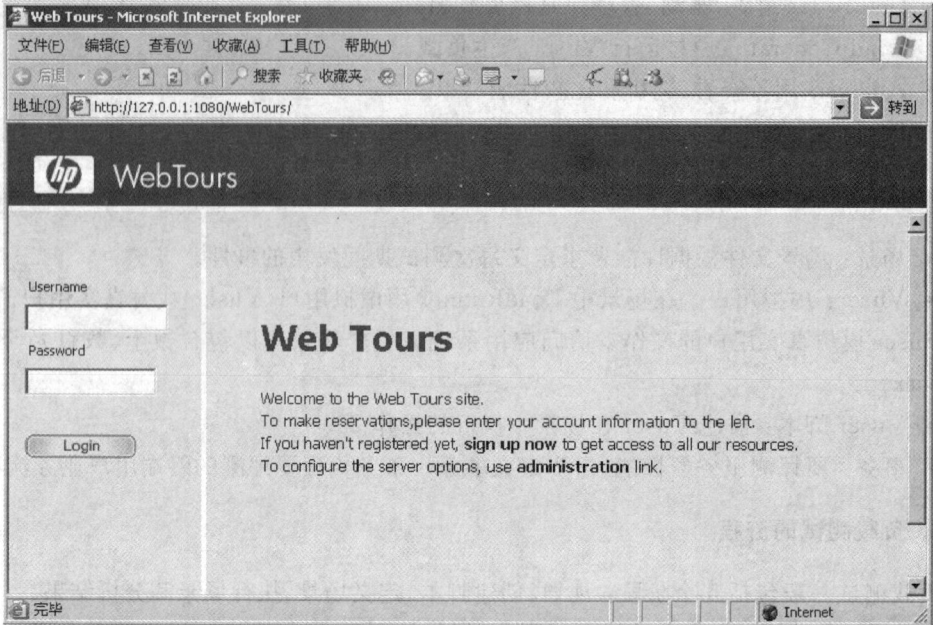

图 9-2　HP Web Tours 主页

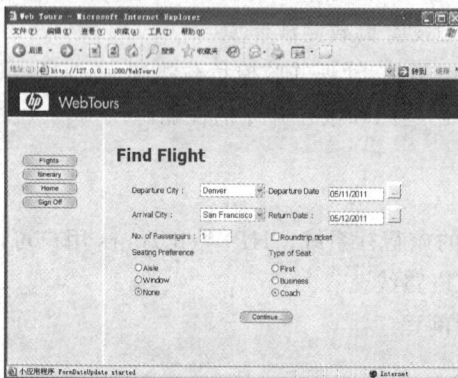

(a)

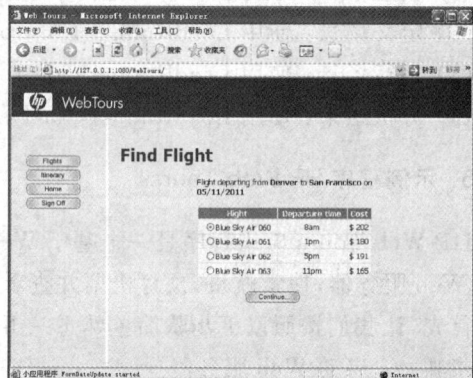

(b)

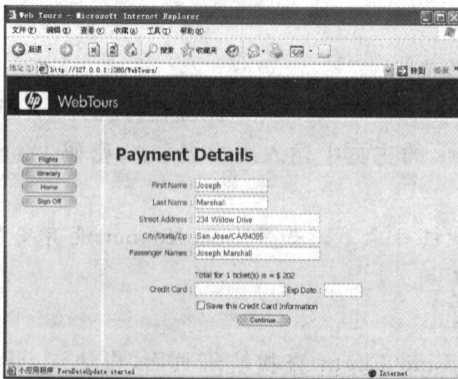

(c)

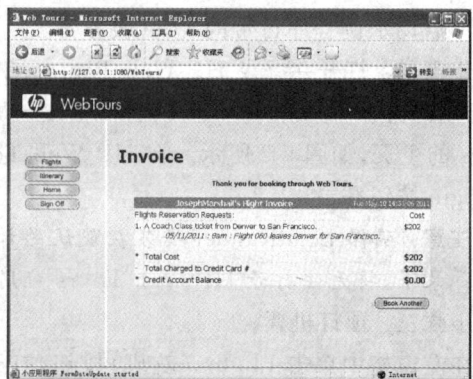

(d)

图 9-3　HP Web Tours 订票流程

熟悉了 HP Web Tours 的操作流程后,下面我们就用 LoadRunner 来对 HP Web Tours 进行性能测试。假设你是负责检验该应用程序是否满足业务需要的性能工程师。项目经理给你列出了 4 个发行条件:

(1) HP Web Tours 必须能够成功处理 10 家旅行社的并发操作。

(2) HP Web Tours 必须能够处理 10 个并发的机票预订操作,且响应时间不能超过 90s。

(3) HP Web Tours 必须能够处理 10 家旅行社的并发航班路线查看操作,且响应时间不能超过 120s。

(4) HP Web Tours 必须能够处理 10 家旅行社的并发登录和注销操作,且响应时间不能超过 10s。

下面的内容将告诉你怎样完成检验每项业务需求的负载测试,使你清楚是否可以发行此应用程序。

9.2.2　LoadRunner 的功能

为了清晰说明 LoadRunner 的功能,我们将运行一次负载测试,使用最多 10 个并发用户对一个数据库应用程序运行负载测试,并分析测试结果。这次测试将模拟几家旅行社同时使用机票预订系统(如登录、搜索航班、购买机票、查看航班路线和注销)。

测试期间,测试人员可以使用 LoadRunner 的联机监控器观察 Web 服务器在负载下的运行情况。特别是可以看到,负载的增加如何影响服务器对用户操作的响应时间(事务响应时间)以及如何引起错误的产生。

当你了解了如何使用 LoadRunner 在系统中生成负载并评测系统对该负载的响应情况后,你将学习如何使用 LoadRunner 组件(VuGen、Controller 和 Analysis)创建并运行自己的测试以及如何分析测试结果。

1．创建负载测试

LoadRunner 的 Controller 组件可以用来创建、管理和监控测试,Controller 能够执行模拟实际用户操作的示例脚本,通过并发一定数量的 Vuser(虚拟用户)操作,在系统上产生负载。

步骤一:打开 LoadRunner 窗口。

选择"开始"→"所有程序"→LoadRunner→LoadRunner,打开 LoadRunner 启动程序窗口,如图 9-4 所示。

步骤二:打开 Controller。

在负载测试选项卡中,单击运行负载测试。默认情况下 LoadRunnerController 打开时显示"新建场景"对话框,如图 9-5 所示。这里我们不要新建场景,所以单击"取消"按钮。

步骤三:打开示例测试。

在 Controller 菜单中,选择"文件"→"打开",找到 LoadRunner 安装目录\tutorial 目录中的 demo_scenario.lrs,如图 9-6 所示。

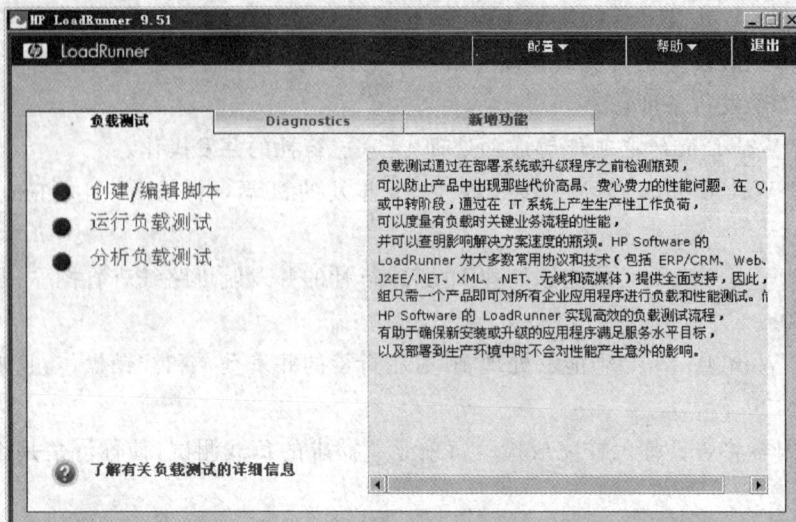

图 9-4　LoadRunner 启动窗口

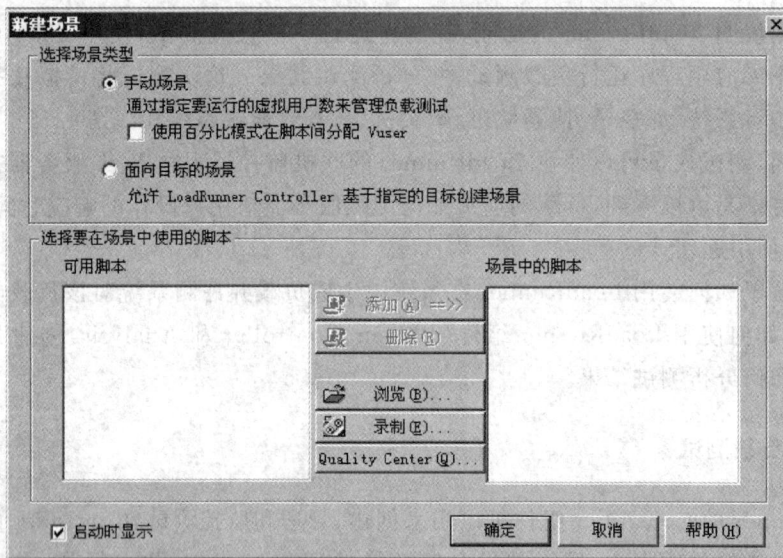

图 9-5　"新建场景"对话框

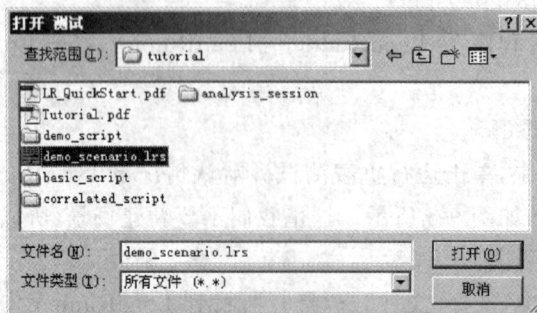

图 9-6　打开示例测试文件

demo_scenario.lrs 文件将在 LoadRunnerController 的"设计"选项卡中打开,demo_script 测试将出现在"场景组"窗口中,如图 9-7 所示,图中可以看到已经分配了 10 个 Vuser 来运行此测试,下面就可以运行测试了。

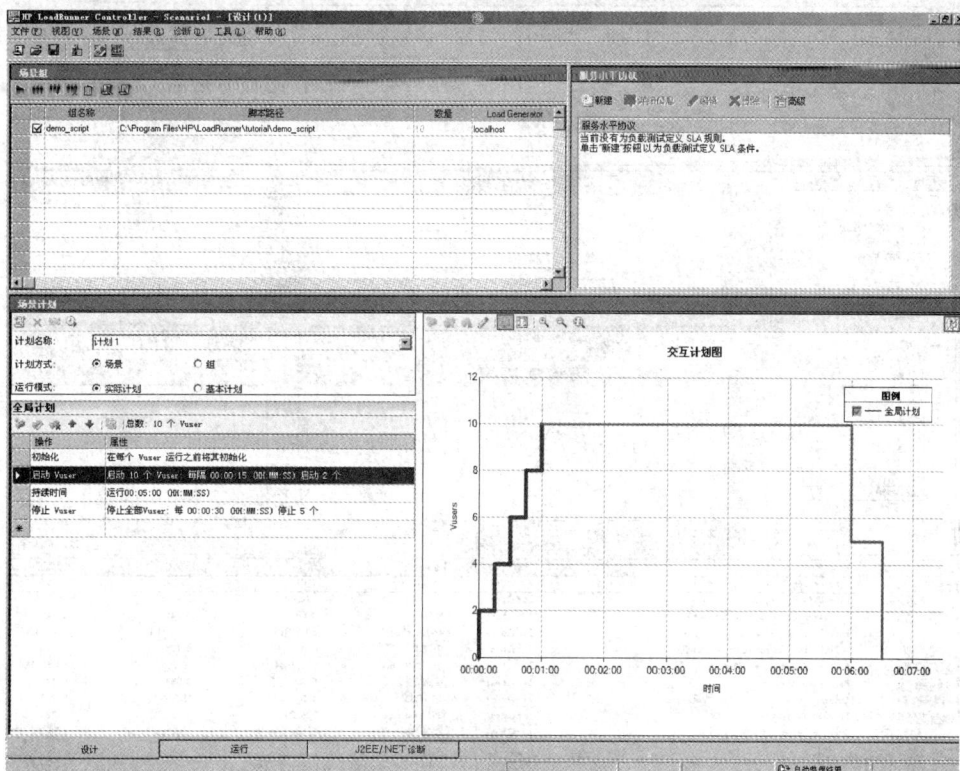

图 9-7 demo_script 测试

2. 运行负载测试

在运行选项卡中单击开始场景按钮 ▶ ,出现 Controller 运行视图,Controller 开始运行场景。在"场景组"窗格中,可以看到 Vuser 逐渐开始运行并在系统中生成负载,可以通过联机图像看到服务器对 Vuser 操作的响应情况,如图 9-8 所示。

3. 监控负载测试

LoadRunner 包含多种监控器,能监控系统主要组件,如 Web、应用程序、网络、数据库和 ERP/CRM 服务器等,它们可以评测负载测试期间系统每一层的性能以及服务器和组件的性能。在应用程序中生成负载时,我们就可以利用这些监控器了解应用程序的性能以及潜在的瓶颈。

1)默认图像

默认情况下,Controller 显示"正在运行 Vuser"图、"事务响应时间"图、"每秒点击次数"图和"Windows 资源"图,前三个图像不需要配置,"Windows 资源"图的配置将在后面章节中讲解。

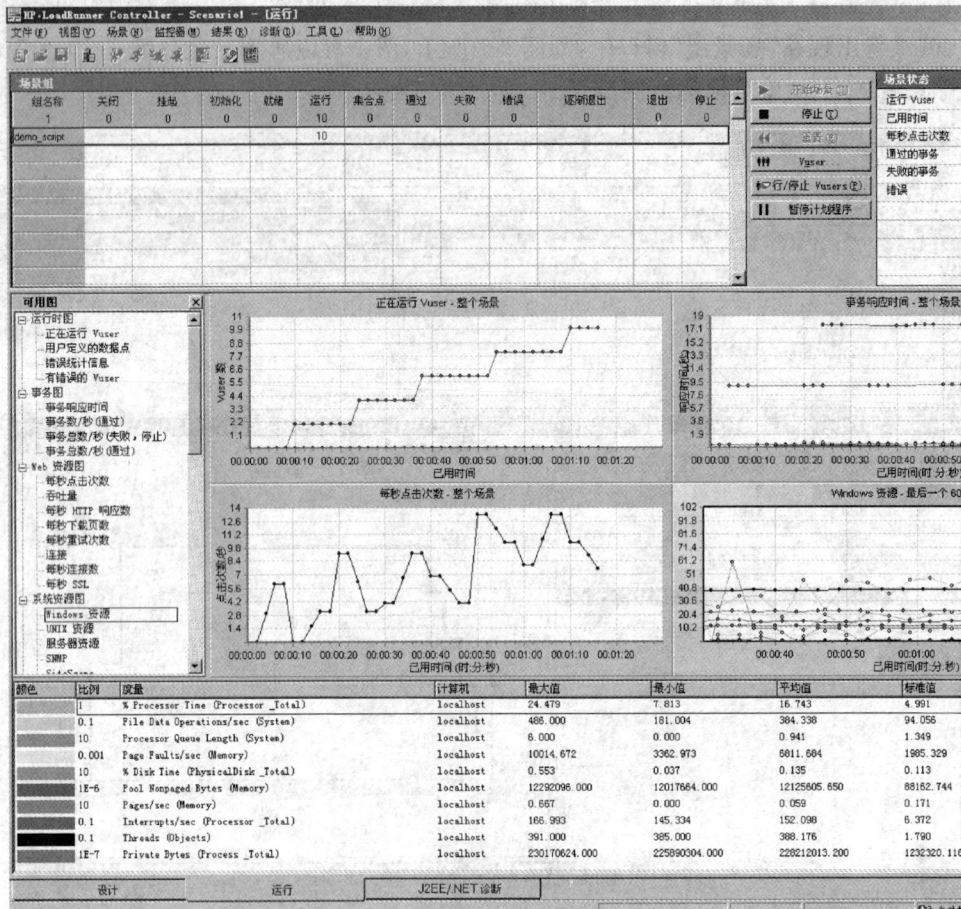

图 9-8   运行负载测试

- 正在运行 Vuser 图：整个场景。通过图 9-9 可以监控在给定时间内运行的 Vuser 数
  目，可以看到 Vuser 以每分钟 2 个的速度逐渐开始运行。

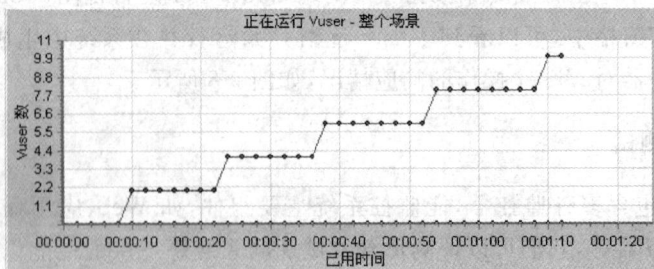

图 9-9   正在运行 Vuser

- 事务响应时间图：整个场景。通过图 9-10 可以监控完成每个事务所用的时间，可以
  看到客户登录、搜索航班、购买机票、查看线路和注销所用的时间。

  在图 9-10 中还可以看到，随着越来越多的 Vuser 登录到被测试的应用程序进行工作，
事务响应时间逐渐延长，提供给客户的服务水平也越来越低。

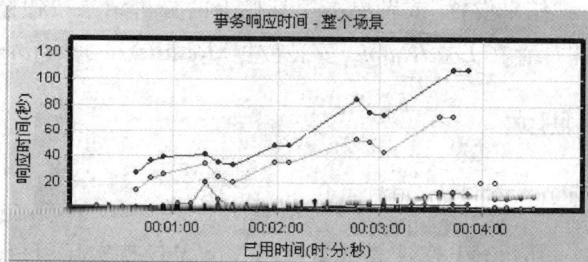

图 9-10　事务响应时间

- 每秒单击次数图：整个场景。可以监控场景运行期间 Vuser 每秒向 Web 服务器提交的单击次数(HTTP 请求数)。这样你就可以了解服务器中生成的负载量。
- Windows 资源图。通过此图可以监控场景运行期间评测的 Windows 资源使用情况(例如 CPU、磁盘或内存的利用率等)。

我们正是通过上述 4 种基本图形来了解应用程序的性能指标，监控图中的每个测量值都显示在图例部分以不同颜色标记的行中，每行对应图中与之颜色相同的一条线。当我们选中一行测试数据时，图中的相应线条将突出显示，反之亦然。

2) 查看错误信息

如果负载过大，应用程序可能就会发生错误。

在"可用图"树中，选择错误统计信息图，并将其拖动到"Windows 资源"图窗格中。"错误统计信息"图提供场景运行期间所发生错误的详细数目和发生时间。错误按照来源分组(例如在脚本中的位置或负载生成器的名称)，如图 9-11 所示。

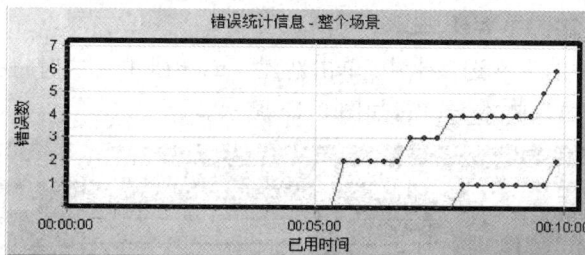

图 9-11　错误统计信息

在本例中，你可以看到 5min 后，系统开始不断发生错误。这些错误是由于响应时间延长，导致发生超时而引起的。

注意：场景要运行几分钟。在场景运行过程中，可以在图像和 Vuser 之间来回切换，显示联机结果。

4. 分析结果

运行结束后，LoadRunner 会提供带有深入分析信息的详细图和报告，我们可以将多个场景的结果组合在一起来比较多个图。另外，也可以使用自动关联工具，将所有包含可能对响应时间有影响的数据的图合并起来，准确地指出问题的原因。使用这些图和报告，可以轻松找出应用程序的性能瓶颈，同时确定需要对系统进行哪些改进以提高其性能。

可以选择"结果"→"结果设置"或者单击工具栏上的分析结果按钮 ▦ 打开 Analysis 来查看场景结果。测试结果保存在 *LoadRunner 安装位置\Results\tutorial_demo_res* 目录下。

9.2.3　创建脚本

1．Virtual User Generator(VuGen)简介

在测试环境中,LoadRunner 在计算机上使用 Vuser 代替实际用户。Vuser 以一种可重复、可预测的方式模拟典型用户的操作,对系统施加负载。

LoadRunnerVirtual User Generator (VuGen)以"录制和回放"的方式工作。当你在应用程序中执行业务流程步骤时,VuGen 会将你的操作录制到自动化脚本中,并将其作为负载测试的基础。

2．录制用户操作的准备

录制用户操作,需要打开 VuGen 并创建一个空白脚本,然后通过录制操作和手动添加增强功能来增加测试脚本。

下面是打开 VuGen,创建一个空白 Web 脚本的步骤。

步骤一:启动 LoadRunner。

选择"开始"→"所有程序"→LoadRunner→LoadRunner,打开 LoadRunner 启动程序窗口。

步骤二:打开 VuGen。

在 Launcher 窗口中,单击负载测试选项卡,单击"创建"→"编辑"脚本,打开 VuGen 起始页。

步骤三:创建一个空白 Web 脚本。

在 VuGen 起始页的脚本选项卡中,单击新建 Vuser 脚本。这时将打开"新建虚拟用户"对话框,显示"新建单协议脚本"选项,如图 9-12 所示。

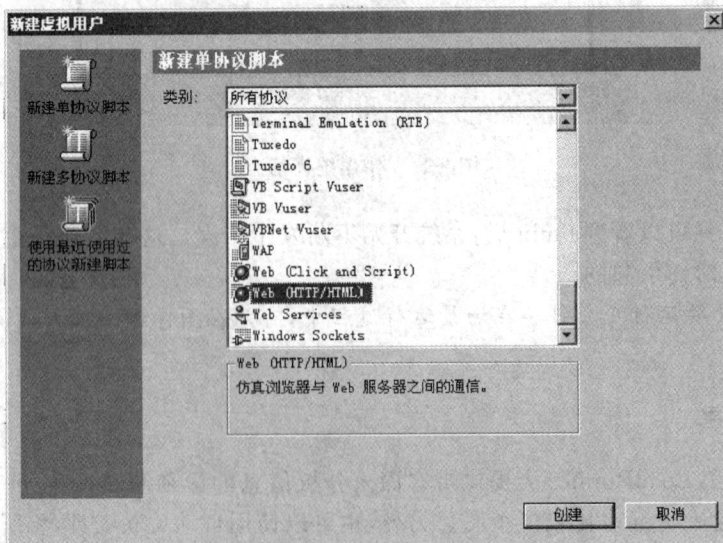

图 9-12　新建单协议脚本

协议是客户端用来与系统后端进行通信的语言。HP Web Tours 是一个基于 Web 的应用程序,因此将创建一个 Web Vuser 脚本。

请确保"类别"是所有协议,VuGen 将列出适用于单协议脚本的所有可用协议。向下滚动列表,选择 Web(HTTP/HTML)并单击创建,创建一个空白 Web 脚本。

注意:在多协议脚本中,高级用户可以在一个录制会话期间录制多个协议。这里我们只创建一个 Web 类型的协议脚本,录制其他类型的单协议或多协议脚本的过程与录制 Web 脚本的过程类似,这里就不再赘述。

3. 使用 VuGen 向导模式

空白脚本以 VuGen 的向导模式打开,同时左侧显示任务窗格(如果没有显示任务窗格,请单击工具栏上的"任务"按钮 Tasks 。如果"开始录制"对话框自动打开,请单击"取消")。

VuGen 的向导将指导你逐步完成创建脚本并使其适应测试环境的过程,任务窗格列出脚本创建过程中的各个步骤或任务,如图 9-13 所示,在你执行各个步骤的过程中,VuGen 将在窗口的主要区域显示详细说明和指示信息。通过打开任务窗格并单击其中一个任务步骤,可以随时返回到 VuGen 向导。

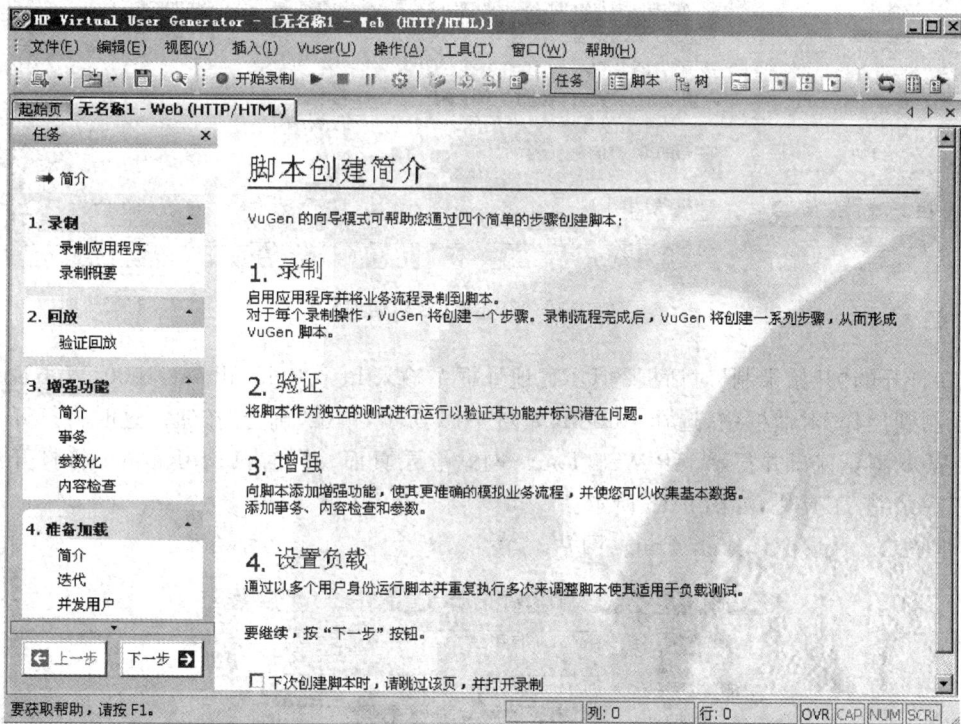

图 9-13　脚本创建简介

4. 通过录制业务流程来创建脚本

创建用户模拟场景的下一步就是录制实际用户所执行的操作。在前面你已经创建了一个空的 Web 脚本。现在可以将用户操作直接录制到脚本中。这里我们要跟踪一个完整的事件：一名乘客预订从丹佛到洛杉矶的航班，然后查看航班路线），录制脚本的步骤如下：

步骤一：在 HP Web Tours 网站上开始录制。

单击图 9-14 任务窗格中的录制应用程序。在说明窗格底部，单击开始录制。也可以选择 Vuser→"开始录制"，或者单击页面顶部工具栏中的开始录制按钮。

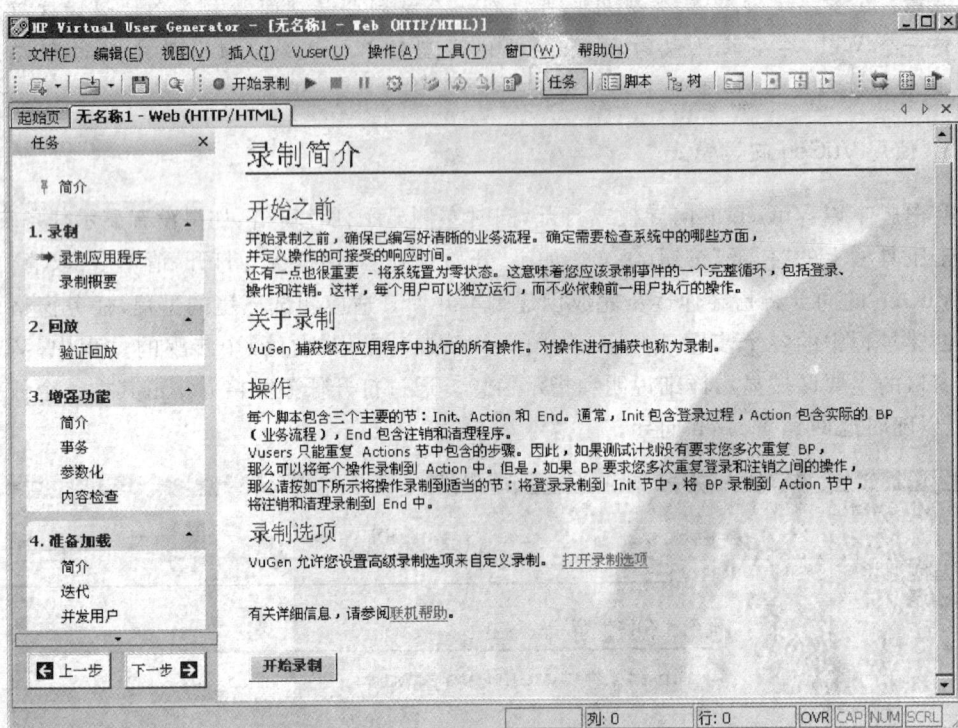

图 9-14 "开始录制"对话框

在打开的"开始录制"对话框的 URL 地址框中输入 http://localhost:1080/WebTours，在"录制到操作"对话框中，选择 Action，如图 9-15 所示，单击"确定"按钮。这时将打开一个新的 Web 浏览窗口并显示 HP Web Tours 网站登录页面。同时，LoadRunner 将打开浮动的"正在录制"工具栏，如图 9-16 所示。

步骤二：登录 HP Web Tours 网站。

图 9-15 "开始录制"对话框设置

图 9-16 正在录制工具栏

输入用户名 jojo 和密码 bean,单击 Login(登录)打开欢迎页面。

步骤三:输入航班详细信息。

单击 Flights(航班)打开 Find Flight(查找航班)页面,填入如下信息:

- Departure City(出发城市):Denver(丹佛,默认值)。
- Departure Date(出发日期):保持默认值(当前日期)。
- Arrival City(到达城市):Los Angeles(洛杉矶)。
- Return Date(返回日期):保持默认值(第二天的日期)。
- Seating Preference(首选座位):Aisle(靠近过道)。

请保持其余选项的默认设置不变并单击 Continue(继续),打开 Search Results(搜索结果)页面。

步骤四:选择航班。

单击 Continue(继续)接受默认航班选择,打开 Payment Details(支付明细)页面。

步骤五:输入支付信息并预订机票。

在 Credit Card(信用卡)框中输入 12345678,并在 Exp Date(到期日)框中输入 06/10,单击 Continue(继续)打开 Invoice(发票)页面,显示你的发票。

步骤六:查看航班路线。

单击左窗格中的 Itinerary(路线)打开 Itinerary(路线)页面。

步骤七:单击左窗格中的 Sign Off(注销)退出程序。

步骤八:在浮动工具栏上单击停止 ■ ,结束录制过程。

录制停止后会弹出"代码生成"窗口,里面的内容是刚刚生成的 Vuser 脚本,接下来,VuGen 向导会自动执行任务窗格中的下一步,并显示关于录制情况的概要信息,如图 9-17 所示(如果看不到概要信息,请单击任务窗格中的录制概要)。

"录制概要"包含协议信息以及会话期间创建的一系列操作,VuGen 为录制期间执行的每个步骤生成一个快照,即录制期间的窗口图片。

这些录制的快照以缩略图的形式显示在右窗格中。如果由于某种原因要重新录制脚本,可单击页面底部的"重新录制"按钮。

步骤九:保存测试文件。

选择"文件"→"保存"或单击"保存"按钮 ■ ,在"文件名"框中输入 Basic_Tutorial 并单击"保存"按钮。VuGen 将该文件保存到 LoadRunner 脚本文件夹中,并在标题栏中显示脚本名称。

5. 查看脚本

我们可以在树视图或脚本视图中查看刚刚录制的测试脚本。树视图是一种基于图标的视图,将 Vuser 的操作以步骤的形式列出,而脚本视图是一种基于文本的视图,将 Vuser 的操作以函数的形式列出。

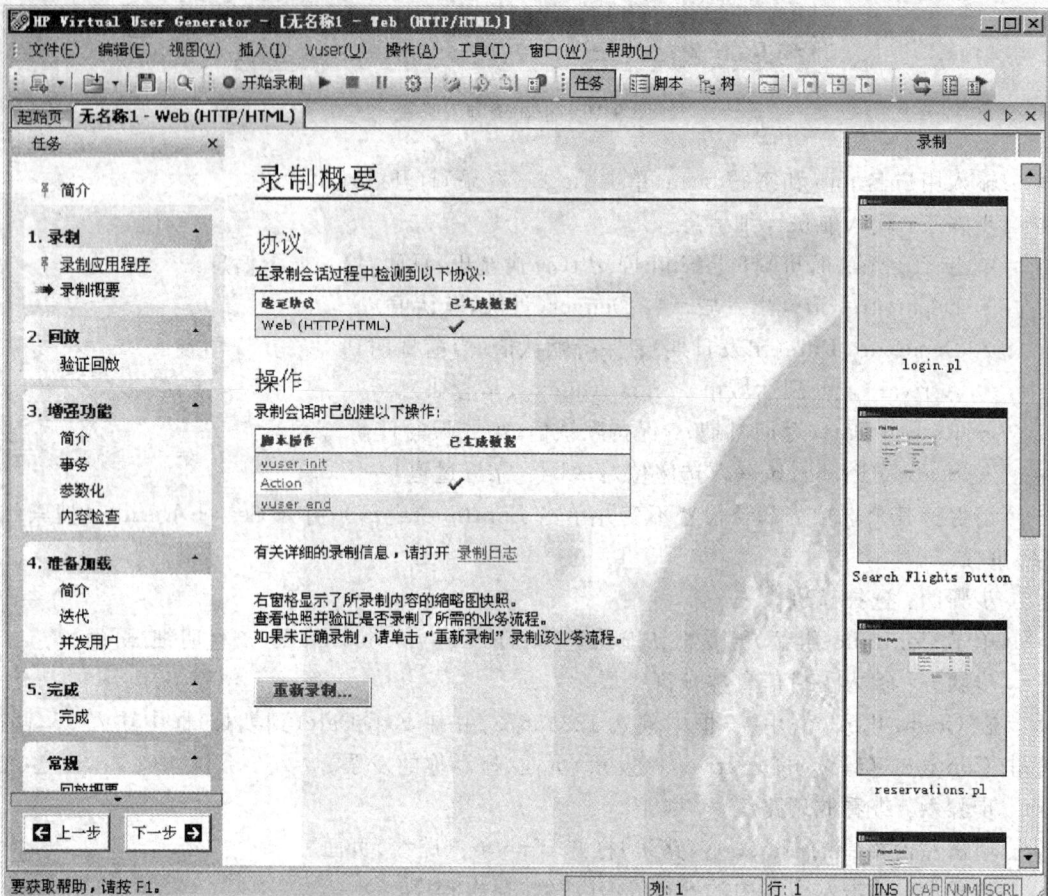

图 9-17 "录制概要"窗口

1) 树视图

要在树视图中查看脚本,请选择"视图"→"树视图",或者单击"树视图"按钮。要在整个窗口中查看树视图,请单击"任务"按钮隐去任务窗格。

对于录制期间执行的每个步骤,VuGen 在测试树中为其生成一个图标和一个标题。在树视图中,你将看到以脚本步骤的形式显示的用户操作。大多数步骤都附带相应的录制快照。快照使脚本更易于理解,更方便在工程师间共享,还可以通过比较快照来验证脚本的准确性。在回放过程中,VuGen 也会为每个步骤创建快照。

单击图 9-18 测试树中任意步骤旁边的加号(＋),可以看到在预订机票时录制的思考时间。"思考时间"表示你在各步骤之间等待的实际时间,可用于模拟负载下的快速和慢速用户操作,"思考时间"这种机制可以让负载测试更加准确地反映实际用户操作。

2) 脚本视图

脚本视图是一种基于文本的视图,以 API 函数的形式列出 Vuser 的操作。要在脚本视图中查看脚本,请选择"视图"→"脚本视图",或者单击"脚本视图"按钮 ▦ 。

如图 9-19 所示的脚本视图中,VuGen 在编辑器中显示脚本,并用不同颜色表示函数及其参数值。可以在该窗口中直接输入 C 或 LoadRunnerAPI 函数以及控制流语句。

图 9-18 树视图

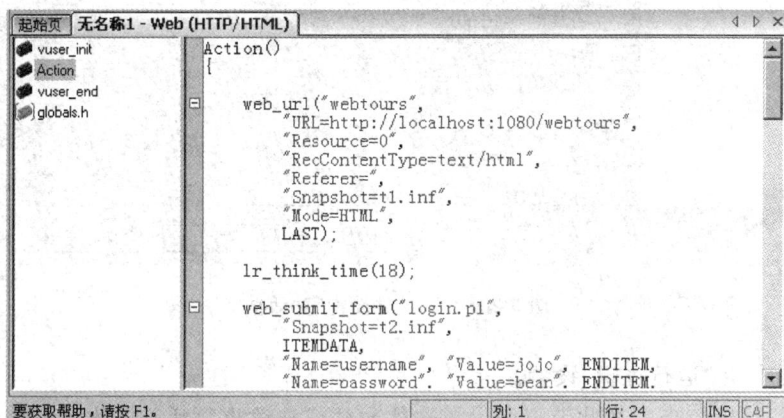

图 9-19 脚本视图

9.2.4 回放脚本

1. 设置运行时行为

通过 LoadRunner 运行时设置,可以模拟各种真实用户活动和行为。例如,你可以模拟一个对服务器输出立即做出响应的用户,也可以模拟一个先停下来思考,再做出响应的用户。另外,还可以配置 Vuser 应该重复一系列操作的次数和频率。

这里我们将讨论适用于所有类型脚本的一般运行时设置。其中包括:

- 运行逻辑:重复次数。
- 步:两次重复之间的等待时间。
- 思考时间:用户在各步骤之间停下来思考的时间。
- 日志:希望在回放期间收集的信息的级别。

下面我们来对这些属性进行设置。步骤如下:

步骤一:打开"运行时设置"对话框。

确保任务窗格出现(如果未出现,请单击"任务"按钮)。单击任务窗格中的"验证回放"。在说明窗格内的标题运行时设置下单击打开运行时设置超链接。也可以按 F4 键或单击工具栏中的"运行时设置"按钮 。这时将打开"运行时设置"对话框,如图 9-20 所示。

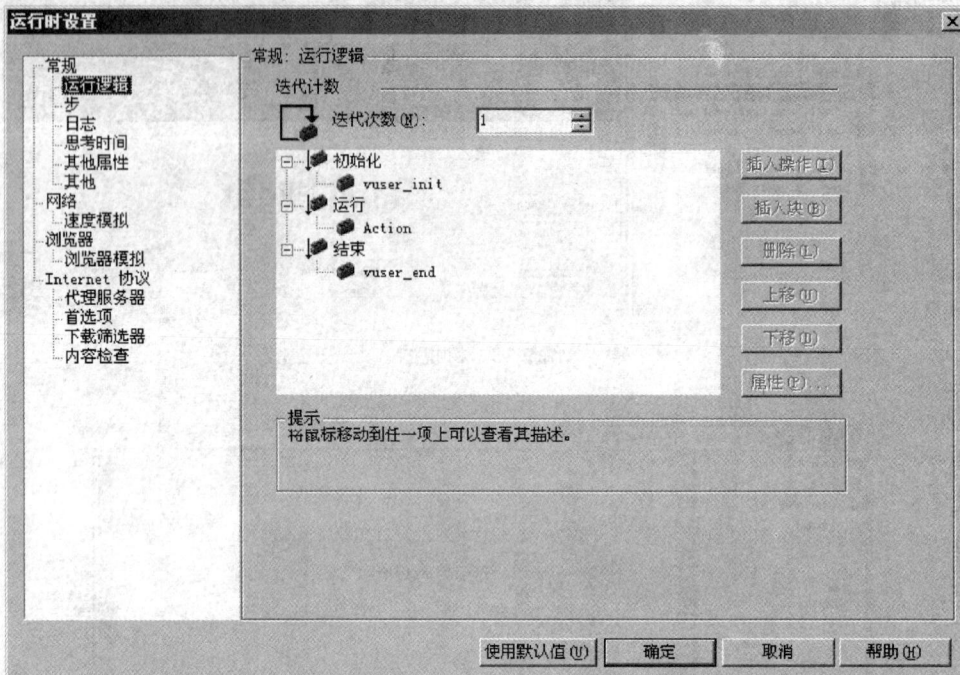

图 9-20   "运行时设置"对话框

步骤二：打开"运行逻辑"设置。

选择运行逻辑节点。在此节点中设置迭代次数或连续重复活动的次数。将迭代次数设置为2,如图 9-21 所示。

步骤三：步设置。

步节点用于控制迭代时间间隔,在"运行时设置"对话框中选择"步"节点,如图 9-22 所示。我们可以指定一个随机时间来准确模拟用户在操作之间等待的实际时间(但使用随机时间间隔时,很难看到真实用户在重复之间恰好等待 60s 的情况)。

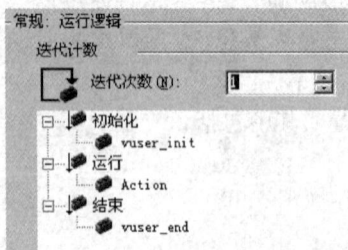

图 9-21   运行逻辑   图 9-22   步设置

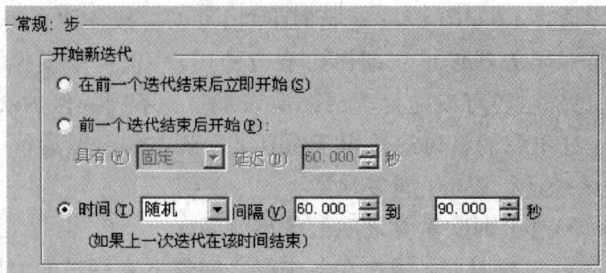

这里我们选择第三个选项并选择下列设置：时间随机,间隔 60.00 到 90.00 秒。

步骤四：配置日志设置。

在"运行时设置"对话框中选择日志节点,如图 9-23 所示。

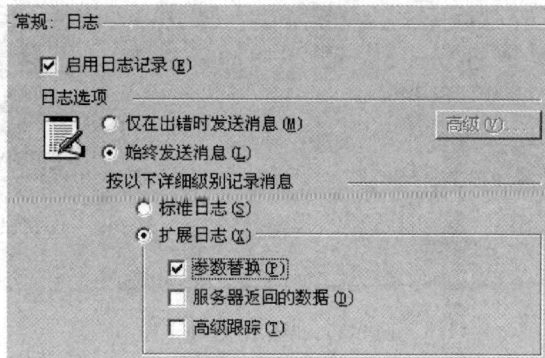

图 9-23 日志设置

日志设置指出要在运行测试期间记录的信息量。开发期间,你可以选择启用日志记录来调试脚本,但在确认脚本运行正常后,只能用于记录错误或者禁用日志功能。

这里我们选择"扩展日志"并启用"参数替换"。

步骤五:查看"思考时间"设置。

在"运行时设置"对话框中选择思考时间节点,如图 9-24 所示。

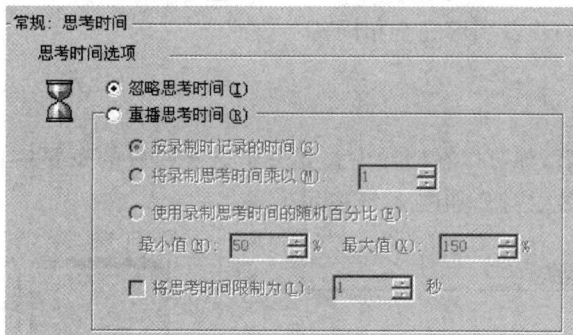

图 9-24 思考时间节点

思考时间可以在 Controller 中设置,这里我们不做任何改动。

注意:在 VuGen 中运行脚本时速度很快,因为它不包含思考时间。

步骤六:单击"确定"按钮关闭"运行时设置"对话框。

2. 实时查看脚本运行情况

回放录制的脚本时,VuGen 的"运行时查看器"功能实时显示 Vuser 的活动情况。查看器不是实际的浏览器,它显示的是返回到 Vuser 的页面快照。默认情况下,VuGen 在后台运行测试,不显示脚本中的操作动画。

这里,我们要让 VuGen 在查看器中显示操作,从而能够看到 VuGen 如何执行每一步。具体设置步骤如下:

步骤一:选择"工具"→"常规"→"显示"选项卡,打开"常规选项"对话框,如图 9-25 所示。

步骤二:选择回放期间显示浏览器和自动排列窗口选项。

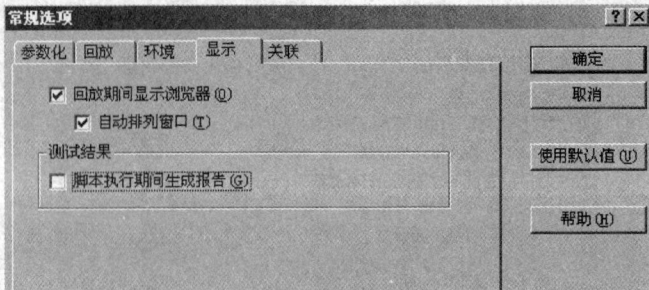

图 9-25 "显示"选项卡

步骤三：单击"确定"按钮关闭"常规选项"对话框。

步骤四：在任务窗格中单击"验证回放"按钮，然后单击说明窗格底部的"开始回放"按钮。也可以按 F5 键或单击工具栏中的"运行"按钮▶。

步骤五：如果"选择结果目录"对话框打开，并询问要将结果保存到何处，请接受默认名称并单击"确定"按钮。

稍后 VuGen 将打开运行时查看器，并开始运行脚本视图或树视图中的脚本（具体取决于上次打开的脚本）。在"运行时查看器"中，可以直观地看到 Vuser 的操作。注意回放的步骤顺序是否与录制的步骤顺序完全相同。

3. 查看回放信息

当脚本停止运行后，你可以在向导中查看关于这次回放的概要信息。要查看上次回放概要，请单击"验证回放"按钮，如图 9-26 所示。

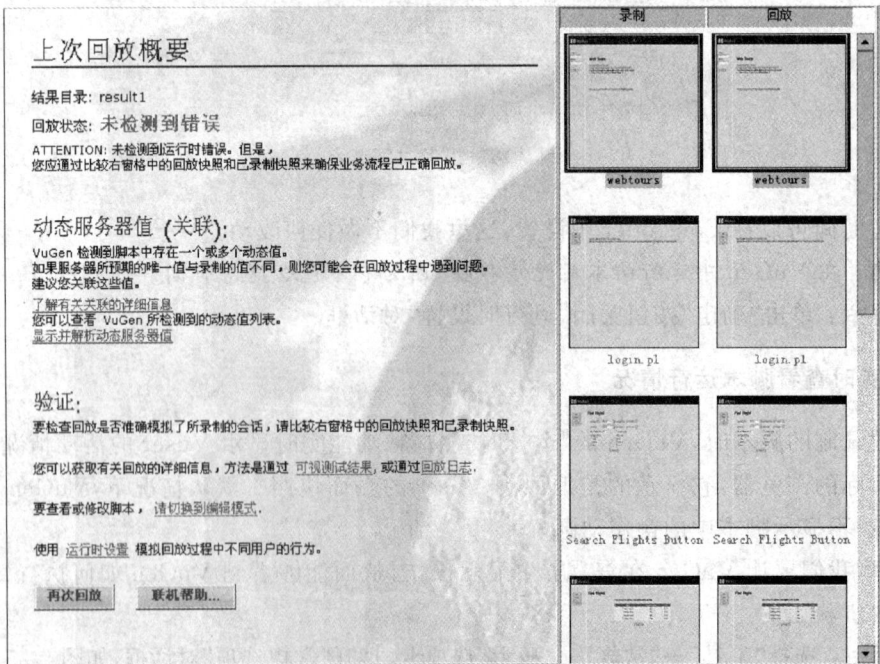

图 9-26 上次回放概要

"上次回放概要"列出了检测到的所有错误,并显示录制和回放快照的缩略图。我们可以通过比较快照的方式找出录制的内容和回放的内容之间的差异。也可以通过复查事件的文本概要来查看 Vuser 操作。输出窗口中 VuGen 的"回放日志"选项卡用不同的颜色显示这些信息。

查看回放日志的操作步骤如下:

步骤一:单击说明窗口中的"回放日志"超链接,也可以单击工具栏中的"显示/隐藏"输出按钮 ，或者在菜单中选择"视图"→"输出窗口",然后单击"回放日志"选项卡,就可以看到如图 9-27 所示的回放日志内容。

图 9-27　回放日志

步骤二:在回放日志中按 Ctrl＋F 组合键打开"查找"对话框。找到下列内容:

- 启动、终止。它们表示脚本运行的开始和结束,也即虚拟用户脚本已启动、Vuser 已终止。
- 迭代。迭代的开始和结束以及迭代编号(橙色字体部分)。

VuGen 用绿色显示成功的步骤,用红色显示错误。例如,如果在测试过程中连接中断,VuGen 将指出错误所在的行号并用红色显示整行文本。

步骤三:双击回放日志中的某一行。VuGen 将转至脚本中的对应步骤,并在脚本视图中突出显示此步骤。

4．查看测试结果

回放录制的事件后,需要查看结果以确定是否全部成功通过。如果某个地方失败,则需要知道失败的时间以及原因。VuGen 会在"测试结果"窗口中显示回放结果概要信息。查看测试结果的操作步骤如下:

步骤一:返回到向导,请单击任务窗格中的"验证回放"按钮。

步骤二:在标题验证下的说明窗格中,单击"可视测试结果"超链接,也可以选择"视图"→"测试结果",打开一个新的结果窗口,如图 9-28 所示。

"测试结果"窗口首次打开时包含两个窗格:"树"窗格(左侧)和"概要"窗格(右侧)。"树"窗格包含结果树,每次迭代都会进行编号。"概要"窗格包含关于测试的详细信息。图 9-28 中有两个表,上面的表指出哪些迭代通过了测试,哪些未通过。如果 VuGen 的 Vuser 按照原来录制的操作成功执行 HP Web Tours 网站上的所有操作,则认为测试通过。下面的表指出哪些事务和检查点通过了测试,哪些未通过。

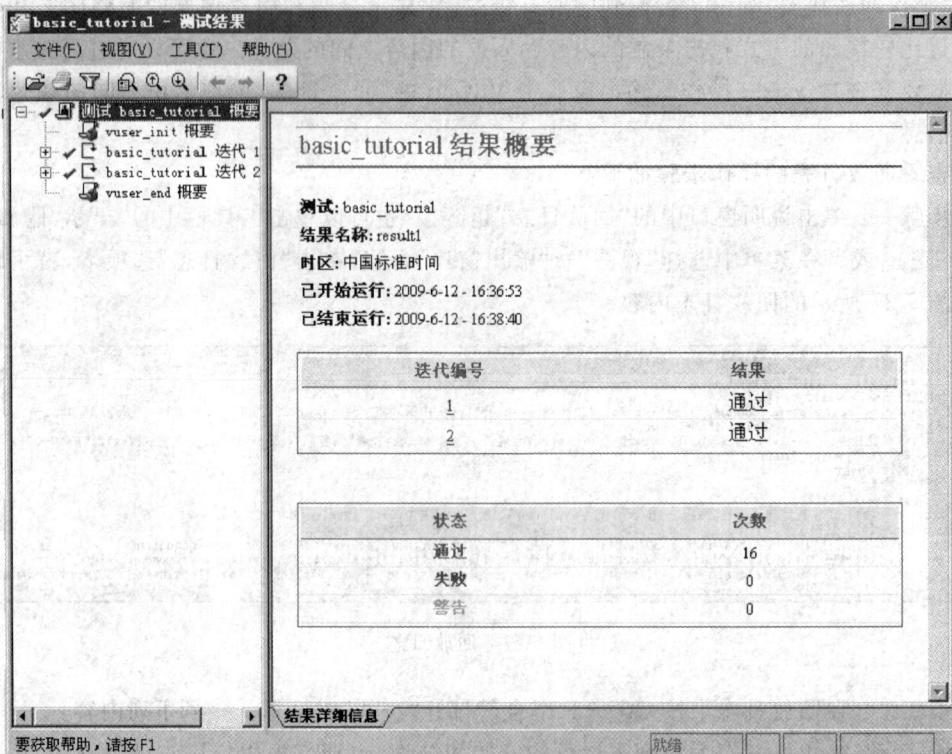

图 9-28   测试结果

5. 测试结果的搜索和筛选

如果测试结果表明有些地方失败,我们就要深入分析测试结果并找出失败的地方。在"测试结果"窗口中,可以展开测试树并分别查看每一步的结果,"测试结果"窗口还会显示迭代期间的回放快照。要想详细查看测试结果,可以通过以下几种方式进行:

1) 展开迭代分支

展开编号为1的分支迭代,然后单击加号展开左窗格中的操作概要分支。展开的分支将显示这次迭代中执行的一系列步骤。

2) 显示结果快照

选择 Submit Form(提交表单)这一步,"测试结果"窗口将显示与该步骤相关的回放快照,如图 9-29 所示。

3) 查看步骤概要

"测试结果"窗口的右上窗格显示步骤概要信息:对象或步骤名、关于页面加载是否成功的详细信息、结果(通过、失败、完成或警告)以及步骤执行时间。

4) 搜索结果状态

你可以使用关键字通过或失败搜索测试结果,例如当整个结果概要表明测试失败时,你可以确定失败的位置。我们可以通过选择"工具"→"查找",或者单击查找按钮 🔍 ,打开"查找"对话框来进行搜索,如图 9-30 所示。

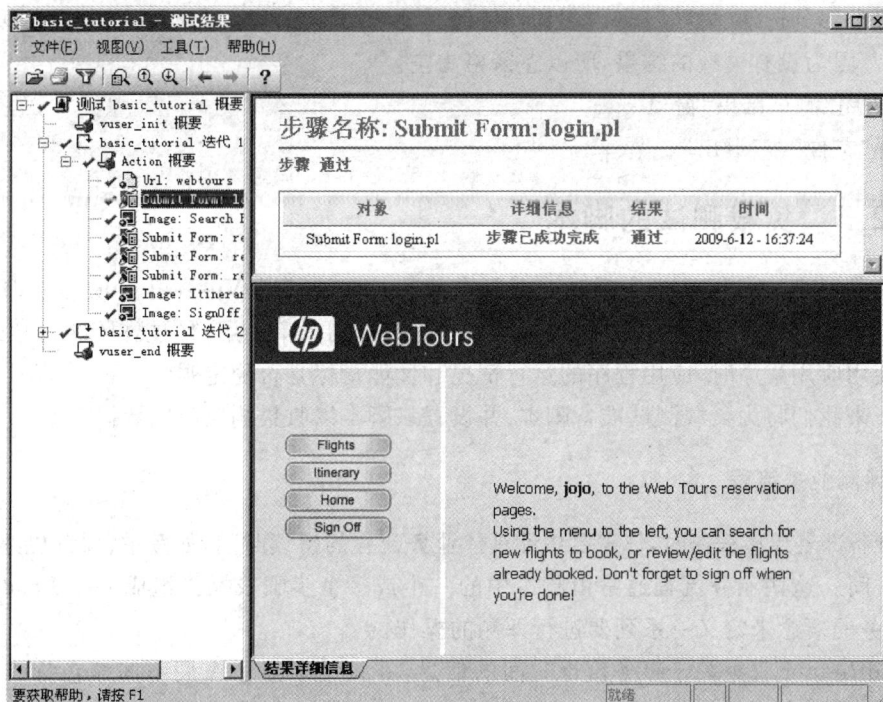

图 9-29　回放快照

选择"通过"选项,确保未选择其他选项,然后单击"查找下一个"按钮。结果窗口将显示第一个状态为通过的步骤。

再次选择"工具"→"查找",或者单击"查找"按钮。在"查找"对话框中,选择"失败"选项,不选择"通过"选项,然后单击"查找下一个"按钮,结果窗口未找到任何失败的结果。

5）筛选结果

使用"筛选器"可以筛选"测试结果"窗口来显示特定的迭代或状态。例如,可以进行筛选以便仅显示失败状态。选择"查看"→"筛选器",或者单击筛选器按钮 将打开"筛选器"对话框,如图 9-31 所示。

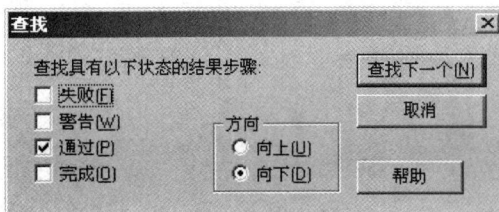

图 9-30　"查找"对话框

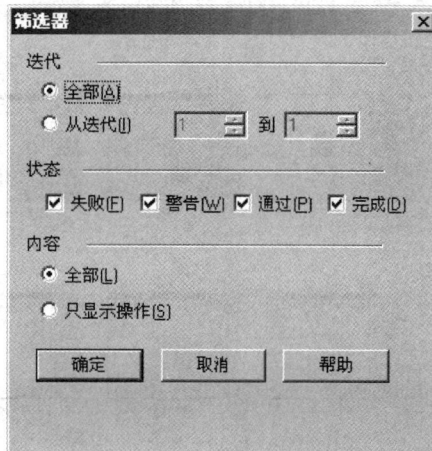

图 9-31　"筛选器"对话框

在状态部分选择"失败"选项,不选择任何其他选项。在内容部分选择"全部"并单击"确定"按钮。因为没有失败的结果,所以左窗格为空。

6)关闭"测试结果"窗口

选择"文件"→"退出"。

9.2.5 负载测试的脚本

在前面章节中我们已经实时观看了脚本的回放并验证了 Vuser 执行的是典型业务流程,验证了脚本是应用程序的精确模拟。但是,这只适用于单个用户的模拟情况。当多个用户同时使用应用程序时,应用程序的运行情况和性能指标是否稳定呢?

接下来我们将为负载测试准备脚本,并设置该脚本以收集响应时间数据。

1. 评测业务流程

在准备部署应用程序时,你需要估计具体业务流程的持续时间,如登录、预订机票等要花费多少时间。这些业务流程通常由脚本中的一个或多个步骤或操作组成。在 LoadRunner 中,用事务的概念来定义一系列要进行评测的操作。

LoadRunner 收集关于事务执行时间的信息,并将结果显示在用不同颜色标识的图和报告中,你可以通过这些信息了解应用程序是否符合最初的要求。

在编写测试脚本的过程中,测试人员可以在脚本中的任意位置手动插入事务。标记为事务的方法是:在事务的第一个步骤前面放置一个开始事务标记,并在最后一个步骤后面放置一个结束事务标记。

下面,我们在脚本中插入一个事务来计算用户查找和确认航班所花费的时间。打开在 9.2.3 小节中创建的脚本 Basic_Tutorial,插入事务的具体步骤如下:

步骤一:打开事务创建向导。

确保出现任务窗格,如果未出现,请单击"任务"按钮。在任务窗格的增强功能下单击"事务",将打开事务创建向导,事务创建向导显示脚本中不同步骤的缩略图,如图 9-32 所示。

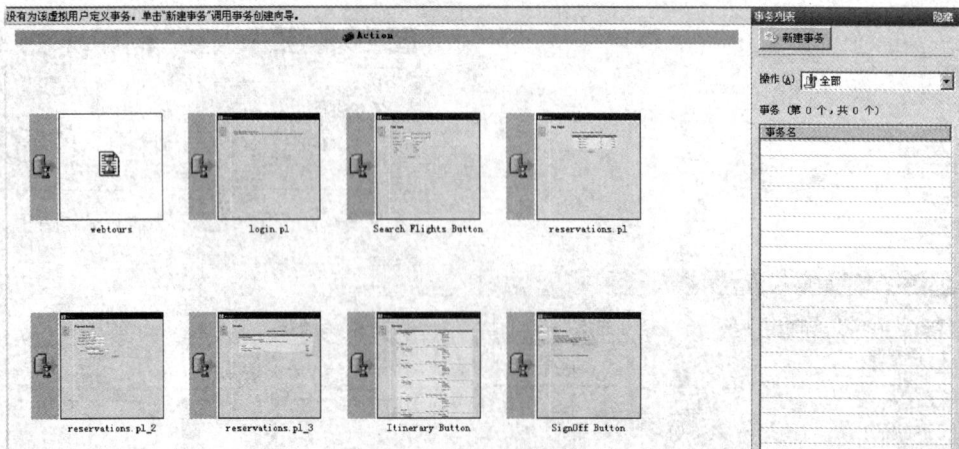

图 9-32　事务创建向导

单击"新建事务"按钮就可以将事务标记拖放到脚本中的指定位置,向导会提示你插入事务的起始点。

步骤二:插入事务开始标记和事务结束标记。

使用鼠标将事务开括号拖到名为 Search flights button 的第三个缩略图前面并单击将其放下,向导现在将提示你插入结束点。使用鼠标将事务闭括号拖到名为 reservations.pl_2 的第 5 个缩略图后面并单击将其放下。

步骤三:指定事务名称。

在向导的提示下输入事务名称 find_confirm_flight,创建一个新事务,如图 9-33 所示。如果想调整事务的内容,可以通过将标记拖到脚本中的不同位置来调整事务的起始点或结束点;通过单击事务起始标记上方的现有名称并输入新名称,还可以重命名事务。

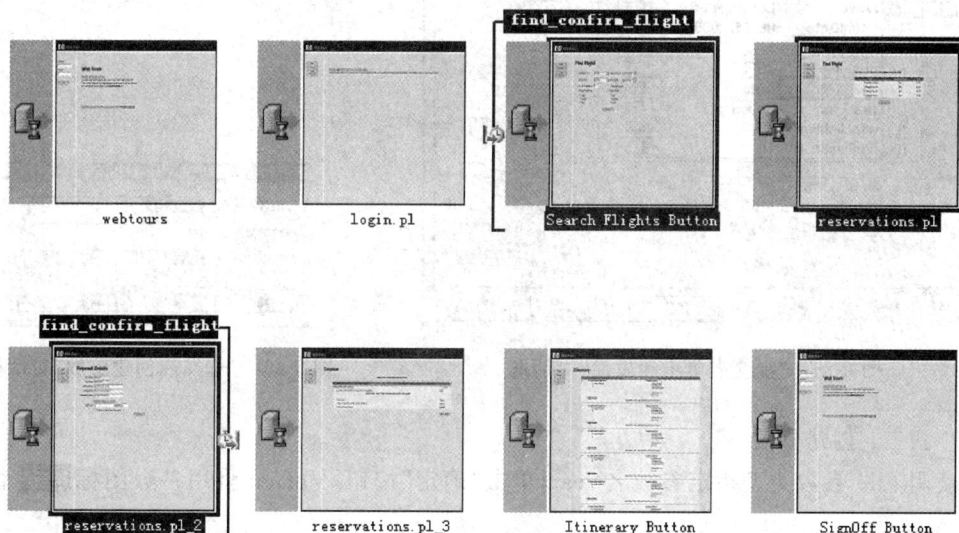

图 9-33　事务 find_confirm_flight

步骤四:在树视图中观察事务。

通过选择"视图"→"树视图"或单击工具栏上的"树视图"按钮 进入树视图。请注意开始事务标记和结束事务标记现在如何作为新步骤添加到树中,并且正好添加到插入事务的位置,如图 9-34 所示。

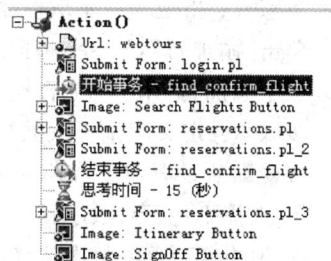

图 9-34　树视图中的事务

2. 模拟多个用户

在模拟场景中,跟踪一位预订机票并选择靠近过道座位的用户,但在实际生活中,不同的用户会有不同的喜好习惯。要改进测试,需要检查当用户选择不同的座位首选项(靠近过道、靠窗或无)时,是否可以正常预订。为此需要对脚本进行参数化。这意味着你要将录制的值 Aisle 替换为一个参数,将参数值放在参数文件中。运行脚本时,Vuser 从参数文件中取值(Aisle、Window 或 None),从而模拟真实的旅行社环境。

参数化脚本步骤如下:

步骤一：找到要更改数据。

选择"视图"→"树视图"进入树视图，在测试树中双击 Submit Data：reservations.pl 步骤，将打开"提交表单步骤属性"对话框，如图 9-35 所示，右列中的 ABC 图标表示参数是常量。

步骤二：指定常量值转为变量值。

选择第 7 行中的 seatPref，单击 Aisle 旁边的 ABC 图标，打开"选择或创建参数"对话框，如图 9-36 所示。

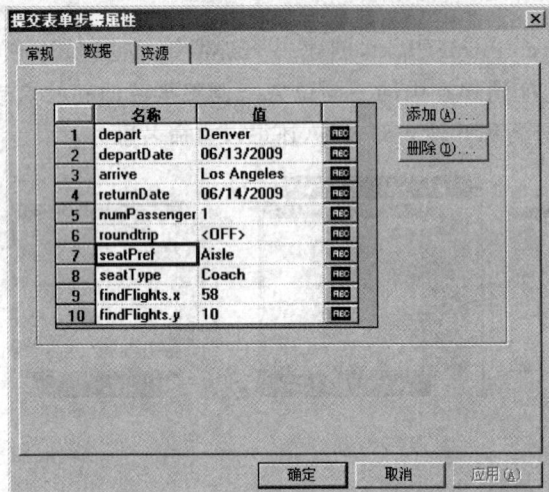

图 9-35　"提交表单步骤属性"对话框　　　　图 9-36　"选择或创建参数"对话框

步骤三：创建参数。

使用 File 参数类型指定参数名 seat，单击"确定"按钮，VuGen 将用参数图标 ▦ 替换 ABC 图标。

步骤四：单击 seat 旁边的参数图标并选择参数属性，打开"参数属性"对话框，如图 9-37 所示。

步骤五：指定一些示例值来更改数据。

单击"添加行"，Vuser 将向表中添加行，用 Window 替换 Value。单击"添加行"，Vuser 将向表中添加行，用 None 替换 Value，如图 9-38 所示。

步骤六：定义测试更改数据的方式。

接受默认设置，让 VuGen 为每次迭代取顺序值而不是随机值。这里有两个选项：

- 选择下一行：顺序。
- 值更新时间：每次迭代。

步骤七：关闭"参数属性"对话框，然后单击"确定"按钮关闭"步骤属性"对话框。

座位首选项创建参数完成，运行负载测试时 Vuser 将使用参数值，而不是录制的值 Aisle。运行脚本时，回放日志会显示每次迭代发生的参数替换。请注意：第一次迭代时 Vuser 选择 Aisle，第二次迭代时选择 Window。

3. 验证 Web 页面内容

运行测试时，常常需要验证某些内容是否出现在返回的页面上，LoadRunner 使用内容

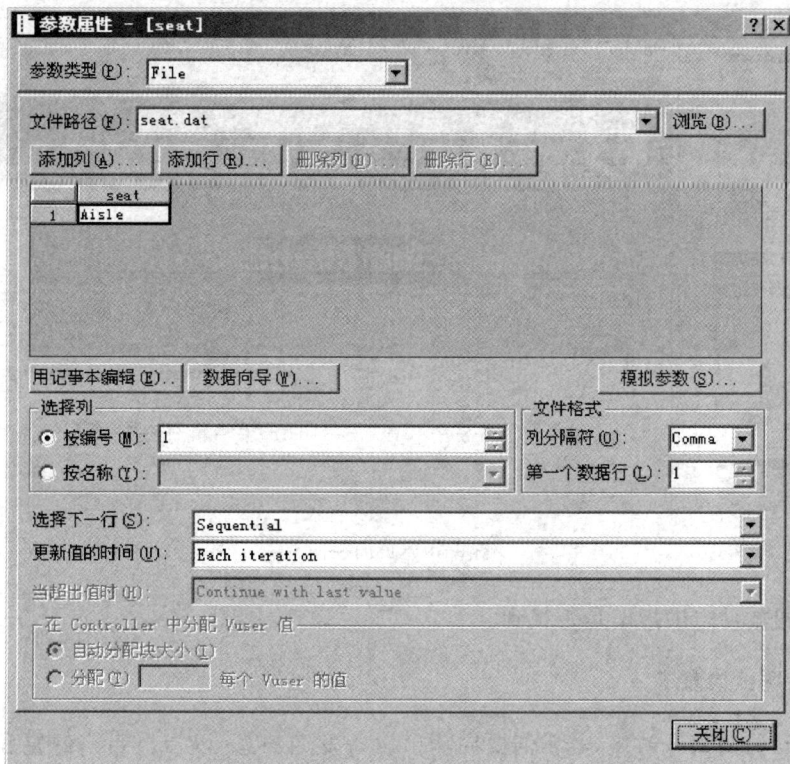

图 9-37　"参数属性"对话框

检查机制验证脚本运行时 Web 页面上是否出现期望的信息,内容
检查机制有两种类型:

- 文本检查:检查文本字符串是否出现在 Web 页面上。
- 图像检查:检查图像是否出现在 Web 页面上。

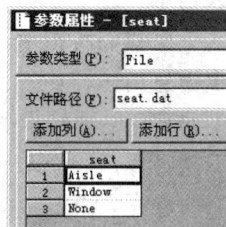

图 9-38　添加数据

这里我们要添加文本检查,检查 Find Flight 是否出现在脚本
中的订票页面上。插入文本检查步骤如下:

步骤一:打开文本检查向导。

确保出现任务窗格,如果未出现,请单击"任务"按钮。在任务
窗格的增强功能下单击"内容检查",内容检查向导打开,显示脚本中每个步骤的缩略图。选
择右窗格中的页面视图选项卡以显示缩略图的快照,如图9-39 所示。

步骤二:选择包含待检查文本的页面。

单击名为 reservations.pl 的第 4 个缩略图。

步骤三:选择要检查的文本。

突出显示快照内的文字 Find Flight,选中文字,右击并选择"添加文本检查"。打开"查
找文本"对话框,显示在查找选定内容框中选定的文本,单击"确定"按钮。

步骤四:查看新步骤。

VuGen 在树视图的脚本中插入了一个新步骤 Service:Reg Find,它主要进行注册文本
的检查(LoadRunner 将在运行步骤后检查文本)。回放期间,VuGen 将查找文本 Find

图 9-39　页面视图

Flight 并在回放日志中指出是否找到。

4. 生成调试信息

在测试运行的某些时候,经常需要向输出设备发送消息,以指出当前位置和其他信息,这些输出消息会出现在回放日志和 Controller 的输出窗口中。

要确定是否发出错误消息,应该先查找失败状态,如果状态为"失败",就让 VuGen 发出错误消息。

下面我们将指示 VuGen 在应用程序完成一次完整的预订后插入一条输出消息。插入输出消息的步骤如下:

步骤一:选择步骤位置。

选择最后一个步骤 Image:SignOff Button,在右边打开快照。

步骤二:插入一条输出消息。

选择"插入"→"新建步骤",打开"添加步骤"对话框,选择输出消息,单击"确定"按钮,打开"输出消息"对话框,如图 9-40 所示。

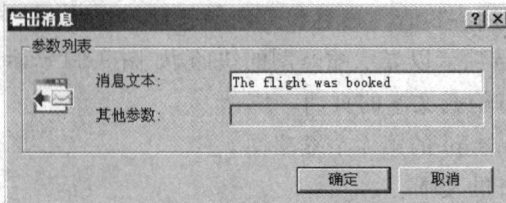

图 9-40　"输出消息"对话框

步骤三:输入消息内容。

在消息文本框中,输入 The flight was booked 并单击"确定"按钮,输出消息将添加到树中。

步骤四:保存脚本。

注意：要插入错误消息，可重复上述步骤，不同之处在于要在"添加步骤"对话框中选择错误消息而不是输出消息。

5. 验证测试是否成功

经过上述诸多步骤的设置，负载测试脚本基本设置完成，下面我们将运行增强的脚本并查看回放日志来检查文本和图像。

默认情况下，由于图像检查需要占用更多内存，在回放期间会将其禁用。如果要执行图像检查，需要在运行时设置中启用此项检查。

步骤一：启用图像检查。

打开运行时设置并选择 Internet 协议：首选项节点。选择启用图像和文本检查，单击"确认"按钮关闭"运行时设置"对话框。

步骤二：运行脚本。

单击运行或选择 Vuser→"运行"，Vuser 将开始运行脚本，同时在输出窗口中创建回放日志，等待脚本完成运行。

步骤三：查找文本检查。

确保已打开输出窗口（"视图"→"输出窗口"），单击"回放日志"并按 Ctrl＋F 组合键打开"查找"对话框。查找 web_reg_find。第一个实例如下：

Registering web_reg_find was successful

这不是实际的文本检查，而是让 VuGen 准备好在表单提交后检查文本。

再次查找（按 F3 键）web_reg_find 的下一个实例。该实例如下所示：

Registered web_reg_find successful for "Text = Find Flight" (count = 1)

这说明文本已找到。如果有人更改了 Web 页面并删除了文字 Find Flight，那么在后续的运行中，输出消息会指出找不到这些文字。

步骤四：查找事务的起始点。

单击"回放日志"并按 Ctrl＋F 组合键打开"查找"对话框，搜索单词 Transaction，该通知用蓝色显示。

步骤五：查看参数替换。

在"查找"对话框中搜索单词 Parameter，日志包含通知 seat＝Aisle，再次搜索下一处替换，注意 VuGen 在每次迭代时如何替换不同的值。

步骤六：选择"文件"→"保存"或者单击"保存"按钮。

9.2.6　创建负载测试场景

上一节中我们已经在 Virtual User Generator 中成功验证了自己的测试。这里我们将测试负载下的应用程序，根据示例软件的测试条件，我们要模拟 10 家旅行社同时使用机票预订系统的操作，并观察系统在负载下的运行情况。要设计并运行此测试，需要使用 LoadRunner Controller。

1. LoadRunner Controller 简介

负载测试是指在典型工作条件下测试应用程序，例如，多家旅行社同时在同一个机票预订系统中预订机票。

为了设计测试来模拟真实情况,我们需要在应用程序上生成较重负载,并安排向系统施加负载的时间(因为用户不会正好同时登录或退出系统)。同时,我们还要模拟不同类型的用户活动和行为,例如,一些用户可能使用 Netscape(而不是 IE)来查看应用程序的性能,并且可能使用不同的网络连接(例如调制解调器、DSL 或电缆)。这些设置都需要在场景中完成。

Controller 是一个创建和运行测试的工具,它能够帮助我们准确模拟工作环境。

我们以示例软件为例,设定场景目标是:模拟 10 家旅行社同时登录、搜索航班、购买机票、查看航班路线并退出系统。

2. 启动 Controller

开始创建场景,使用 Controller 创建新场景的步骤如下:

步骤一:打开 LoadRunner。

步骤二:打开 Controller。

在负载测试选项卡中单击运行负载测试,打开 LoadRunner Controller。默认情况下,Controller 打开时会显示"新建场景"对话框,如图 9-41 所示。

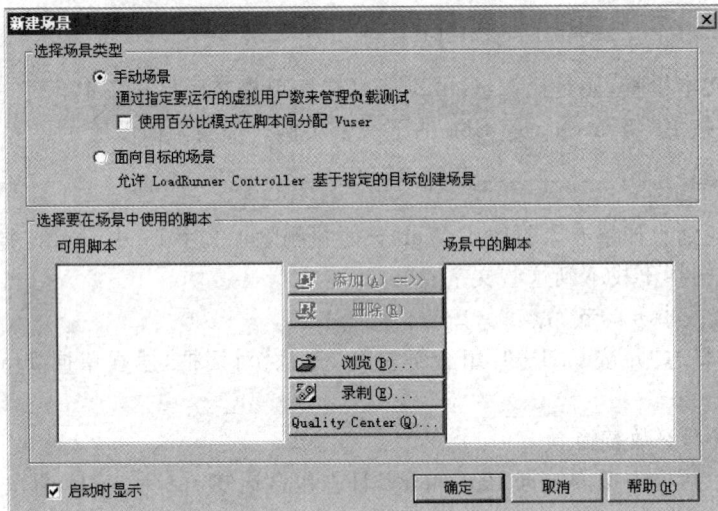

图 9-41　"新建场景"对话框

3. 选择场景类型并添加脚本

场景有两种类型:

- 手动场景:可以控制正在运行的 Vuser 数目及其运行时间,另外还可以测试出应用程序可以同时运行的 Vuser 数目。可以使用百分比模式根据业务分析员指定的百分比在脚本间分配所有的 Vuser。首次启动 LoadRunner 时,默认选中百分比模式复选框。如果现在已选中,请取消选中。
- 面向目标的场景:用来确定系统是否可以达到特定的目标。例如,你可以根据指定的事务响应时间或每秒点击数/事务数确定目标,然后 LoadRunner 会根据这些目标自动创建场景。

这里我们在图 9-41 所示的"新建场景"对话框中选择手动场景。

根据我们设定的负载目标,可以仅使用一个 Vuser 脚本来模拟一组执行相同操作的用户。要模拟具有更多种用户档案文件的真实场景,需要创建不同的组,运行带有不同用户设置的多个脚本。

先前在 VuGen 中录制的脚本包含要测试的业务流程。其中包括登录、搜索航班、购买机票、查看航班路线以及注销。你将向场景中添加类似的脚本,配置场景,模拟 8 家旅行社同时在机票预订系统中执行这些操作。测试期间将添加另外两个用户。

这里我们使用 LoadRunner 提供的一个示例脚本,它的位置在*<LoadRunner 安装位置>* *Tutorial* 目录中,名称叫做 basic_script,打开此脚本,LoadRunner Controller 将在"设计"选项卡中打开场景。

4. Controller 窗口简介

Controller 窗口的"设计"选项卡分为三个主要部分:"场景组"窗格、"服务水平协议"窗格和"场景计划"窗格,如图 9-42 所示。

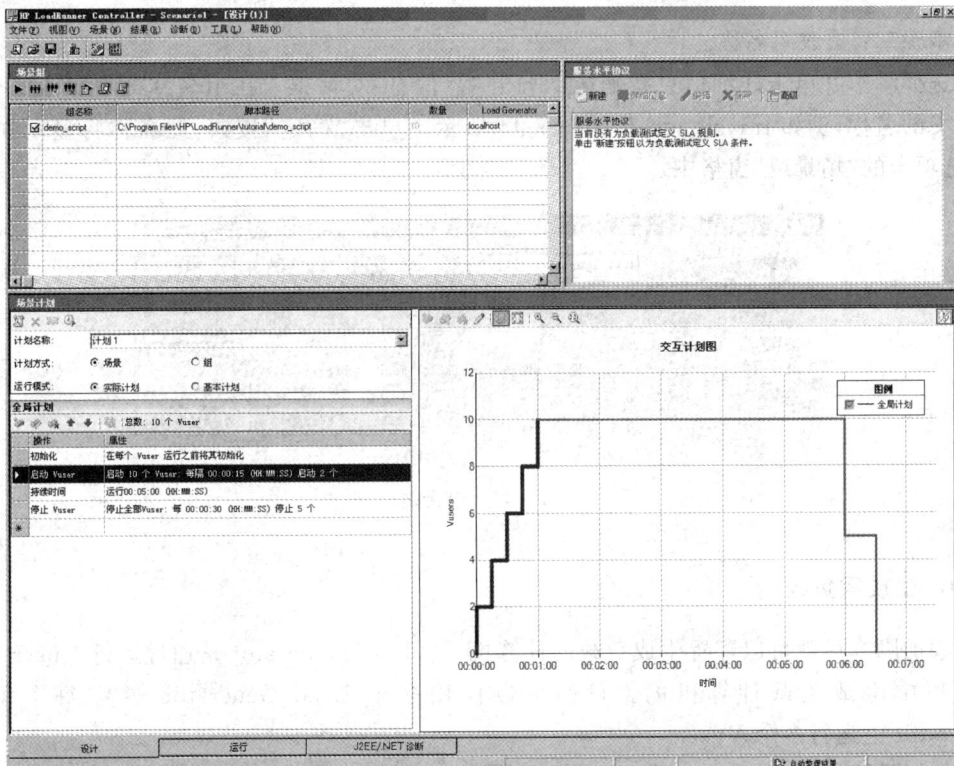

图 9-42 Controller 窗口的"设计"选项卡

- "场景组"窗格。在"场景组"窗格中配置 Vuser 组,可以创建代表系统中典型用户的不同组,指定运行的 Vuser 数目以及运行时使用的计算机。

- "服务水平协议"窗格。设计负载测试场景时,可以为性能指标定义目标值或服务水平协议(Service-Level Agreement,SLA)。运行场景时,LoadRunner 收集并存储与性能相关的数据。分析运行情况时,Analysis 将这些数据与 SLA 进行比较,并为预先定义的测量指标确定 SLA 状态。SLA 的内容将在后续内容中讲解。
- "场景计划"窗格。在"场景计划"窗格中,设置加压方式以准确模拟真实用户行为。可以根据运行 Vuser 的计算机、将负载施加到应用程序的频率、负载测试持续时间以及负载停止方式来定义操作。

5. 修改脚本详细信息

修改脚本详细信息步骤如下:

步骤一:确保 basic_script 出现在"场景组"窗格的"组名称"列中,如图 9-43 所示。

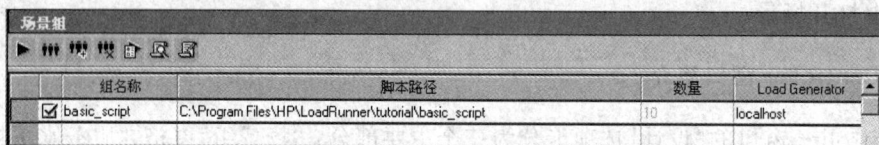

图 9-43 "场景组"窗格中的 basic_script 组

步骤二:更改组名称。

选择脚本并单击详细信息按钮 ⊠,打开"组信息"对话框。在组名称框中输入一个更有意义的名称,例如 travel_agent,如图 9-44 所示。单击"确定"按钮,此名称将显示在"设计"选项卡的"场景组"窗格中。

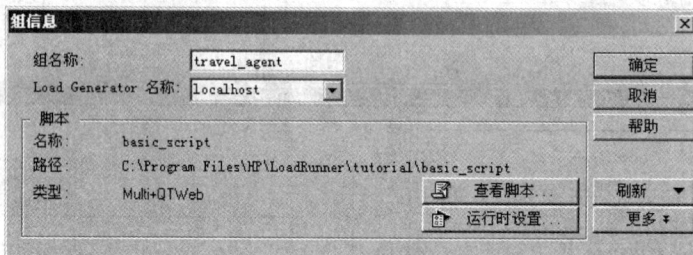

图 9-44 组命名

6. 生成重负载

添加脚本后就可以配置生成负载的计算机了。Load Generator 是通过运行 Vuser 在应用程序中生成负载计算机的。我们可以使用多个 Load Generator,并在每个 Load Generator 上运行多个 Vuser。

向场景添加 Load Generator 以及如何测试 Load Generator 连接的步骤如下:

步骤一:添加 Load Generator。

在"设计"视图中,单击 Load Generator 按钮 醠,打开 Load Generator 对话框,显示名为 localhost 的 Load Generator 的详细信息,如图 9-45 所示。

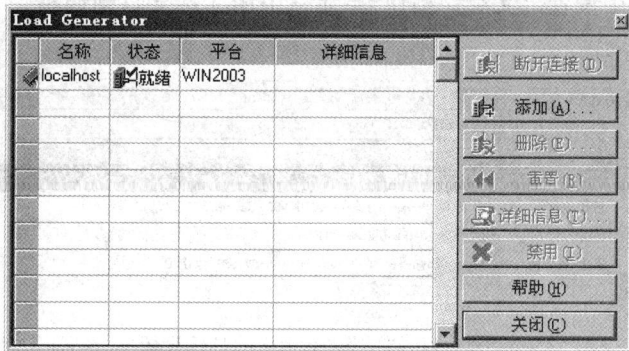

图 9-45 Load Generator 对话框

我们使用本地计算机作为 Load Generator(默认情况下包括在场景中),这时 localhost Load Generator 的状态为关闭,说明 Controller 未连接到 Load Generator。

注意:在典型的生产系统测试中,你将有若干个 Load Generator,每一个 Load Generator 拥有多个 Vuser。

步骤二:测试 Load Generator 连接。

运行场景时,Controller 自动连接到 Load Generator,也可以在运行场景之前测试连接。选择 localhost 并单击"连接"按钮,Controller 会尝试连接到 Load Generator 计算机。建立连接后,状态会从关闭变为就绪。

7. 模拟真实加压方式

添加 Load Generator 后,就可以配置加压方式了。典型用户不会正好同时登录和退出系统,LoadRunner 允许用户逐渐登录和退出系统,它还允许测试人员确定场景持续时间和场景停止方式。下面将要配置的场景相对比较简单,在设计更准确地反映现实情况的场景时,可以定义更真实的 Vuser 活动。

手动场景配置加压方式在 Controller 窗口的"场景计划"窗格中进行。"场景计划"窗格分为三部分:"计划定义"区域、"操作"列和交互计划图。

更改默认负载设置并配置场景计划的步骤如下:

步骤一:选择计划类型和运行模式。

在"计划定义"窗格中选定"计划方式"为场景,"运行模式"为实际计划,如图 9-46 所示。

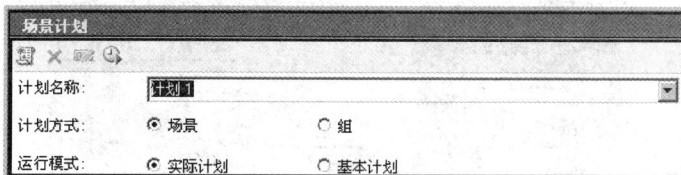

图 9-46 场景计划窗格

步骤二:设置计划操作定义。

在"操作"单元格或交互计划图中为场景计划设置"启动 Vuser"、"持续时间"以及"停止

Vuser"操作。在图中设置定义后,"操作"单元格中的属性会自动调整。"操作"单元格的具体设置如图 9-47 所示。

图 9-47　"操作"单元格的具体设置

1) 设置 Vuser 初始化

初始化是指通过运行脚本中的 vuser_init 操作为负载测试准备 Vuser 和 Load Generator。在 Vuser 开始运行之前对其进行初始化可以减少 CPU 占用量,并有利于提供更加真实的结果。

在"操作"单元格中双击"初始化",打开"编辑操作"对话框,显示初始化操作。选择"同时初始化所有 Vuser",如图 9-48 所示。

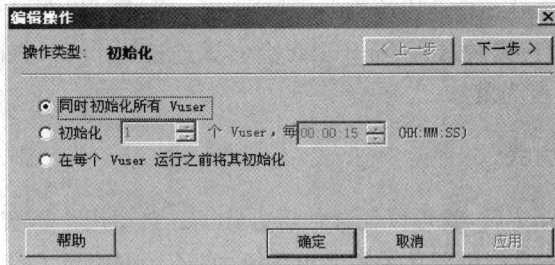

图 9-48　编辑"初始化"

2) 指定逐渐开始(从"计划操作"单元格)

通过按照一定的间隔启动 Vuser,可以让 Vuser 对应用程序施加的负载在测试过程中逐渐增加,帮助你准确找出系统响应时间开始变长的转折点。

在"操作"单元格中双击"启动 Vuser",打开"编辑操作"对话框,显示"启动 Vuser"操作,按照图 9-49 所示进行配置。

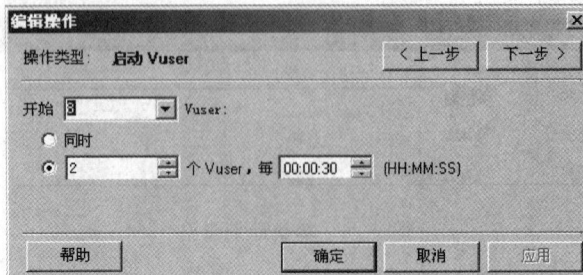

图 9-49　编辑"启动 Vuser"

3) 安排持续时间(从交互计划图)

通过指定持续时间,可以确保 Vuser 在特定的时间段内持续执行计划的操作,以便评测服务器上的持续负载。如果设置了持续时间,脚本会运行这段时间内所需的迭代次数,而不考虑脚本在运行时设置中所设置的迭代次数。

通过单击交互计划图工具栏中的"编辑模式"按钮 ✎ 确保交互计划图处于编辑模式。在"操作"单元格中,单击持续时间或图中代表持续时间的水平线。这条水平线会突出显示并且在端点处显示点和菱形。将菱形端点向右拖动,直到括号中的时间显示为 00:11:30,设置 Vuser 运行 10min,如图 9-50 所示。

交互计划图

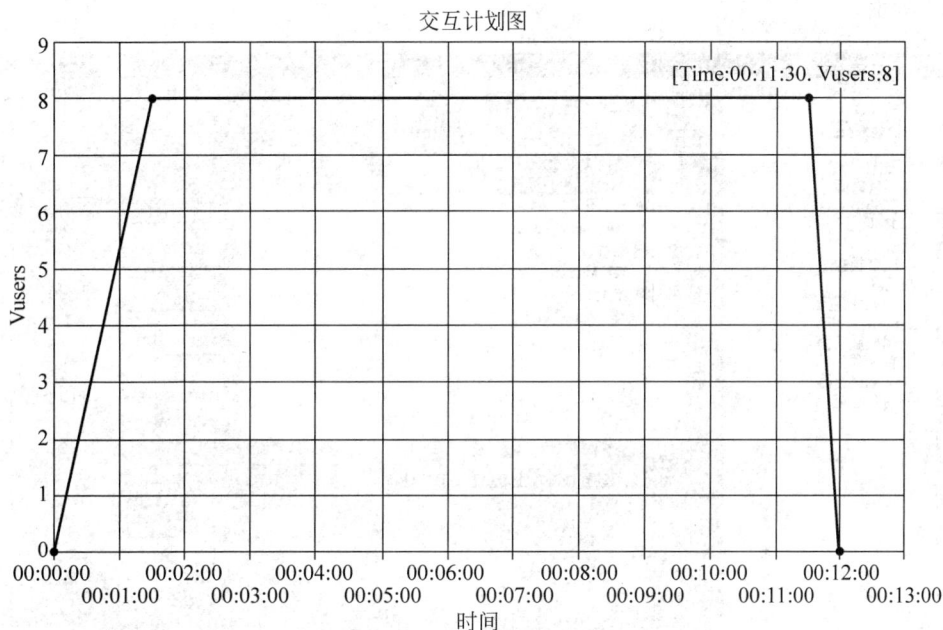

图 9-50 编辑"持续时间"

4) 安排逐渐关闭(从"计划操作"单元格)

建议逐渐停止 Vuser,以帮助在应用程序到达阈值后检测内存漏洞并检查系统恢复情况。在"操作"单元格中双击"停止 Vuser",打开"编辑操作"对话框,显示"停止 Vuser"操作,按照如图 9-51 所示进行配置。

至此,负载计划配置完成,下面需要指定 Vuser 在测试期间的行为方式。

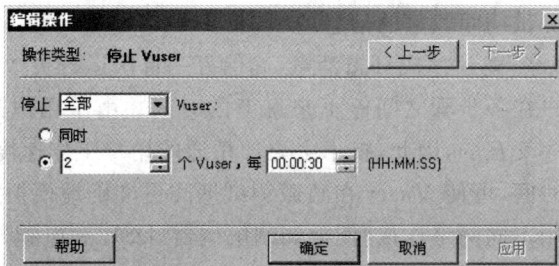

图 9-51 编辑"停止 Vuser"

8．模拟不同类型用户

行为是指用户在操作之间暂停的时间、用户重复同一操作的次数等。模拟真实用户时，需要考虑用户的实际行为。

这里我们将进一步了解 LoadRunner 的运行时设置，并启用思考时间和日志记录。具体设置步骤如下：

步骤一：打开运行时设置。

在"设计"选项卡中，选择脚本并单击"运行时设置"按钮，显示"运行时设置"对话框，如图 9-52 所示。

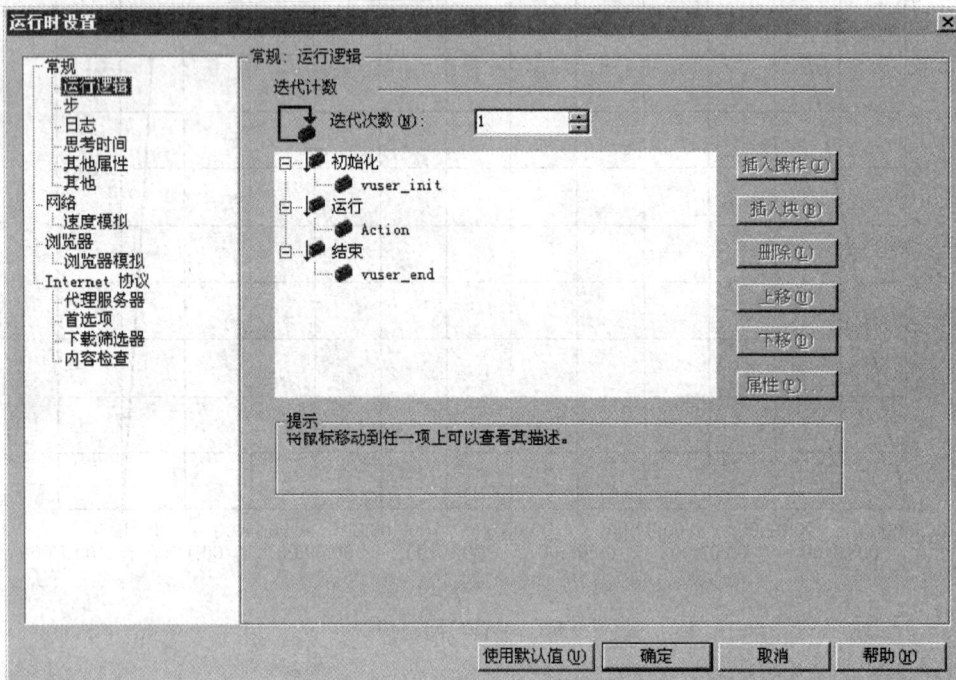

图 9-52　"运行时设置"对话框

通过运行时设置，可以模拟各种用户活动和行为。其中包括：

- 运行逻辑。用户重复一系列操作的次数。
- 步。重复操作之前等待的时间。
- 日志。希望在测试期间收集的信息的级别。

如果是首次运行场景，建议生成日志消息，确保万一首次运行失败时有调试信息。

- 思考时间。用户在各步骤之间停下来思考的时间。由于用户是根据其经验水平和目标与应用程序交互的，因此，技术上更加精通的用户工作速度可能会比新用户快。通过启用思考时间，可使 Vuser 在负载测试期间更准确地模拟对应的真实用户。
- 速度模拟。使用不同网络连接（例如调制解调器、DSL 和电缆）的用户。
- 浏览器模拟。使用不同浏览器查看应用程序性能的用户。
- 内容检查。用于自动检测用户定义的错误。如果发生错误时应用程序发送了一个自定义页面,其中包含文字 ASP Error,那么测试人员需要搜索服务器返回的所有页面,以查看是否出现文字 ASP Error。另外,我们还可以使用内容检查运行时设置,设置 LoadRunner 在测试运行期间自动查找这些文字。LoadRunner 将进行搜索并在发现文字时生成错误。

步骤二:启用思考时间。

选择"常规:思考时间"节点,选择"重播思考时间"→"使用录制思考时间的随机百分比"选项。指定最小值为 50%,最大值为 150%,如图 9-53 所示。

使用录制思考时间的随机百分比可以模拟熟练程度不同的用户。例如,如果选择航班的录制思考时间是 4s,则随机时间可以是 2~6s 的任意值(4 的 50% 至 150%)。

步骤三:启用日志记录。

选择"常规:日志"节点,选择"启用日志记录",在日志选项中,选择"始终发送消息"→"扩展日志"→"服务器返回的数据",如图 9-54 所示。

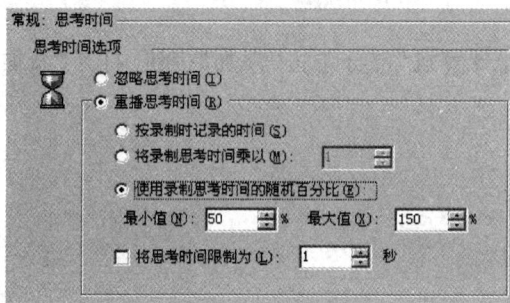

图 9-53 "常规:思考时间"节点

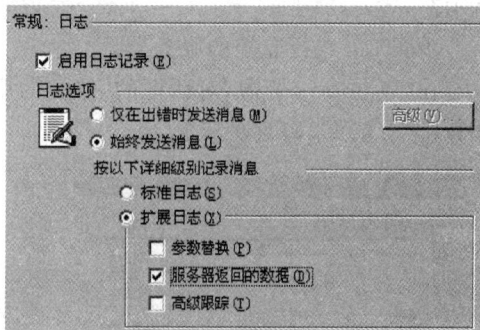

图 9-54 "常规:日志"节点

注意:初次调试运行后,建议不要对负载测试使用扩展日志记录。这里启用它只是为了提供 Vuser 输出日志信息。

单击"确认"按钮关闭"运行时设置"对话框。

9. 监控负载下的系统

现在已经定义了 Vuser 在测试期间的行为方式,接下来就可以设置监控器了。

负载测试过程中,测试人员希望实时了解应用程序的性能以及潜在的瓶颈,LoadRunner 的集成监控器可以评测负载测试期间系统每一层的性能以及服务器和组件的性能。

例如,可以根据正在运行的 Web 服务器类型选择 Web 服务器资源监控器。还可以为相关的监控器购买许可证,例如 IIS,然后使用该监控器精确指出 IIS 资源中反映的问题。

下面,我们将讲解如何添加和配置 Windows 资源监控器,以确定负载对 CPU、磁盘和内存等资源的影响。添加和配置 Windows 资源监控器的步骤如下:

步骤一:选择 Windows 资源监控器。

单击 Controller 窗口中的"运行"选项卡打开"运行"视图,Windows 资源图显示在右下角,如图 9-55 所示。

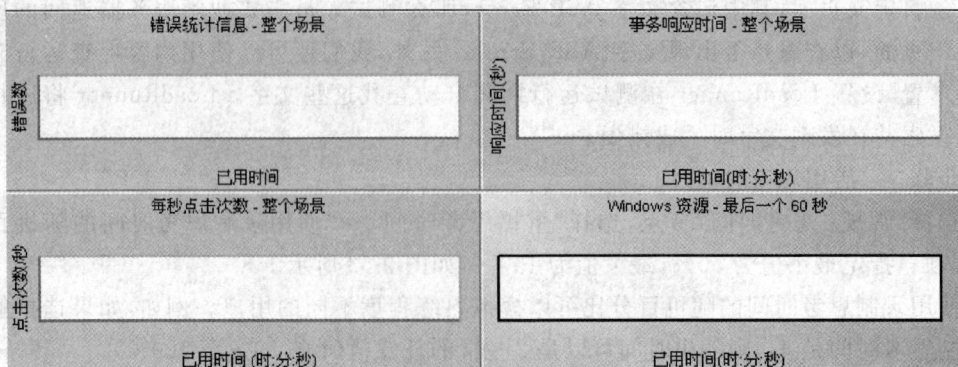

图 9-55 "运行"视图

右击"Windows 资源图",选择"添加度量",打开"Windows 资源"对话框,如图 9-56 所示。

步骤二:选择监控的服务器。

在"Windows 资源"对话框的"监控的服务器计算机"部分单击"添加"按钮,打开"添加计算机"对话框,如图 9-57 所示。

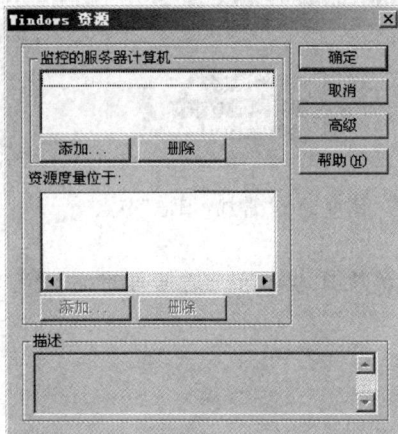

图 9-56 "Windows 资源"对话框

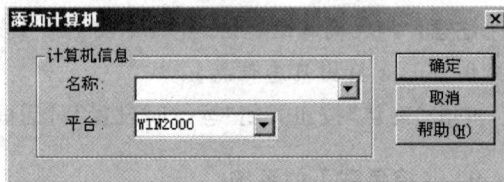

图 9-57 "添加计算机"对话框

在名称框中输入 localhost(如果 Load Generator 正在另一台机器上运行,你可以输入服务器名称或该计算机的 IP 地址),在平台框中输入计算机的运行平台,单击"确定"按钮。默认的 Windows 资源度量列在"资源度量"文本框内,如图 9-58 所示。

步骤三:激活监控器。

单击"Windows 资源"对话框中的"确定"按钮激活监控器。在接下来的运行负载测试过程中就可以使用监控器来监视系统性能变化。

图 9-58 服务器资源度量

9.2.7 运行负载测试

1. Controller 运行视图

Controller 窗口中的"运行"选项卡是用来管理和监控测试情况的控制中心的。"运行"视图包含 5 个主要部分："场景组"窗格、"场景状态"窗格、可用图树、图查看区域和图例,如图 9-59 所示。

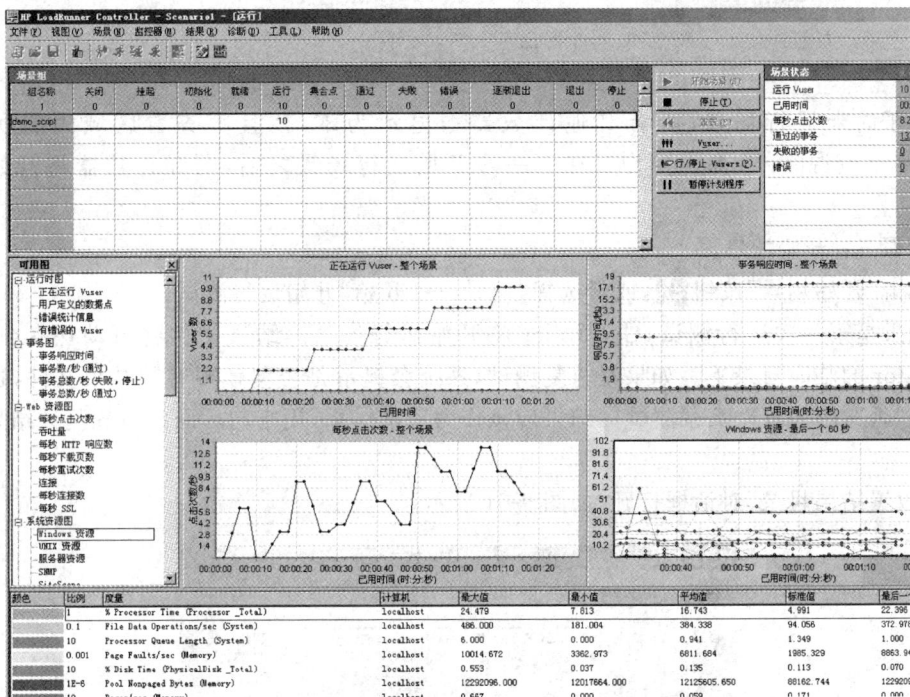

图 9-59 "运行"选项卡

- "场景组"窗格。位于左上角的窗格,可以查看场景组内 Vuser 的状态。使用该窗格右侧的按钮可以启动、停止和重置场景,查看各个 Vuser 的状态,通过手动添加更多 Vuser 增加场景运行期间应用程序的负载。
- "场景状态"窗格。位于右上角的窗格,可以查看负载测试的概要信息,包括正在运行的 Vuser 数量和每个 Vuser 操作的状态。
- 可用图树。位于中间偏左位置的窗格,可以看到一系列 LoadRunner 图。要打开图,请在树中选择一个图,并将其拖到图查看区域。
- 图查看区域。位于中间偏右位置的窗格,你可以在其中自定义显示画面,查看 1 到 8 个图。
- 图例。位于下部的窗格,你可以在其中查看所选图的数据。

2. 运行负载测试场景

运行负载测试场景的步骤如下:

步骤一：打开 Controller 的"运行"视图。

选择屏幕底部的"运行"选项卡。

注意在"场景组"窗格的"关闭"列中有 8 个 Vuser。这些 Vuser 是在创建场景时创建的，如图 9-60 所示。

场景组											
组名称	关闭	挂起	初始化	就绪	运行	集合点	通过	失败	错误	逐渐退出	退出	停止
1	8	0	0	0	0	0	0	0	0	0	0	0
travel_agent	8											

图 9-60　场景组

由于尚未运行场景，所有其他计数器均显示为零，并且图查看区域内的所有图（Windows 资源除外）都为空白。在下一步开始运行场景之后，图和计数器将开始显示信息。

步骤二：开始场景。

单击"开始场景"按钮 ▶，或者选择"场景"→"开始"开始运行测试。

如果是第一次运行测试，Controller 将开始运行场景。结果文件将自动保存到 Load Generator 的临时目录下。如果是重复测试，系统会提示是否覆盖现有的结果文件，这里应该单击"否"，因为首次负载测试的结果应该作为基准结果，用来与后面的负载测试结果进行比较。

"设置结果目录"对话框打开，如图 9-61 所示。

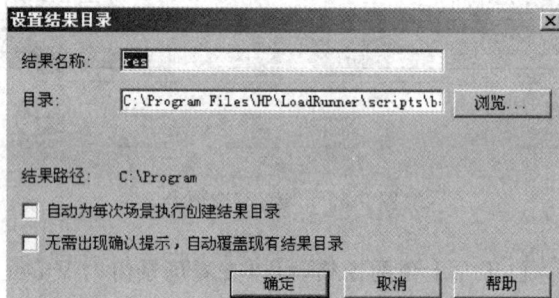

图 9-61　"设置结果目录"对话框

这里我们应该指定新的结果目录，为每个结果集输入一个唯一且有意义的名称，因为在分析图时可能要将几次场景运行的结果重叠。

3. 监控负载下的应用程序

这里我们要使用 Controller 的联机图查看监控器收集的性能数据，使用这些信息确定系统环境中可能存在问题的区域。

1）检查性能图

"运行"选项卡显示下列默认的联机图，如图 9-62 所示。

- 正在运行 Vuser-整个场景图。显示在指定时间运行的 Vuser 数。
- 事务响应时间-整个场景图。显示完成每个事务所用的时间。

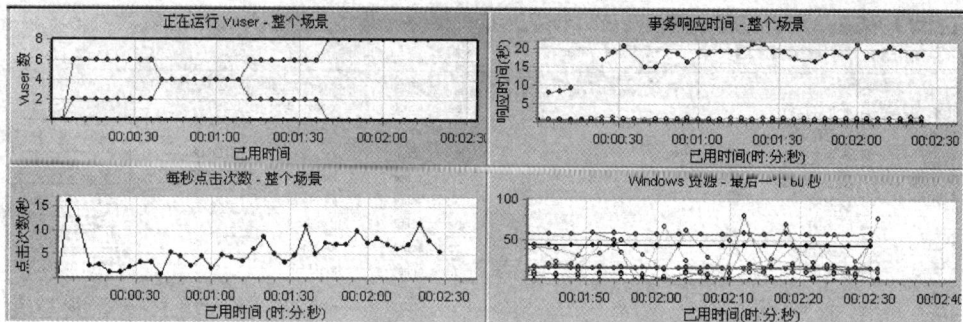

图 9-62　默认的联机图

- 每秒点击次数-整个场景图。显示场景运行期间 Vuser 每秒向 Web 服务器提交的点击次数（HTTP 请求数）。
- Windows 资源图。显示场景运行期间评测的 Windows 资源。

2）突出显示单个测量值

双击"Windows 资源"窗格将其放大。注意每个测量值都显示在图例中用不同颜色标记的行中。每行对应图中与之颜色相同的一条线。选中一行时，图中的相应线条将突出显示，反之则不突出显示。再次双击图将其缩小。

3）查看吞吐量信息

选择"可用图树"中的吞吐量图，将其拖放到图查看区域，"吞吐量"图中的测量值显示在画面窗口和图例中。

"吞吐量"图显示 Vuser 每秒从服务器接收的数据总量（以字节为单位），我们可以将此图与"事务响应时间"图比较，查看吞吐量对事务性能的影响。

如果随着时间的推移和 Vuser 数目的增加，吞吐量不断增加，说明带宽够用。如果随着 Vuser 数目的增加，吞吐量保持相对平稳，可以认为是带宽限制了数据流量，如图 9-63 所示。

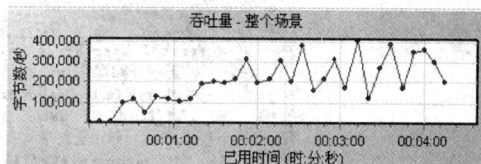

图 9-63　吞吐量变化

4．实时观察 Vuser 的运行情况

模拟用户时，你应该能够实时查看用户的操作，确保它们执行正确的步骤。通过 Controller 的运行时查看器可以实时查看用户操作。

查看 Vuser 的操作步骤如下：

步骤一：单击 Vuser 按钮 ，打开 Vuser 窗口，如图 9-64 所示。

状态列显示了每个 Vuser 的状态，可以看到有 4 个正在运行的 Vuser 和 4 个已经关闭的 Vuser。计划程序中的"启动 Vuser"操作指示 Controller 每次释放两个 Vuser，随着场景的运行，将继续每隔 30s 向组中添加两个 Vuser。

步骤二：从 Vuser 列表中选择一个正在运行的 Vuser。

步骤三：单击 Vuser 工具栏上的"显示选定的 Vuser"按钮 ，打开运行时查看器并显

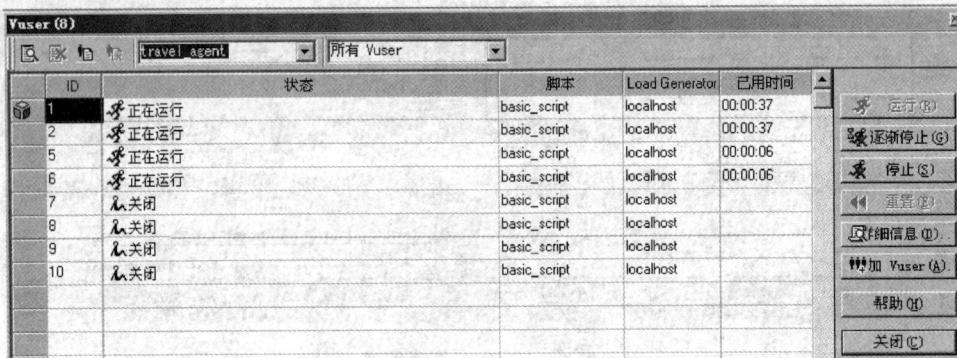

图 9-64　Vuser 窗口

示所选 Vuser 当前执行的操作。当 Vuser 执行录制的脚本中所包含的各个步骤时,窗口将不断更新。

步骤四:单击 Vuser 工具栏上的"隐藏选定 Vuser"按钮 ,关闭运行时查看器日志。

5. 查看用户操作的概要信息

对于正在运行的测试,要检查测试期间各个 Vuser 的进度,可以查看包含 Vuser 操作文本概要信息的日志文件。

查看事件的文本概要信息可以在 Vuser 窗口中选择一个正在运行的 Vuser,单击"显示 Vuser 日志"按钮 打开 Vuser 日志,如图 9-65 所示。

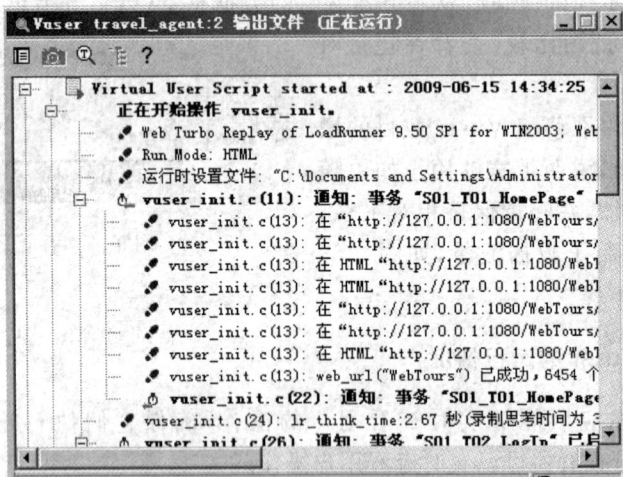

图 9-65　Vuser 日志

日志中包含与 Vuser 操作对应的消息,在上面的窗口中,消息 Virtual User Script started 说明场景已启动。

6. 在测试期间增加负载

在运行负载测试期间,我们可以通过手动添加更多 Vuser 的方式增加应用程序的负

载,具体步骤如下:

步骤一:在"运行"视图中单击"运行/停止 Vuser"按钮 ![Run/Stop Vuser],打开"运行/停止 Vuser"对话框,显示当前分配到场景中运行的 Vuser 数。

步骤二:在♯列中输入要添加到组中的额外 Vuser 的数目,例如,要运行 2 个额外的 Vuser,那么就将♯列中的数字 8 替换为 2。

步骤三:单击"运行"以添加 Vuser。

如果某些 Vuser 尚未初始化,将打开运行已初始化的 Vuser 并运行新 Vuser 选项,选择运行新 Vuser 选项,如图 9-66 所示。

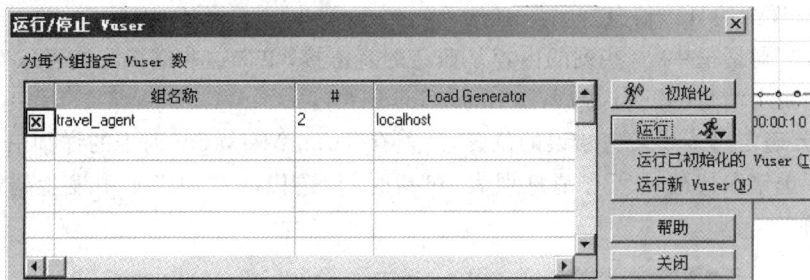

图 9-66 运行 Vuser

这两个额外的 Vuser 被分配给 travel_agent 组且运行在 localhost 的 LoadGenerator 上。"场景状态"窗格显示现在有 10 个正在运行的 Vuser。

注意:运行期间可能会收到警告信息,指出 LoadRunner Controller 无法激活额外的 Vuser。这是由于使用本地计算机作为 Load Generator 并且该计算机的内存资源不足造成的。多数情况下,应该使用专用计算机作为 Load Generator 以避免此类问题。

7.负载测试的结果

如果应用程序在重负载下启动失败,可能是出现了错误和失败的事务,Controller 将在输出窗口中显示错误消息。

1)检查所有错误消息

选择"视图"→"显示输出"或者单击"场景状态"窗格中的错误,打开"输出"对话框,如图 9-67 所示,其中列出了消息文本、生成的消息总数、发生错误的 Vuser 和 Load Generator 以及发生错误的脚本等内容。

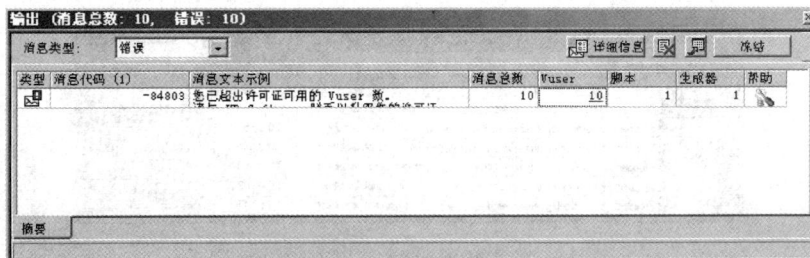

图 9-67 "输出"对话框

更加详细的信息我们可以通过选中该消息并单击"详细信息"按钮 ，打开"详细消息文本"对话框查看。图 9-68 显示了超时错误的情况，Web 服务器没有在给定时间内响应请求。

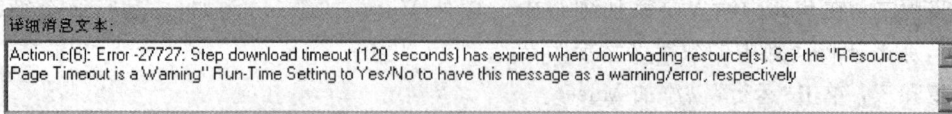

图 9-68　超时错误

2）查看详细的日志信息

在"输出"对话框中，有些列的内容是蓝色的超链接，单击这些链接我们可以看到与错误代码相关的每个消息、Vuser、脚本和 Load Generator。

例如，要确定脚本中发生错误的位置，请查看 Total Messages 列中的详细信息，Output窗口显示所选错误代码的所有消息列表，包括时间、迭代次数和脚本中发生错误的行，如图 9-69 所示。

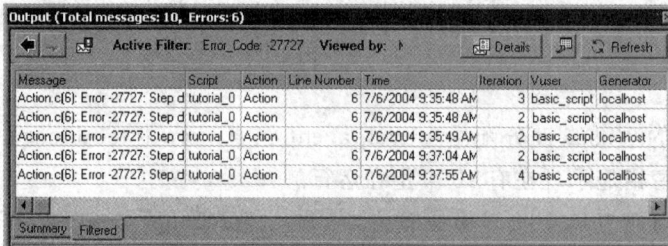

图 9-69　Output 对话框

上图中有 Line Number 列，其中的数字是指脚本中发生错误的行号，单击相应行号可以切换到脚本页面，我们可以使用这些信息找出响应速度比较慢的事务，就是它们导致了应用程序在负载下运行失败。

8．测试完成

测试运行结束后，"场景状态"窗格关闭，Vuser 停止运行。Vuser 对话框中显示了各个Vuser 的状态，重复某个任务的次数（迭代数）、成功迭代的次数和已用时间等信息，如图 9-70所示。

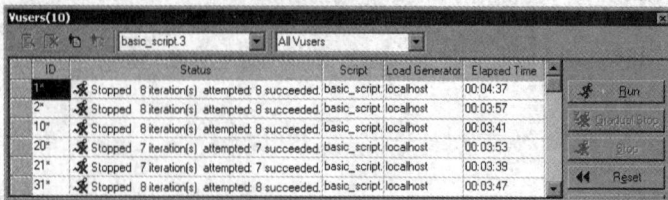

图 9-70　测试结束后 Vuser 的状态

9. 应用程序在负载下的运行情况

要了解应用程序在负载下的运行情况,需要查看事务响应时间并确定事务是否在客户可接受的范围内。如果事务响应时间延长,需要找出瓶颈。有关这方面的详细信息,请参阅"9.2.8 分析场景"中的内容。

找出问题后,需要各方面人员(包括开发人员、DBA、网络以及其他系统专家)的共同努力来解决"瓶颈"问题。调整后,再次运行负载测试来确认所做的调整是否达到了预期效果,重复此循环不断优化系统性能,直至达到系统目标为止。

9.2.8 分析场景

在服务器上施加负载后,需要分析运行情况,并确定需要解决哪些问题来提高系统性能。LoadRunner 通过 Analysis 会话过程中生成的图和报告来获取有关场景性能的重要信息,使用这些图和报告,可以轻松找出并确定应用程序的性能瓶颈,同时确定需要对系统进行哪些改进以提高其性能。

1. Analysis 如何工作

Analysis 会话的目的是查找系统的性能问题,然后找出这些问题的根源。

(1)是否达到了预期的测试目标?在负载下,对用户终端的事务响应时间是多少?是符合 SLA 还是偏离了目标?事务的平均响应时间是多少?

(2)系统的哪些部分导致了性能下降?网络和服务器的响应时间是多少?

(3)通过将事务时间与后端监控器矩阵表关联在一起,能否找出可能的原因?

下面,我们将讲解如何使用 LoadRunner Analysis 生成和查看图及报告,以帮助我们发现性能问题并查明问题的根源。

2. 启动 Analysis 会话

1)打开 LoadRunner Analysis

打开 LoadRunner,在负载测试选项卡中单击"分析负载测试",打开 Analysis。

2)打开 Analysis 会话文件

这里我们使用 LoadRunner 提供的示例程序来讲解 Analysis 的使用。

在 Analysis 窗口中,选择"文件"→"打开",在<*LoadRunner 安装位置*>*Tutorial* 文件夹中,选择 analysis_session 打开,如图 9-71 所示。

注意:*如果系统提示你将会话从旧版本的 LoadRunner 转换至新版本,请单击"确定"按钮。这个例子与前面的示例类似,但这次测试使用了 70 个 Vuser,而不是 10 个。*

3. Analysis 窗口

打开示例文件 analysis_session 后,进入 Analysis 分析窗口,它包含以下主要内容:会话浏览器、属性窗口、图查看区域和图例,如图 9-72 所示。

- "会话浏览器"窗格。位于左上方的窗格,Analysis 在其中显示已经打开的报告和图,也可以在此处显示打开 Analysis 时未显示的新报告或图,或者删除自己不想再

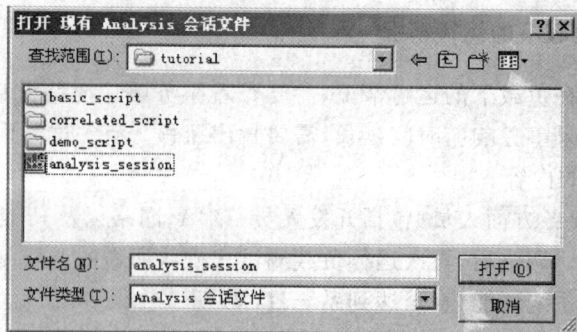

图 9-71   打开示例文件 analysis_session

查看的报告或图。

- "属性窗口"窗格。位于左下方的窗格,属性窗口中显示在会话浏览器中选中的图或报告的详细信息,黑色字段是可编辑字段。
- 图查看区域。位于右上方的窗格,Analysis 在其中显示图,默认情况下,打开会话后概要报告将显示在此区域。
- 图例。位于右下方的窗格,可以查看所选图中的数据。

注意:还有几个可以从工具栏访问的其他窗口,它们提供附加信息。这些窗口可以在屏幕上随意拖放。

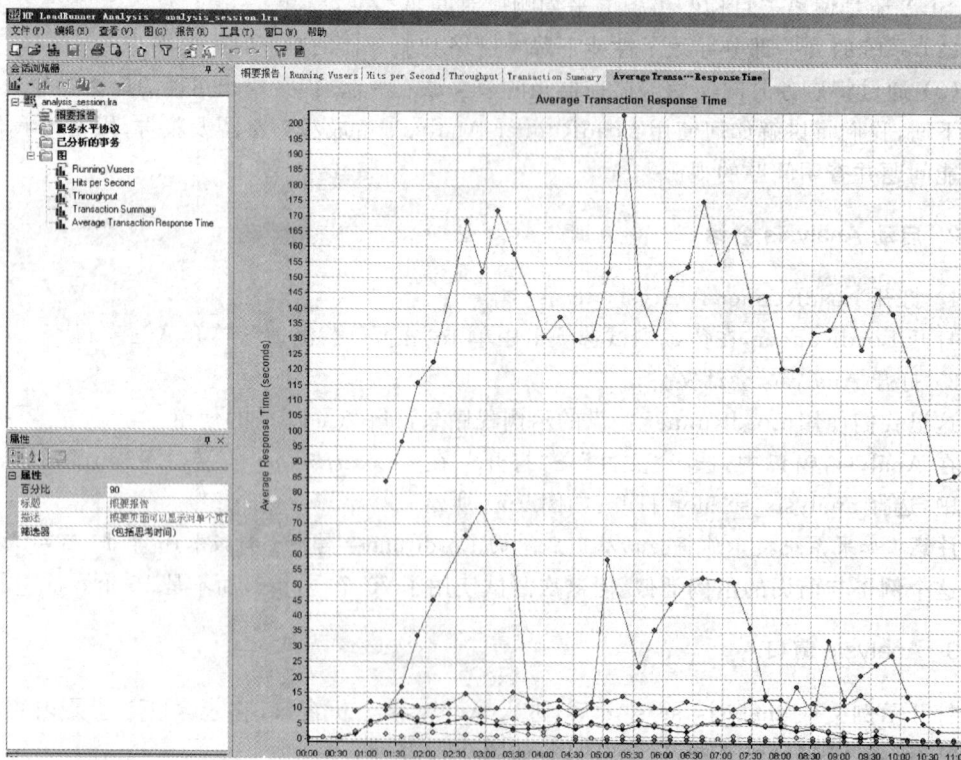

图 9-72   Analysis 窗口

4．服务水平协议

服务水平协议(SLA)是测试人员为负载测试场景定义的具体目标。Analysis 将这些目标与 LoadRunner 在运行过程中收集和存储的性能数据进行比较,然后确定目标的 SLA 状态(通过或失败)。

例如,我们可以定义具体的目标或阈值,用于评测脚本中任意数量事务的平均响应时间。测试运行后,LoadRunner 将预定义的目标与实际录制的平均事务响应时间进行比较,并且 Analysis 会显示每个所定义 SLA 的状态(通过或失败)。如果实际的平均事务响应时间未超过你定义的阈值,SLA 状态将为通过。

作为目标定义的一部分,SLA 可以将负载条件也考虑在内。这意味着可接受的阈值将根据负载级别(例如运行的 Vuser 数、吞吐量等)而有所更改,随着负载的增加,你可以允许更大的阈值。

根据定义的目标,LoadRunner 将以下列某种方式来确定 SLA 状态:

- 通过时间线中的时间间隔确定 SLA 状态。在运行过程中,Analysis 按照时间线上的预设时间间隔(例如每 5 秒钟)显示 SLA 状态。
- 通过整个运行确定 SLA 状态。Analysis 为整个场景运行显示一个 SLA 状态。

可以在 Controller 中运行场景之前定义 SLA,也可以稍后在 Analysis 中定义 SLA。

5．定义 SLA

这里我们要使用 HP Web Tours 示例定义 SLA,假设 HP Web Tours 的管理员想要了解 book_flight 和 search_flight 事务的平均响应时间何时会超过既定值。为此,应该对相应事务设置阈值,这些阈值是可接受的平均事务响应时间最大值。

在设置阈值时,还要考虑具体的负载条件,例如正在运行的 Vuser 数,随着正在运行的 Vuser 数目的增加,阈值将增大。原因是尽管 HP Web Tours 管理员希望平均事务响应时间尽可能短,但我们都知道每年的一些特别时候可以合理地假定 HP Web Tours 网站的负载比其他时候高。例如,在旅游旺季会有更多的旅行社登录到网站来预订机票、查看航班路线等。在这种合理的重负载情况下,可以接受稍长的平均事务响应时间。

下面的设置中,我们将考虑三种负载情况:轻负载、平均负载和重负载。每个场景将有各自的阈值。

在 Analysis 中定义 SLA 要在运行行场景后进行。下面我们针对示例会话文件中的 book_flight 和 search_flight 事务定义 SLA,并为平均事务响应时间设置具体的目标。具体操作步骤如下:

步骤一:打开 SLA 配置向导。

选择"工具"→"配置 SLA 规则",打开"服务水平协议"对话框,如图 9-73 所示,单击"新建",打开向导。

步骤二:为目标选择度量。

选中"通过时间线中的时间间隔确定的 SLA 状态"→"平均事务响应时间"(每个时间间隔),单击"前进"按钮,如图 9-74 所示。

步骤三:选择事务进行监控。

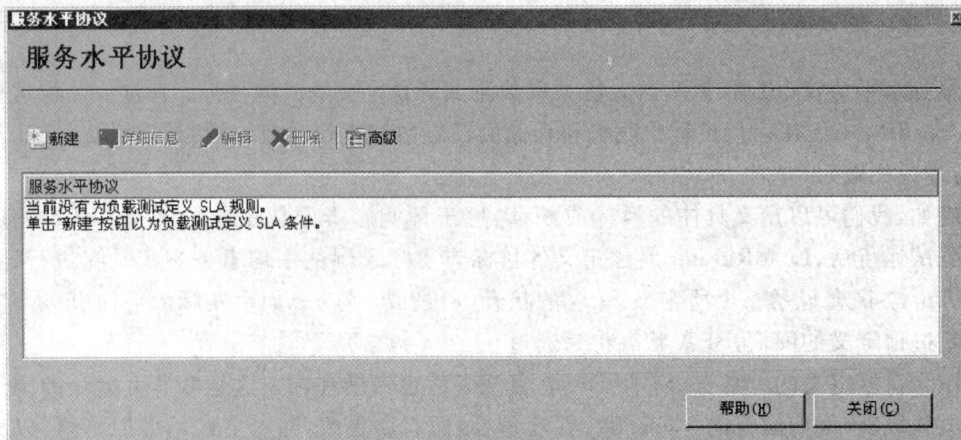

图 9-73　"服务水平协议"对话框

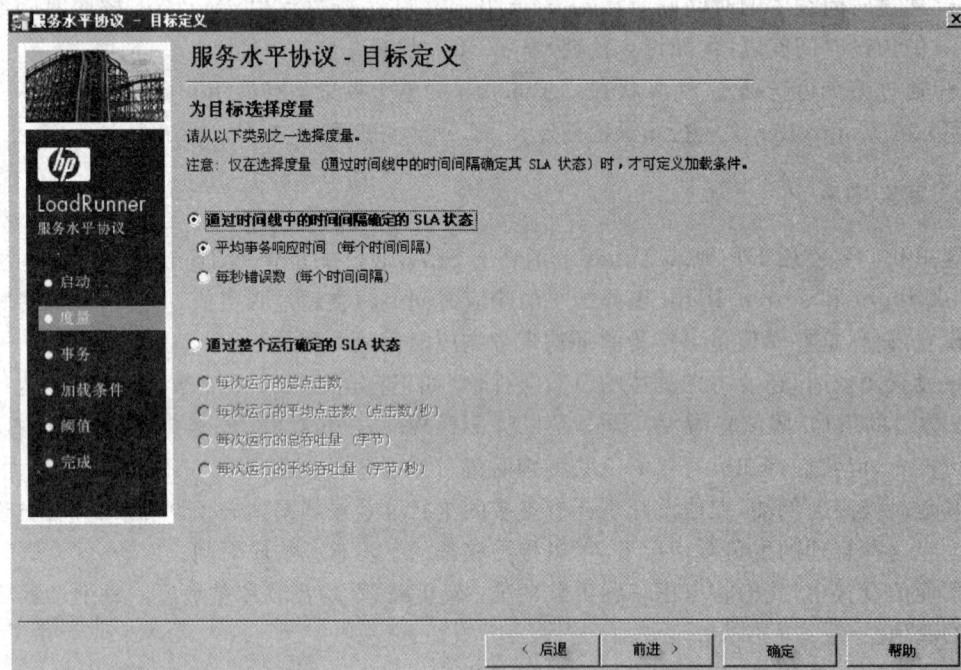

图 9-74　目标定义

从可用事务列表（脚本中的所有事务列表）中选择 book_flight 和 search_flight 事务将其加入选定事务编辑框，如图 9-75 所示，单击"前进"按钮。

步骤四：设置负载条件。

如图 9-76 所示，我们在这里要设置不同的负载条件。从"加载条件"下拉列表中选择"正在运行的 Vuser 数"，并按照图 9-76 所示设置负载值。

这里设置的负载值确定了在三种潜在负载条件下可接受的平均事务响应时间：

• 轻负载：有 0 至 19 个 Vuser。

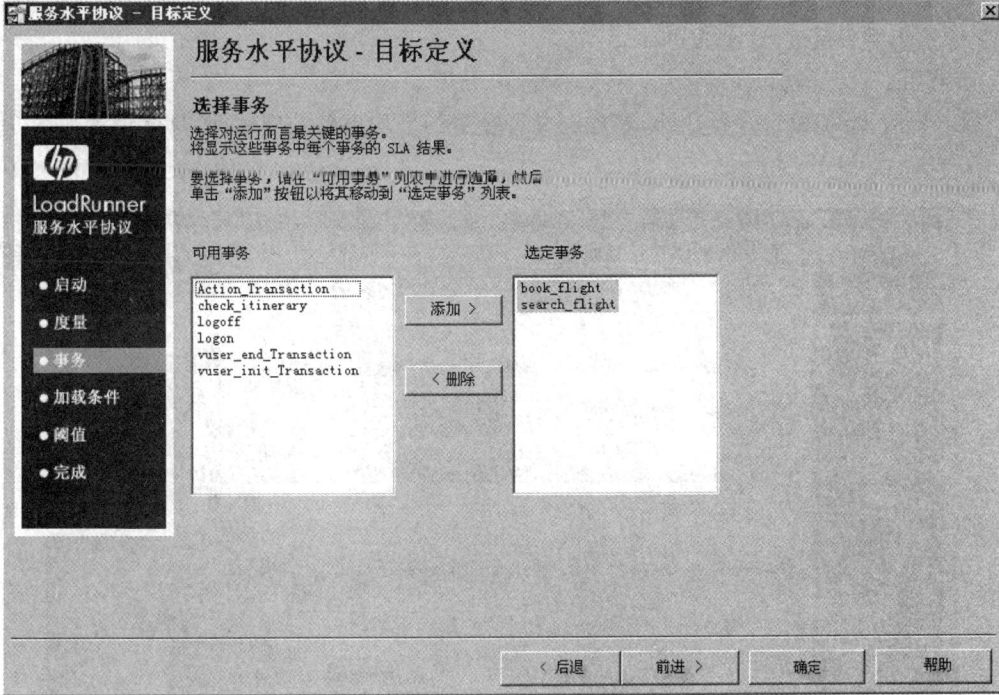

图 9-75　选择监控事务

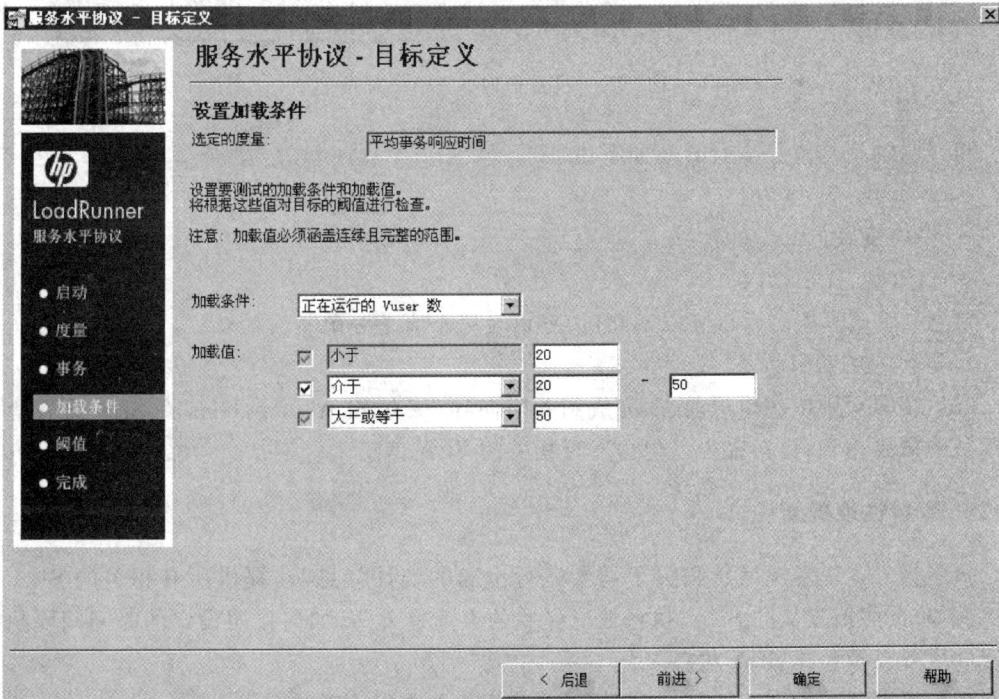

图 9-76　设置负载条件

- 平均负载：有 20 至 49 个 Vuser。
- 重负载：超过 50 个 Vuser。

步骤五：设置阈值。

为 book_flight 和 search_flight 事务定义可接受的平均事务响应时间，具体设置如图 9-77 所示。

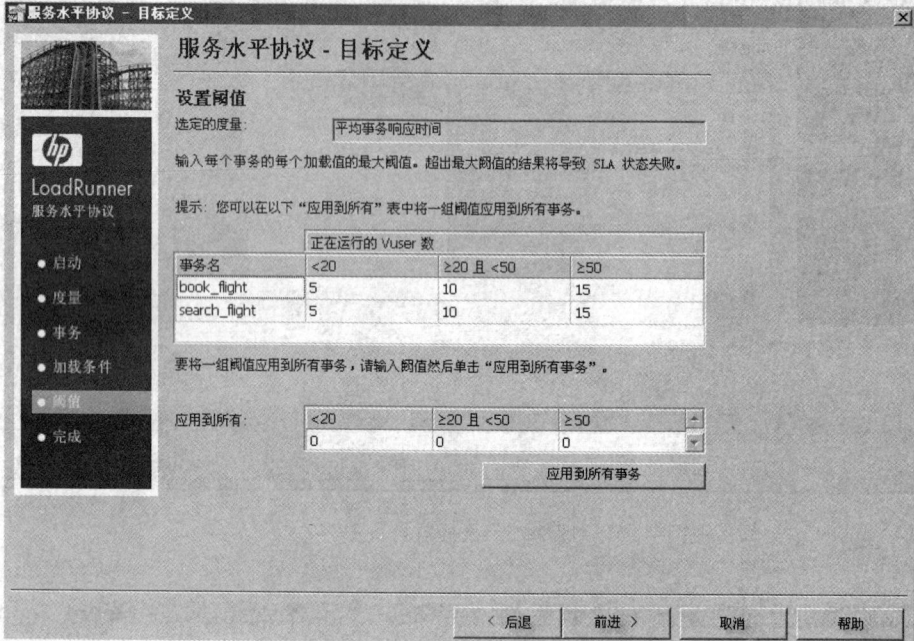

图 9-77 设置平均事务响应时间

可接受的平均事务响应时间如下：

- 轻负载：5s 以内。
- 平均负载：10s 以内。
- 重负载：15s 以内。

注意：所选事务的阈值可以不相同，可以为每个事务分配不同的值。

步骤六：保存 SLA。

在后续网页中依次单击前进、完成和关闭向导，保存 SLA。Analysis 将 SLA 设置应用于默认的概要报告，更新报告以包含所有相关的 SLA 信息。

6. 查看性能概要

概要报告提供常规信息和关于场景运行情况的统计信息，还提供所有相关的 SLA 信息。例如，按照所定义的 SLA，执行情况最差的事务是哪些，如何按照设定的时间间隔执行特定的事务以及整体 SLA 状态。

我们可以从会话浏览器打开概要报告，此报告包含以下部分：

1) 场景的总体统计信息

在"统计信息概要"部分，可以看到这次测试最多运行了 70 个 Vuser，另外此处还记录

了其他统计信息（例如总吞吐量、平均吞吐量以及总点击数、平均点击数等），如图 9-78
所示。

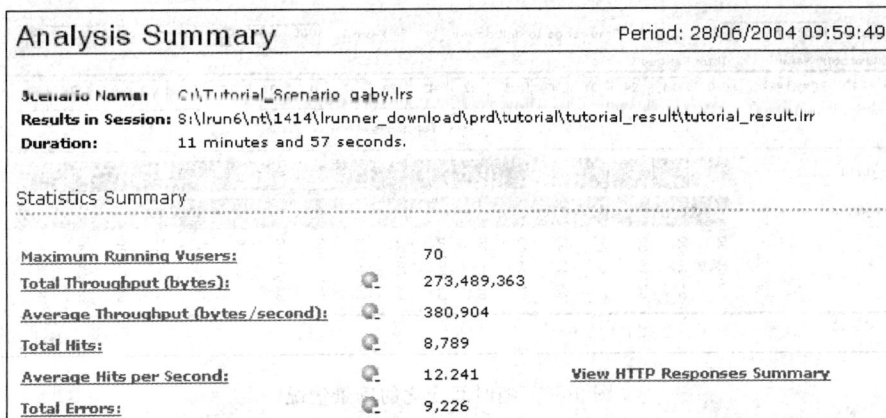

图 9-78 统计信息概要

2) 执行情况最差的事务

如图 9-79 所示，"5 个执行情况最差的事务"表最多显示 5 个定义了 SLA 且执行情况最
差的事务。

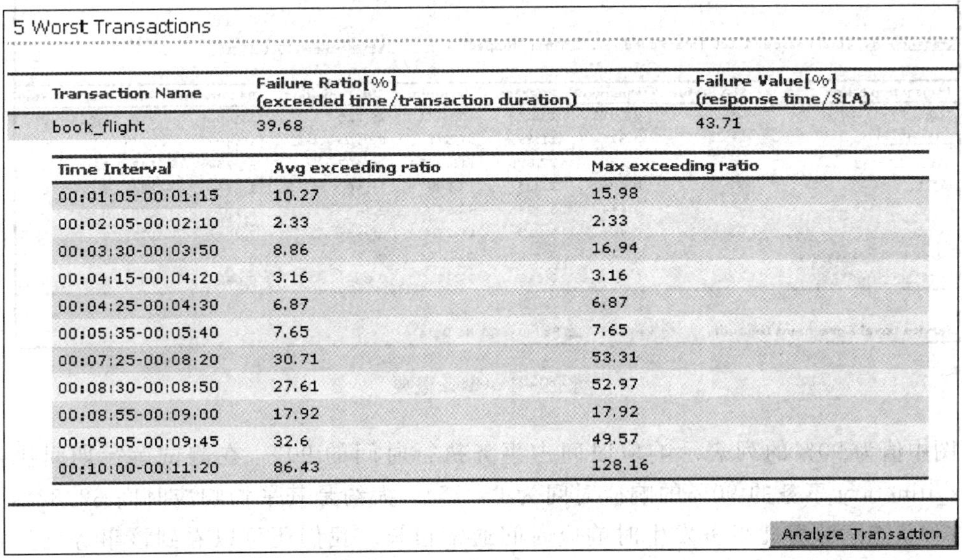

图 9-79 5 个执行情况最差的事务

可以看到 book_flight 事务的持续时间相对于 SLA 阈值超出了 39.68％，整个运行期
间，它超出 SLA 阈值的平均百分比为 43.71％。

3) 超出 SLA 阈值的时间间隔

如图 9-80 所示，"随时间变化的场景情况"部分显示不同的时间段内各个事务的执行情
况，绿色方块表示事务在 SLA 阈值范围内执行的时间段，红色方块表示事务失败的时间段，
灰色方块表示尚未定义相关的 SLA。

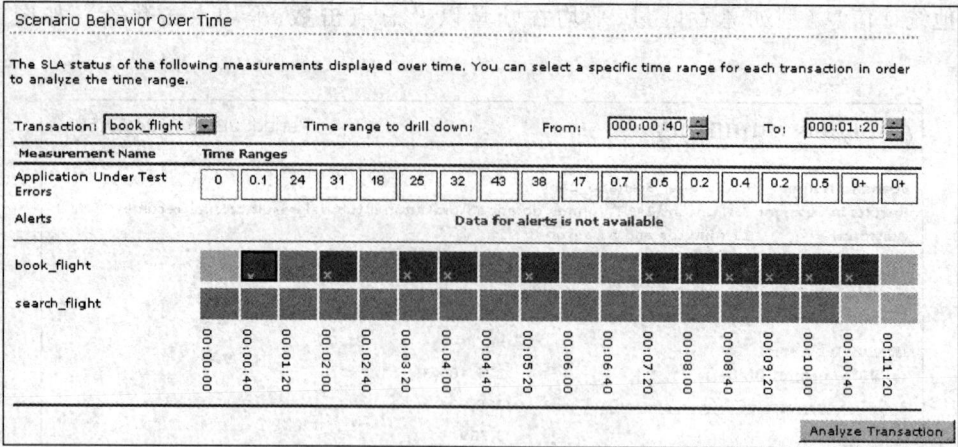

图 9-80 随时间变化的场景情况

search_flight 在所有评测的时间段中都在阈值范围内,但在某些时间段内 book_flight 超出了阈值。

4)事务的整体性能

"事务概要"列出每个事务的概要情况,如图 9-81 所示。

Transaction Summary

Transactions: Total Passed: 1,100 Total Failed: 3,112 Total Stopped: 0 Average Response Time

Transaction Name	SLA Status	Minimum	Average	Maximum	Std. Deviation	90 Percent	Pass	Fail	Stop
Action_Transaction		78.016	139.18	252.471	28.215	170.866	144	3,081	0
book_flight		5.375	11.399	17.541	3.015	15.407	175	0	0
check_itinerary		3.295	32.826	119.258	26.407	65.754	147	28	0
logoff		0.406	1.005	12.909	1.146	1.67	144	3	0
logon		0.444	3.934	9.864	2.161	6.777	175	0	0
search_flight		0.464	4.915	11.17	2.365	7.966	175	0	0
vuser_end_Transaction		0	0	0	0	0	70	0	0
vuser_init_Transaction		0	0.013	0.077	0.024	0.062	70	0	0

Service Level Agreement Legend: Pass Fail No Data

图 9-81 事务概要

图中值为 90%的列表示响应时间占事务执行时间的 90%,在测试运行期间执行的 check_itinerary 事务的 90%的响应时间为 65.754s,大约是其平均响应时间 32.826s 的 2 倍,这种状态意味着此事务发生时响应时间通常很长。我们还可以看到该事务已失败了 28 次。

7. 以图形方式查看性能

LoadRunner 提供的"会话浏览器"窗口能以图形的方式查看应用程序的性能。下面我们以"平均事务响应时间"图为例来观察图中所显示的信息。

1)打开"平均事务响应时间"图

在图下方的会话浏览器上,单击"平均事务响应时间","平均事务响应时间"图将在图查看区域打开。

在图例中单击 check_itinerary 会话，check_itinerary 事务将突出显示在该图中以及图下方的图例中，如图 9-82 所示。

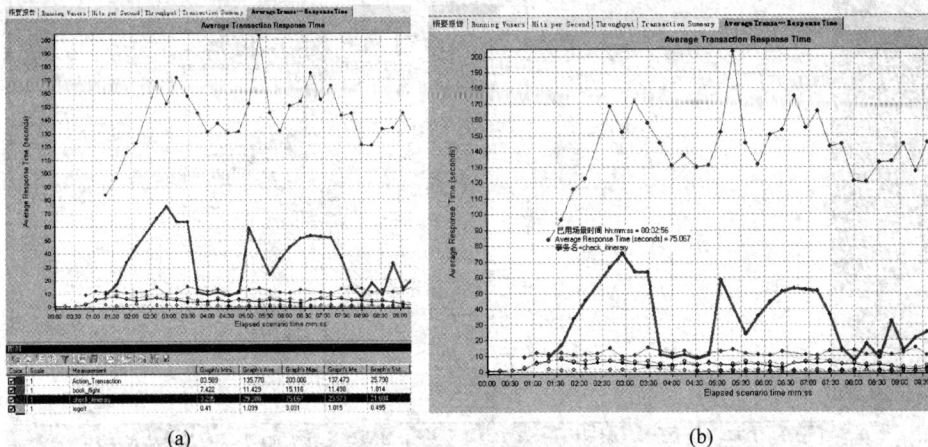

(a)   (b)

图 9-82 "平均事务响应时间"图

图中的点代表在场景运行的特定时间内的事务平均响应时间，将光标放在图中的点上，将会出现一个黄色说明框并显示该点的坐标值。

2）分析结果

在图 9-82 中我们可以看到 check_itinerary 事务的平均响应时间波动很大，甚至在场景运行 2：56 分后峰值达到 75.067s。

在运行状况良好的服务器上，事务的平均响应时间是相对稳定的，例如，图底部的 logon、logoff、book_flight 和 search_flight 事务的平均响应时间相对稳定。

8. 查看服务器性能

现在我们将分析 70 个正运行的 Vuser 对系统性能的影响。

1）研究 Vuser 的行为

在图树中单击正在运行的 Vuser 数，会在图查看区域打开"正在运行 Vuser"图，如图 9-83 所示，可以看到在场景开始运行后，Vuser 逐渐开始运行，70 个 Vuser 同时运行了 3min，接着 Vuser 又开始逐渐停止运行。

2）筛选该图，仅查看所有 Vuser 同时运行的时间段

我们可以通过筛选图的方式，缩小图中数据的显示范围，仅显示符合指定条件的数据。

右击正显示图形，选择"设置筛选器/分组方式"，或单击工具栏上的"设置筛选器/分组方式图标" ，打开"筛选器设置"对话框。在筛选条件区域，选择"场景已用时间行的值"，设置从 1：30（分钟：秒）到 3：45（分钟：秒）的时间范围，设置完成，单击"确定"按钮。

"正在运行 Vuser"图现在仅显示场景运行后 1：30（分钟：秒）到 3：45（分钟：秒）之间运行的 Vuser，所有其他 Vuser 已全被筛选出去，如图 9-84 所示。

3）将"正在运行 Vuser"图和"平均事务响应时间"图关联在一起来比较数据

将两个图关联起来，就会看到一个图的数据对另一个图的数据产生的影响，这称为关联两个图。

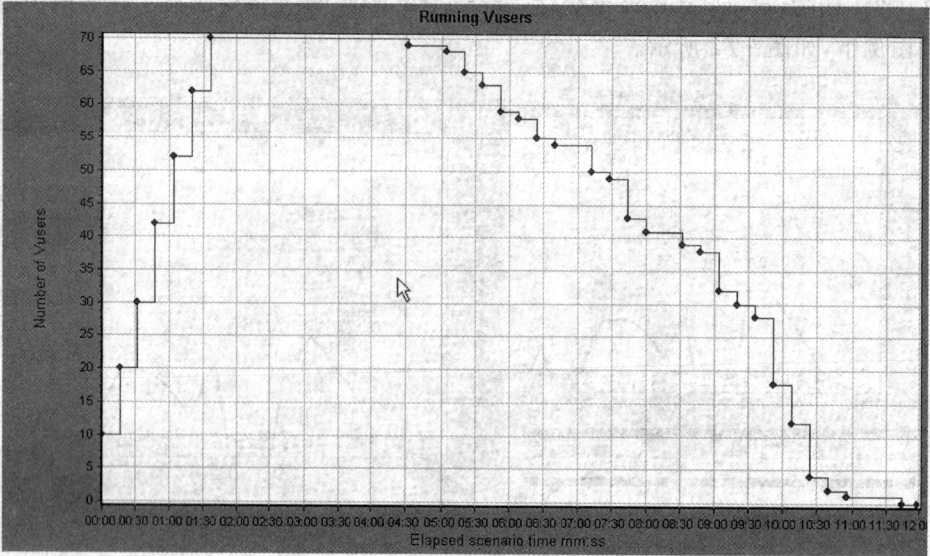

图 9-83 "正在运行 Vuser"图

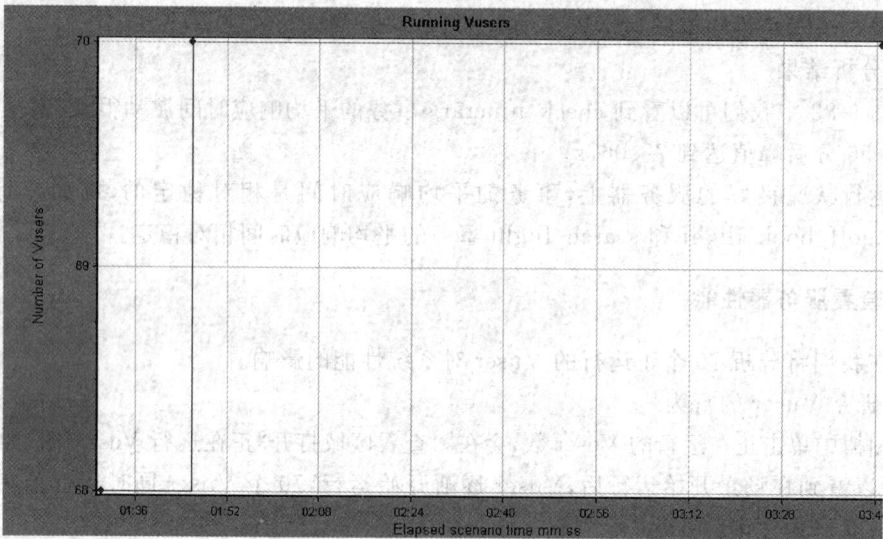

图 9-84 设置筛选器后的图形显示

将"正在运行 Vuser"图与"平均事务响应时间"图相关联,我们可以查看大量 Vuser 对事务平均响应时间产生的影响。

具体方法是:

右击"正在运行 Vuser"图并选择"清除筛选器/分组方式",右击该图并选择合并图。在选择要合并的图列表中,选择平均事务响应时间。在选择合并类型区域中,选择关联,然后单击"确定"按钮,关联完成。

现在,"正在运行 Vuser"图和"平均事务响应时间"图在图查看区域中表示为一个图,即"正在运行的 Vuser-平均事务响应时间"图,如图 9-85 所示。

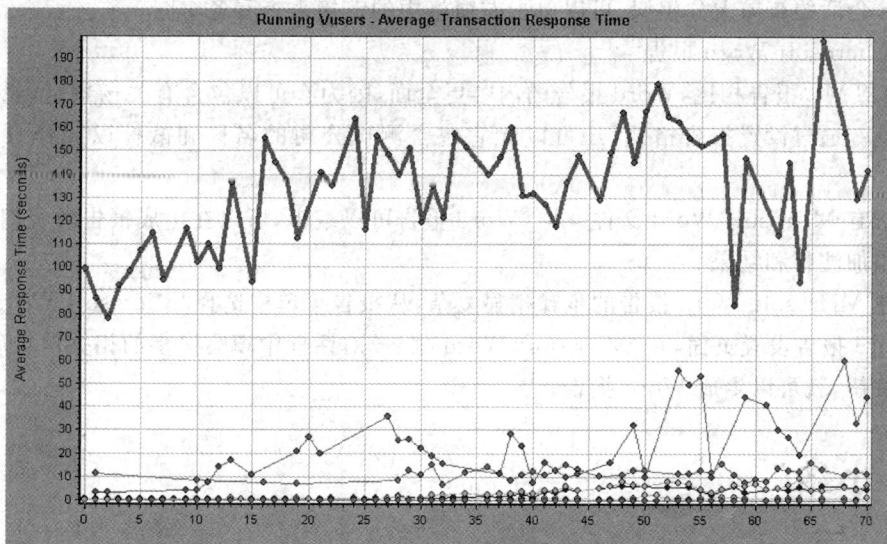

图 9-85 关联图

4）分析关联图

在图 9-85 中我们可以看到随着 Vuser 数目的增加，check_itinerary 事务的平均响应时间也在逐渐延长。换句话说，就是随着负载的增加，平均响应时间也在平稳地增加。

运行 64 个 Vuser 时，平均响应时间会突然急剧拉长，服务器性能出现不稳定状态，Vuser 超过 64 个时，响应时间会明显开始变长。

关联图的功能是非常有用的，那么下次分析场景时，可能还会用到相同的关联图。LoadRunner 可以把上述的关联图作为模板保存，以后在其他 Analysis 会话中使用。

要保存模板，请执行以下操作：

（1）从工具菜单中选择"模板"→"另存为模板"。

（2）模板命名。

（3）取消选项"将该模板自动应用到新会话"。

（4）单击"确定"按钮。

下次打开新的 Analysis 会话并需要使用模板时，执行以下操作就可以直接使用。

（1）从工具菜单中选择"模板"→"应用/编辑模板"。

（2）从列表中选择模板，然后单击"应用模板"。

9. 发布结果

我们可以使用 HTML 报告或 Microsoft Word 报告发布分析结果，报告使用设计者模板创建，包含指定的图和数据。

1）HTML 报告

HTML 报告可以在任何浏览器中打开和查看。从报告菜单中选择"HTML 报告"就可以创建 HTML 报告。

Analysis 将创建报告并将其显示在 Web 浏览器中。注意 HTML 报告的布局与

Analysis 会话的布局十分相似,可以单击左窗格中的链接来查看各个图。

2) Microsoft Word 报告

与 HTML 报告相比,Word 报告的内容更全面,因为它可以包含有关场景、度量描述等常规信息。通过设置报告格式,还可以让它包含测试公司的名称和徽标以及作者的详细信息。

与所有 Microsoft Word 文件一样,Word 报告可以编辑,所以在生成报告后我们仍然可以继续添加注释和结果。

创建 Microsoft Word 报告的步骤稍显复杂,从报告菜单中选择"Microsoft Word 报告"打开 Word 报告设置页面,在"Microsoft Word 报告"对话框中填写诸多的相关信息后,单击"确定"按钮,就可以生成 Word 报告。

9.3　小结

本章主要介绍了性能测试的相关知识,全面性能测试模型从理论上解决了性能测试难组织、易出错的问题。LoadRunner 是优秀的性能测试工具,本章以示例软件 HP Web Tours 为例详细介绍了怎样使用 LoadRunner 来进行性能测试。

习题

1. 性能测试从哪些方面开展?
2. 性能测试的实施步骤有哪些?
3. 简述全面性能测试模型。
4. LoadRunner 的重要组件有哪些?
5. 请读者自行选择合适的实例,运用 LoadRunner 进行测试并分析测试结果。

参 考 文 献

1. J. B. Rainsberger, Scott Stirling. JUnit Recipes 中文版——程序员实用测试技巧. 北京：电子工业出版社, 2006
2. 王东刚. 软件测试与 Junit 实践. 北京：人民邮电出版社, 2004
3. 张海藩. 软件工程导论. 北京：清华大学出版社, 2003
4. Ron Patton. 软件测试(第 2 版). 张小松, 王钰, 曹跃 等译. 北京：机械工业出版社, 2006
5. Edward Kit. 软件测试过程改进. 李新华, 陈丽容, 马立群 译. 北京：机械工业出版社, 2003
6. Roger S. Pressman. 软件工程：实践者的研究方法(第 5 版). 梅宏 译. 北京：机械工业出版社, 2002
7. Lydia Ash. Web 测试指南. 李昂, 王海峰, 黄江海 译. 北京：机械工业出版社, 2004